a Siegerrebe **b** Artemis weiß **c** Artemis rot
d Gelber Muskateller **e** Dornfelder **f** Kerner
g Roter Riesling **h** Weißer Riesling **i** Acolon

Lott, Pfaff, Prior

REBSORTEN - TASCHENBUCH

Taschenbuch der Rebsorten

Dr. Heinz Lott
Landwirtschaftsdirektor a.D.
Worms

Franz Pfaff
Landwirtschaftsdirektor a.D.
Worms

Dr. Bernd Prior
Oberlandwirtschaftsrat
Worms

FACHVERLAG FRAUND

Taschenbuch der Rebsorten
Begründet von Weinbauoberamtsrat Walter Hillebrand,
Bad Kreuznach

ISBN 978-3-921156-80-3

14. neubearbeitete Auflage 2010
Verlag: Fachverlag Dr. Fraund GmbH
Weberstraße 9, D-55130 Mainz
Herstellung und Layout: Gerald Kafka, Frankfurt a.M.
Druck: printec, Kaiserslautern

Titelfoto: Franz Pfaff

Vorwort zur 1. Auflage

Eine Darstellung aller wichtigen Rebsorten erfolgte letztmalig 1930 im Weinbaulexikon.. In diesem Taschenbuch wurde daher versucht, alle heute wichtigen Rebsorten, einschließlich der interessantesten Neuzüchtungen, unter dem Blickwinkel der modernen Wirtschaftserfordernisse neu zu beschreiben. Da das Buch sowohl dem Praktiker als auch dem Schüler und Berater dienen soll, wurden nicht nur die Eigenschaften der Sorten dargestellt, sondern, soweit das möglich war, auch ihre Herkunft und Verbreitung. Dass die Darstellung der Neuzüchtungen, über die nur kurze Erfahrungen bestehen, nicht endgültig und vollständig sein kann, möge man berücksichtigen.

Die Existenz des deutschen Weinbaues hängt in hohem Maße von der Qualität der erzeugten Weine ab, denn diese wird nicht nur von der Güte der Lage, sondern auch von den Eigenschaften der angebauten Sorten bestimmt. Die Wahl der richtigen Rebsorte ist daher, bei der Erstellung eines neuen Weinberges, für jeden Winzer immer wieder eine entscheidende Frage. Das Taschenbuch der Rebsorten will daher ein Sortenratgeber sein.

Bei der Beurteilung einer Sorte muss stets bedacht werden, dass die Vermarktungsform eines Betriebes zu einer sehr unterschiedlichen Einstufung einer Sorte führen kann. Es ist ein Unterschied, ob ein Betrieb Flaschenweine vermarktet oder Fassweine. Wer gute Abnehmer für Spätlesen und Auslesen hat, wird zum Beispiel eine Sorte mit mittelmäßigem Ertrag und sehr hoher Qualität zu seinem Vorteil anbauen können, die in einem Fassweinbetrieb jedoch völlig unwirtschaftlich sein kann.

Das Taschenbuch will ein Ratgeber für alle Winzer sein und kann sicher auch im Beratungsdienst und in der Schule als Nachschlagewerk dienen. Die Beschreibung der Sorten stützt sich auf eigene Erfahrungen und zahlreiche Veröffentlichungen, die im angeführten Literaturverzeichnis zu finden sind.

Bad Kreuznach, im Mai 1972 *Walter Hillebrand*

Vorwort zur 14. Auflage

Qualität, Markt und Rebsorten

Im Zuge der Globalisierung hat die Nachfrage nach typischen regionalen Produkten zugenommen! Typizität, Individualität und Authentizität sind gerade beim Wein zu entscheidenden Erfolgsfaktoren am Markt geworden. Wein steht nicht nur für Genuss, sondern vor allem für Ursprung und Herkunft, für Geschichte und Kultur einer bestimmten Region.
Deshalb liegt der Wettbewerbsvorsprung deutscher Weine in besonderem Maße in einer unverwechselbaren, herkunftsgeprägten Qualität.

Zusammen mit der Ertragsregulierung, vor allem aber mit der richtigen Rebsortenwahl für den vorgegebenen Standort liegen die Herausforderungen für Winzer darin, das Ziel der Herkunftsstrategie mit den passenden Weinprofilen und Weinstilen zu verbinden.
Dazu gehört, neben der richtigen Rebsortenwahl, auch die passende Klonenauswahl, die zusammen mit der passenden Unterlagenwahl den Regional- und Standorttyp gerade bei den klassischen Rebsorten unterstützen kann.

Insbesondere bei den klassischen deutschen Weißweinrebsorten wie Riesling, Silvaner, Müller-Thurgau, aber auch bei den Burgundern liegen große Zukunftspotenziale, die noch mehr Unverwechselbarkeit und Alleinstellungsmerkmale zulassen. Dies gilt in gleichem Maße für die roten Burgundersorten, wie auch z.B. für den Portugieser und den Lemberger.

Neben den klassischen Rebsorten nehmen auch die Neuzüchtungen sowie die Themen um die Rebenzüchtung in diesem Buch einen großen Stellenwert ein.
Berücksichtigung finden auch pilztolerante Züchtungen, die unter der Betrachtung der Diskussionen um Ökologie und Nachhaltigkeit möglicherweise ihre große Verbreitung noch vor sich haben.

Das vorliegende Taschenbuch zählt bei Winzern, Hobbywinzern, Rebsortenliebhabern, Weinfreunden, Schülern und Studenten seit fast vier Jahrzehnten als sicheres Nachschlagewerk über das gesamte Rebsortenwesen, genauso als Standardwerk für die Rebenzüchtung insgesamt.
Mit allgemeinen rebbotanischen Themen sowie mit der Beschreibung von Tafeltraubensorten und Zierreben finden auch allgemein Weinbauinteressierte viel Wissenswertes.

Möge diese Neuauflage in Zukunft noch mehr als in der Vergangenheit die Entscheidungen der Winzer in Richtung regionaler Aufladung ihrer Produkte unterstützen und damit die Attraktivität deutscher Weine am Markt beflügeln.

Otto Schätzel
Leitender Landwirtschaftsdirektor, Dienstleistungszentrum Ländlicher Raum, Rheinhessen – Nahe – Hunsrück

Inhaltsverzeichnis

**mit Ausnahme des Müller-Thurgau ohne Neuzüchtungen
*pilzwiderstandsfähig

Allgemeines zur Rebe

Das botanische Bild der Rebe

Die Rebe ist eine Schlingpflanze (Liane), die in lichten Wäldern wächst, sich an den Bäumen hochrankt und ihre Laubtriebe über den Baumkronen ausbreitet. Sie kann dabei riesige Ausmaße erreichen. Stämme von erheblicher Dicke entwickeln und 200 bis 300 Jahre alt werden.

Lange bevor der Mensch die Erde betrat, gab es schon Reben, denn die Funde von Rebsamen reichen bis in den Übergang der Kreidezeit zum Tertiär (vor etwa 80.000.000 Jahren) zurück. Zahlreiche fossile Reste von Reben hat man im Tertiär (vor etwa 60.000.000 Jahren) gefunden, sodass damals schon ein gewisser Formenreichtum an Reben vorhanden war. Die Eiszeit (vor etwa 1.000.000 Jahren) drängte die Reben aus unserem Raum ins Mittelmeergebiet zurück. Nach der Eiszeit wanderten die Wildreben erneut in Mitteleuropa ein; die Vitis silvestris aus Südfrankreich, Süditalien und der Balkanhalbinsel, die Vitis caucasica und vielleicht auch andere Wildreben aus Kleinasien durch den Donauraum. Letzte Exemplare von Wildreben sind in den Auenwäldern des Oberrheins zu finden. Auch in der Schweiz und auf dem Balkan findet man noch Wildreben.

Europäische Wildrebe

Vitis silvestris

Vitis caucasica

Der Mensch hat schon in prähistorischer Zeit die Beeren wilder Reben zu seiner Nahrung gemacht und vielleicht auch schon ein alkoholisches Getränk daraus bereitet.

Unsere heutigen Kulturreben sind Nachkommen der Wildreben und Produkt von Mutationen und natürlichen Kreuzungen, die der Mensch immer wieder entdeckte und dann weiter vermehrte.

Stellung der Rebe im Pflanzensystem (Systematik, Taxonomie)

Die zahlreichen Pflanzen, die sich im Laufe der Erdgeschichte entwickelt haben, wurden erstmalig von dem schwedischen Arzt Carl von Linné (1707-1788) in ein System "Linne'sches System" genannt, geordnet. Dieses System wurde immer wieder verändert. Bis heute konnten sich die Botaniker auf keine einheitliche Einordnung einigen. Für die Taxonomie der Rebe gibt es daher unterschiedliche Darstellungen. Da die Unterschiede nur von wissenschaftlichem Interesse sind, soll nur die von Husfeld benutzte Systematik übernommen werden. In der Darstellung der Taxonomischen Kategorien wird eine Übersicht von Schenk* benutzt.

Taxonomische Kategorien

lateinisch / deutsch

		Superordo	Überordnung
Regnum	Reich	Ordo	Ordnung
		Familia	Familie
Subregnum	Unterreich	Subfamilia	Unterfamilie
Phylum	Abteilung	Genus	Gattung
Subphylum	Unterabteilung	Sectio	Sektion, Untergattung
		Series	Serie, Artgruppe
Classis	Klasse	Species	Art
		Subspecies	Unterart
Subclassis	Unterklasse	Varietas	Varietät, Sorte

* Literatur

Schenk, W. (1979): Die Stellung der Rebe im Pflanzensystem. Deutsches-Weinbaujahrbuch 30: 17-22

Bauer; O. (1983): "Ampelographie der Rebe" in "Biologie der Rebe". Verlag D. Meiniger, Neustadt/Weinstr.

Taxonomische Einheiten

Beispiel/Synonym			
Eukaryota	Pflanzen mit echtem Zellkern	Celastranae	
		Rhamnales	Kreuzdorngewächse
Cormobionta	Sprosspflanzen	Vitaceae	Rebengewächse
Spermatophyta	Samenpflanzen	Vitoideae	Rebenartige
Magnoliophytina		Vitis	Rebe
(Angiospermae	Bedecktsamige	Euvitis	Echte Reben
Magnoliatae		Viniferae	Europäerreben
(Dicotyledoneae)	Zweikeimblättrige	Vitis vinifera L.	Weinrebe
Rosidae		ssp. sativa D.C.	Kulturrebe
(Rosiflorae)		Weißer Riesling	

Taxonomie der Echten Reben

Untergattung Muscadinia Planch. (ohne Diaphragma, Ranken ungegabelt)

1. V. rotundifolia Mchx.
2. V. munsoniana Simps.

Untergattung Euvitis Planch. (echte Reben-, Amerikaner, Europäer mit Diaphragma, Ranken gegabelt)

I. Gruppe Labruscae

3. V. labrusca L.

II. Gruppe Aestivales

4. V. aestivalis Mchx.
5. V. (var?) lincecumii Muns.
6. V. bicolor Lec.

III. Gruppe Cinerascentes

7. V. cinerea Engelm. (einzige reblausimmune Rebart)
8. V. cordifolia Mchx.
9. V. berlandieri Planch. (Kalkrebe, Ausgangsform wichtiger Unterlagen)

IV. Gruppe Rupestres

10. V. rupestris Scheele. (Felsrebe, Ausgangsform wichtiger Unterlagen)
11. V. monticola Buckl.
12. V. arizonica Engelm.

V. Gruppe Ripariae

13. V. riparia Mchx. (= vulpina L.) (Uferrebe, Ausgangsform wichtiger Unterlagen)

14. rubra Mchx.

VI. Gruppe Labruscoideae

15. V. californica Benth.

16. V. caribaea de Cand.

17. V. coriacea Shttl.

18. V. candicans Engelm.

19. V. blancoii Muns.

20. V. coignetiae Pull.

21. V. romanenti Rom.

22. V. thunbergi Sieb.

23. V. lanata Roxb.

24. V. pedicellata Laws.

25. V. piesezkii Maxim.

VII. Gruppe Incertae

26. V. davidii Rom.

27. V. pagnuccii Rom.

28. V. amurensis Rupr.

29. V. balsaeana Planch.

30. V. flexuosa Thnbg.

31. V. retordi Rom.

32. V. pentagona Diels u. Gilg.

33. V. armata Diels und Gilg.

34. V. bourgaeana Planch.

VIII. Gruppe Viniferae

35. V. vinifera L.

ssp. sativa D.C.

ssp. silvestris Gm.

ssp. caucasica Vav. (Zusammenstellung von Bauer nach Husfeld)

L. = Carl von Linnè (1707-1788), schwedischer Arzt; G. = Johann Georg Gmelin (1709-1755), deutscher Botaniker; Mchx. = Andrè Michaux (1746-1802), franz. Naturforscher; d.C. = A. P. de Candolle (1806-1893), schweizer Botaniker; V. = N. J. Vavilov (1887-1942), russischer Botaniker und Genetiker; var. = Variation, auch ssp. = Subspezis (lat.) = Unterart; Vitis (lat.) Rebe; vinifera (lat.) = weintragende; silvestris (alt.) = im Walde wachsend.

Artgruppe Viniferae

Art	Vitis vinifera L.
Unterart	Vitis vinifera L. ssp. silvestris G. (Europäische Wildrebe) Vitis vinifera L. ssp. caucasica (Kaukasische Wildrebe) Vitis vinifera L. ssp. sativa D.C. (Kulturreben; Riesling, Silvaner usw.)
Sorten	Riesling, Silvaner, Müller-Thurgau usw. Die Kulturrebe (Edelrebe) umfasst nach Prof. Dr. R. Eibach von der Bundesforschungsanstalt für Rebenzüchtung, Siebeldingen, rund 18.000 Rebsorten mit über 40.000 Synonymen, die sich durch Rebenzüchtung ständig vermehren, von denen mindestns 6.000 von einer einzigen Art, Vitis vinifera, abstammen.

Die Vitis silvestris wird gelegentlich auch als "Rheinische Wildrebe", die Vitis caucasica als "Donau-Wildrebe" bezeichnet.

Der Lebensraum der Rebe

Die Rebe ist ein Kind der gemäßigten Klimazone unserer Erde. Auf der nördlichen Halbkugel liegt ihr Verbreitungsgebiet etwa zwischen dem 30. und dem 51. Breitengrad. Darin finden sich die Anbaugebiete von Europa, Asien, Nordafrika und Nordamerika. Das Gebiet mit der stärksten Verbreitung der Rebe ist der Mittelmeerraum. In diesem Raum befinden sich die klassischen Rebländer: Griechenland, Italien, Frankreich, Spanien, Portugal und

Verbreitung der Weinrebe

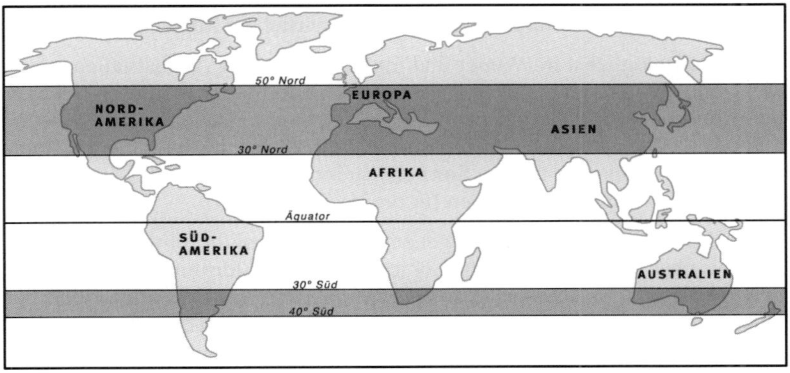

Nordafrika. Hier liegt auch die Wiege der Reb- und Weinkultur, die dann von den Römern, bei ihren Eroberungszügen, verbreitet wurde und so auch nach Deutschland gelangt. ist. Über den 45. Breitengrad hinaus nach Norden sind die Bedingungen für die Rebe nicht mehr so günstig, sodass der Anbau bevorzugt auf den südlich geneigten Hängen der warmen Flusstäler erfolgt. Mit Ausnahme der skandinavischen Staaten findet man Weinberge in allen europäischen Staaten. Selbst Polen hatte in Zielona Gora (Grünberg) einige Rebflächen. Auch in Großbritannien und vereinzelt in den Niederlanden wird neuerdings Weinbau betrieben.

Auf der südlichen Halbkugel der Erde liegt die Rebenanbauzone zwischen dem 30. und dem 40. Breitengrad und umschließt den Weinbau Südamerikas, Südafrikas und Australiens. In diese Länder hat der Europäer die Rebkultur gebracht.

Ansprüche der Rebe an Klima, Lage und Boden (Ökologie)

Klima: Die Rebe benötigt ein mildes Klima. Sie gedeiht weder in den heißen Tropen, noch im kalten Norden.
Als Grenze der **Temperatur** gilt ein Jahresdurchschnitt von etwa 9 Grad Celsius. Dabei kommt es darauf an, dass die Temperatur frei von extremen Werten ist. Die Winter sollen möglichst selten Kältegrade von 20 Grad unter Null erreichen, weil sonst Winterfrostschäden an den Reben unvermeidbar sind. Das Frühjahr soll ohne häufige Spätfröste ablaufen. Während der Blütezeit soll die Wärme möglichst nicht unter 15 Grad sinken, und der Herbst soll wieder lange genug warm sein, also ohne zu zeitige Frühfröste. In Deutschlands Weinbaugebieten liegt die mittlere Wintertemperatur um 0 Grad und die mittlere Sommertemperatur um 20 Grad Celsius. Unter solchen Bedingungen bringt die Rebe die schönsten Weine hervor. Der Austrieb der Rebe im Frühjahr erfolgt ab 13 Grad Celsius Bodentemperatur und 7,5 Grad Celsius Lufttemperatur.

An die **Niederschläge** stellt die Rebe keine hohen Ansprüche. Wenn diese richtig verteilt sind, kommt sie mit 450 mm jährlichem Regen aus.

Dieser soll möglichst im Winter und im Juli bis Anfang August fallen, wenn die Traubenbildung beginnt. Hohe Niederschläge über 700 mm erschweren den Rebbau, weil insbesondere in den nördlichen Gebieten die Peronosporagefahr bedeutend höher wird. Feuchte Herbste begünstigen die Traubenfäulnis. Als Minimum für die **Sonnenscheindauer** gelten jährlich 1500 bis 1600 Stunden und 1 300 Stunden für die Vegetationszeit.

Lage: Von der Lage wird das sogenannte **Kleinklima** bestimmt, in dem die Rebe wächst. In den nördlichen Gebieten ist es meistens nur an südlich geneigten Hängen ausreichend günstig. Da sich mit zunehmender Höhe die Klimaverhältnisse verschlechtern (je 100 m Höhe - Abnahme der Temperatur um 0,5 Grad bis 0,6 Grad C), kann in den nördlichen Weinbaugebieten

Die Weinbauzonen der EU

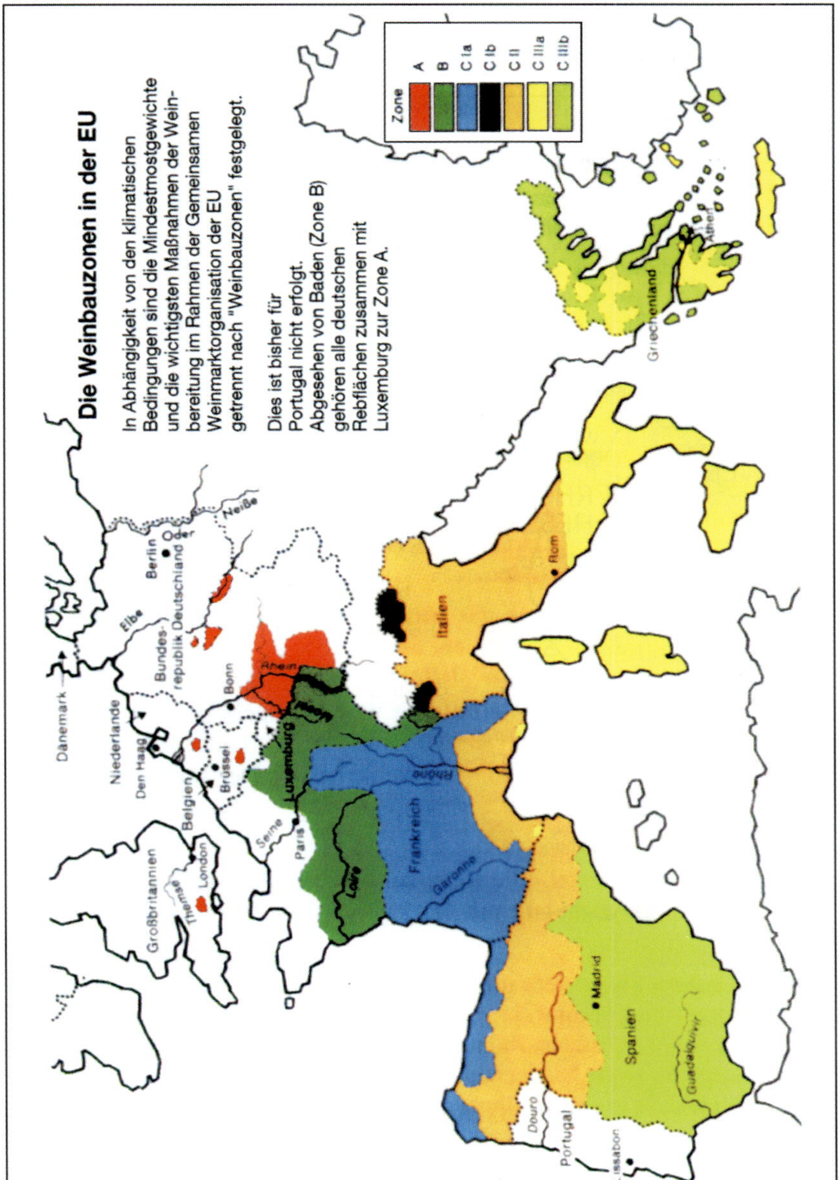

Die 13 „bestimmten Anbaugebiete" für Qualitätsweine in der Bundesrepublick

Deutschlands über 300 m NN (höchstens 350 m) kaum noch Weinbau betrieben werden. Die Anbaugrenze des anspruchsvollen Rieslings endet sogar schon bei 200 bis 250 Meter über NN. Nach Süden zu klettert auch die Rebe in größere Höhen, so am Bodensee auf 500 m, in Südtirol auf 800 m und in Sizilien sogar auf 1500 m. In den südlichen Gebieten der nördlichen Halbkugel, also Nordafrika, wandert die Rebe von den zu heißen Südhängen auf die etwas kühleren Nordhänge. Im Mittlmeer-Gebiet, Griechenland, Italien, Frankreich, Spanien usw. ist sie vorwiegend ein Kind der Ebene.

Boden: An den Boden stellt die Rebe keine hohen Ansprüche, denn sie gedeiht noch in den ärmsten Gesteins-, Kies- und Sandböden. In regenarmen Gebieten können allerdings, in Jahren mit wenig Niederschlägen, auf solchen Standorten Trockenschäden die Leistung der Rebe beeinträchtigen. In den meisten Jahren wachsen jedoch auf diesen Böden die rassigsten, feinduftigsten Weine. Es gibt keine Bodenart, seien es Lößböden, Lehmböden, Tonböden, Kalkböden, Kreideböden, Mergelböden, Keuperböden oder die schon erwähnten Gesteins-, Kies- oder Sandböden, die nicht Reben tragen würden. Überall fühlt sich die Rebe wohl, nur stauende Nässe sagt ihr nicht zu. Dort wird sie krank und frostanfällig. Auf allen Böden liefert sie einen Wein mit spezieller Eigenart. Ein gleiches Anbaumanagement und eine identische Vinifikation vorausgesetzt, sind Weine, welche auf verschiedenen Ausgangsgesteinen wie Moselschiefer, Naheporphyr, Kaiserstuhllöß, Rotliegendes oder Frankenkeuper gewachsen sind, sensorisch zu unterscheiden und in vielen Fällen dem entsprechenden Ausgangsgestein zuzuordnen.

Der Bau der Rebe (Morphologie)

Äußerer Bau (Organographie)

Unterirdische Organe

Wurzel

Die Wurzeln verankern den Rebstock im Boden und dienen der Wasser- und Nährstoffaufnahme.

Aus Samen (Rebkernen) entstandene Reben bilden eine *Pfahlwurzel* (Abb. 1), an der sich zahlreiche Seitenwurzeln bilden. Die Vermehrung der Reben durch Samen erfolgt nur bei der Rebenzüchtung. Da die Reben spalterbig (heterozygot)sind, entsteht aus jedem Rebkern eine neue Rebsorte mit neuen. Eigenschaften.
Im weinbergsmäßigen Anbau erfolgt die Vermehrung auf vegetative Weise durch Ableger, da nur so von einer Sorte, z.B. Riesling, die Eigenschaften der Ausgangspflanze erhalten werden können. Dies ist möglich, da die Rebe in der Lage ist, an abgetrennten Sprossteilen Wurzeln (Adventivwurzeln) zu bilden (Abb. 2).

Die Ableger sind Triebstücke des einjährigen Holzes von 30 bis 35 cm Länge. Wo keine Reblausgefahr besteht, werden die Triebstücke in den Boden gesteckt, bewurzeln sich dort und bilden einen neuen Rebstock (Abb. 3). Wo im Weinbau die Gefahr der Reblausverseuchung besteht, werden sogenannte

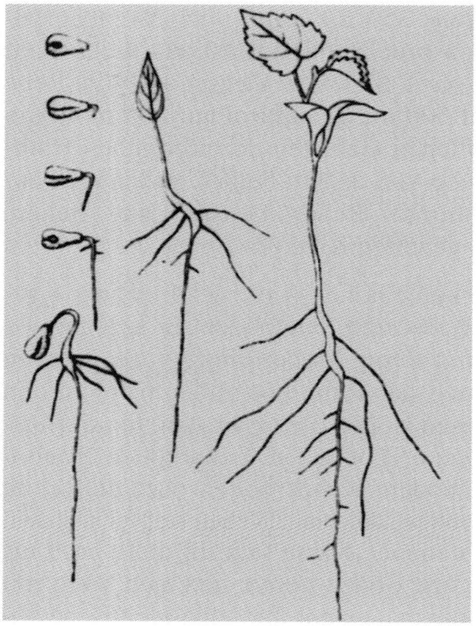

Abb. 1: Keimung der Rebe mit Ausbildung einer Pfahlwurzel

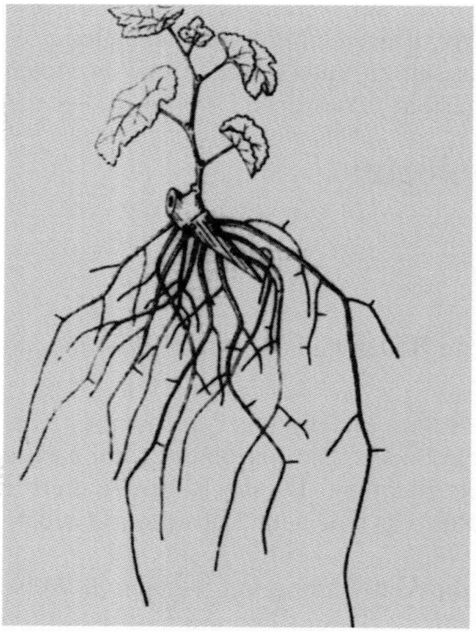

Abb. 2: Adventivwurzel an einem Augensteckling

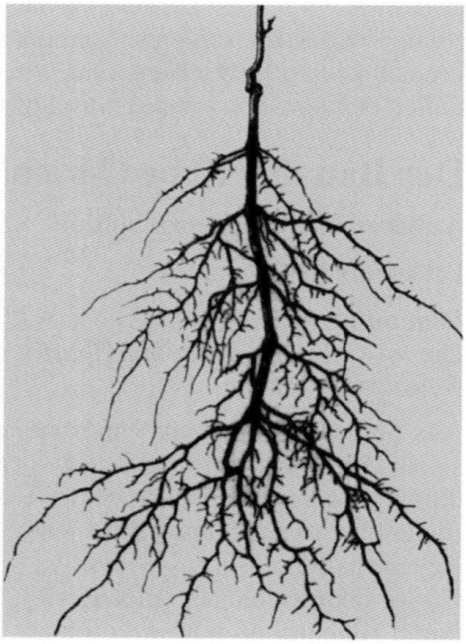

Abb. 3: Wurzelbildung an einem Triebstück (Ableger) einer Rieslingrebe

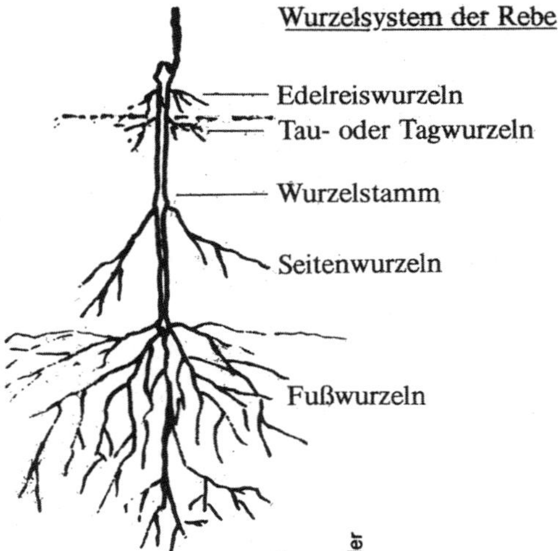

Abb. 4: Wurzelbildung einer veredelten Rebe (Pforpfrebe)

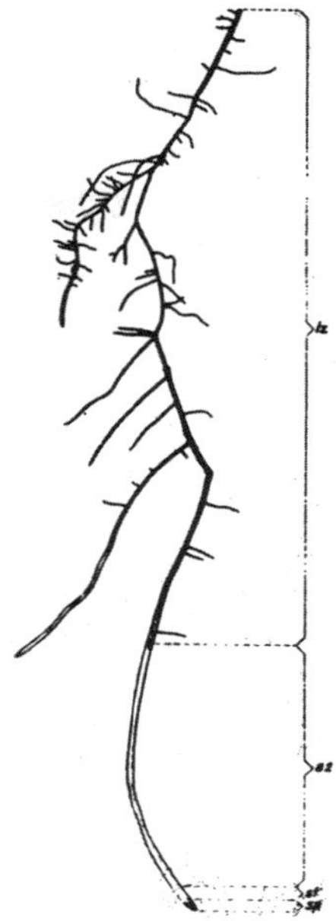

Abb. 5: Wurzel des Weißen Rieslings
sp) Region der Wurzelspitze
st) Streckungszone
az) Absorptionszone
lz) Leitungszone

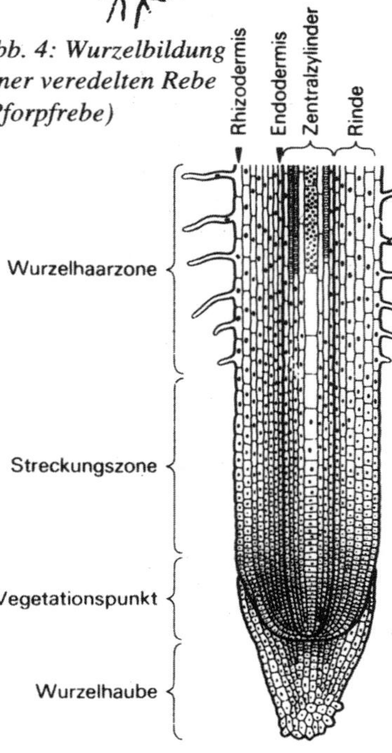

Abb. 5a: Äußerste Wurzelspitze einer Faserwurzel

veredelte Reben gepflanzt. Auf ein 30 cm langes Triebstück einer resistenten amerikanischen Rebe wird ein europäisches Edelreis gepfropft. Die Wurzelstange der Rebe hat sich also aus einem Triebstück gebildet. Am untersten Knoten dieses Triebstücks bilden sie die Fußwurzeln. In durchlässigen Böden können sie mehrere Meter lang werden. In spaltenreichen Gesteinsböden dringen sie tief in Gesteinsrisse ein und holen aus der Tiefe Wasser herauf. Am mittleren Knoten bilden sich einige Seitenwurzeln (Abb. 4). Die Wurzeln verzweigen sich und sind an ihrem unteren Teil dicht mit Faserwurzeln (Abb. 5), den eigentlichen Organen der Wasser- und Nährstoffaufnahme, besetzt. Die äußere Wurzelspitze (Abb. 5a) der Faserwurzeln besteht aus einer Wurzelhaube verschleimter Zellen, die das Vordringen im Boden erleichtern. Daran schließt sich der sogenannte Vegetationskegel an, ein Abschnitt lebhafter Zellteilung. In der darauf folgenden Streckungszone dehnen sich die neuen Zellen, die Wurzel wächst. Die anschließende Zone, Absorptionszone genannt, ist dicht mit Wurzelhaaren besetzt, die die eigentliche Funktion der Aufnahme des Bodenwassers mit den darin gelösten Nährsalzen ausüben. Die Absorptionszone geht dann in die Leitungszone über. Diese setzt sich in die Wurzelstange, den Stamm, alle grünen Rebteile bis zum Gipfel fort, durchzieht also die gesamte Rebe. Kurz unter der Erdoberfläche gibt es wenige Tau- oder Tagwurzeln (Abb. 4), die aber durch die Bodenbearbeitung immer wieder zerstört werden. Bei veredelten Reben können sich am Edelreis, durch Bodenkontakt noch sogenannte Edelreiswurzeln (Abb. 4) bilden. Da dies Wurzeln des europäischen Teiles der Pfropfrebe sind, werden sie von der Reblaus befallen und müssen entfernt werden.

Die Gefahr der Edelreiswurzelbildung ist beim Pflanzen von Hochstammreben während der gesamten Standzeit eines Weinberges ausgeschlossen, da keinerlei Bodenkontakt zum Edelreis bzw. zur Edelsorte besteht. Bei den sogenannten Hochstammreben/Hochstammveredlungen bilden Wurzelstange und Rebstamm eine Einheit, denn sie bestehen aus einer reblauswiderstandsfähigen Amerikaner-Unterlage und somit ist eine Edelreiswurzelbildung nicht möglich. Die Hochstammformierung als eine Einheit begrenzt das Ausbrechen unbrauchbarer Triebe sowie den Rebschnitt nur auf die oberhalb des Hochstammes gebildeten Fruchttriebe der jeweiligen Rebsorte. Hierdurch wird beim Rebschnitt sichergestellt, dass keinerlei Schnittwunden mehr im Stammbereich während der gesamten Standzeit verursacht werden können. Aus arbeitswirtschaftlichen, pflanzenbaulichen, ökologischen und anbautechnischen Gegebenheiten haben sich Hochstammreben zwischenzeitlich verstärkt in den Weinbau eingeführt.

Oberirdische Organe

Die Achse

Die aufwärts wachsenden Stängelorgane der Rebe, welche Wurzeln und Blätter leitend miteinander verbinden, nennt man Achse. Sie besteht im Wesentlichen aus Stamm, Schenkel und Trieb (Ruten) (Abb. 6).

Die Wurzelstange setzt sich nach oben in den Stamm fort, den man auch als altes Holz bezeichnet. Am oberen Ende des Stammes wird das Fruchtholz angeschnitten. Der Stamm umschließt die Leitbahnen, die dem Wasser- und Assimilatetransport dienen. Er speichert Reservestoffe, die u.a. zum Austrieb benötigt werden und während Schlechtwetterperioden zurzeit der Blüte zusätzlich Nahrung liefern und dadurch die Blühfestigkeit erhöhen.

Schenkel

Bei manchen Erziehungsformen der Rebe setzt sich der Stamm in weiteres altes Holz fort, sogenannte Schenkel (Äste), die dann erst das Fruchtholz tragen.

Ruten

Die verholzten Triebe der Rebe nennt man einjähriges Holz oder einjährige Ruten. Kommen sie unmittelbar aus dem alten Holz, werden sie als wildes Holz bezeichnet, kommen sie aus zweijährigem Holz, nennt man sie zahmes Holz oder Fruchtholz (Abb. 7).

Das einjährige Holz ist durch Verdickungen, Knoten, gegliedert. Die Teile zwischen den Knoten heißen Internodien (Abb. 8). Am Knoten ist das Internodium durch eine Holzbrücke (Diaphragma) unterbrochen (Abb. 9, 9a). Gut ausgebildete Diaphragmen sind ein Zeichen guter Holzreife. Von außen nach innen unterscheidet man bei einjährigem Holz die Rinde, den Bast (sekundäre Rinde), die Holzschicht und das Mark. Einjähriges Holz mit einem großen Markanteil ist weniger frostfest. Zwischen Bastteil und Holzteil befindet sich das Kambium, ein sekundäres Bildungsgewebe.

Knospe

Die Knoten tragen die Knospen, auch Augen genannt (Abb. 10). Sie sind von zwei braunen Knospenschuppen umgeben und bergen die neuen Sprossanlagen, die eigentlichen Augen und zwar ein Haupt- und zwei Nebenaugen. Sie bilden sich während der Vegetationszeit an den Knoten in den Blattachsen des grünen Triebes (Abb. 10a). Außer den sichtbaren Augen gibt es auch noch unsichtbare Augen, sogenannte schlafenden Augen (Adventivknospen), die sich am alten Holz und sehr häufig am Rande von Schnittwunden entwickeln. Sommertriebe, die sich aus schlafenden Augen entwickeln, heißen *Wasserschosse*.

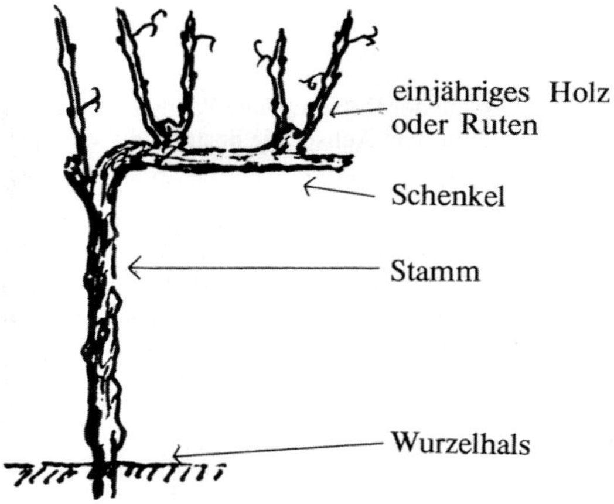

Abb. 6: Oberirdische Teile der Rebe

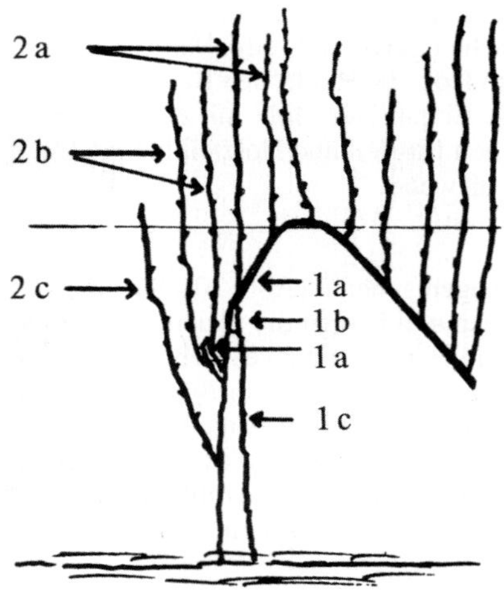

Abb. 7: Aufbau eines Rebstockes

1 = altes Holz
a = zweijährig
b = dreijährig
c = mehrjährig
2 = einjährige Triebe
a = Fruchtholz
(einjährig auf zweijährig auf dreijährig = doppelt zahm)
b = Fruchtholz
(einjährig auf zweijährig auf mehrjährig = einfach zahm)
c = wilder Trieb
(einjährig auf mehrjährig)

Abb. 8:

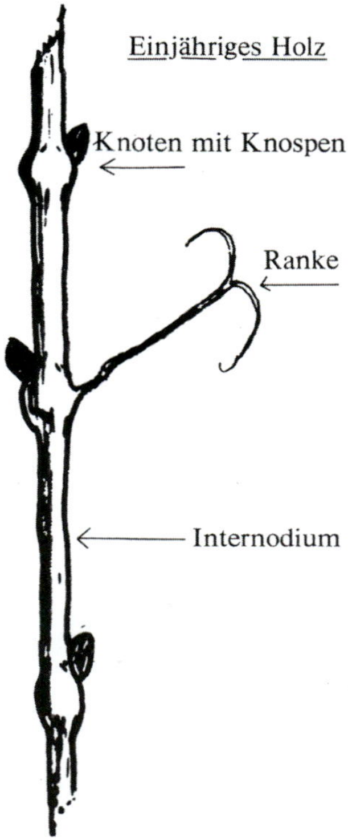

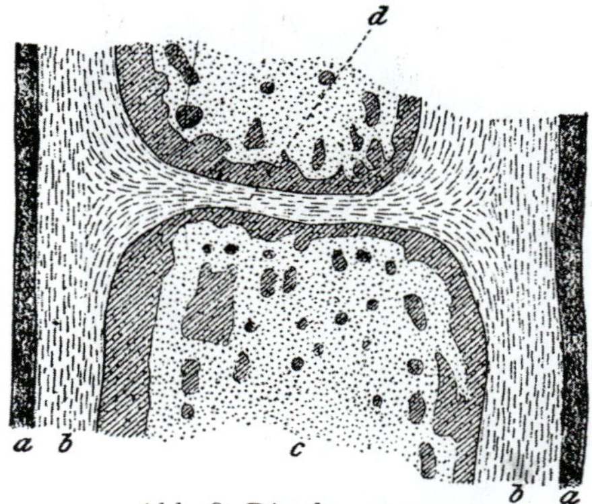

Abb. 9: Diaphragma
a = Rinde, b = Holz, c = Mark
d = Holzbrücke, Diaphragma
Zwischen a und b liegt das Kambium.

Abb. 9a: Längsschnitt durch einen einjährigen Rebtrieb
d = Holzbrücke, Diaphragma

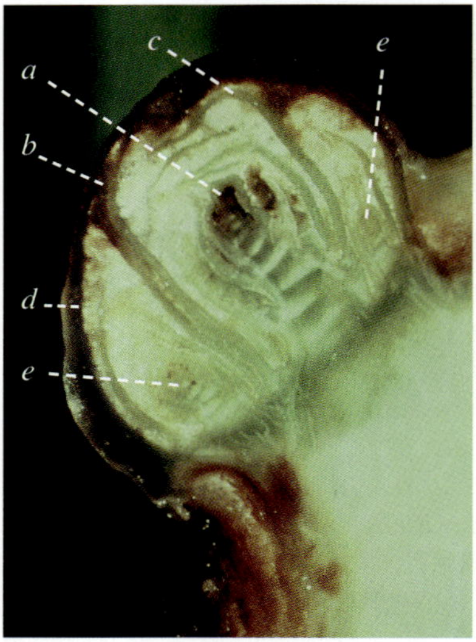

Abb. 10:
Querschnitt durch eine Knospe
a) Hauptauge
b) Blattanlage
c) Blütenanlage
d) Rankenanlage
e) Nebenaugen (Beiaugen)

Abb. 10a:
Winterknospe und Geiztrieb in der Blattachse am Knoten

Sommertriebe

Aus der Knospe entwickelt sich im Frühjahr der Sommertrieb (Langtrieb), der in Knoten und Internodien gegliedert ist. Der Winzer nennt ihn Lotte (Abb. 11). Seine Spitze heißt Gipfel (Abb. 12). Der Gipfel des wachsenden Triebes ist hakenförmig gekrümmt, was man als Nutieren bezeichnet. Bei abgeschlossenem Wachstum stellt sich der Gipfel aufrecht. Die an den Knoten sich bildenden Blätter sind gegenständig angeordnet (Abb. 11 u. 13), stehen also wechselseitig am Trieb.

Der sich aus einem Rebkern (Samen) entwickelnde Trieb hat spiralisch angeordnete Blätter, einen aufrecht stehenden Gipfel und nur am oberen Ende auch Ranken. Erst die aus den ersten Winterknospen im nächsten Jahr entstehenden Triebe haben die dreigliedrige Sprosseinteilung mit gegenständigen Blättern.

Abb. 11: Sommertrieb, Langtrieb, Lotte

Abb. 12: Gipfel, Triebspitze

Geiztrieb

In der Blattachse entwickelt sich ein Kurztrieb, auch Geiztrieb, Axialtrieb oder Irxentrieb genannt (Abb. 14). Bei ausgeglichenem Wuchs werden sie nicht übermäßig lang. Ihre Länge ist von Sorte zu Sorte verschieden. Sie tragen zur Zuckerbildung bei, fördern also die Traubenreife. Wird der Sommertrieb früh eingekürzt, kommt es zu einer stärkeren Geiztriebbildung. Bei manchen Sorten tragen die Geiztriebe auch Gescheine und Trauben, die aber nur in sehr warmen Jahren reif werden. In den Blattachsen der Geiztriebe können sich wieder Geiztriebe bilden. Die Mehrzahl der Geiztriebe verholzt im Herbst nicht und wird mit dem Blattfall abgeworfen.

Abb. 14: Geiztriebe am Langtrieb

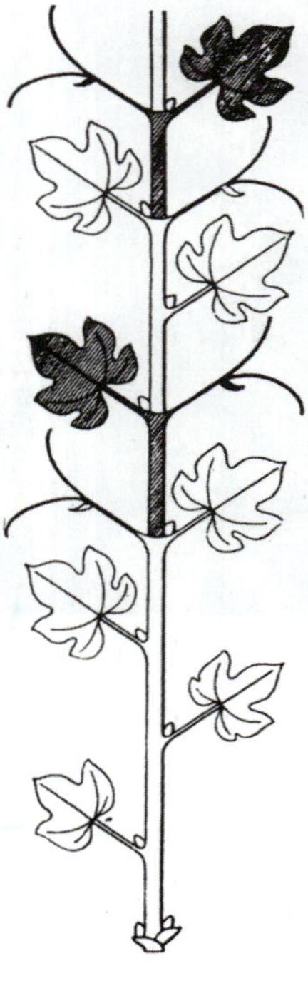

Abb. 13: Blatt- und Rankenstellung

Austriebs-Kreislauf vom Winterauge bis zur Entfaltung von 5-6 Blättern

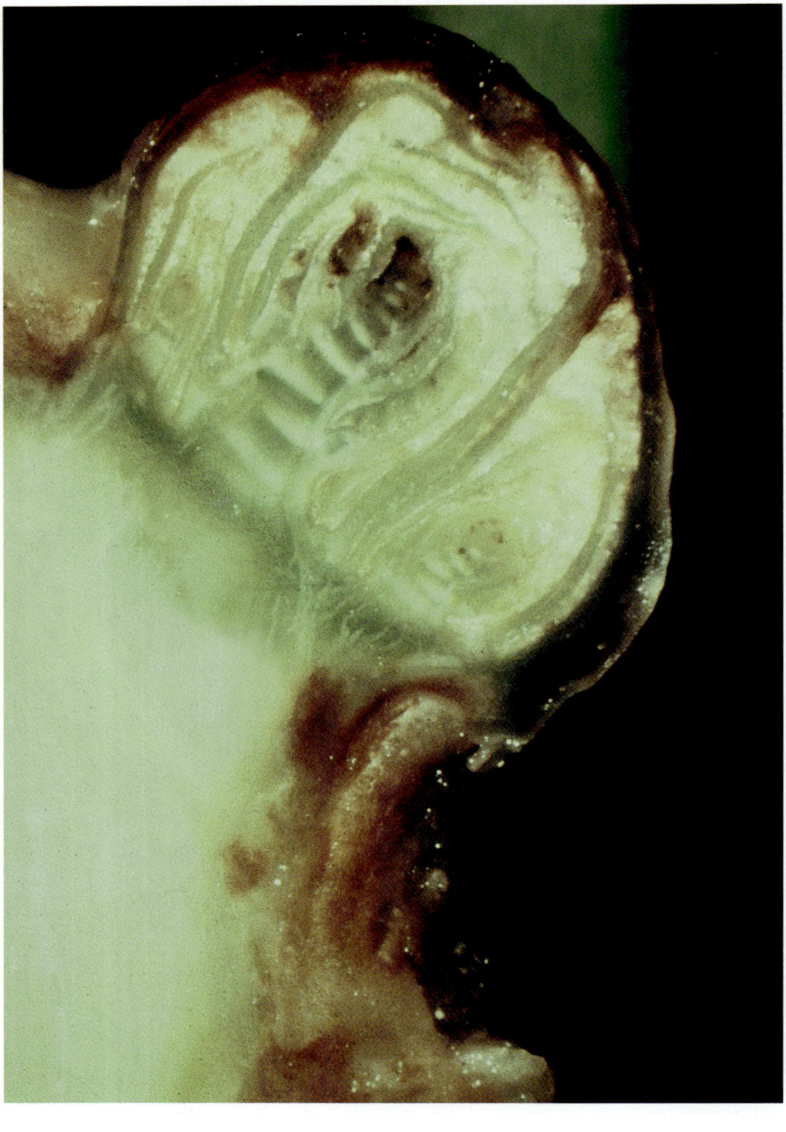

Schnitt durch eine Knospe

Das Blatt

Die Blätter entwickeln sich an den Knoten des Triebes. Als Ort der Assimilation sind sie neben den Wurzeln wichtigstes Ernährungsorgan. *Die Blattform* (Abb. 15) ist bei jeder Sorte anders und daher ein wichtiges Sortenmerkmal. Es werden drei Blattregionen unterschieden: Blattgrund, Blattstiel, Blattspreite (Abb. 16).

Blattgrund

Als Blattgrund wird die Ansatzstelle des Blattstieles am Knoten bezeichnet. Er hat dort einen schwachen Wulst, an dem sich zwei kleine Nebenblättchen (Afterblättchen) befinden, die allerdings nur an den jungen Blättern des Gipfels erkennbar sind. Mit beginnender Holzreife im Herbst bildet sich zwischen Trieb und Blattgrund des Blattstiels eine Trennschicht, die zum Abfallen der Blätter führt.

Blattstiel

Durch den Blattstiel ist die Blattspreite beweglich, sie kann in eine günstige Stellung zum Licht gebracht werden und sich im Winde bewegen. Die Blattstiele sind in Länge und Farbe von Sorte zu Sorte verschieden und können als Sortenmerkmal herangezogen werden. Der Stiel ist rund oder leicht plattgedrückt, besitzt auf der Oberfläche eine leichte Längsfurche und kann glatt, warzig, gerippt, schwach borstig behaart oder kahl sein.

Blattspreite

Die Blattfläche, die die eigentliche Funktion der Assimilation ausübt, wird als Spreite bezeichnet. Form, Farbe und Behaarung der Spreiten sind von Sorte zu Sorte verschieden und daher das wichtigste Sortenmerkmal. Wo der Blattstiel in die Spreite übergeht, befindet sich die Stielbucht (Abb. 17). Sie kann offen, halboffen, U-förmig, V-förmig, geschlossen oder überlappend sein. Die Spreite ist mit unterschiedlichen Blattbuchten versehen. In der Regel ist sie drei- bis fünflappig, bei wenigen Sorten auch siebenlappig oder nur andeutungsweise gelappt. Die Tiefe der Blattbuchten ist ebenfalls von Sorte zu Sorte verschieden. Die Spreite ist von Blattadern (Nerven, Rippen) (Abb. 19) durchzogen, die die Leitbahnen umschließen. Neben 5 Hauptadern und deutlich erkennbaren Seitenadern ist die Spreite bis in kleinste Sektoren durch eine starke Adernverästelung gegliedert. Die Teile der Blattspreite zwischen den Hauptadern nennt man Interkostalfelder. Die Spreitenoberfläche kann glatt, wellig oder blasig sein. Sie kann, besonders auf der Unterseite, von Blattborsten und Blatthaaren besetzt sein (Abb. 20). Der Blattrand (Abb. 21) ist bei jeder Sorte unterschiedlich stark gezähnt oder gesägt. Im Herbst zieht der Stock aus den Blättern die Nährstoffe, wodurch sich diese je nach Sorte gelblich oder rötlich färben. Bei Nährstoffmangel zeigen die Blätter typische Verfärbungen der Spreiten. Auch der Blattstiel kann sich farbig verändern.

Ranken

Die Ranken entwickeln sich an den Knoten der Triebe. Sie sind die Kletter-

Abb. 15: Blattformen

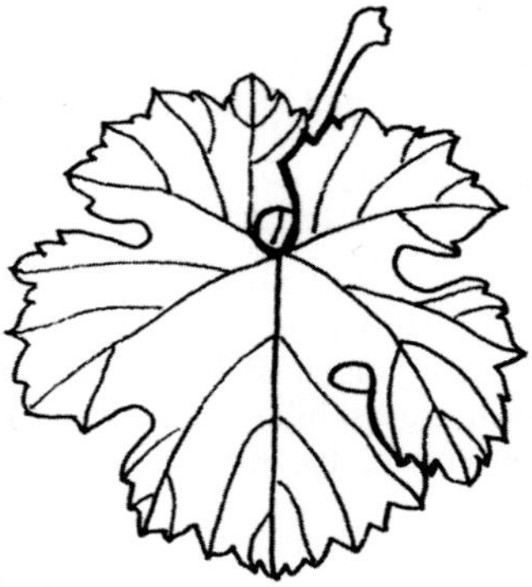

Riesling

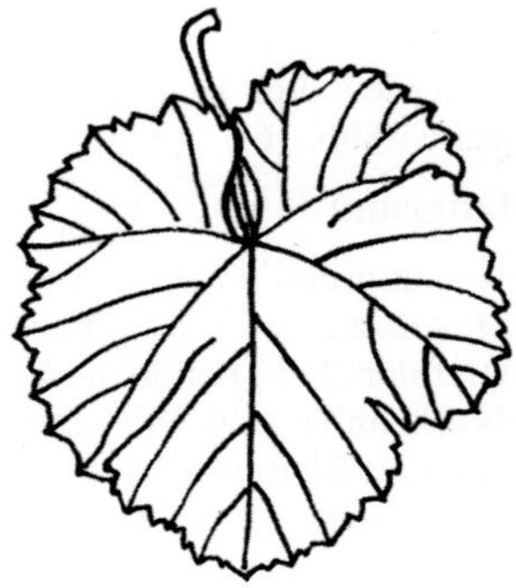

Silvaner

Müller-Thurgau

Blauer Burgunder

Abb. 16: Rebblatt
a = Blattgrund
b = Blattstiel
c = Blattspreite
d = Blattstielbucht
e = Blattbucht
f = Blattlappen

Abb. 17: Stielbuchten

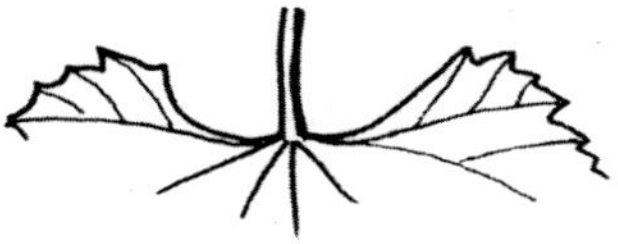

offen
Riparia x Rupestris
3309

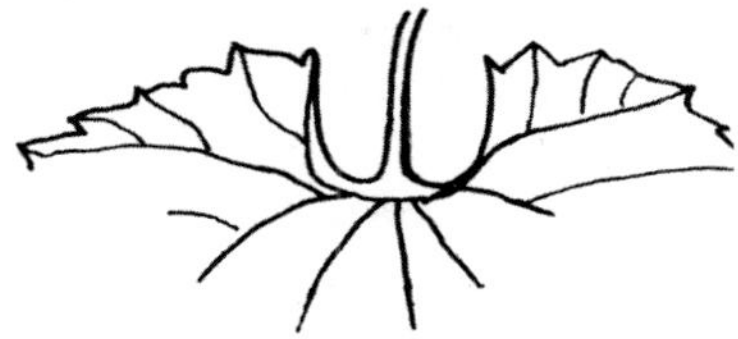

halboffen
Berlandieri x Riparia
5 BB

V-förmig
Muskateller

V-förmig
Gutedel

überlappend
Müller-Thurgau

geschlossen
Morio-Muskat

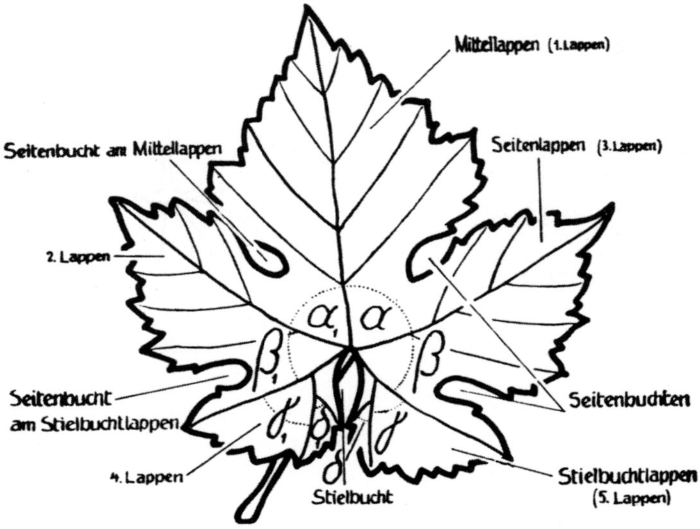

Abb. 18: Blattbuchten und Blattlappen

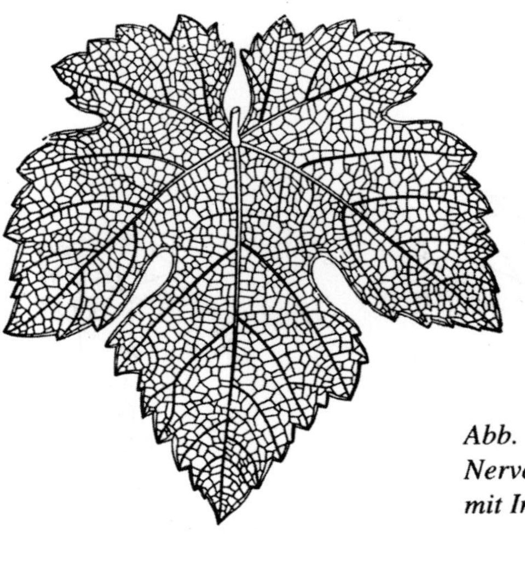

Abb. 19:
Nerven des Rebblattes mit Interkostalfeldern

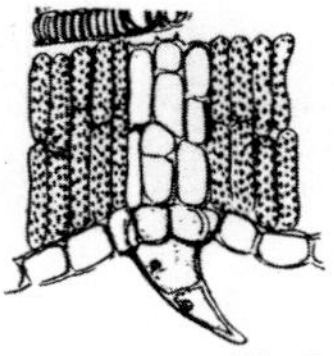

Abb. 20a: Blattborste

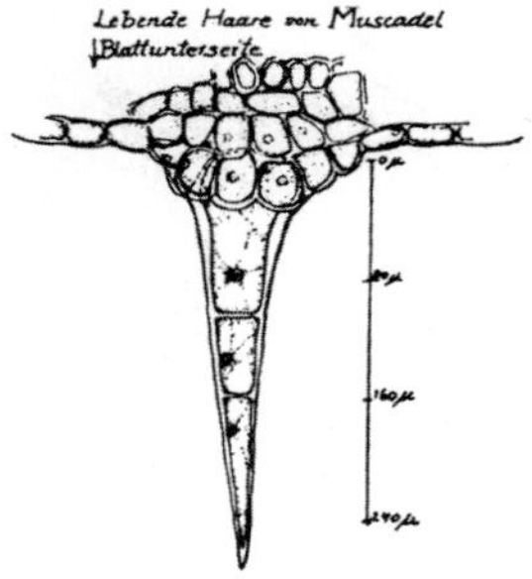

Abb. 20b: Blatthaar

Die größte und protoplasmareichste Zelle

Abb. 21: Blattrandformen

gezähnt
Traminer

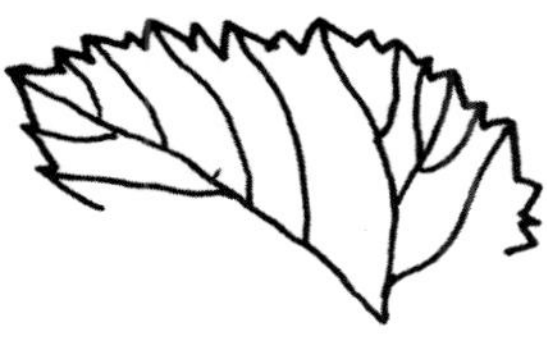

gesägt
Auxerrois

gezähnt
Riesling

gesägt
Elbling

Abb. 22: Ranken

Abb. 23: Ranken

organe der Rebe (Abb. 22). Am Trieb folgt auf zwei Knoten mit einer Ranke ein Knoten ohne Ranke. Die Ranken sind gabelähnlich verzweigt, und zwar zweiarmig, bei wenigen Sorten auch drei- oder gar vierarmig. Entwicklungsgeschichtlich werden die Ranken als umgestaltete Sprossgipfel angesehen. Die Stärke und Länge ihrer Ausbildung ist von Sorte zu Sorte verschieden. Die Spitze ist leicht gekrümmt. Bei Berührung wird die Unterstützung umschlungen, die Ranke dreht sich zu einer Spirale und hält den Trieb federnd fest (Abb. 23). Im Herbst verholzt die Ranke. Sie wird dann vom Winzer Kreppel genannt.

Blüte

Bei den fruchtbaren Sommertrieben entwickeln sich ab drittem Knoten statt Ranken Blütenstände, die Gescheine genannt werden. Der Blütenstand der Rebe ist botanisch keine Traube, sondern eine Rispe (Abb. 24, 25). Er besteht aus einem baumartigen Stielgerüst mit vielen Ästen, die an ihren Enden je eine Einzelblüte tragen. Je nach Fruchtbarkeit des Jahres entwickeln sich am Sommertrieb 1 bis 4 Gescheine mit 100 bis 150 Einzelblüten. Die Gescheine sind umgewandelte Ranken (Abb. 26). An unvollkommenen entwickelten Gescheinen, überwiegend das dritte oder vierte, ist das deutlich zu erkennen, denn sie tragen nicht selten einen Rankenfortsatz. Der Winzer nennt dies einen Spazierstock. An zwei Knoten entwickelt sich statt einer Ranke ein Geschein, dann folgt ein Knoten ohne Ranke oder Geschein und wieder zwei Knoten mit Ranken oder Gescheinen.

Die Blüte gliedert sich in den Blütenstiel, der in den Blütenkelch übergeht und in der Blumenkrone endet. Die Rebblüte entfaltet ihre fünf grünen Blü-

Blütenstände

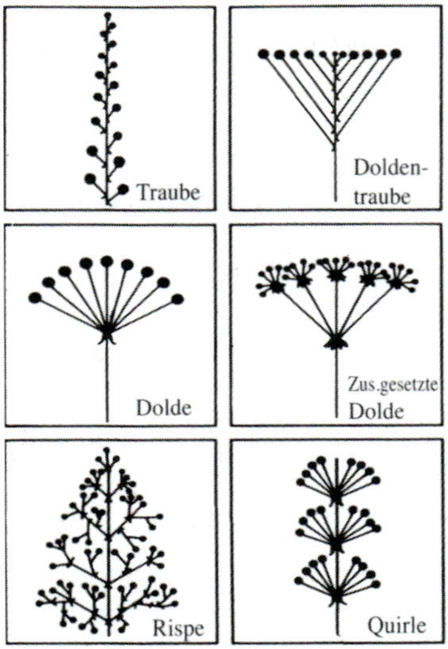

Abb. 24: Blütenstände

Abb. 25: Blühendes Geschein, Rispe

Abb. 26: Das Geschein – eine umgewandelte Ranke

Abb. 26a: Ranke mit einer Traubenbeere

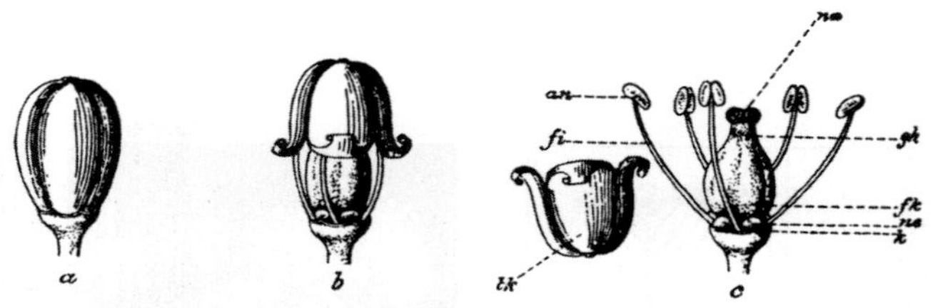

Abb. 27: a) Geschlossene Blüte, b) Öffnung der Blüte, c) Vollblüte, k = Kelch, bk = Blumenkrone, an = Staubgefäße, fi = Staubfaden, gh = Griffel, na = Nektardrüsen

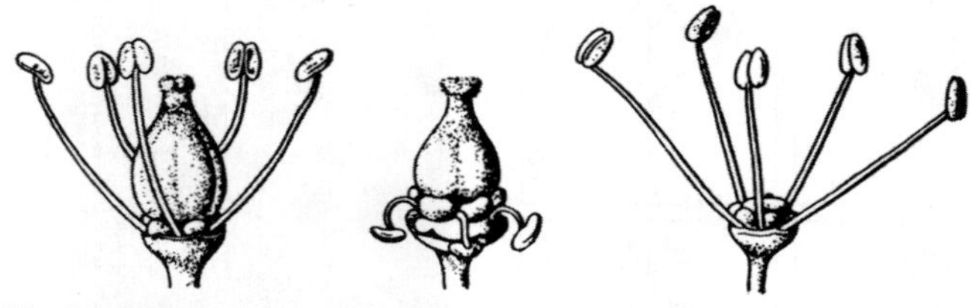

Abb. 28: Zwitterblüte, weibliche Blüte, männliche Blüte

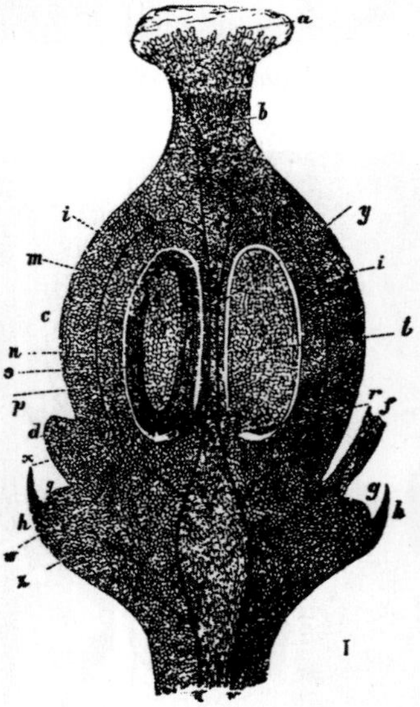

Längsschnitt durch den Fruchtkonten einer Rebenblüte

a) Narbenepithel, b) Griffel, c) Fruchtknoten, d) Nektarienen, f) ein Stück des Staubfadens, g) Abschnürungsstelle der Blumenblätter, h) Kelchrudimente, k) Samenknospen im Längsschnitt, s) Samenknospe in der Aufsicht, n) äußeres Integument, o) inneres Integument, p) Ruzellus, x) Mikropyle, r) Funiculus, v-v) durch den Blütenstiel eintretende Leitbündel, z) Abzweigungsstelle der wandständigen Leitbündel, w) Abzweigungsstelle der Samenknotenbündel, y) Fruchtknotenscheidewand

Trauben- und Beerenformen

Abb. 29: Trauben und Rappen

Abb. 30: Trauben und Rappen

Abb. 31: Beeren

Abb. 32: Beerenformen- und Farben

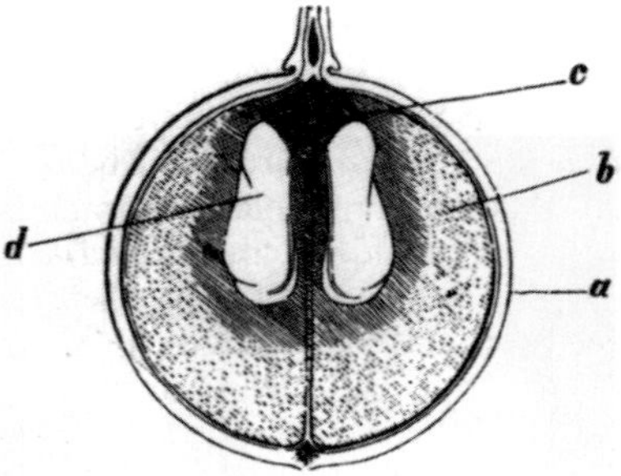

Abb. 33: Beere im Längsschnitt
a = Hülse, b = äußeres Berrenfleisch, c = Butzen, d = Samen

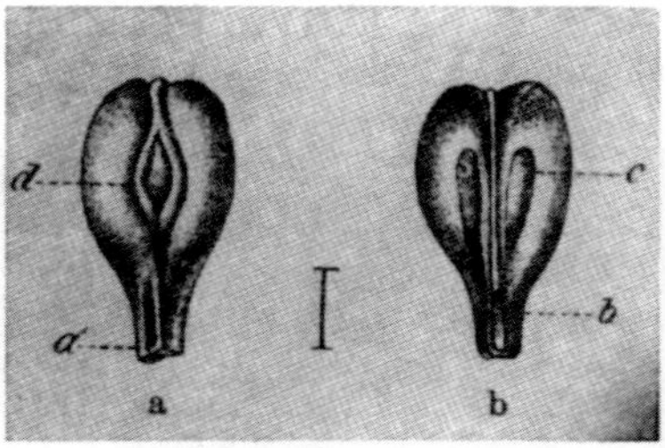

Abb. 34: Samen, Kerne
a = Rückseite, b = Bauchseite
a) Schnabel des Samens, b) Raphe, Ader c) Kernfalte, d) Chalaza, Rückenplatte

tenblätter nicht, da diese zu einer Art Käppchen, auch Mützchen genannt, zusammengewachsen sind. Beim Blühvorgang wird das Käppchen durch die sich streckenden 5 Staubblätter abgestreift. Die Staubblätter gliedern sich in Staubfäden (Antheren), die durch eine Längsrinne in 2 Staubbeutel, die den Blütenstaub (Pollen) enthalten, geteilt sind. In der Mitte der Blüte befindet sich der Fruchtknoten mit Griffel und Narbe. Am Fuße des Fruchtknotens sind 5 Nektardrüsen, die einen feinen resedaartigen Duft verbreiten (Abb. 27)

Die Edelrebe hat zwittrige Blüten (Abb. 28) und ist ein Selbstbefruchter. Die Wildreben und die meisten amerikanischen Reben sind zweihäusig, haben also Pflanzen mit männlichen Blüten und andere mit weiblichen Blüten. Bei männlichen Blüten ist der Fruchtknoten verkümmert, bei weiblichen die Staubblätter (Abb. 28).

Frucht

Die Frucht der Rebe heißt Traube (Abb. 29). Das Stielgerüst nennt man Rappen (Abb. 30). An den Astenden der Rappen sitzen die Beeren (Abb. 31, 32, 33,), die mit ihrem saftreichen Beerenfleisch 2 bis 4 Kerne (Samen) (Abb. 34) umschließen. Die Beere gliedert sich in die Beerenhaut, auch Schale oder Hülse genannt, die von einer feinen Wachsschicht, Duft genannt, überzogen ist. Im Inneren befindet sich ein saftreiches Gewebe, das Beerenfleisch, das um die Kerne verdichtet ist und dort Butzen oder Mark genannt wird. Farbe und Form der Beeren ist sehr vielgestaltig und von Sorte zu Sorte verschieden. Der Beerensaft ist hell, auch bei den meisten roten Sorten. Darum muss bei der Gewinnung roter Weine der Farbstoff durch Maischegärung oder Erwärmung aus der Hülse ausgelaugt werden. Nur einige sogenannte Farbtrauben und rote Hybriden besitzen auch roten Beerensaft. Die Samen der Trauben heißen Kerne. Sie enthalten 10 bis 20% Öl, aus dem ein hochwertiges Speiseöl gewonnen werden kann. Bei mangelhaftem Verblühen kann es zur Ausbildung von kleinen Beeren ohne Kerne kommen. Man nennt dies Jung-

Kerne u. Beeren verschiedener Rebsorten
Rückseite
Bauchseite
V.Silvestris
Riesling
Silvaner
Chardonnay
Spätburgunder
Portugieser
Dornfelder
Souvenier
Isabella
V.Labrusca

fernfrüchtigkeit oder Parthenokarpie. Diese kernlosen Beeren haben meistens ein sehr hohes Mostgewicht.

Innerer Bau (Anatomie)

Die Darstellung des inneren Baues der Rebe beschränkt sich auf einige wichtige Teile. Wer sich mit der Anatomie der Pflanze intensiver beschäftigen will, dem wird das Fachbuch "Biologie in Stichworten von Wilhelm Weber, Verlag Ferdinand Hirt, Kiel, empfohlen.

Zelle

Die Zelle ist die kleinste Einheit der Pflanze. Sie besteht aus einer mehrschichtigen Zellwand. Zwischen den Zellwänden befinden sich kleinste Zwischenräume (Interzellularräume). In ihnen wuchern z.B. die Hyphen der Peronospora und senden von dort ihre Saugorgane (Haustorien) in die Zellen, um sie auszusaugen. Das „Blut" der Zelle ist das Protoplasma. Junge Zellen sind davon völlig ausgefüllt, ältere nur teilweise. Die verbleibenden Hohlräume (Vakuolen) sind mit Zellsaft ausgefüllt. Das wichtigste Organ der Zelle ist der Zellkern mit den Chromosomen als Sitz der Erbmasse, der genetischen Information. Außerdem befinden sich in den Zellen als wichtige Funktionsorgane noch sogenannte Organellen, nämlich das Endoplasmatische Retikulum, die Ribosomen, der Golgi-Apparat, die Mitochondrien und die Mikrosomen. In Zellen besonderer Funktion befinden sich noch Plastiden als farblose Leukoplasten, gelbe Chromoplasten oder grüne Chloroplasten (Chlorophyllkörner), die Organe der Assimilation.

Gewebe

Zellen gleicher Bauart und Funktion heißen Gewebe. Sie werden in Bildungsgewebe und Dauergewebe unterschieden

Bildungsgewebe (Meristeme)

In den Bildungsgeweben erfolgt durch Neubildung von Zellen das Wachstum der Pflanze. Es wird unterschieden zwischen primärem Bildungsgewebe, für das Längenwachstum an Trieb und Wurzelspitze, und dem sekundären Bildungsgewebe, den Kambien, für das Dickenwachstum.

Dauergewebe

Sie bestehen aus ausgewachsenen Zellen, die sich nicht mehr teilen und meistens bestimmte physiologische Funktionen ausüben. Wichtige Gewebe sind Grundgewebe, Haut- und Abschlussgewebe, Festigungsgewebe und Leitungsgewebe. Das Grundgewebe (Parenchym) kann als Assimilationsgewebe, als Speichergewebe für Reservestoffe u.a. ausgebildet sein. Haut- und Abschlussgewebe: Bei den grünen Pflanzen heißen sie Epidermis. Darin eingebettet sind vor allem auf der Blattunterseite die Spaltöffnungen (Stomata), die Atem- und Transpirationsorgane der Pflanze. Das Abschlussgewebe ist von einer feinen Wachsschicht, der Kutikula, überlagert. Bei den verholzten Pflanzenteilen befindet sich zwischen dem Zentralzylinder und der Epidermis das Rindengewebe. Am grünen Trieb werden die Epidermiszellen mit begin-

Weißweinsorten

Blatt- und Triebspritzen

Auxerrois

Kanzler

Kerner

Bacchus

Ehrenfelser

Morio Muskat

Müller-Thurgau

Faberrebe

Gelber Muskateller

Muskat Ottonel

Optima

Silvaner

Huxelrebe

Ortega

Roter Gutedel

Roter Traminer

Grauer Burgunder

Scheurebe

Siegerrebe

Weißer Burgunder

Weißer Elbling

Weißer Gutedel

Weißer Riesling

Chardonnay

Roter Elbling

Fr. roter Malvasier

Fr. roter Veltliner

Rotweinsorten

Blatt- und Triebspritzen

Blauer Frühburgunder

Blauer Limberger

Blauer Portugieser

Blauer Spätburgunder

Blauer Trollinger

Deckrot

Domina

Dornfelder

Dunkelfelder

Müllerrebe

Rotberger

St. Laurent

Sulmer

Heroldrebe

Helfensteiner

Cabernet Sauvignon

Merlot

Cabernet Dorsa

Cabernet Dorio

Cabernet Mitos

Cabernet Cubin

Palas

Acolon

Tauberschwarz

Regent

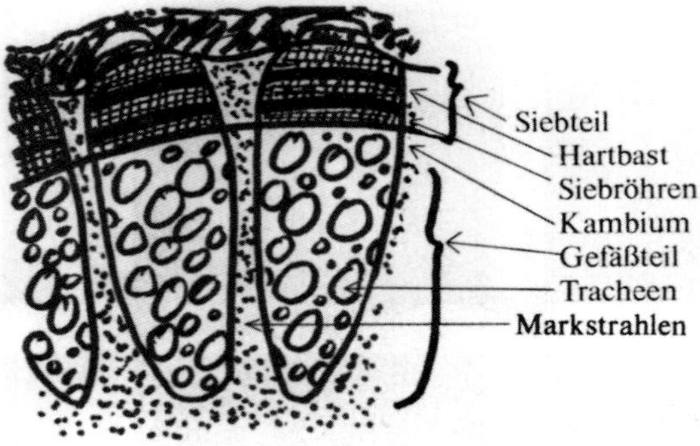

Abb. 35-1: Leitbündel

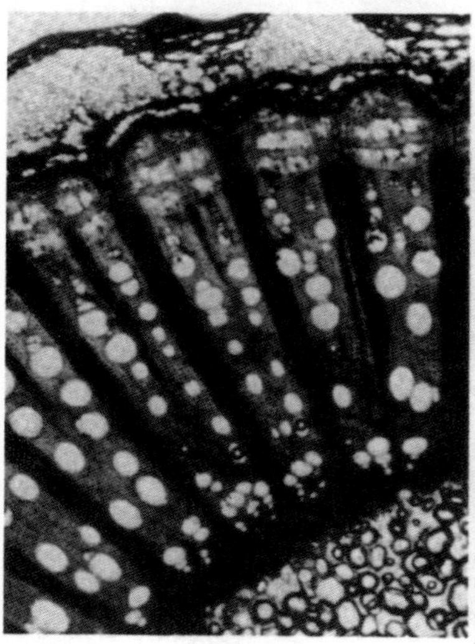

Abb. 35-2: Leitbündel

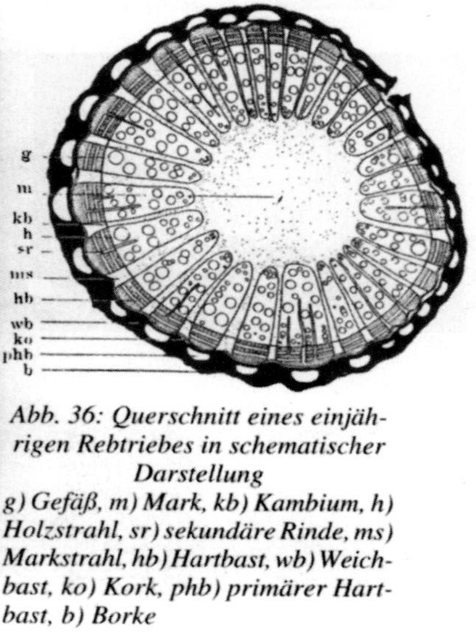

Abb. 36: Querschnitt eines einjährigen Rebtriebes in schematischer Darstellung
g) Gefäß, m) Mark, kb) Kambium, h) Holzstrahl, sr) sekundäre Rinde, ms) Markstrahl, hb) Hartbast, wb) Weichbast, ko) Kork, phb) primärer Hartbast, b) Borke

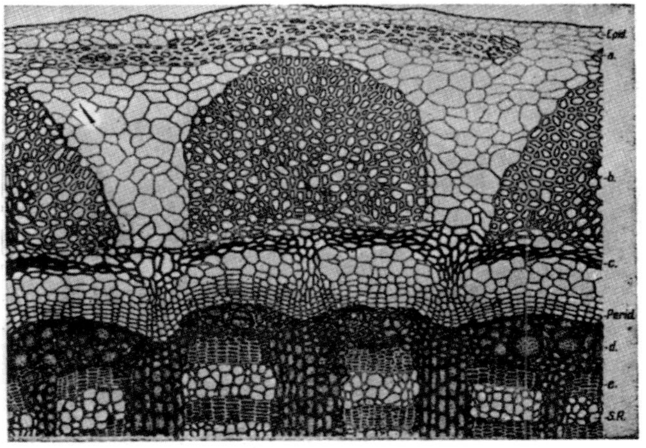

Abb. 37: Querschnitt durch die Rinde eines einjährigen Triebes Epid. = Epidermis, a= Kollenchym, b = Sklerenchym, (Faserstränge, primärer Hartbast), c = abgestorbenes Siebstranggewebe, Perid. = Periderm, Kork, d = Siebstranggewebe (Weichbast), e = Sklerenchymfaserstrang (Hartbast), SR = Siebröhre

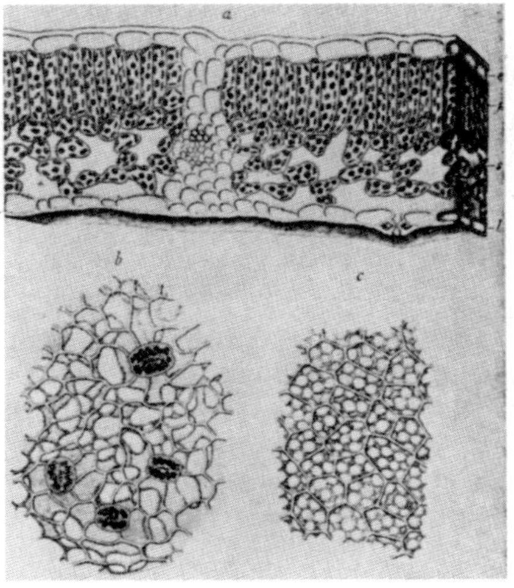

Abb. 38: Innerer Bau des Blattes
a = Querschnitte: e = Epidermis, p = Palisadenschicht, s = Schwammparenchym, l = untere Epidermis mit Spaltöffnungen, b) Flächenaufsicht auf die Blattunterseite mit Spaltöffnungen, c) Flächenaufsicht auf die Blattoberseite

nender Holzreife verkorkt und bilden einen Korkmantel, der beim mehrjährigen Trieb die Rinde bildet. Beim sekundären Dickenwachstum wird immer neue Rinde gebildet. Die äußeren Rindenteile werden später als Bast oder Borke abgestoßen.

Leitungsgewebe durchziehen die ganze Pflanze von der äußeren Wurzelspitze, durch die Wurzelstange, den Stamm, die Schenkel, das Holz, den grünen Trieb bis in die Blätter, Ranken, Gescheine und Trauben.

Das Leitungsgewebe besteht aus Leitbündeln (Abb. 35), die vom Kambium einem sekundären Bildungsgewebe, gebildet werden.

Nach außen bildet das Kambium den Siebteil (Phloem) zur Assimilationsleitung, der in Hartbast und Weichbast gegliedert ist. Im verholzten einjährigen Trieb ist die Ausbildung mehrerer Hartbaststränge ein Zeichen guter Holzreife. Bei schlecht ausgereiften Trieben können die Hartbaststränge ganz oder teilweise fehlen. Nach innen bildet das Kambium den Gefäßteil (Xylem) zur Leitung des von den Wurzeln aufgenommenen Wassers mit den darin gelösten Nährsalzen. Die weitlumigen Wasserleitröhren heißen Tracheen, die englumigen Tracheiden. Ihre verstärkten Zellwände dienen gleichzeitig, ebenso wie die Hartbaststränge der Festigung. Unterbrochen werden die Leitbündel von den Markstrahlen, die so den Stoffaustausch zwischen den äußeren und inneren Geweben in radialer Richtung vermitteln (Abb. 36).

Festigungsgewebe dienen dem Halt, der Stabilität der Pflanze. In lebenden Zellen, Kollenchym genannt, wird die Festigung durch Verstärkung der Zellkanten oder Zellwände erreicht. In toten Zellen, Sklerenchym bezeichnet, sind die Wände stark verdickt als Steinzellen (Nussschale) oder als Fasergewebe. In der Rinde werden die Sklerenchymzellen als Bastfaser, im Holz als Holzfasern bezeichnet. Die Borke des Rebstammes besteht aus solchen Holzfasern.

Absorptionsgewebe sind die Zellverbände der Wurzelhaare. Sie nehmen im Boden das Wasser mit den darin gelösten Nährsalzen auf.

Ausscheidungsgewebe sind u. a. Hydathoden (Wasserdrüsen) an den Blattzähnen des Blattrandes. Wird durch Sättigung der Luft mit Wasserdampf die Transpiration unterbrochen, erfolgt die Wasserabgabe in Tropfenform aus diesen Wasserdrüsen.

Ampelographische Merkmale

Die **Rebsortenkunde** beschäftigt sich mit den Unterscheidungsmerkmalen der Rebsorten. Die wichtigsten Merkmale sind die Triebspitze, das Blatt, die Traube und das Holz. Aber auch der Trieb, der Wuchs (hängend, aufrecht usw.), die Geiztriebbildung können als Sortenmerkmal herangezogen werden.

Die Triebspitze der Edelrebe ist offen, mehr oder weniger stark behaart und verschieden gefärbt. Das Blatt als Hauptsortenmerkmal hat unterschiedliche Größe, ist mehr oder weniger häufig gelappt und unterschiedlich stark gebuchtet. Die Blattoberfläche (Spreite) kann glatt, wellig, blasig usw. sein und hat eine unterschiedliche Grünfärbung. Der Blattrand kann mehr oder weniger stark gesägt oder gezähnt sein. Die Stielbucht ist offen, U-förmig, geschlossen oder überlappt. Manche Sorten ähneln sich so, dass sie nur an der Behaarung der Blätter unterschieden werden können. Hierbei unterscheidet man Blatthaare und Blattborsten. Sie befinden sich vornehmlich auf der Blattunterseite. Der Trieb kann dick oder dünn sein, eng- oder weitknotig. Das ausgereifte Holz zeigt farbliche Unterschiede. Auch die Ranken können als Sortenmerkmal dienen, denn sie sind unterschiedlich lang und unterschiedlich gegabelt.

Andere Sortenmerkmale sind Zeitpunkt des Austriebs, Beginn der Traubenreife, Anfälligkeit gegen Krankheiten, Holzreife, Winterfrostigkeit, Wuchsstärke, Mostgewichtsleistung, Säure, Weinart.

Chardonnay **Weißburgunder**

offene Stielbucht geschlossene Stielbucht

Unverwechselbares Erkennungsmerkmal beim Chardonnay:
Der Merkmalsunterschied liegt darin, dass die Stielbucht des Chardonnay durch Blattnerven begrenzt ist, während beim Weißen Burgunder an den Blattnerven noch Blattgewebe daran ist.

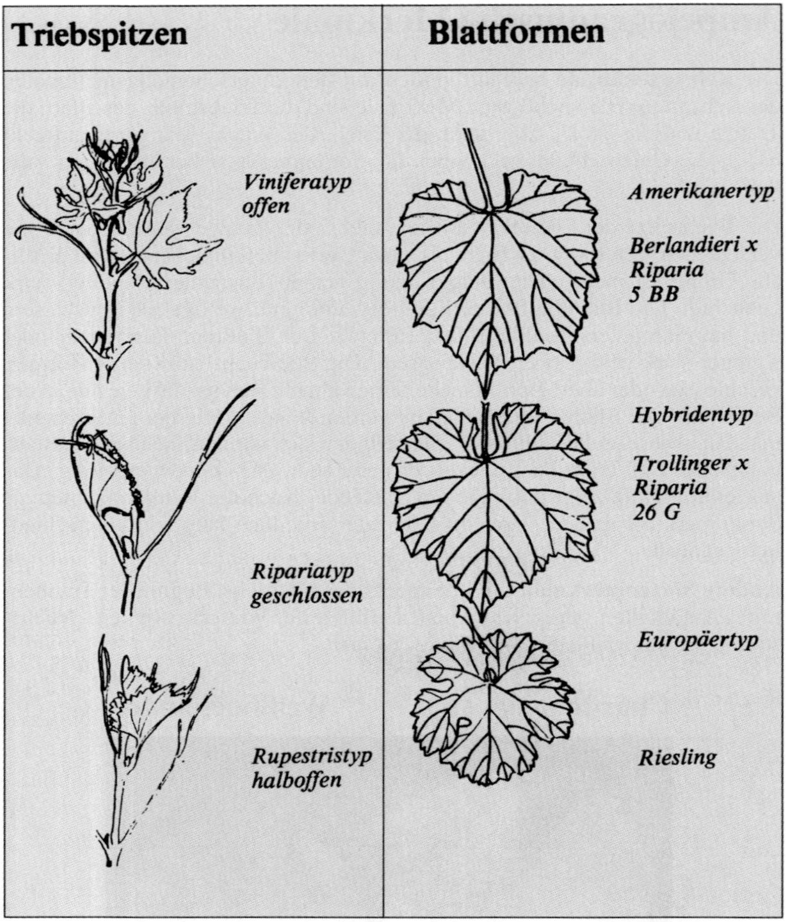
Triebspitzen
Blattformen
Viniferatyp offen
Ripariatyp geschlossen
Rupestristyp halboffen
Amerikanertyp
Berlandieri x Riparia 5 BB
Hybridentyp
Trollinger x Riparia 26 G
Europäertyp
Riesling

Deutschlands Rebsorten*

Die bestockte Rebfläche in Deutschland umfasst rund 102 340 ha.
Das Rebsortiment Deutschlands ist gegenüber dem italienischen und französischen klein. Eine starke Bereicherung ist in jüngster Zeit durch zahlreiche Neuzüchtungen eingetreten. Nach der Anbaufläche dominieren bei den weißen Rebsorten Riesling, Müller-Thurgau, Silvaner, Burgunder (Grauer und Weißer), Kerner Bacchus, Scheurebe, Chardonnay und Weißer Gutedel und bei den roten Rebsorten Spätburgunder, Dornfelder, Portugieser, Trollinger, Schwarzriesling, Regent und Lemberger. Die Flächenanteile sind in den verschiedenen Anbaugebieten jedoch sehr verschieden und weichen teilweise erheblich von der bundesweiten Aufteilung ab. Alle anderen Sorten spielen bei den Selbstvermarktern und anderen Vermarktungsschienen im Rot- und Weißweinsortiment als Besonderheiten eine beachtliche Rolle. Unter den EU-Ländern ist Deutschland das klassische Land der Weißweine. Die Rotweinproduktion hat in den vergangenen Jahren sehr stark zugenommen. Der Anbau beschränkt sich zur Erzeugung anspruchsvoller Rotweine von internationaler Prägung bzw. Rotweincharakter auf besonders geeignete Lagen.

Die Rebfläche in Ostdeutschland umfasst 1 149 ha. Die wichtigsten Rebsorten sind Müller-Thurgau (211 ha), Weißburgunder (138 ha), Riesling (118 ha), Grauburgunder (76 ha), Kerner (73 ha), Spätburgunder (65 ha), Traminer (58 ha) und Silvaner (58 ha). Das größte Anbaugebiet mit 685 ha ist Saale-Unstrut. Das zweite Anbaugebiet mit 462 ha ist Sachsen. Auf die Rotweinsorten entfallen auf Saale-Unstrut 181 ha (26,5 %) und auf Sachsen 87 ha (18,8 %) von der jeweiligen Gesamtfläche. Die pilztolerante Rotweinsorte Regent nimmt eine Rebfläche von insgesamt 29 ha ein.

* mit Ausnahme des Müller-Thurgau ohne Neuzüchtungen

Anteil der Hauptrebsorten an der gesamten bestockten Rebfläche von 102 340 ha:

Sorten		Anbaufläche ha		
		1994	**2007**	**2008**
Weiße				
1.	Riesling, Weißer	23.229	21.722	22.434
2.	Müller-Thurgau (Rivaner)	24.273	13.824	13.721
3.	Silvaner, Grüner	7.753	5.261	5.236
4.	Ruländer (Grauer Burgunder)	2.559	4.413	4.481
5.	Burgunder, Weißer	1.628	3.589	3.731
6.	Kerner	7.656	3.848	3.712
7.	Bacchus	3.525	2.061	2.015
8.	Scheurebe	3.706	1.702	1.672
9.	Chardonnay	183	1.120	1.171
10.	Gutedel, Weißer	1.250	1.129	1.136
11.	Traminer, Roter	858	831	835
12.	Huxelrebe	1.355	656	635
13.	Ortega	1.105	653	634
14.	Faberrebe	1.909	632	587
15.	Elbling, Weißer	1.796	580	578
16.	Morio Muskat	1.474	517	502
17.	Sauvignon Blanc	-	336	434
18.	Auxerrois	42	177	185
19.	Muskateller, Gelber	76	156	174
20.	Reichensteiner	319	113	106
21.	Siegerrebe	195	108	103
22.	Sonstige	2.767	1.038	1.029
Zusammen		**87.026**	**64.466**	**65.114**
Rote				
1.	Spätburgunder, Blauer	6.994	11.820	11.800
2.	Dornfelder	1.776	8.185	8.101
3.	Portugieser, Blauer	4.450	4.551	4.354
4.	Trollinger, Blauer	2.520	2.504	2.472
5.	Müllerrebe (Schwarzriesling)	2.121	2.397	2.361
6.	Regent	-	2.182	2.161
7.	Limberger, Blauer	878	1.702	1.729
8.	Saint Laurent	59	675	669
9.	Acolon	-	473	478
10.	Merlot	-	431	450
11.	Domina	98	404	404
12.	Dunkelfelder	187	362	352
13.	Cabernet Mitos	-	320	320
14.	Cabernet Sauvignon	-	278	288
15.	Frühburgunder, Blauer	44	251	252
16.	Cabernet Dorsa	-	222	227
17.	Heroldrebe	223	163	155
18.	Zweigelt, Blauer	-	98	100
19.	Sonstige	893	540	533
Zusammen		**19.819**	**37.560**	**37.227**
Bestockte Rebflächen insgesamt		**106.845**	**102.026**	**103.605**

Quelle: Statistisches Bundesamt Wiesbaden 2009 (für 2007 und 2008)

Weißweinsorten

Weißer Riesling

Von allen Reben stellt der Weiße Riesling unbestritten die wertvollste Sorte dar. Aus dem Saft seiner Trauben stammen unsere edelsten Weine. Trotz seiner späten Reife bringt der Riesling beste Ergebnisse in kühleren Gegenden und hat deshalb die größte Verbreitung in den nördlichen Weinbaugebieten Deutschlands gefunden, wird aber auch in vielen anderen Ländern angebaut.

Es gibt kaum eine andere Rebsorte, die so langlebig ist und die Fähigkeit besitzt, den eigenen unnachahmlichen Stil, die Charakteristiken einer Lage zum Ausdruck zu bringen und gleichzeitig den eigenen unnachahmlichen Stil beizubehalten. Die Natur hat dem Riesling eine kräftige Weinsäure bzw. Fruchtsäure beschert, was vor allem beim Ausbau hochwertiger edelsüßer Weine ein gutes Gegengewicht bedeutet. Sein Sortenaroma ist stets kräftig, scharf gezeichnet, kann blumig sein, stahlig oder ausgesprochen würzig und je nach dem Terroir und Ausbau mehr oder weniger mineralisch.

Verbreitung: Deutschland besitzt 22.434 ha mit Riesling bepflanzter Rebfläche und damit die größte der Welt. Weiterhin wird der Riesling im Elsass angebaut, in Österreich, in Südtirol, in der Schweiz und sogar in Australien, Südafrika, Kalifornien, Chile und Neuseeland.

Herkunft: Mit letzter Genauigkeit kann die Herkunft des Rieslings nicht bewiesen werden. Bassermann-Jordan weist in seiner "Geschichte des Weinbaus" auf die Vermutung hin, dass der Riesling eine gewisse Ähnlichkeit mit einer Rebsorte habe, die von dem römischen Schriftsteller Plinius (23-79 n. Chr.) beschrieben wurde (amineische Rebe). Andere glauben, dass wir sie König Ludwig dem Deutschen (843-876) verdanken, der die Sorte erstmalig habe am Rhein anpflanzen lassen, wo er die dort heimischen Rebsorten Trollinger und Orleans langsam verdrängte. Auch in der Pfalz, den Wonnegau, an den Rhein und die Mosel wird seine Urheimat gelegt. Schließlich wird zum Ausdruck gebracht, dass der Riesling sich aus der am Rhein heimischen Wildrebe Vitis vinifera var. silvestris entwickelt habe. Immer handelt es sich hierbei um reine Vermutungen, die letztlich nicht bewiesen werden können.

Nach genetischen Analysen von F. Regner könnte der Ursprung des Rieslings in einer spontanen Kreuzung aus einer autochtonen Rebe vom Rhein mit Traminer liegen. Die ursprügliche Rebe haben vielleicht schon die Germanen kultiviert. Den Traminer könnten die Römer an den Rhein gebracht haben. Möglicherweise haben der Traminer dabei zu einer qualitativen Verbesserung und die autochtone Rebe zur Frosthärte und Kleinbeerigkeit beigetragen. Der vermutlich letzte Schritt war die Einkreuzung von Heunisch, welcher zur Beständigkeit, Vitalität und dem Säurepotential des Rieslings beigetragen haben könnte.

Ende des Mittelalters verbreitete sich der Riesling vom Rheintal aus in die meisten deutschen Anbaugebiete. Eine Urkunde aus dem Jahr 1430 über einen Russlingweingarten bei Worms und Rechnungen des Kellers Klaus Kleinfisch aus Rüsselsheim an seinen Herrn Graf Johann IV von Katzenelnbogen im Jahr 1435 zählen zu den ersten Nachweisen von Rieseling-Reben. Weitere Hinweise folgen aus Bingen (1463), von der Mosel (1464/1465) und ein Eintrag im lateinischen Kräuterbuch von 1552 des pfälzischen Botanikers Hieronymus Bock. Die Neubestockung der Rheingauer Weinberge von Schloss Johannisberg im 18. Jahrhundert unter der Ägide der Fuldaer Erzbischöfe erfolgte fast ausschließlich mit Riesling. Der Trierer Kurfürst Clemens Wenzeslaus von Sachsen verfügte im Jahre 1787, dass in seinem Herrschaftsbereich nur noch Riesling zu kultivieren sei. Aufgrund dieser Verfügung wurde die Mosel das größte zusammenhängende Rieslinganbaugebiet der Welt. Staatliche Anbauempfehlungen im 17. Jahrhundert, ein Qualitätsstreben und hohe Weinpreise führten ab dem Ende des 19. Jahrhunderts zu einer starken Ausbreitung. Deutsche Rieslingweine wurden um die Wende vom 19. zum 20. Jahrhundert zumindest ebenso hoch eingeschätzt und erzielten gleiche Preise wie die großen Rotweine Frankreichs.

Ursprung des Sortennamens: Der Ursprung des Namens lässt sich ebenfalls nicht eindeutig klären. Nach Bassermann-Jordan* wird in einer Urkunde aus dem Jahre 1430 von einem Russlingweingarten bei Worms berichtet. 1511 ist einer anderen Urkunde aus der gleichen Gegend das Wort Rissling zu entnehmen. Ob der Name nun von der rissigen Borke der Rieslingstämme abgeleitet ist, wie früher vermutet wurde, oder von der Eigenart, bei kühlem Blütewetter leicht zu verrieseln, wie der Volksmund behauptet, wird ungeklärt bleiben.

Die Synonyme (Doppelnamen) des Rieslings sind sehr zahlreich. Im Weinbaulexikon sind 14 verschiedene Namen aufgeführt, im Winzerbuch von Scheu sind es 10 Namen und in der Ampelographie von Hermann Goethe über 15.

Synonyme:

Land	Bezeichnung
Deutschland	**Weißer Riesling** (echte Sortenbez.), **Riesling**, Rössling, Rösslinger, Riesler, Rieslinger, Rheinriesling, Moselriesling, Rheingauer, Johannisberger, Hochheimer, Niederländer, Klingelberger, Gräfenberger, Kastellberger, Karbacher, Riesling, Kleinriesling, Kleinriesler, Weißer Kleiner Riesling, Gewürztaube, Pfefferl. Neue Bezeichnung: Riesling renano
Frankreich	Riesling blanc, Petit Riesling, Gentile Aromatique Petracine (Moselle)
Italien	Riesling renano bianco, Riesling renano, Reno
Schweiz	Riesling, Petit Rhin
Österreich	Rheinriesling, Weißer Riesling
Ungarn Rajnai	Rizling, Grauer Riesling
Rumänien	Riesling de Rhin, Reynai, Rheinriesling
Bulgarien	Rizling
Russland	Risling, risling rejnski
USA	Riesling, White Riesling, Johannisberger Riesling
Südafrika	Riesling
Tschechien	Réslink, Starovetske

* Bassermann-Jordan, Friedrichvon (1872-1959), Weingutsbesitzer in Deidesheim, Verfasser des Buches“ Die Geschichte des Weines“

Nach dem bekannten Ampelographen H. Moog* heißt die richtige Sortenbezeichnung "Weißer Riesling". Eine Unterscheidung in Moselriesling und Rheinriesling gibt es nicht. Viele Synonyme sind dadurch entstanden, dass die Sorte nach einem Ort benannt wurde, an dem sie besonders gute Weine hervorbrachte oder erstmalig angebaut wurde. Ein solcher Name ist "Klingelberger", der noch heute für die Rieslingweine der badischen Ortenau verwandt wird, wo er erstmalig im Durbacher Klingelberg angebaut wurde. Die Bezeichnung "Hochheimer" trugen früher Rieslingweine, die nach England ausgeführt wurden.

Die hohe Qualität der Rieslingweine hat auch immer dazu verführt, aus einem Namen Kapital zu schlagen. So gibt es eine Vielzahl von falschen Rieslingbezeichnungen. Hierbei handelt es sich in jedem Falle um Rebsorten, die mit dem Riesling nichts zu tun haben. In Rheinhessen gab es einen Bukettriesling, dessen echte Bezeichnung Bukettrebe ist. Sie stammt aus Randersacker in Franken und hatte wegen ihres reichen Ertrages in Rheinhessen und der Pfalz eine gewisse Verbreitung gefunden. In Bockenau an der Nahe nannte man den früher dort angebauten Ortlieber "Bockenauer Riesling", wobei den Winzern die echte Bezeichnung völlig fremd ist. Vielleicht ist es zu dieser Bezeichnung auch deswegen gekommen, weil Riesling und Ortlieber nur wenige ampelographische Unterscheidungsmerkmale besitzen. Der Rieslaner sollte einmal als "Mainriesling" seinen Weg in die Weinberge antreten. In Südeuropa und Südosteuropa gibt es eine Sorte, die "Welschriesling" heißt und die Bezeichnung "Schwarzriesling" für die Sorte Müllerrebe ist noch heute gebräuchlich. Schließlich bezeichneten früher viele Betriebe den Müller-Thurgau gerne nach seinen angeblichen Kreuzungspartnern "Riesling x Silvaner", was heute in der Bundesrepublik verboten ist. In der Schweiz ist die Bezeichnung Riesling x Silvaner noch gebräuchlich.

Riesling-Anbau in den Weinbaugebieten Deutschlands 2008

Weinbaugebiet	ha	% der Anbaufläche des Gebietes
1. Pfalz	5.458	23,3
2. Mosel	5.390	59,7
3. Rheinhessen	3.769	14,3
4. Rheingau	2.464	78,8
5. Württemberg	2.083	18,1
6. Baden	1.166	7,3
7. Nahe	1.125	27,1
8. Mittelrhein	309	67,0
9. Franken	297	4,9
10. Hessische Bergstraße	211	48,1
11. Sachsen	67	14,5
12. Saale-Unstrut	50	7,2
13. Ahr	43	7,7

* Moog, Hch. (1896-1963), Ampelograph

Sortenmerkmale: Triebspitze offen, gelblich-grün, stark weißlich behaart mit leicht rötlichem Anflug; Jungblätter gelblich, leicht bronzefarbenen und schwach behaart; Blatt mittelgroß, rundlich, fünflappig, wenig gebuchtet, stumpf gezähnt, Oberfläche blasig derb, in der Form stark wechselnd, Stielbucht überlappend; Trieb weitknotig, mittlere Geiztriebbildung; Holz hellbraun, dunkel punktiert, leicht gerieft; Traube klein bis mittelgroß, dichtbeerig, zylinderförmig, bei guten Trägern auch geschultert; Beere klein bis mittelgroß, rund, grüngelb, bei Besonnung auch gelbbraun, schwarz punktiert, schwaches Bukett; Austrieb mittelspät bis spät; Blütezeitpunkt spät bis sehr spät; Blühfestigkeit mittel; Reife spät bis sehr spät; Wuchs kräftig; Ertrag mittel; Holzreife sehr gut.

Eigenschaften der Sorte

Ansprüche an die Lage: Von allen Sorten, die wir kennen, stellt der Riesling in den nördlich gelegenen Anbaugebieten die höchsten Ansprüche an die Lage. Nur wenn ausreichend Wärme vorhanden ist, erreichen die Trauben ihre Vollreife. In südlichen Weinbauregionen dagegen ist das Klima für den Riesling zu oft heiß, was zu Problemen im Anbau und vor allen zu wenig fruchtbetonten Weinen von minderer Qualität führt. In unsren Breiten wird der Riesling dagegen vornehmlich in Südwest- bis Südostlagen angebaut, welche eine Höhe über NN 200 m nicht wesentlich überschreiten. In leicht erwärmbaren Böden (Sand-, Kies- und Gesteinsböden) können diese Grenzen auch etwas überschritten werden. Eine Ausweitung des Rieslinganbaues ist daher nur selten möglich. Optimale Bedingungen bieten die wärmespeichernden steinigen Steillagen entlang der Flusstäler, wie z.B. am Rhein, an der Ahr, an der Mosel, der Saar, der Ruwer, an der Nahe und am Main. Die trockenen Rieslingweine aus der Pfalz, aus Rheinhessen oder aus Baden sind in der Regel wuchtiger und säureärmer. Falls das warme Klima der letzten Jahre anhält und die Klimaerwärmung weiter fortschreitet, ist es aber auch durchaus möglich, dass gerade deutsche Spitzenlagen, die mit Riesling bestockt sind, in einigen Jahrzehnten durch Rebsorten südlicher Anbauregionen verdrängt werden. Riesling wird dann evtl. in weniger wärmebegünstigten Lagen, wie bereits in früheren Epochen, (Seitentäler, höher gelegene Lagen) kultiviert.

Ansprüche an den Boden: Der Riesling stellt nur geringe Ansprüche an den Boden. Er wächst in Deutschland praktisch auf allen Bodenarten, vom flachgründigen Gesteinsboden bis zum tiefgründigen Lehm- oder Tonboden. In trockenen, flachgründigen, steinigen Südhängen erweist sich der Riesling, wie kaum eine andere Rebsorte, als sehr robust.

Holzreife: Die sehr gute Holzreife verleiht dem Riesling eine ausgezeichnete Winterfrostfestigkeit. Winterfröste von 20 Grad unter Null, und nach Jahren mit besonders guter Holzreife auch 25 Grad unter Null, übersteht der Riesling fast immer ohne Schaden. Nur dort, wo stauende Nässe herrscht, gibt es auch beim Riesling Winterfrostausfälle. Diese gute Frostfestigkeit verleiht ihm eine gleichmäßig hohe Ertragsfähigkeit. Dementsprechend schwanken die Erträge in Gebieten mit hohem Rieslinganteil, wie z.B. der Mosel, nur wenig.

Krankheitsanfälligkeit: Der Riesling ist nicht besonders krankheitsempfindlich. Es besteht keine Überempfindlichkeit gegenüber Peronospora, Schwarzfleckenkrankheit oder Oidium. Vom Roten Brenner kann er dagegen stark befallen werden. Diese Anfälligkeit muss jedoch in Verbindung mit der Lage gesehen werden, denn der Rote Brenner tritt vornehmlich in trockenen, humusarmen Lagen auf, die überwiegend mit Riesling bestockt sind. Steht der Müller-Thurgau an einer solchen Stelle, so wird er viel stärker von diesem Pilz befallen als der Riesling. Mit der Klimaerwärmung hat auch die Pilzerkrankung Esca, welche zur Verstopfung und Zerstörung der Leitbahnen und des Holzgewebes im Stamm führt, zunehmend günstigere Bedingungen. So macht diese Pilzkrankheit auch vor dem Riesling nicht halt, auch wenn der Riesling hierfür nicht als besonders anfällig auffällt.

Botrytisanfälligkeit: Für Beerenbotrytis ist der Riesling im Vergleich zu anderen Sorten nicht übermäßig empfindlich. Von der Stielfäule wird er dagegen stärker heimgesucht. Je nach Witterung, Spritzfolge und Wüchsigkeit gibt es in manchen Jahren durch Stielfäule zahlreiche Bodentrauben. Auch gegen Stiellähme, einer physiologischen Störung beim Aufbau des Stielgerüstes der Trauben, ist der Riesling sehr empfindlich. In unharmonisch gedüngten oder überdüngten Böden tritt sie besonders gerne auf. Wuchsstarke Weinberge leiden darunter mehr als wuchsschwache. Als Sekundärerscheinung werden stiellähmebefallene Trauben dann von Stielfäule erfasst. Luftige Erziehung, harmonische Düngung und nicht zu üppiger Wuchs sind die besten Gegenmaßnahmen zur Eindämmung von Stielerkrankungen. Bei jahrgangsbedingt früher Reife bei noch hohen Temperaturen und feuchter Witterung im September ist die Rieslingbeere besonders platzanfällig, was zwangsläufig auch die Fäulnisanfälligkeit stark erhöht.

Rebenerziehung: Nähere Angaben über die Erziehungsarten der Reben sind dem im gleichen Verlag erschienenen “Weinbau-Taschenbuch” zu entnehmen. Der Riesling kann mit Erfolg in den verschiedensten Erziehungen angebaut werden. Der Unterschied in der Fruchtbarkeit basaler und apikaler Augen ist vergleichsweise gering ausgeprägt, weshalb der Riesling sowohl für Erziehungen mit langem als auch mit kurzem Fruchtholz geeignet ist. Zur Erzeugung von Basisqualitäten ist der Riesling auch für die Minimalschnitterziehung geeignet. Bei dieser Erziehung wird die Rieslingtraube lockerer und kleinbeeriger, was das Botrytisrisko mindert. Der aufrechte Wuchs erleichtert die Heftarbeiten bei der Drahtrahmenerziehung.

Unterlagenwahl: Bei ihr muss die Wuchskraft des Bodens unter allen Umständen berücksichtigt werden. Auf triebigen Böden kann der Riesling verstärkt durchrieseln, wenn er auf einer stark wüchsigen Unterlage, wie z.B. der 5 BB steht und zusätzlich noch eng bepflanzt wurde. Die starkwüchsige 5 BB ist daher nur in sehr armen, flachgründigen Böden als Unterlage geeignet. In allen anderen Böden sind SO 4, Binova, 125 AA oder 8B vorzuziehen. In fruchtbaren, ausreichend feuchten, aber wenig kalkhaltigen Böden stellt die 5 C eine brauchbare Unterlage für den Riesling dar.

Riesling

Ertrag: Durch die Klonenselektion, die in den dreißiger Jahren begann, wurde die Ertragsfähigkeit des Rieslings erheblich gesteigert. Eine richtige Erziehung vorausgesetzt, bringen die Rieslingklone gute, jährlich wenig schwankende Erträge zwischen 60 und 110 hl/ha und mehr. Im langjährigen Mittel bleibt allerdings der Ertrag ca. 20 % hinter dem Silvaner zurück.

Reife: Von allen Ertragssorten hat der Riesling die späteste Reife. Die Vollreife wird in den südlichen Weinanbaugebieten Deutschlands etwa Anfang Oktober erreicht, in den nördlichen Gebieten nicht vor dem 15. Oktober, wenngleich die Klimaerwärmung in den vergangenen Jahren häufig zu einer früheren Reife führte. In vielen Jahren kommt man daher mit der Ernte in die herbstliche Schlechtwetterzone, die meistens ab 20. Oktober einsetzt. Um die Ernte noch bei möglichst gutem Wetter abschießen zu können, sollte der Rieslinganteil in einem Betrieb eine gewisse Grenze nicht überschreiten. Zahlen können hier nicht genannt werden, zumal in reinen Rieslinganbaugebieten der Anteil in einem Betrieb immer 70 bis 80 % betragen wird und vielfach auch muss. Entsprechend der späten Reife erfolgt die Ernte des Rieslings stets als letzte der in Deutschland angebauten Sorten. Je nach Weinbaugebiet fällt sie in den Oktober oder November. Es ist auch keine Seltenheit, dass Rieslingtrauben noch im Dezember gelesen werden. Wo man am Nikolaustag oder gar am Dreikönigstag erntet, handelt es sich meist um die Rebsorte Riesling. Frühfrost ermöglicht an reifen Trauben die Gewinnung von Eisweinen. Diese Eisweine zählen zu den besonders kostbaren Spezialitäten des Rieslings. Leider kommt es auch häufig vor, dass Regen und Nässe im Ende Oktober und November die Ernte erschweren und das Lesegut verwässern. Es ist daher gerade beim Riesling richtiger, die gut reifen Trauben in einer Zeit zu ernten, in der das Wetter noch schön und trocken ist, und nur gesundes Lesegut hängen zu lassen. Das ergibt einen doppelten Vorteil: 1. Bleibt das Wetter gut, reifen die Trauben noch und es wird eine bessere Qualität geerntet. 2. Gibt es schlechtes Wetter, so wird nicht das beste Lesegut, sondern nur das geringere beeinträchtigt, das man sowieso hätte anreichern müssen.

Mostgewicht: Insgesamt ist die Qualitätsspanne, auf das Mostgewicht bezogen, sehr breit. Der Riesling erreicht im langjährigen Durchschnitt in kleinen Lagen höchstens 65 °Oechsle. Da die Güte des Rieslingweines nicht allein vom Mostgewicht, sondern auch von der fruchtigen Säure abhängt, ist zur Erreichung eines Qualitätsweines kein so hohes Mostgewicht wie bei anderen Sorten, z.B. Grauer Burgunder, erforderlich. Da die Feinheiten des Weines auf leichten Gesteinsböden ausgeprägter sind als auf schweren, ist ein Rieslingwein, der auf einem Gesteinsboden gewachsen ist, mit 65 °Oechsle einem solchen aus schweren Boden mit 70 °Oechsle qualitativ gleichzustellen. die Kabinettweingrenze liegt bei 70 °Oechsle. Die genannten Oechslegrade sind nicht identisch mit denen vom Weingesetz vorgeschriebenen Grenzen, die Spätlesegrenze liegt bei 80 Grad. Auslesen werden ab 90 °Oechsle gewonnen. In vorzüglichen Jahren klettern die Mostgewichte in guten Lagen oft über 100 Grad. Trockenbeerenauslesen sind schon mit Mostgewichten über 200 Grad geerntet worden.

Säure: Sie kann als das Rückgrat des Rieslings bezeichnet werden und ist ein wesentlicher Bestandteil der Qualität, weil sie der Träger der fruchtigen Rieslingart ist. Je nach Reifegrad schwankt die Säure zum Zeitpunkt der Ernte i.d.R. zwischen 9 und 15 g/l. Wird diese Säure fachgerecht verringert, dann wirkt sie im ausgebauten Wein keineswegs störend. Nach einer längeren Lagerzeit solcher Weine ist fast nie mehr zu erkennen, dass das Ausgangsprodukt einmal eine vergleichsweise hohe Säure besaß. Im Gegensatz zu vielen anderen Sorten wirkt eine hohe Rieslingsäure kaum grasig.

Weinqualität: Rieslingweine nehmen auf der ganzen Welt die erste Stelle unter den Weißweinen ein. Er ist die anspruchsvollste und edelste Weinsorte Deutschlands. Seine Eleganz, seine Rasse, seine Aromen und seine anregende Art brachten ihn seit vielen Jahrhunderten zum "König der Weißweine". Rieslingweine kann man zu allen feierlichen Anlässen und Gelegenheiten servieren, denn "nobel erhöht er das Essen zum Mahl".

Die Qualität des Rieslings ist weitgehend von der Lage und dem an den Standort angepassten Ertragspotential abhängig. Neuere Untersuchungen zur Terroir-Forschung belegen deutlich den Einfluss des Ausgangsgesteins, auf welchem der Riesling wächst, auf die sensorische Ausprägung der Weine. Der Riesling besitzt die Fähigkeit, den Charakter der jeweiligen Lage besonders gut zum Ausdruck zu bringen. Der Geschmack junger Weine kann sich durch vielfältige fruchtige Aromen, wie Grapefruit, Limone, Zitrone, Apfel, Pfirsich und Passionsfrucht, auszeichnen. Im Laufe der Reifung weichen die Fruchtaromen den mineralischen und Bodentönen. Altersgereifte Weine weisen zudem häufig eine „Petrolnote" auf. Aufgrund des relativ hohen Säuregehalts besitzen hochwertige Rieslingweine eine sehr gute Lagerfähigkeit.

Große Besonderheiten sind die hochfeinen edelsüßen Auslese-Spezialitäten als Beeren- und Trockenbeerenauslesen und die außergewöhnlich fruchtigen Eisweine. Sie gehören international zu den bekanntesten und teuersten deutschen Weinen.
Neuerdings wird aus hochwertigen Rieslingweinen auch ein besonders wertvoller Riesling-Weinbrand hergestellt, der sich durch das typisch feine Bukett eines Rieslings auszeichnet. Das unterstreicht ebenfalls den besonderen Wert dieser Weine. Hinzu kommt, dass der Riesling eine hervorragende Sorte zur Erzeugung von Sekt ist.

Vorteile: Die Vorteile des Rieslings liegen in seinen rassigen Weinen, in seiner großen Qualitätsspanne, seinen guten weinbautechnischen Eigenschaften, seiner begrenzten Anfälligkeit gegen Peronospora und Phomopsis, seiner sehr guten Frostfestigkeit und seiner gesicherten Ertragsleistung und besten Absatzchancen. Hervorzuheben ist noch der geringe Anspruch an den Boden, die gute Trockenheitsresistenz und die hohe Widerstandsfähigkeit gegenüber der Chlorose.

Nachteile: Sie liegen in den hohen Ansprüchen an die Lage die den Anbau begrenzen und seiner Empfindlichkeit gegenüber Stiellähme. Das ist gemessen an den Vorteilen wenig.

Für die Praxis ist die genaue Herkunft unerheblich, da der Wert der Sorte von niemandem angezweifelt wird. Prof. Dr. Müller und seinem Weinbautechniker Schellenberg verdanken wir auf jeden Fall diese wertvolle Sorte.

Sortenmerkmale: Triebspitze offen, hellgrün, leicht flaumig mit rötlichem Anflug; Blatt mittelgroß, fünfeckig (= fünflappig), tief gebuchtet, Stielbucht überlappend, Rand gesägt; Trieb weitknotig, mittlere Geiztriebbildung; Holz hellbraun, dunkelbraun gestreift; Traube mittel bis groß, locker bis dichtbeerig, konisch, oft geschultert; Beeren mittelgroß, oval, gelblichgrün, deutliches Muskatbukett; Austrieb mittelfrüh bis spät; Blütezeitpunkt spät, Blühfestigkeit hoch bis sehr hoch; Reife früh bis mittelfrüh; Wuchs mittelkräftig; Ertrag hoch bis sehr hoch; Holzreife mittelgut. ist die Bezeichnung nicht einheitlich. In Süddeutschland wurde sie noch vor wenigen Jahren als Riesling x Silvaner bezeichnet. Bei dieser Benennung hat man natürlich der verkaufsfördernde Wirkung der Sorte Riesling im Auge, denn der Käufer denkt dabei häufig an einen Verschnitt von Riesling und Silvaner. Nach dem heutigen Saatgutrecht darf eine Sorte nicht nach den Kreuzungseltern benannt werden, sondern muss einen eigenen Namen erhalten.

Eigenschaften der Sorte

Ansprüche an die Lage: Der Müller-Thurgau stellt nur geringe Ansprüche an die Lage. Das soll nicht heißen, dass man ihn nicht in guten Lagen anbauen könnte. Schon in einer mittleren Lage bringt er fast in jedem Jahr einen Kabinett und in guten Jahren mit Sicherheit eine Spätlese. Wenn davon ausgegangen wird, dass die Spitzenlagen grundsätzlich mit Riesling bestockt werden, kann der Müller-Thurgau in allen übrigen Lagen angepflanzt werden. Diese Anspruchslosigkeit der Sorte ist mit ein Grund für ihre große Verbreitung.

Synonyme:

Land	Bezeichnung
Deutschland	Müller-Thurgau, Rivaner
Österreich	Müller-Thurgau
Schweiz	Riesling x Silvaner
Elsass	Riesling x Silvaner
Luxemburg	Rivaner
Ungarn	Rizlingzlváni

Ansprüche an den Boden: Die Bodenansprüche sind höher als die des Rieslings. Der Müller-Thurgau liebt mehr tiefgründige, frische, nicht zu trockene Böden. Auch tonige und kalkhaltige Böden sagen dem Müller-Thurgau noch zu, wo andere Sorten, zum Beispiel der Silvaner, chlorotisch werden. Ausgesprochen schwere Böden, die zur Verdichtung neigen, sind jedoch auch für den Müller-Thurgau ungeeignet. Gegen Trockenheit ist der Müller-Thurgau empfindlich, sodass er sich nicht für flachgründige, sandige, kiesige oder felsige Böden eignet. Durch geeignete Unterlagenwahl kann die Adaption der Sorte allerdings etwas verbreitet werden. So kann der Müller-Thurgau auf der stark wachsenden Unterlage 5 BB mit Erfolg auch noch auf etwas weniger fruchtbaren Böden angebaut werden.

Holzreife: Der Müller-Thurgau besitzt keine besonders gute Holzreife. Schon zwei bis drei Wintertage mit Temperaturen ab 15 Grad unter Null können genügen, um Augenerfrierungen auszulösen. Die mangelhafte Holzreife wird durch sehr hohen Ertrag verstärkt. Auch feuchte Herbste vermindern die Holzreife. Auf eine gute Versorgung mit Kali und Magnesium ist zu achten, da der Müller-Thurgau für beide Nährstoffe eine höheren Bedarf hat. Die Stockabstände sind so zu wählen, dass zwischen den Bogreben (Fruchtruten) noch ein kleiner Zwischenraum von 5-10 cm verbleibt, um jeder Dichtlaubigkeit vorzubeugen, weil diese die Holzreife beeinträchtigt.

Die Winterfrostfestigkeit des einjährigen Holzes und der Augen ist nur mittelmäßig. Das alte Holz kann als ausreichend bis mäßig winterfrostfest bezeichnet werden, erreicht jedoch nicht die Härte des Rieslings, übertrifft aber den Silvaner. Besonders auf feuchten Standorten ist die Winterfrosthärte ungenügend. Schließlich wird die Winterhärte noch herabgesetzt, wenn die Stöcke infolge überreichen Behangs erschöpft in den Winter gehen. Unter solchen Voraussetzungen hat man in einer Frostlage schon nach mäßig kalten Wintern Stockausfälle zu beklagen. Durch kurze scharfe Fröste kann es gelegentlich zum Ausfall ganzer Weinberge kommen. Diese Fälle sind zum Glück selten. Der Anbau ist rückläufig und hat zu Gunsten von Rotweinsorten abgenommen.

Düngung: Eine harmonische Nährstoffversorgung ist beim Müller-Thurgau wichtig. Das häufige Auftreten von Magnesiummangel und Kalimangel in Müller-Thurgau-Weinbergen zeigt, dass die Sorte an beiden Nährstoffen einen hohen Bedarf hat.

Krankheitsanfälligkeit: Der Müller-Thurgau gehört zu den anfälligen Sorten. Diese Schwäche ist als der größte Nachteil anzusehen. Von allen Sorten, die wir zurzeit haben, ist der Müller-Thurgau am meisten anfällig für Peronospora. Immer wieder kommt es in einzelnen Weinbergen zu empfindlichen Ertragsausfällen durch Gescheinsperonospora und Lederbeerenbefall. Auch gegen die Schwarzfleckenkrankheit, Esca und den Roten Brenner ist der Müller-Thurgau sehr empfindlich. Eine stärkere Oidiumempfindlichkeit liegt dagegen nicht vor.

Botrytis: Die Anfälligkeit des Müller-Thurgau ist mittelhoch. In feuchten Frühjahren kann man schon an den jungen Triebspitzen und Blättern Befall sehen. An den Blättern äußert sich der Pilz als große braune Flecken, die sich welk präsentieren. Die infizierten Triebspitzen werden braun, überziehen sich mit grauem Pilzmycel und fallen ab. Gelegentlich tritt der Pilz auch an Internodien auf und bringt den darüber liegenden Triebteil zum Absterben. Dieser Frühjahrsbefall ist zum Glück nie so umfangreich, dass er Schäden von wirtschaftlicher Bedeutung verursachen würde. Wesentlich unangenehmer ist

Müller-Thurgau

die Anfälligkeit der Sorte gegen Stielfäule und Beerenfäule. Bei feuchtem Herbstwetter können heute noch gesunde Beeren über Nacht in Fäulnis übergehen und, wenn sie länger hängen, auslaufen. Dieser Sortenfehler begrenzt den Anbau des Müller-Thurgau in Betrieben mit Handlese, kann aber durch die Schlagkraft der Traubenvollernter behoben werden.

Stiellähme: Es ist eine mittlere Anfälligkeit vorhanden.

Erziehung: Der Müller-Thurgau hat einen kräftigen Wuchs, der allerdings etwas ungleichmäßig ist. Neben sehr langen Trieben gibt es, besonders mit fortschreitendem Alter, auch sehr kurze Triebe. Die Erziehung muss nicht nur auf die Wuchskraft, sondern auch auf die hohe Anfälligkeit gegen Peronospora und Botrytis abgestimmt werden. Durch eine an den Standraum angepasste Stockbelastung (Standraum) und entsprechende kulturtechnische Maßnahmen ist die Wuchskraft zu zügeln bzw. Verdichtungen in der Laubwand zu begegnen. Der Müller-Thurgau ist auf den Beiaugen fruchtbar und trägt auch auf wildem Holz. Wegen der oft mangelnden Holzreife, die in erster Linie die oberen Triebteile betrifft, ist ein Schnitt von zwei kürzeren Bogenreben vorteilhafter als der einer langen. Ein Zapfenschnitt kann aufgrund der Anfälligkeit gegenüber der Schwarzfleckenkrankheit Probleme bereiten. Müller Thurgau eignet sich zur Erzeugung von Basisqualitäten ebenfalls für die Minimalschnitterziehung, da er mit einer Auflockerung der Traubenstruktur und einem gleichmäßigen Laubwandaufbau positiv auf diese Erziehung reagiert.

Unterlagen: Schwachwachsende Unterlagen sind für den Müller-Thurgau wegen seiner hohen Fruchtbarkeit nicht geeignet. In wuchskräftigen Böden sind SO 4, Binova und in kalkarmen Böden 5 C vorteilhaft, in wuchsschwachen 5 BB und 125 AA.

Ertrag: Im langjährigen Durchschnitt werden Erträge von 100 bis 150 hl/ha und mehr erreicht. Diese gute Fruchbarkeit verdankt die Sorte ihrer großen Blühfestigkeit und der Fruchtbarkeit der Beiaugen. Werden die Haupttriebe einmal durch einen Maifrost zerstört, bringt die Sorte auf den Beiaugen noch lohnende Erträge. Nach Winterfrösten erholt er sich schnell, jedoch sind ausgesprochene Winterfrostlagen vom Anbau auszuschließen. Dieses sind in erster Linie Geländemulden ohne Kaltluftabfluss. Werden beim Müller-Thurgau während der Blüte die Käppchen nur angehoben und infolge eines Wettersturzes nicht abgeworfen, kommt es nicht zu Rieselschäden wie bei anderen Sorten. Die Blühfestigkeit ist also groß.

Klone: Die Rebsorte Müller-Thurgau wird seit über 100 Jahren vermehrt und ist von ihren Leistungseigenschaften weitestgehend stabil und einheitlich. Zur Zeit sind 17 Erhaltungszüchter mit 59 Klone für die Sorte Müller-Thurgau beim Bundessortenamt eingetragen. Die moderne Klonenselektion besteht darin, in einer Population, deren Individuen sich genetisch unterscheiden, verschiedene Typen vegetativ zu vermehren und auf ihre Eigenschaften zu prüfen. Es treten gelegentlich Mutationen auf. So ist die Sorte "Findling" eine Mutation aus der Rebsorte Müller-Thurgau.

Reife: Unter den Hauptrebsorten Deutschlands (Riesling, Silvaner, Müller-Thurgau) reift der Müller-Thurgau am frühesten. Die Vollreife ist in guten Jahren oft schon am 15. September erreicht, in schlechten Jahren Ende September/Anfang Oktober. Für die starke Verbreitung waren frühe Reife und Ertragshöhe wichtige Gründe.

Ernte: Die Lese der Müller-Thurgau-Trauben leitet im Allgemeinen den Herbst ein. Bei einer rasch um sich greifenden Fäulnis ist eine vorzeitige Lese erforderlich. Im Schnitt der Jahre beginnt die Müller-Thurgau-Ernte ab Mitte September. Die hohe Fäulnisempfindlichkeit, die rasch alle Trauben ergreift und zu erheblichen Mengenverlusten führen kann, erfordert die Bewältigung der Ernte in einer kurzen Zeitspanne.

Qualität: Der Müller-Thurgau ist in erster Linie eine Sorte für Qualitätswein, sofern die Erträge ein bestimmtes Maß (100 hl/ha nicht überschreiten. Durch Ertragsbegrenzung und gestaffelte Lese wird nicht selten die Spätlesestufe erreicht.

Mostgewicht: In den meisten Jahren bewegen sich die Mostgewichte des Müller-Thurgau zwischen 65 und 75 °Oechsle. Für den Winzer stellt sich immer wieder die Frage, ab welchem Mostgewicht ein Most nicht angereichert werden muss. Im Hinblick auf das neue Weingesetz heißt dies, ab wann die Qualität eines Kabinettweines erreicht ist. Unabhängig davon, was das Gesetz vorschreibt, wird man beim Müller-Thurgau diese Grenze bei 75 °Oechsle ziehen. Hierbei ist zu beachten, dass es immer schwer ist, Grenzzahlen zu nennen, da neben dem Mostgewicht viele andere Faktoren für die Qualität verantwortlich sind. In guten Lagen werden vom Müller-Thurgau auch spielend 80-85 °Oechsle erreicht. Insgesamt hat er aber nicht die Eigenschaft, ausgesprochen hohe Mostgewichte zu liefern, wie zum Beispiel der Graue Burgunder. Qualitätsbegrenzend, und das muss deutlich gesagt werden, sind sehr oft die hohen Erträge. In geringen Jahren kommt das Mostgewicht bei Erträgen von 150 hl/ha meistens nicht über 65 °Oechsle hinaus. Wer beim Müller-Thurgau hohe Mostgewichte erreichen will, muss den Ertrag begrenzen.

Säure: In den meisten Jahren sinkt die Säure des Müller-Thurgau unter die 10 g/l-Grenze, ist also als mittelhoch bis gering anzusprechen. In sehr guten Jahren kann sie sogar auf 5 g/l sinken, ein Wert, der für die nördlichen Weinbaugebiete als zu gering anzusehen ist. In vielen Jahren ist daher eine Unterdrückung des biologischen Säureabbaues nötig. Der Vollständigkeit halber sei erwähnt, dass in ungünstigen Jahren auch Moste mit Säuren um 15 g/l möglich sind. In der Regel ist jedoch die Säure nicht zu hoch.

Wein: Müller-Thurgau-Weine zeichnen sich durch ein feinblumiges Muskataroma und milder reifer Säure aus und sind in der Regel nicht langlebig. Anders verhält sich der Müller-Thurgau unter der Bezeichnung Rivaner als spritziger, fruchtiger und eleganter trockener Wein. Rivaner-Weine sind in der Regel nur als trockene Weine im Angebot. Der Name Rivaner setzt sich aus "Riesling und Silvaner" zusammen. Besondere Qualitäten werden häufig unter dem Synonym "Rivaner trocken" vermarktet. Auf der Flasche sollte man die Lagerzeit nicht über drei Jahre ausdehnen. Die Weine sind für eine frühe Füllung dankbar. Wenn sie mit einem Rest an natürlicher Kohlensäure auf die Flasche kommen, schmecken sie besonders frisch und belebend. Solche Weine halten sich auf der Flasche auch länger jung.

Vorteile: Sie liegen in der frühen Reife und den damit verbundenen geringen Lageansprüchen, der Ertragstreue und der harmonischen Säure.

Nachteile: Hier sind die hohe Anfälligkeit gegen Peronospora, Botrytis, Schwarzfleckenkrankheit, Esca und Roten Brenner zu nennen. Weiterhin sind die Schwäche in der Holzreife und der Winterfrostigkeit zu beachten. Der Winzer hat aber gelernt, mit diesen Nachteilen fertig zu werden.

Anbauwert: Die Erträge der Rebsorte Müller-Thurgau liegen trotz Ertragsreduzierung oft über der gesetzlichen Ertragsbegrenzung; deshalb ist der Anbauwert – im Gegensatz zu früher - heute geringer einzustufen.

Grüner Silvaner

Der Grüne Silvaner war einmal die wichtigste Rebsorte Deutschlands. Im vorigen Jahrhundert verdrängte er in der Pfalz, in Rheinhessen und an der Nahe schrittweise den Elbling (Kleinberger). Er leitete damit eine bedeutende Qualitätsverbesserung ein. Gleichzeitig war er an der Ablösung des gemischten Satzes und dem Übergang zum reinen Satz beteiligt. Die ersten bedeutenden Erfolge in der Klonenzucht wurden mit dem Silvaner erzielt. Bis Ende der fünfziger Jahre war er am stärksten an der jährlichen Jungfeldfläche beteiligt. Danach war sein Anbau rückläufig. Zur Zeit gewinnt der Silvaner wieder mehr an Bedeutung und dies besonders in Rheinhessen und Franken.

Verbreitung: Mit einer Anbaufläche von etwa 20.000 ha nahm der Silvaner noch vor wenigen Jahren die größte Fläche im deutschen Weinbau ein. Inzwischen wurde er vom Müller-Thurgau überrundet und ist auf dem dritten Platz. Trotzdem besitzt Deutschland im Jahr 2008 mit 5.236 ha immer noch die größte Silvanerfläche der Welt. Kleine Anbauflächen sind noch im Elsaß, der Schweiz (bei Sion/Wallis), in Österreich (Südsteiermark), Südtirol (Brixen), Ungarn und Rumänien (Siebenbürgen) zu finden.

Herkunft: Auch beim Silvaner hat man versucht, die Herkunft von einer römischen Sorte herzuleiten. Plinius (23-79 n. Chr.) hat in seinem Werk "Historia naturalis" eine Rebsorte, die apianische Rebe, beschrieben, die in ihren Merkmalen dem Silvaner ähnelt. Unterstützt wird diese Tatsache durch den Umstand, dass der Name "Vitis apiana" sich von apis = Biene herleiten lässt und so zu einem in Österreich gebrauchten Synonym, "Fliegentraube", hinführt. Wie unsicher solche Vermutungen sind, geht aus der Tatsache hervor, dass in der Literatur Meinungen zu finden sind, die in dieser römischen Sorte einen Vorfahren des Muskatellers zu erkennen glauben.

Bassermann-Jordan hat in seinem Werk "Geschichte des Weinbaus" eingehende Untersuchungen über die Herkunft des Silvaners angestellt. Seinen Darlegungen ist zu entnehmen, dass man bis ins Mittelalter von "huntschem Wein" (Vinum hunicum) und "frentschem Wein" (vinum francicum) sprach. Von daher gab es Vermutungen, dass francicum (fränkisch) ein Hinweis auf Franken sei, eine Bezeichnung, die der Silvaner an der Nahe und in Rheinhessen noch heute genießt. Bassermann-Jordan kann aber nachweisen, dass die Bezeichnung "huntschem" für geringen Wein und "frentschem" für guten Wein gebraucht wurde. Francicum = fränkisch könnte, wenn es auf den heutigen Silvaner hinweisen würde, bedeuten, dass die Sorte im Frankenreich Karls des Großen verbreitet worden wäre, der tatsächlich in unseren Breiten besseren Rebsorten Eingang verschafft hat. In keinem Falle, so meint Bassermann-Jordan, ließe sich folgern, dass der Silvaner aus Franken stamme. Es gibt sogar Überlegungen, seinen Ursprung in der Pfalz zu suchen.

In den heutigen Lehrbüchern wird die Heimat des Silvaners nach Transsylvanien (Siebenbürgen) in Rumänien gelegt. Bassermann-Jordan hält dies für unmöglich, weil dort der Silvaner nach seinen Untersuchungen 1870 erstmalig genannt worden sei. Andere Autoren vermuten, dass der Silvaner aus Österreich stamme, weil er z.B. im Rheingau, auch den Namen Österreicher trägt. Die Verfechter dieser Theorie glauben an eine Entwicklung aus Wildreben, die an den Ufern der Donau wuchsen (Vitis vinifera L. var. caucasica V.).

Durch Genanalysen wurde mittlerweile festgestellt, dass der Silvaner in der Tat aus dem Alpengebiet stammt. Man konnte nachweisen, dass der Silvaner keine Urtraube ist, sondern aus einer wahrscheinlich zufälligen Kreuzung aus Traminer und Österreichisch-Weiß entstand. Die Sorte Östereichisch-Weiß wiederum geht aus einer Kreuzung mit Heunisch-Beteiligung hervor. Der zweite Elternteil dieser Kreuzung ist unbekannt. Man kann davon ausgehen, dass er durch Zisterziensermönche nach Franken gelangt ist.

Silvaner-Anbau in den Weinbaugebieten Deutschlands 2008

Weinbaugebiet	ha	% der Anbaufläche des Gebietes
1. Rheinhessen	2.467	9,3
2. Franken	1.276	21,0
3. Pfalz	844	3,6
4. Nahe	378	6,7
5. Baden	161	1,0
6. Württemberg	126	1,1
7. Saale-Unstrut	57	8,3
8. Hessische Bergstraße	18	4,1
9. Rheingau	9	0,3
10. Mittelrhein	1	0,2
11. Mosel	0	-
12. Ahr	0	-
13. Sachsen	0	-

Ursprung des Sortennamens: Die Bezeichnung Silvaner soll von Silvanus stammen (lat. Silva = Wald) oder auf Transsylvanien zurückgeführt werden. Die Namen Franken und Österreicher sind eindeutig Synonyme. Es ist nämlich kaum zweifelhaft, dass der Silvaner von Österreich her in Deutschland eingewandert ist. So erinnert ein Bildstock in der Würzburger Lage "Stein" daran, dass Alberich Degen, Abt der Zisterzienserabtei Erbach im Steigerwald, die Reben 1665 einführte und anpflanzen ließ. In Heilbronn lässt sich der Silvaner 1700 erstmalig nachweisen. Die weiter westlich gelegenen Weinbaugebiete wurden erst im 19. Jahrhundert vom Silvaner nach und nach erobert, indem der Elbling (Kleinberger) mehr und mehr verdrängt wurde. Der Weg des Silvaners in die deutschen Weinbaugebiete scheint also von Österreich zunächst nach Franken erfolgt zu sein und von dort in die übrigen Gebiete. Synonyme sind auch beim Silvaner zahlreich vorhanden, haben aber im Sprachgebrauch stark abgenommen

Synonyme:

Land	Bezeichnung
Deutschland	Grüner Silvaner, Silvaner, Sylvaner, Franken, Österreicher, Frankenriesling, Grünfränkisch, Namen wie Salviner, Salvaner, Grünedel, Schönfeilner, Scharvaner und Bötzinger sind aus dem Sprachgebrauch verschwunden
Italien	Silvania, Silvaner bianco
Österreich	Silvaner, Grüner Zierfandl, Fliegentraube
Schweiz	Grüner Sylvaner, Joahnnisberg, Gros-Rhin
Frankreich	Silvain vert, Gentil vert, Picardon blanc, Gamay blanc, Clozier
Ungarn	Zöld Szilvani

Sortenmerkmale: Triebspitze offen, hellgrün, mittel wollig behaart; Blatt mittelgroß, rund meist dreilappig, wenig gebuchtet, kreisförmig, Oberfläche grünglänzend, glatt, Rand schwach gezähnt, Stielbucht V-förmig bis geschlossen; Trieb engknotig, mittlere Geiztriebbildung; Holz hellbraun, dunkel gestreift; Traube mittelgroß, meist walzenförmig, mitteldichtbeerig; Beeren mittelgroß, rund und bei dichtem Stand etwas flachgedrückt, grüngelb, bei Überreife auch gelbgrün, ziemlich dicke Beerenhaut, süßschmeckend, ohne ausgeprägtes Sortenbukett; Austrieb spät; Blütezeitpunkt spät; Blühfestigkeit hoch; Reife spät; Wuchs mittelstark, buschig; Ertrag hoch; Holzreife mittelmäßig.

Eigenschaften der Sorte

Ansprüche an die Lage: Sie sind weniger hoch als die des Rieslings. Diese mittleren Ansprüche an die Lage stammen von der früheren Reife, die fast 14 Tage vor dem Riesling erreicht ist. In eine späte Lage sollte man den Silvaner nicht pflanzen, da seine Weine bei niedrigem Mostgewicht wenig ansprechend sind. Während sich eine hohe Säure beim Riesling nach der Entsäuerung fruchtig präsentiert, behält eine hohe Silvanersäure nach der Reduzierung oft einen unreifen Ton, der erst nach längerer Lagerzeit des Weines verschwindet. Wenn die besten Lagen in der Regel auch dem Riesling vorbehalten sind, so muss man doch bekennen, dass Silvanerweine aus guten Lagen höchste Qualität erreichen können. Die Vorteile des Silvaners liegen jedoch in erster Linie darin, dass er in Lagen, in denen der Riesling selten reif wird, noch gute Mostgewichte erreicht.

Ansprüche an den Boden: Diese sind höher als beim Riesling, können also auch als mittel bezeichnet werden. Für ausgesprochen trockene Hanglagen, mit flachgründigen Böden, ist er nicht geeignet, aber auch hier muss man betonen, dass durch die Wahl einer geeigneten Unterlage manches ausgeglichen werden kann. Auf der Unterlage 5 BB wächst der Silvaner auch auf trockenen Kiesböden noch befriedigend. Infolge der hohen Fruchtbarkeit kann es auf armen Böden zu Wachstumsdepressionen kommen, denen aber durch eine gute organische Düngung und etwas kürzeren Anschnitt begegnet werden kann. Häufig erholen sich im Wuchs zurückgefallene Anlagen in Jahren mit gut verteilten Niederschlägen recht schnell. Beginnender Wassermangel im Sommer zeigt sich an einer frühzeitigen Vergilbung der unteren Blätter. Bei anhaltender Trockenheit werden diese Blätter bereits im August abgeworfen.

Holzreife: Die Holzreife des Silvaners kann höchstens als mittelmäßig bezeichnet werden, da der Beginn später einsetzt als beim Riesling. Wenn sich die einjährigen Triebe des Rieslings oft schon über viele Internodien hinaus gebräunt haben, als Zeichen der Holzreife, beginnt beim Silvaner gerade das erste Internodium mit der Braunfärbung. Die mangelhafte Holzreife erfasst in der Regel nicht alle Triebe. Bevorzugt reif werden die Basistriebe und die Schwanzreben (am Ende der Fruchtruten). Die mittleren Triebe werden nur in günstigen Jahren völlig reif. Bei Frühfrost kann es passieren, dass außer ein oder zwei Trieben, die sich bereits gebräunt haben, alle anderen erfrieren. Diese nehmen in den Wochen nach dem Frühfrost eine schwarze Farbe an.

Die mangelhafte Holzreife ist umso ausgeprägter, je fruchtbarer die Stöcke sind. Da beim Silvaner die Klonenzucht zu einer ganz beachtlichen Ertragssteigerung geführt hat, wurde damit gleichzeitig seine Holzreife beeinträchtigt. Kommt in engen, dichtlaubigen Beständen zu dem hohen Ertrag Botrytis hinzu, wird die Holzreife zusätzlich herabgesetzt. Wenige Tage starken Winterfrost können dann viele Knospen des Silvanerholzes zum Erfrieren bringen. Für Frostlagen ist der Silvaner daher völlig ungeeignet.

Winterfrostfestigkeit: Das alte Holz erreicht nicht die hohe Winterfrostfestigkeit des Rieslings. In polaren Wintern, die den Riesling nur begrenzt schädigen, kann das alte Holz des Silvaners total zerstört werden. In ausgesprochene Winterfrostlagen sollte man diese Sorte nicht pflanzen. Solche Lagen sind insbesondere Senken und Mulden, in denen sich nicht nur im Frühjahr, sondern auch im Winter die kalte Luft potenziert. Ein gutes Zupflügen, damit etwa 10 cm des Stammes über der Veredlungsstelle etwas gegen Kälte geschützt sind, erscheint beim Silvaner wichtig. Da der Silvaner aus dem alten Holz gern schlafende Augen zum Austrieb bringt, kann der erfrorene Stamm aus solchen Trieben schnell wieder aufgebaut werden.
Die Schwäche des Silvaners hinsichtlich Holzreife und Winterhärte können durch entsprechende Unterlagenwahl und durch weinbautechnische Maßnahmen gemildert werden. Hierzu gehören weite Pflanzung, Verzicht auf starken Anschnitt und harmonische Düngung.

Krankheitsanfälligkeit: Die Anfälligkeit für Pilzkrankheiten kann zwischen Riesling und Müller-Thurgau eingestuft werden. So ist die Empfindlichkeit für Peronospora nur geringfügig höher als beim Riesling. Die Anfälligkeit für Roten Brenner ist etwa gleich. Gegen Schwarzfleckenkrankheit besteht eine geringere Anfälligkeit im Vergleich zum Müller-Thurgau, aber eine stärkere im Vergleich zum Riesling. Der Silvaner wird leichter von Oidium befallen als Riesling und Müller-Thurgau. Auch die Pilzkrankheit „Esca“ ist beim Silvaner nicht selten zu beobachten. Eine direkte Bekämpfung ist derzeit nicht möglich. Eine Stammamputation ist bisher die einzige Maßnahme, um gegen die Krankheit vorzugehen. Je früher der Rückschnitt des befallenen Stammes bis über die Veredelungsstelle durchgeführt wird, umso größer ist die Wahrscheinlichkeit einer Gesundung. Die abgeschnittenen und befallenen Stammteile sind aus dem Weinberg zu erntfernen und zu verbrennen, damit sich keine Fruchtkörper bilden können.

Botrytis: Die Botrytisanfälligkeit ist nur mittelhoch. Die Trauben sind weniger anfällig gegen Stielfäule als die des Rieslings, die Beeren dagegen mehr, aber lange nicht so stark wie die Beeren der Müller-Thurgau-Trauben. Ein Auslaufen der Beeren nach Botrytisbefall tritt nicht ein.

Stiellähme: keine

Wuchs: Der Silvaner hat nicht den kräftigen Wuchs wie die Sorten Riesling und Müller-Thurgau; er lässt sich als mittelkräftig deklarieren. Es ist jedoch zu berücksichtigen, dass der Silvaner auf sehr armen Böden in wenigen Jahren vom Holz kommen kann, ein Vorgang, der durch eine Reihe von ertragreichen Jahren beschleunigt wird. Werden die Weinberge in gutem Düngungs- und Humuszustand gehalten, so erholen sich die Reben von ihrer Wuchsschwäche in Jahren mit ausreichenden Niederschlägen schnell. Es gibt Silvanerpfropfrebenweinberge, die auf fruchtbaren Böden noch nach 30 Jahren eine ausreichende Wuchskraft besitzen.

Erziehung: Die Erziehung des Silvaners schreibt keine eng begrenzten Formen vor. Für den modernen Weinbau ist eine weiträumige Erziehung vorteilhaft. Der Stockabstand ist ganz auf die zu erwartende Wuchskraft abzustellen und schwankt dementsprechend normalerweise zwischen 1,00 m und 1,20 m. Beim Fruchtholz sind zwei kurze Halbbögen besser als ein längerer Halbbogen, weil zwei ausreichend ausgereifte kürzere Trieb leichter vorhanden sind als ein langer. Beim Biegen brechen die Triebe leichter als die sehr geschmeidigen Rieslingruten. Man muss sich daher für diese Arbeit feuchte Tage aussuchen. Die Triebe haben einen nicht so aufrechten Wuchs wie Rieslingtriebe und ranken sich auch nicht so leicht fest. Ein Drahtrahmen mit zwei Heftdrahtpaaren, einem Biegdraht und einem Überbiegdraht sind am besten. Bei der Minimalschnitterziehung reagiert der Silvaner auch nach der Umstellungsphase mit einer deutlichen Ertragssteigerung. Die Trauben bleiben kleiner, lockern aber nicht wie bei Riesling und Müller-Thurgau auf, sondern bleiben kompakt. Die Botrytisanfälligkeit wird dennoch leicht vermindert. Das Mostgewicht geht aufgrund der hohen Erträge zurück, liegt aber (abgesehen vom Umstellungsjahr) i.d.R. im Qualitätsweinbereich.

Unterlagenwahl: In der Unterlagswahl bestehen keine besonderen Schwierigkeiten. Sie wird in erster Linie vom Kalkgehalt des Bodens bestimmt, da der Silvaner zu den chloroseempfindlichen Sorten gehört. In tiefgründigen und chloroseempfindlichen Böden sind SO 4, Binova und 125 AA vorzuziehen, bei armen, trockenen Bodenverhältnissen 5 BB. Wuchsschwache Unterlagen, wie zum Beispiel die 3309, sind ungeeignet.

Ertrag: Unter den alten Standardsorten Riesling, Grauburgunder und Weißburgunder gehört der Silvaner zu den ertragreichsten. Die Ertragshöhe des Müller-Thurgau erreicht er jedoch nicht. In frostfreien Lagen, wo wenig Ernteausfälle infolge der manchmal etwas mangelhaften Holzreife auftreten, können im langjährigen Durchschnitt Ernten von (deutlich) mehr als 100 hl/ha erreicht werden. Selbst in ärmeren Böden beträgt der Ertrag im langjährigen Mittel noch 80 hl/ha. Diese Ertragstreue macht den Silvaner zu einer bedeutenden Rebsorte für unsere Breiten. Die Nachhaltigkeit und Höhe des Ertrags wurde durch die Klonenselektion sehr gefördert.

Reife: Die Silvanertrauben reifen zwischen Riesling und Müller-Thurgau. Man kann die Reife als mittelspät bezeichnen. In sehr ungünstigen Jahren wird in den nördlichen Weinbaugebieten die Vollreife nicht immer erreicht.
Ernte: Frühestens in den letzten Septembertagen beginnt die Silvanerernte. In den meisten Jahren jedoch erst Anfang Oktober. Da der Silvaner die Fähigkeit besitzt, bei später Lese beachtliche Oechslegrade zu erreichen, sollte man mit seiner Ernte nicht zu früh beginnen. Selbst in einem ungünstigen Jahr, das die Trauben z.B. kaum über 65 °Oechsle hinauskommen lässt, schmeckt

Grüner Silvaner

ein Wein aus spät gelesenen Trauben wesentlich besser als eine sogenannte Normallese. Das hängt damit zusammen, dass die spitze Säure abnimmt und anscheinend auch andere Aromastoffe durch das längere Hängenlassen in den Beeren gebildet werden.

Qualität: Wie bei allen Sorten wird auch beim Silvaner die Qualität sehr stark durch die Güte des Standortes und die Höhe des Ertrages beeinflusst. Bei gleichen Lagen- und Bodenverhältnissen erreicht der Graue Burgunder ein höheres Mostgewicht auch der Kerner leistet mehr, um nur zwei Sorten zu nennen. Der Silvaner kann daher auch zu den Qualitätssorten gerechnet werden. Er nimmt eine Mittelstellung ein, denn es können neben Tischweinen und Qualitätsweinen auch Prädikatsweine gewonnen werden. Wer einmal eine Silvaner-Beerenauslese trinken durfte, wird dieser Auffassung zustimmen. In den Hauptverbreitungsgebieten Rheinpfalz, Rheinhessen, Franken und Nahe kann der Silvaner als der Riesling der mittleren Lagen angesehen werden.

Mostgewicht: Die Mostgewichte des Silvaners bewegen sich in den gleichen Grenzen wie die des Rieslings. In kleinen Lagen werden im Durchschnitt der Jahre ca. 65 °Oechsle erreicht. In mittleren Lagen sind es 70 bis 80 Grad und in guten über 80 Grad. Zur Erzeugung von Kabinettweinen sind je nach Anbaugebiet Mindestmostgewichte von 70 bis 79 °Oechsle als unterste Grenze vorgeschrieben.

Säure: Die Säure ist etwas geringer als beim Riesling. Die Spanne ist jedoch nicht so groß, wie manchmal zu lesen ist. Sie bewegt sich zwischen 3 und 4 g/l. Zur Rieslingsäure besteht jedoch ein großer geschmacklicher Unterschied. Eine hohe Rieslingsäure wird durch einen fruchtigen Ton positiviert, eine hohe Silvanersäure präsentiert sich dagegen spitz und grasig. Durch spätere Lese kann der Säure die spitze Art genommen werden, selbst dann, wenn das Mostgewicht nicht steigen sollte.

Wein: Die Weine des Silvaners besitzen kein hervorstechendes Bukett. Von den Gesteins- und Kiesböden können bei ausreichender Feuchtigkeit sehr fruchtige Silvanerweine gewonnen werden. In schweren Böden präsentieren sich die Silvanerweine wuchtiger. Silvanerweine können dezent fruchtige Aromen, wie grüne Äpfel und Stachelbeeren sowie Aromen nach frischem Heu und Minze aufweisen.
Die ausgewogene und eher neutrale Geschmacksnote macht ihn zu einem angenehmen und universellen Speisebegleiter, denn Silvaner-Weine passen sehr gut zu folgenden Speisearten: Geräucherten Fisch, Fischspezialitäten gebraten oder gekocht, Salat von Krustentieren, Austern, gebratener oder gegrillter Schweine- oder Rinderleber, zum Spargel, Geflügel, Kaninchen, Wild, Rindfleisch gebraten und gekocht auch besonders zu Schweine- und Lammbraten, Aufschnittarten, kräftige Käsesorten, Weichkäse, Ziegenkäse und andere Genüsslichkeiten aus einer guten Küche.

Nachteile: Schwäche in der Holzreife und gegenüber Winterfrösten sowie Chlorose.

Anbauwert: Der Silvaner hat in den letzten Jahren flächenmäßig wieder zugenommen und somit als traditionelle Rebsorte an Bedeutung gewonnen. Er hat nach wie vor einen festen Platz als Standardsorte im deutschen Sortiment.

Blauer Silvaner

H. Goethe, G. Scheu und A. Dümmler bezeichnen den Blauen Silvaner als eine minderwertige Spielart des Grünen Silvaners. Der Erhaltungszüchter Steinmann aus Sommerhausen (Franken) ist dagegen anderer Meinung. Der in Österreich angebaute Muskat Silvaner hat nichts mit dem Grünen Silvaner zu tun. Es handelt sich um die bekannte französische Weißweinsorte Sauvignon blanc.

Sortenliste: Wurde 1984 in die Sortenliste beim Bundessortenamt eingetragen. Außer in Baden ist der Blaue Silvaner in den übrigen deutschen Anbaugebieten für den Anbau zugelassen bzw. klassifiziert.

Verbreitung: Die Statistik von 2000 weist eine bestockte Rebfläche von 3 ha und für das Jahr 2008 eine Fläche von 10 ha aus.

Herkunft: Die Rebsorte wird einerseits als Ursprungsrebe des Grünen Silvaner oder auch anderseits als Mutation, die aus dem grünen Silvaner hervorgegangen ist, angesehen. Ampelographisch unterscheiden sich die beiden Silvaner nur in der Beerenfarbe. Die Rebschule Kaspar Steinmann in Sommerhausen/Main hat 1968 mit der Selektion des Blauen Silvaners begonnen und züchterisch diese alte Sorte leistungsfähig gemacht mit dem Klon "ST 25".

Sortenmerkmale: Besitz eine hellgrüne, gering behaarte Triebspitze; kleine bis mittelgroße Blätter, wenig bis undeutlich gelappt, Blattränder sind gezähnt, mittlere Geiztriebbildung; Trauben sind mittelgroß und dichtbeerig; die Traubenbeeren sind rundlich, mittelgroß, dunkelrot-violette Färbung und neutral im Geschmack. Austrieb ist mittel bis spät; Wuchs ist mittel bis kräftig; Beginn der Traubenreife ist mittelspät bis spät und im Übrigen dem Grünen Silvaner ziemlich gleich.

Eigenschaften der Sorte

Ansprüche an die Lage: Beansprucht mindestens mittlere, besser gute Lage.

Ansprüche an den Boden: Am besten sind tiefgründige, lockere und warme Lehm- und Lößlehmböden geeignet. Seine Standortansprüche sind mit dem des Grünen Silvaners eigentlich identisch. Der Stockabstand beträgt rund 1,00 m und die Stammhöhe ab 70 cm. Im Übrigen ist die Erziehung mit dem Grünen Silvaner vergleichbar.

Sonstige Eigenschaften und Kriterien: Der Blaue Silvaner besitzt eine mittlere Winterfrosthärte. Die Anfälligkeit für Peronospora ist gering bis mittel, für Oidium nur mittel und für Botrytis gering bis mittel. Anbautechnik und andere Erfordernisse können vom Grünen Silvaner übernommen werden.
Ertrag: Den Traubenertrag kann man als mittel bis hoch bzw. als stabil bezeichnen. Kurzer Anschnitt ist zu empfehlen.

Mostgewicht: Im Durchschnitt der Jahre liegt das Mostgewicht um 4 °Oechsle über dem Grünen Silvaner – diesen Wert hat der Züchter Steinmann langjährig ermittelt. Die Mostsäure ist ebenso dem Silvaner ähnlich.

Wein: Im Vergleich zum Grünen Silvaner soll der Wein meist fruchtiger und extraktreicher sein.

Spielart (Schwarzer Silvaner):

Eine Spielart des Blauen Silvaners ist der Schwarze Silvaner. Er ist sehr fruchtbar und ertragsreich, aber sehr winterfrostgefährdet. Er ist eine typische Weißweinsorte und der Wein ist neutral bis fruchtig. Die Blätter verfärben sich im Laufe der Vegetation bis zum Herbst gelb und rötlich. In guten Jahren und auf guten Standorten verfärben sich die Trauben des „Blauen Silvaners" ebenso schwarzblau wie die des „Schwarzen Silvaners". Er ist nur noch in Sortimenten zu finden.

Grauer Burgunder (Ruländer)

In den letzten Jahren hat der Ruländer in Deutschland eine steigende Verbreitung gefunden. Er zählt zu den besten Sorten unseres heimischen Rebenbestandes, dessen wuchtige, feurige Weine mit dem vollen Bukett eine besondere Kostbarkeit darstellen.

Verbreitung: Den größten Anbau hat Deutschland mit 4.481 ha (2008). In Frankreich ist der Ruländer im Elsaß, in der Champagne und in Burgund (Gegend von Meursault und Mercurey) zu finden. Der fast ganz verschwundene Anbau in der Ostschweiz nimmt wieder etwas zu. In

Ungarn und Österreich sind ebenfalls kleine Ruländerbestände vorhanden.

Herkunft: Wahrscheinlich ist der Ruländer durch eine Knospenmutation aus dem Blauen Burgunder entstanden, worauf auch seine Zweitbezeichnung "Grauer Burgunder" hinweist. Mit dem "Weißen Burgunder" und dem "Blauen Burgunder" bildet er eine Familie, denn alle drei Sorten sind im Sommer kaum voneinander zu entscheiden und identifizieren sich erst bei der Traubenreife durch die Farbe der Beeren. Die Heimat des Ruländers dürfte in Burgund zu suchen sein. Von dort gelangte er schon früh in die Schweiz. Ungarn soll ihn von Kaiser Karl IV (1347 – 1378) erhalten haben. In Deutschland gab ein Kaufmann namens Johann Seger Ruland aus Speyer um 1711 den Anstoß zu seiner Verbreitung. Bassermann-Jordan* nimmt an, dass der Ruländer aus der Champagne in die Pfalz gelangte. Ruland entdeckte ihn in einem verödeten Garten und vermehrte ihn schnell, nachdem er seinen Wert erkannt hatte.

Ursprung des Sortennamens: Es besteht kein Zweifel, dass die heutige Bezeichnung "Ruländer" auf den Kaufmann Ruland aus Speyer zurückzuführen ist. Die heute mehr im Vordergrund stehende Bezeichnung "Grauer Burgunder", die der Ampelograph Moog in seiner Sortenkunde als die richtige Bezeichnung voranstellt, hat inzwischen den Namen Ruländer zurückgedrängt. Die Bezeichnung Grauer Burgunder hat sich für die Weine als verkaufsfördernd erwiesen.

Synonyme: Im Vordergrund stehen die beiden Namen "Ruländer" und "Grauer Burgunder" für den deutschen Sprachraum und "Pinot gris" für den französischen. Trotz der im Wallis gebräuchlichen Bezeichnung "Malvoisie" besteht keine Verwandtschaft zum Malvasier. Der im Elsaß und der übrigen Schweiz gebräuchliche Name "Tokayer" hat nichts mit dem echten ungarischen Tokayer aus der Rebsorte Furmint zu tun.

Land	**Bezeichnung**
Deutschland	Grauer Burgunder, Ruländer, Grauclevner, Tokayer. Namen wie Roter Burgunder, Speyrer. Neue Bezeichnungen Grauburgunder, Pinot gris, Pinot grigio
Österreich	Ruländer
Schweiz	Malvoisie (Wallis), Tokayer (Nord-Ostschweiz), Pinot gris (Deutsch-Schweiz oft diese Bezeichnung)
Ungarn	Skürkebarát, Grauer Mönch, Auvergnas gris
Rumänien	Rulanda
Frankreich	Pinot gris, Malvoisien, Auvernas gris, Tokay dÁlsace (Elsaß)
Italien	Pinot Grigio

* Bassermann-Jordan, Friedrich von (1872-1959), Weingutsbesitzer in Deidesheim, Verfasser des Buches" Die Geschichte des Weines"

Sortenmerkmale: Triebspitze offen, starkwollig, weißlich-hellgrün; Blatt mittelgroß, schwach dreilappig, kaum gebuchtet, Oberfläche leicht blasig, Rand stumpf gezähnt, Stielbucht V-förmig offen, Trieb engknotig, mittlere Geiztriebbildung; Holz dünn, rotbraun; Traube mittelgroß, walzenförmig, dichtbeerig; Beeren mittelgroß, länglich, dünnhäutig, graurot, schwaches Bukett; Austrieb spät; Reife mittelspät; Wuchs mittelstark; Ertrag gut; Holzreife gut; Blütezeitpunkt spät; Blühfestigkeit mittel bis hoch.

Eigenschaften der Sorte

Ansprüche an die Lage: Der Graue Burgunder stellt hohe Ansprüche an die Lage, die etwa in der Mitte zwischen Riesling und Silvaner liegen. Das gegenüber dem Riesling höhere Mostgewicht darf nicht dazu verleiten, ihn in geringen Lagen anzupflanzen, weil seine Weine nur dann ansprechen, wenn die Mostgewichte über 80 °Oechsle liegen.

Ansprüche an den Boden: Der Graue Burgunder liebt einen tiefgründigen, kräftigen Boden. Auf einer starkwüchsigen Unterlage, wie z.B. 125 AA, darf der Boden auch etwas weniger wuchsstark sein. Lediglich ausgesprochen flachgründige Felsböden sowie Kies- und Sandböden sind vom Anbau auszuschließen, da die Güte des Grauen Burgunders nicht nur vom Mostgewicht, sondern auch von seiner Fülle, dem Extrakt, bestimmt wird.

Die **Holzreife** der einjährigen Triebe ist fast so gut wie die des Rieslings. Auch das alte Holz hat eine ausreichende Winterhärte. Für Maifrostlagen ist die Sorte nicht geeignet, da die Beiaugen weniger fruchtbar sind.

Krankheitsanfälligkeit: Es besteht keine besondere Empfindlichkeit für eine Pilzkrankheit, denn der Graue Burgunder wird von Peronospora, Rotem Brenner, Oidium, Schwarzfleckenkrankheit und Escanicht stärker befallen als der Riesling.

Botrytis: Ganz allgemein kann man von keiner hohen Botrytisanfälligkeit der Trauben sprechen. Da die Trauben dicht gepackt sind, kommt es nach sehr gutem Verblühen zu außerordentlich dichtbeerigen Früchten. Mit fortschreitendem Dickenwachstum der Beeren erfolgt eine Pressung, die zum Platzen einiger Beeren führt. Davon werden vorwiegend Beeren im Innern der Traube erfasst. Auf diese Weise können sehr früh einzelne Fäulnisnester entstehen. Im Gegensatz zum Müller-Thurgau ergreift die Fäulnis nur langsam die ganze Traube. Die Beeren neigen nicht zum Auslaufen. In den meisten Jahren beginnt die Fäulnis erst im Reifezustand der Traube und geht dann zur Edelfäule über. Die Dichtbeerigkeit, bei sehr gutem Verblühen, kann auch zu einem Abdrücken einzelner Beeren oder Beerenäste führen; wofür der Ausdruck "Ruländerkrankheit" gewählt wurde. **Stielfäule** ist beim Grauen Burgunder sehr selten, so dass es auch in einem nassen Jahr keine Bodentrauben gibt. Auch für Stiellähme ist diese Sorte wenig empfindlich, deshalb ist die Bereitung von Eiswein gut möglich.

Wuchs: Der Wuchs ist mittel bis kräftig und lässt sich mit der Sorte Riesling vergleichen. Die einjährigen Triebe sind etwas dünner als beim Riesling. Im

Alter lässt der Wuchs etwas schneller nach.

Erziehung: Die mittlerweile aus Gründen der modernen Mechanisierung etablierten Gassenbreiten von 2,00-2,20 m sind auch aus pflanzenphysiologischer Sicht sehr gut für den Grauen Burgunder geeignet. In einem der Sorte entsprechenden wüchsigen Boden gehört dazu ein Stockabstand von 1,00 bis 1,20 m. Es wird ein Flachbogen oder ein Halbbogen angeschnitten. Auf wenig wuchsstarken Böden genügt der Anschnitt eines kurzen Halbbogens und ein Stockabstand von 1,00 m. Eine ausreichend hohe Laubwand ist zur Erreichung einer ausreichenden Qualität unerlässlich.

Unterlagenwahl: Bei der Unterlagenwahl sollte die 5 BB ausgeschieden werden. Wo man eine starkwüchsige Unterlage benötigt, ist die 125 AA angebracht. In allen anderen Fällen sind die Unterlagen SO 4 und Binova angebracht.

Ertrag: Im gemischten Satz, der bis in die zwanziger Jahre in den Weinbergen vorherrschte, war fast immer auch der Graue Burgunder. Die Stöcke waren aber so degeneriert, dass sie nur geringen Ertrag brachten. Dank sorgfältiger Selektion trat in den fünfziger Jahren durch den Hauser** Klon 1 eine Wende ein. Ritter hat bei seinen Klonen Erträge bis 226 kg/a erreicht. Heute zählt der Graue Burgunder zu den ertragreichen Sorten, die je nach Bodenart und Erziehung Mengen von 80 – 120 hl/ha liefern. Bei der Klonenzüchtung sollte vor allem neben der Ertragssicherung zunehmend die Weinqualität berücksichtigt werden. Wünschenswert wären lockerbeerige Klone. Der Grauburgunder kann auch sehr hohe Erträge bringen, so dass ein gezieltes Ausdünnen sich sehr positiv auf die Qualität auswirkt.

Reife: Die Reife des Grauen Burgunders fällt mit dem Silvaner zusammen und kann als mittelspät bezeichnet werden.

Ernte: Die Lese sollte erst dann erfolgen, wenn das Mostgewicht wenigstens 80 °Oechsle erreicht hat. Bei geringeren Werten sind die Weine zu dünn. Noch besser sind höhere Zuckerwerte. In den meisten Jahren können die Trauben auch lange hängen, da sie sehr stielfest sind. Die beste Erntezeit ist nach dem Silvaner, etwa Anfang/Mitte Oktober.

Qualität: Hinsichtlich der Qualität gehört der Graue Burgunder zu unseren besten Sorten. Er erreicht im Durchschnitt 10 °Oechsle mehr als der Riesling.

Mostgewicht: Für Kabinett-Weine sind mindestens 80 °Oechsle erforderlich. Gute Spätlesen beginnen bei 90 °Oechsle. Unter 70 °Oechsle sind die Weine wenig ansprechend. Man muss ihn also in gute Lagen pflanzen, in denen er auch in mittleren Jahren wenigstens 80 °Oechsle erreicht.

Säure: Die Säure ist niedriger als beim Riesling und besitzt nicht deren fruchtige Art. Die Differenz beträgt etwa 4,5 g/l. In Baden werden die Grauburgunder-Weine mit 5-6 g/l Säure auf die Flasche gebracht.

** Hauser Adolf (1898-1964), Weingutsbesitzer Bickensohl/Kaiserstuhl

Wein: Grauer Burgunder- bzw. Ruländer-Gewächse sind gehaltvoll, wuchtig, fruchtig und besitzen häufig ein sehr feines Pinot-Bukett. Große Ruländer-Weine haben Weltruf. Der Ruländer als solches liefert Auslesen, Beerenauslesen, Trockenbeerenauslesen und sehr pikante und fruchtige Eisweine von einmaliger Güte, wie sie eigentlich nur vom Riesling und Silvaner erzielt werden. Die Sorte gilt mit Recht als die edelste der Burgunderfamilie. Sie zählen zu den extraktreichsten unter den Weißweinen. Elegante und spritzige, nicht zu kräftige Grauburgunder-Weine eignen sich als Begleiter zu Austern, Lachs und anderen Fischspezialitäten sowie diversen Fleisch- und Wildgeflügelsalaten und letztlich zu Reh- und Hasenbraten. Gehobene Grauburgunder-Weine passen zu kräftigem Schweine-, Rinder- und Lammbraten sowie zu Wildbret und anderen kulinarischen Speisen. Zu einem vollen, schweren "Ruländer" serviert man kräftige Käsesorten oder feine Desserts. Die edelsüßen Kreszenzen bis hin zum Eiswein eignen sich besonders gut als Aperitif oder als krönender Abschluss einer Probe.

Anbauwert: Insgesamt hat der Graue Burgunder einen hohen Anbauwert. In Baden, vornehmlich am Kaiserstuhl, ist er die Spitzensorte. In allen übrigen Weinbaugebieten hat er sich in den letzten Jahren den Platz einer wichtigen Ergänzungssorte erobert. Gegenüber dem Weißburgunder oder Chardonnay erreicht der Graue Burgunder eine bessere Reife und Mostgewichtsleistung.

Weißer Burgunder

Zu den Qualitätssorten, die in den letzten Jahren vermehrt angebaut werden, gehört der "Weiße Burgunder". Wo man ihn in das Rebsortiment eines Betriebes aufnahm, hat er meistens den Silvaner verdrängt. Er wird aber in Deutschland nie die Bedeutung erlangen, die er in manchen Weinbaugebieten Frankreichs besitzt.

Verbreitung: Die Bundesrepublik besitzt 3.731 ha (2008) Weißen Burgunder, die etwa zu gleichen Teilen auf Baden-Württemberg und Rheinland-Pfalz verteilt sind. Innerhalb dieser Länder ist die Sorte hauptsächlich in Baden, Rheinhessen und in der Pfalz zu finden. Hauptanbaugebiet des Weißen Burgunders, des Pinot blanc, und seiner bedeutendsten Spielart, des Chardonnay, ist Frankreich, wo man ihn als den französischen Riesling ansehen kann. In der Champagne ist die Côte des Blancs vorwiegend mit Weißem Burgunder und Chardonnay bestockt, die dort die bekannten "Blanc de Blanc Weine" liefern. In Burgund ist der Côte de Beaune der "Weiße Burgunder" und der Chardonnay um Meursault, Pulygni Montrachet und Chassagne Montrachet zu finden. Die bekannten Weißweine des Chablis, einem kleinen Weinbaugebiet zwischen Tonnerre und Auxerre, im Departement Yvonne, entstammen ausschließlich beiden Sorten. Schließlich gehört der Weiße Burgunder in der Champagne und im Elsaß zum festen Rebsortiment. Weiterhin ist er im Wallis der Schweiz, in Oberitalien, in Südtirol, in Österreich (Niederösterreich und Burgenland) zu finden.

Herkunft: Der Weiße Burgunder ist durch Mutation aus dem Ruländer entstanden, der seinerseits aus dem Blauen Burgunder mutiert ist. Das wird an der Eigenschaft des Ruländers deutlich, der an einzelnen Stöcken gelegentlich Triebe mit blauen oder weißen Trauben entwickelt. Oft finden sich auch Trauben, die neben blauen Beeren einen Sektor mit weißen Beeren besitzen. Bekannt ist der Weiße Burgunder nach Hornickel seit dem 14. Jahrhundert. Nach Schenk lässt er sich urkundlich bis in das 16. Jh. zurückverfolgen und fand ab dem 17. Jh. Eingang in die Weinberge vom Burgund. Von dort erfolgte eine Verbreitung in andere europäische Weinbaugebiete. Die frühere Annahme, dass die kleine Siedlung Chardonnay, nördlich Mâcon und unweit Tournus, Ausgangspunkt des Weißen Burgunders sei, kann nicht aufrechterhalten werden, weil zur Sorte Chardonnay keine Verwandtschaft besteht, wie früher angenommen wurde. Schenk weist darauf hin, dass auf der Weinbauausstellung in Lyon 1872 die ampelographische Selbstständigkeit des Chardonnay dokumentiert wurde. Trotzdem wurde bis in unsere Tage immer wieder von einer engen Verwandtschaft von Weißem Burgunder und Chardonnay gesprochen. Dazu trug natürlich auch bei, dass der Chardonnay häufig als Pinot Chardonnay bezeichnet wurde.

Sortenname: Die früher übliche Bezeichnung "Weißer Klevner" wurde 1874 von einer ampelographischen Kommission in "Weißer Burgunder" umgewandelt, um deutlich zu zeigen, dass zum "Blauen Burgunder" und "Grauen Burgunder" eine enge Verwandtschaft besteht. Der Weiße Burgunder wird gelegentlich auch als Pinot Chardonnay bezeichnet, was falsch ist. Nach französischer Auskunft ist Chardonnay eine eigenständige Sorte und Pinot Chardonnay ein Synonym. In der Blattform lässt er sich deutlich von den Burgundern (Blauer, Grauer und Weißer) unterscheiden. Der Chardonnay liefert qualitativ bessere Weine als der Weiße Burgunder, liegt aber auch im Ertrag niedriger. Auch der "Morillon blanc" wird öfters als Weißer Burgunder angesehen. Nach Vogt ist er mit dem Chardonnay identisch, eine Meinung, die auch Dümmler im Weinbaulexikon äußert, ebenso wie Scheu in seinem Winzerbuch und die Österreicher Ruckenbauer und Traxler in ihrem Buch "Weinbau heute". Viel wahrscheinlicher ist er jedoch ein degenerierter und darum minderwertiger Weißer Burgunder und nicht mit dem Chardonnay identisch. Der Chardonnay ist die Spielart auf der qualitativen, der Morillon auf der entgegengesetzten Seite des Weißen Burgunders. Der Auxerrois darf nicht mit dem Weißen Burgunder verwechselt werden. Er ist nach Zimmermann und Moog eine eigenständige Sorte, kann daher nicht als Spielart des Burgunders angesehen werden.

Sortenmerkmale: Triebspitze offen, starkwollig, weißlich bis gelbgrün; Blatt mittelgroß, schwach dreilappig, kaum gebuchtet, Oberfläche leicht blasig, Rand stumpf gezähnt, Stielbucht V-förmig offen; Trieb engknotig, mittlere Geiztriebbildung; Holz dünn, graubraun bis rötlichbraun; Traube mittelgroß, nicht geschultert, dichtbeerig, walzenförmig; Beere länglich bis rund, dünn häutig, grüngelb, neutraler Geschmack; Austrieb spät; Reife mittelspät; Wuchs mittelstark; Ertrag gut; Holzreife gut; Blütezeitpunkt spät; Blühfestigkeit mittel bis hoch.

Synonyme:

Land	**Bezeichnung**
Deutschland	Weißer Burgunder, Weißburgunder, Weißer Klevner, Clevner oder Clävner, Weißer Ruländer, Weißer Arbst. Neue Bezeichnungen: Pino blanc, Pinot bianco
Frankreich	Pinot blanc, Pinot Chardonnay, Chardonnay, Blanc de Champagne, Morillon blanc, Auvernat, Arnaison blanc
Österreich	Weißer Burgunder, Weißburgunder
Schweiz	Pinot blanc
Ungarn	Fehêrburgundi, Burgundi fehér, Burgundi kisfehêr, Kisburgundi fehér, Pinot blanc
Italien	Pinot bianco, Borogna bianco
Tschechien	Rouci bilé

Eigenschaften der Sorte

Ansprüche an die Lage: Die Ansprüche an die Lage werden von der Tatsache bestimmt, dass die eigentliche Qualität bei dieser Sorte über 80 °Oechsle liegen muss. Es kommen also nur gute, warme Lagen in Frage. Insgesamt sind die Lageansprüche etwas geringer als die des Rieslings. Vor einem Anbau in geringeren Lagen muss gewarnt werden, da dann die Weine qualitativ gering bleiben.

Ansprüche an den Boden: Sie sind als mittel bis hoch anzusetzen. Tiefgründige Böden mit ausreichender Wasser haltender Kraft sind zu bevorzugen. Auf einer stark wachsenden Unterlage können auch etwas wuchsschwache Böden ausreichen. Da der Wein seine Qualität auch vom Extrakt erhält, scheiden arme Sand- und Gesteinsböden aus. Auf Kalkböden erhalten die Weine mehr Bukett.

Holzreife: Sie ist gut und liegt kaum unter derjenigen des Rieslings. Dementsprechend ist die Sorte mit einer ausreichenden Winterfrostfestigkeit ausgestattet. Die Spätfrostanfälligkeit ist wegen des späten Austriebs nicht überbetont. Trotzdem sollten Maifrostlagen vom Anbau ausgeschlossen werden, da die Beiaugen nicht übermäßig fruchtbar sind.

Krankheitsanfälligkeit: Eine Überempfindlichkeit besteht weder für Peronospora, Roten Brenner, Oidium noch Schwarzfleckenkrankheit. In dieser Hinsicht kann die Sorte mit dem Riesling verglichen werden. Auch für Botrytis, sowohl Beerenbotrytis als auch Stielfäule und Stiellähme, ist keine besonders betonte Empfindlichkeit vorhanden. Sehr anfällig für Traubenwickler.

Wuchs: Er ist mittelstark bis kräftig. Die Geiztriebbildung ist gering. Die Triebe sind engknotig und neigen so sehr zum Mastigwerden wie die der Sorte Müller-Thurgau.

Erziehung: Die Erziehungsform entspricht der des Grauburgunders.

Unterlage: In gründigen Böden sind die Unterlagen SO 4 Binova und 5 C empfehlenswert, in wuchsschwachen die 125 AA und die 5 BB. Ausgesprochen schwach wachsende Unterlagen scheiden aus.

Ertrag: Nur bei guten Klonen ist ein gleichmäßiger und ausreichend hoher Ertrag gewährleistet. Im langjährigen Durchschnitt werden Mengen von 80 bis 100 hl/ha und mehr erreicht. Zu hohe Erträge beeinträchtigen die Qualität. Eine gezielte Ertragsbegrenzung begünstigt die Qualität.

Reife: Die Reife des Weißen Burgunders fällt mit der des Silvaners zusammen und kann als mittelspät bezeichnet werden.

Ernte: Vor einer zu frühen Ernte muss gewarnt werden, da die Weine erst ab 80 °Oechsle in den Qualitätsbereich kommen. Die beste Erntezeit liegt kurz vor dem Riesling.

Mostgewicht: Wird der Weiße Burgunder neben dem Riesling gepflanzt, bringt er in der Regel ein um 6 bis 8 Grad höheres Mostgewicht. Um eine dem Riesling gleichwertige Weinqualität zu erreichen, ist allerdings auch ein höheres Mostgewicht nötig.

Säure: Sie ist etwas niedriger als beim Silvaner und schwankt um 10 bis 12 g/l. In kleinen Lagen ist die Säure hoch und beeinträchtigt die Qualität.

Wein: Der Weiße Burgunder hat eine andere Stilistik als der Graue Burgunder. Unverkennbar ist seine prägnante Burgunder- bzw. Pinotnote, seine Aromen wirken wesentlich dezenter, oftmals mit floralen Noten. Die Weine des Weißburgunders sind eleganter, schlanker, aromatischer, fruchtiger und zeigen oft ein feines Bukett. Die Sorte selbst ist besonders für den trockenen Ausbau geeignet. In guten Jahren werden hohe Mostgewichte um 85 °Oechsle erzielt und es entstehen daraus Weine von höchster Güte.

Burgunder-Weine können zu allen Tageszeiten und zu jeder Gelegenheit getrunken werden. Ein Hochgenuss sind die hochwertigen, eleganten und edelsüßen Ausleseweine zu den verschiedenartigsten Frischkäsearten, Edelpilz- oder Grauschimmel-Käsesorten sowie anderen Käsespezialitäten. Wegen seiner dezenten Aromen und der ausgewogenen Fruchtsäure eignen sich

Weißburgunder sehr gut zu geräuchertem Fisch und anderen Fischspezialitäten, Krustentieren, Austern, Wildsalat, gebackener Leber, Spargel, Geflügel und Kaninchen, Fleisch-, Geflügel- und Wildgeflügelsalat, gekochtes Rindfleisch mit grüner Soße oder mildem Meerrettich und zu vielen anderen Genüsslichkeiten.

Weißburgunder ist eine ideale Sorte für die Versektung. Gute Weißburgunder, ob als Wein oder Sekt entstehen nur aus gesunden Trauben mit ausreichender Reife aus einer guten Lage und einem guten Jahrgang.

Vorteile: Geringe Krankheitsanfälligkeit, Stielfestigkeit, gleichmäßiger Ertrag und gute Mostgewichtsleistung.
Nachteile: Hohe Ansprüche an die Lage, die knapp unter derjenigen des Rieslings liegen. Hohe Mostgewichtsansprüche des Weines.

Anbauwert: Den höchsten Anbauwert besitzt die Sorte in Baden, wo ihre Weine in den Gebietscharakter passen. Für die Rieslinggebiete sind die Weine zu neutral. Die starke Nachfrage nach Weißburgunder trocken, führte in den letzten Jahren in den meisten deutschen Anbaugebieten zu einer Steigerung des Anbauwertes. Der Weißburgunder zählt zu den Rebsorten, welche sich zur Erzeugung hochwertiger Rebsortensekte bestens eignen.

Auxerrois

Nach dem letzten Weltkrieg wurden, bei dem Bemühen die Weinqualität zu steigern, auch Anbauversuche mit dem Auxerrois angelegt. Inzwischen ist die Sorte durch Neuzüchtungen überrundet worden.

Verbreitung: Die Rebstatistik von 2008 weist für den Auxerrois eine Anbaufläche von 185 ha aus. Die größten Anbauflächen sind in Baden (67 ha) und in der Pfalz (57 ha) zu finden. Nennenswerte Anteile weisen dann nur noch die Anbaugebiete Mosel (28 ha) und Rheinhessen (23 ha) aus. In Frankreich ist der Auxerrois im Elsaß, in der Champagne, dem Chablis und Burgund verbreitet.

Herkunft: Genanalysen haben gezeigt, dass der Auxerrois aus einer natürlichen Kreuzung eines Burgunders mit Gouais Blanc (Weißer Heunisch) hervorgeht. Es ist aber anzunehmen, dass die Sorte die gleiche Heimat wie der Burgunder hat. Nach Deutschland ist sie von Lothringen gekommen. Sie hat von dort ihren Weg an die Obermosel genommen und über das Elsaß nach Baden.

Bezeichnung: Der Name geht wahrscheinlich auf die Grafschaft Auxerrois zurück, die zwischen der Nordburgund und der Champagne lag. Früher wurde der Auxerrois als Spielart des Weißen Burgunders angesehen, wie man dem Weinbaulexikon und dem Winzerbuch von Scheu entnehmen kann. Vogt bezeichnet die Sorte als dem Weißen Burgunder nahe verwandt. Goethe zählt sie in seiner Ampelographie zum Weißen Burgunder. Moog und J. Zimmermann beweisen aber, dass es sich um eine selbstständige Sorte handelt.

Synonyme: Auxerrois, Weißer Auxerrois, Oinot Auxerrois, Auxerrois blanc, Auxerrois blanc von Laquenexy, Auxois und Auxera. Neue Bezeichnungen für Deutschland Pinot auxerrois und Auxerrois blanc.

Sortenmerkmale: Triebspitze offen, gelblich-grün, schwach bis mittelstark weißlich behaart; Blatt mittelgroß, schwach dreilappig, fast nicht gebuchtet, Rand gesägt, Stielbucht ausgeprägt V-förmig offen. Das Blatt hat Ähnlichkeit mit dem des Weißen Burgunders, kann aber nach Moog an dem fast gradlinigen Verlauf der drei Hauptnerven beim Auxerrois-Blatt unterschieden werden. Der Blattmittellappen ist etwas kürzer als derjenige des Weißen Burgunders: Holz hellbraun; Traube mittelgroß, mehr locker als dichtbeerig, gelbgrün; Beere hellgelb, mittelgroß, länglich mit schwachem Sortenbukett; Austrieb spät; Reife mittelfrüh bis mittelspät; Wuchs kräftig; Ertrag mittel; Holzreife mittelgut und mittlere Winterfrosthärte; Blühzeitpunkt spät; Blühfestigkeit mittelhoch. Vom äußeren Habitus ist der Auxerrois burgunderartig.

Eigenschaften der Sorte

Ansprüche an die Lage: Sie entsprechen den Ansprüchen des Weißen Burgunders, können also als mittel bis hoch bezeichnet werden. Die Lage soll windgeschützt sein, da eine gewisse Blühempfindlichkeit vorhanden ist. Maifrostanfälligkeit wie Silvaner.
Ansprüche an den Boden: Sie sind mittel bis hoch. Lediglich in zu trockenen flachgründigen Böden versagt er.

Krankheitsanfälligkeit: Für Pilzkrankheiten ist keine Überempfindlichkeit vorhanden. Die Trauben faulen leicht, da sie dünnhäutig sind.

Erziehung: An die Erziehung stellt der Auxerrois im Grundsatz ähnliche Anforderungen wie die Burgundersorten. Die etwas höhere Fäulnisanfälligkeit verlangt entsprechende kulturtechnische Maßnahmen, wie die frühe Entblätterung, um der Fäulnis wirksam zu begegnen.

Unterlagenwahl: In allen Fällen sollte man die SO 4 vorziehen.

Ertrag: Selten kommt die Sorte über eine Leistung von 60-80 hl je ha. Der Ertrag ist schwankend. Beiaugen und wilde Triebe wenig fruchtbar. Blüte verträgt keinen Regen.

Reife: Die Traubenreife fällt fast mit der des Silvaners zusammen und liegt höchstens kurz dahinter.

Ernte: Sie wird zwischen Silvaner und Riesling vorgenommen. Bei zu später Ernte ist die Säure zu gering.

Qualität: Das Mostgewicht übertrifft den Müller-Thurgau und Silvaner um etwa 10 Grad. Allerdings verlangt der Wein auch etwas höhere Oechslegrade.

Säure: Sie ist niedrig und liegt meist unter 7 bis 8 g/l.

Wein: Auxerrois-Weine sind körperreich, jedoch nicht so fruchtig und saftig wie der Weißburgunder und eignen sich besonders zum trockenen Ausbau.

Vorteile: Nicht zu späte Reife.

Nachteile: Geringer Ertrag.

Anbauwert: Die geringe Ertragsfähigkeit verleiht der Sorte keinen Anbauwert. Wir haben zur Qualitätsverbesserung Sorten, die mehr leisten.

Chardonnay, -Spielart

Der Chardonnay zählt zu den besten Sorten der Welt. Spitzenweine werden vor allem in Frankreich gewonnen. Am bekanntesten sind die Chablis-Weine. Auch für die Champagner-Bereitung ist der Chardonnay ein wesentlicher Qualitätsfaktor. Im Jahre 1991 wurde die Rebsorte Chardonnay in die Liste der zugelassenen Sorten Deutschlands aufgenommen.

Verbreitung: In Deutschland waren bis 1994 nur 183 ha im Ertrag, ist bis 2000 auf 610 ha und bis 2008 auf 1.171 ha angestiegen. Hauptanbaugebiet ist Frankreich (20.000 ha). Aber auch in den übrigen ausländischen Weinbaugebieten wird der Chardonnay mehr oder weniger angebaut. Die Anbaufläche des Chardonnay liegt weltweit bei über 120.000 ha.

Herkunft: Das Ursprungsgebiet der Rebsorte Chardonnay liegt in Vorderasien. Sie kam mit der Ausbreitung der Weinkultur nach Frankreich und fand schwerpunktartig in Burgund eine neue Heimat. Dort sollen sich die Klöster (Benediktiner, Zisterzienser) um die weitere Ausbreitung verdient gemacht haben. Hierbei wurde auf Sortenreinheit (Pinot Chardonnay – Weißer Burgunder) kaum geachtet. Auch heute steht er oft mit dem Weißen Burgunder im gemischten Satz. Für die Namensgebung könnte die kleine Siedlung Chardonnay, nördlich Mâcon und unweit von Tournus, in Frage kommen. Wie Genanalysen belegen, geht der Chardonnay, wie auch der Auxerrois, aus einer natürlichen Kreuzung eines Burgunders mit Gouais Blanc (Weißer Heunisch) hervor.

Sortenmerkmale: Obwohl die Sortenunterschiede zu der Burgunderfamilie gering sind und somit Verwechslungen immer wieder auftreten, reichen die ampelographischen Unterschiede aus, um den Chardonnay als selbstständige Sorte zu bezeichnen. So schreibt Schumann: "Im Vergleich zum Weißen Burgunder sind die Blätter des Chardonnay glatter, weniger blasig, die Stielbucht ist ausgeprägt lyraförmig, während sie beim Weißburgunder mehr V-förmig sind. Der deutlichste Unterschied liegt aber darin, dass die Stielbucht des Chardonnay durch Blattnerven begrenzt ist, dagegen beim Weißen Burgunder noch Blattgewebe daran liegt". Für den Winzer sind die Trauben des Chardonnay ein deutliches Erkennungsmerkmal. Sie sind klein bis mittelgroß, kompakt und bei Reife grüngelb bis bernsteinfarben, gegenüber grüngelb beim Weißen Burgunder. Die Beerenhäute sind dünn, was sich in einer gewissen Botrytisanfälligkeit zeigt.
Man unterscheidet beim Chardonnay zwei Klontypen: Die Burgunder-Typen, welche sich durch kleinere Beeren, mehr Aroma und geringeren Erträge auszeichnen sowie die Champagner-Typen, welche durch größere Beeren, weniger Aroma und höhere Erträge gekennzeichnet sind.

Eigenschaften der Sorte

Ansprüche an die Lage: Sie entsprechen weitgehend den Ansprüchen des Weißen Burgunders, d.h. es sollten mindestens 80 °Oechsle erzielt werden. Hohe Lageansprüche, also gute Rieslinglagen, sind Voraussetzung für einen typischen Chardonnay. Weinrandlagen scheiden aus. Zu kernige, harte Säurewerte sind der Weinqualität abträglich.

Ansprüche an den Boden: Sie sind als mittel bis hoch anzusetzen. Tiefgründige warme kalkhaltige Böden sind am besten geeignet. Auf einer stark wachsenden Unterlage können auch etwas wuchsschwache Böden ausreichen.

Holzreife: Sie ist gut und liegt kaum unter derjenigen des Rieslings, d.h. die Sorte hat eine gute Winterhärte. Die Spätfrostanfälligkeit ist nicht überbetont, sie ist mit dem Blauen Burgunder identisch. Trotzdem sollten Maifrostlagen vom Anbau ausgeschlossen werden, zumal die Beiaugen nicht besonders fruchtbar sind.

Krankheitsanfälligkeit: Eine besondere Anfälligkeit für Peronospora, Roter Brenner, Oidium und Schwarzfleckenkrankheit besteht nicht. Auch in dieser Hinsicht ergibt sich eine Parallele zum Weißen Burgunder. Allerdings neigt der Chardonnay, auf Grund der Dünnschaligkeit und der verstärkten Geiztriebbildung, zu Beerenbotrytis mit negativem Einfluss auf den Sortencharakter. Eine frühe Entblätterung der Traubenzone bringt hier deutliche Vorteile. Gegebenenfalls sollte das Lesegut, in Abhängigkeit von der Gesundheit, getrennt gelesen werden.

Erziehung: An die Erziehungsform stellt der Chardonnay keine besonderen Ansprüche; sie ist ähnlich den Burgundersorten zu gestalten.

Unterlage: In tiefgründigen, kalkhaltigen Böden sind die Unterlagen SO 4 und Binova vorzuziehen, in wuchsschwachen die 125 AA.

Ertrag: Die Erträge liegen bei den deutschen Klonen i.d.R. niedriger als beim Weißen Burgunder (ca. 80-100 hl/ha). Beim Bundessortenamt sind zur Zeit 4 Erhaltungszüchter mit 24 Klonen eingetragen.

Reife: Die Reife des Chardonnay fällt mit dem des Weißen Burgunders zusammen und kann als mittelspät bezeichnet werden.

Ernte: Eine frühe Lese kann bei Botrytisbefall erforderlich werden, um grundsätzlich den Sortencharakter zu erhalten. Die beste Erntezeit - vorausgesetzt gesundes Lesegut - liegt kurz vor dem Riesling.

Mostgewicht: Wird der Chardonnay neben den Weißen Burgunder gepflanzt, dürften bei gleichen Erträgen kaum Mostgewichtsunterschiede auftreten. Da der Chardonnay insbesondere bei ausländischem Pflanzgut niedrigere Erträge bringt, liegt in diesem Fall nach dem Menge-Güte-Gesetz das Mostgewicht entsprechend 6-8 °Oechsle höher.

Säure: Sie wird stark vom Jahrgang und dem Lageeinfluss geprägt, d.h. in kleinen Lagen ist die Säure hoch und beeinträchtigt die Qualität (10 bis 14 g/l).

Wein: Die Weine übertreffen in guten Lagen qualitativ die des Weißen Burgunders und finden weltweit Interesse. Typisch sind die Chablis-Weine mit der Frucht nicht ganz reifer Äpfel. Die Weine sollten durchweg trocken ausgebaut werden, um die nervige Säure und den Sortentyp voll zum Ausdruck zu bringen. Hochwertige Weine sind bestens geeignet für den Ausbau im Barrique. Frische, fruchtige Weine eignen sich auch für die Sektbereitung. Im Großen und Ganzen besitzen die Weine dieser Rebsorte eine neutrale frische, fruchtige, teils rassige Art und sind von stoffigem und nachhaltigem Sortencharakter. Ein Weißwein von guter Lagerfähigkeit. Wird in vielen Weinbauländern der Erde angebaut. Ist ein ausgezeichneter Speisebegleiter. Besonders gut zu Fisch mit sahnigen Soßen, Muscheln, Kalb- und Schweinebraten, Wild und Geflügel u.a. Fleischarten, entsprechenden Beilagen wie aromatische Käsespezialitäten.

Anbauwert: Er ist begrenzt, da nur trockene Weine interessant sind. Wegen der hohen Ansprüche an die Lage eine Konkurrenzsorte zum Riesling. Er kann daher nur auf dessen Kosten angebaut werden. Chardonnay ist ein guter Sektgrundwein.

Spielart (Chardonnay Rosé):

Aus einer Mutation des Chardonnay geht der Chardonnay Rosé hervor, welcher sich durch eine Rosafärbung der Beeren kennzeichnet. Der Chardonnay Rosé ist in Hessen als Rebsorte klassifiziert.

Roter Traminer, -Spielart

Eine typische Sorte der nördlichen Weinbaugebiete ist der Traminer. Er gehört zu den qualitativ besten Sorten unserer Heimat. Sein Anteil an deutschen Rebflächen ist zwar bescheiden, es gibt aber selten ein Weingut, das auf Qualität Wert legt, ohne Traminer. Er kann als eine Spezialsorte zur Gewinnung von Spitzenweinen angesehen werden. Ob der Gewürztraminer mit dem Roten Traminer identisch ist oder als Spielart aufgefasst werden muss, ist bis zum heutigen Tage ungeklärt. Die Statistik kennt nur die Bezeichnung Roter Traminer.

Verbreitung: Die deutsche Rebstatistik weist 1994 einen Anteil von 858 ha und 2008 noch 835 ha Traminer aus. Der Hauptanteil davon liegt in der Pfalz mit 347 ha. Das zweite große Anbaugebiet ist Baden mit 154 ha, gefolgt von Rheinhessen mit 145 ha. In Frankreich ist das Elsaß die Heimat des Traminers. Bekannte Traminerweine werden weiterhin in Österreich (Süd-Steiermark) und in Südtirol (Tramin) gewonnen.

Herkunft: Über die Herkunft dieser alten Kultursorte unserer Heimat gibt es unterschiedliche Aussagen. Die ältesten verlegen sie nach Thessalien, dem nördlichen Teil Griechenlands, wo eine Rebsorte Uva aminea beheimatet war.

Diese Vermutung wird durch die Tatsache genährt, dass in den ältesten Weinbüchern die Sorte, nach Goethe, den Namen Vitis aminea führt. Da die Reb- und Weinkultur ihren Weg über Griechenland nach Italien nahm, könnte der Traminer tatsächlich aus Griechenland zu den Römern gelangt sein.

Anderen Angaben zufolge soll sich der Traminer aus der von Plinius (röm. Schriftsteller 24 bis 79 n. Chr.) beschriebenen nomentanischen Rebe, benannt nach der Stadt Nomentum (La Mentana, Italien), entwickelt haben.

Schließlich wird angenommen, dass die Römer bei ihrem Vordringen nach Norden den Traminer in Südtirol bereits vorfanden, um ihn dann sowohl nach Italien als auch nach Germanien zu verbreiten.

Es gibt aber auch die Vermutung einer Entwicklung aus einer am Rhein heimischen Wildrebe. Dieser Meinung wird man am wenigsten beipflichten können.

Tatsache ist, dass der Traminer schon lange, es sollen 1 500 Jahre sein, am Oberrhein und in der Pfalz angebaut wird. In dem bis Anfang dieses Jahrhunderts in den heimischen Weinbergen vorherrschenden sog. "gemischten Satz" (gemeinsamer Anbau verschiedener Sorten), gab es stets auch Traminerreben. Durch ein starkes Nachlassen der Fruchtbarkeit infolge Degeneration ging der Anbau stark zurück. Auch in Südtirol ist er von anderen Sorten, insbesondere dem Vernatsch (Trollinger), stark zurückgedrängt worden. So ist es zu erklären, dass Zweifel an einem Tramineranbau in Südtirol schon in alter Zeit aufkommen konnten.

Auf jeden Fall gehört der Traminer zu den ältesten Kultursorten unserer Heimat. Sein Stammbaum verrät alten Adel. Molekularbiologische Untersuchungen deuten darauf hin, dass sie eine der europäischen Ursorten und eng verwandt mit Vitis silvestris ist. Einige der wichtigsten europäischen Sorten,

Roter Traminer

wie Riesling, die Burgundersorten und Cabernet Sauvignon sind Kreuzungen mit Traminer.

Sortenname: Heute wird nicht mehr daran gezweifelt, dass Tramin in Südtirol bei der Namensgebung Pate gestanden hat, denn in früheren Zeiten wurden Reben fast immer nach dem Herkunftsort, wo sie in größerem Umfange angebaut wurden, benannt. Dass Tramin einen bedeutenden Tramineranbau gehabt haben muss, lässt sich daraus ableiten, dass der Sortennachweis bis in das Jahr 1 000 n. Chr. zurückgeht.

Die in Baden heute noch unter Winzern gebräuchliche Bezeichnung Clevner weist auf das oberitalienische Chiavenna (Cleven) hin und könnte bedeuten, dass einmal Pflanzreben von dort bezogen wurden. Erklärend sei hinzugefügt, dass man in Württemberg als Clevner oder Clävner eine Spielart des Blauen Frühburgunders bezeichnet, in der Ostschweiz Klevner oder Kläfinger (Chlävner, Chlävinger) ein Blauer Spätburgunder ist und im Elsaß der Name Clevner für den Chardonnay benutzt wird.
Neben dem Riesling besitzt der Traminer die meisten Doppelnamen, was seine große Bedeutung als Qualitätssorte unterstreicht.

Synonyme (Doppelnamen): In Deutschland wird fast nur noch die Bezeichnung Traminer benutzt. Bei alten Winzern kann man gelegentlich auch noch den Namen Dreimänner hören. In der badischen Ortenau spricht man noch offiziell vom Clevner.
Bis zum heutigen Tage ist nicht geklärt, ob unter Traminer und Gewürztraminer zwei Spielarten zu verstehen sind, die sich ampelographisch unterscheiden lassen. Im äußeren Habitus sind auf jeden Fall keine Unterschiede vorhanden. H. Goethe meint in seiner Ampelographie von 1876, dass der Traminer mannigfaltigen Veränderungen durch Lage, Klima und Boden unterworfen sei, so dass fraglich wäre, ob er seinen gewürzten Geschmack unter allen Verhältnissen bewahre. Auch Moog äußert sich in seiner Rebsortenkunde von 1957 ähnlich. Im Weinbaulexikon von 1930 bezeichnet Dümmler Traminer und Gewürztraminer als eine Sorte, deren Unterschiede im Bukett auf qualitative Unterschiede in der Lage zu suchen seien. Vogt spricht in seinem Buch "Weinbau" vom Gewürztraminer als von einer Spielart des Roten Traminers. Volle Klarheit könnte, wie Moog schon meint, nur durch einen Vergleichsanbau geschaffen werden. Goethe hat auf jeden Fall Recht, dass der Traminer seinen gewürzten Geschmack nicht unter allen Verhältnissen in gleicher Stärke hervorbringt. Auch die Höhe des Ertrages spielt eine Rolle, weil das Bukett mit steigendem Ertrag abnimmt.
Auf leichten Böden scheint das Bukett ausgeprägter als auf schweren. Saatgutrechtlich und weingesetzlich ist Roter Traminer die echte Bezeichnung und Gewürztraminer ein zugelassenes Synonym. Weder das Bundessortenamt noch das Statistische Bundesamt führen zwei Sorten.

Sortenmerkmale: Triebspitze offen, stark behaart, weißlich bis bordeauxrot; Blatt klein, oft mehr breit als lang, dreilappig, schwach gebuchtet, Oberfläche stark blasig, unterseits stark, oberseits schwach behaart, Rand stumpf gezähnt, Stielbucht V-förmig bis geschlossen; Trieb engknotig, mittlere bis starke Geiztriebbildung, dichtlaubig; Holz dünn, engknotig, braun mit bläulichem Anflug; Traube mittel bis klein, dichtbeerig; Beere klein, rund bis oval, rotgrau, typisches Sortenbukett; Austrieb spät; Blüte spät; Blühfestigkeit gering; Reife spät; Wuchs mittelstark; Ertrag gering bis mittel; Holzreife gut.

Synonyme:

Land	Bezeichnung
Deutschland	Roter Traminer, Gewürztraminer, Clevner, Klävner, Dreimänner, Christkindlestraube, Rotedel, Rotfranke, Fränkisch, Kleinwiener, Roter Nürnberger, Dreipfennigholz u.a.m.
Frankreich	Savagnin rose, Fromenteau rouge, Fromenté rose, Traminer musqué, Traminer parfumé, Traminer aromatique, Gentil rose aromatique
Elsaß	Traminer, Gewürztraminer, Rotclevner, Rousselett, Frenscher
Italien	Traminer aromatico, Termeno aromatico, Traminer Rosé
Südtirol	Gewürztraminer, Traminer, Traminer rosa, Fleischweiner, Fleischrot
Österreich	Traminer, roter Nürnberger, Ranfoliza
Ungarn	Tramini piros, Fermintin rouge, Tramini
Schweiz	Roter Traminer, Heida, Heidawein, Païen
Rumänien	Traminer roz, Traminer rosiu, Tramini, Traminer
Bulgarien	Mala dinka
Kroatien	Crevena Rusiva
Tschechien	Livora cervena, Drumin Ljbora, Princt cerveny

Eigenschaften der Sorte

Ansprüche an die Lage: Sie sind sehr hoch. Der Traminer benötigt eine windgeschützte und gute Lage. Der Anbau in weniger guten Lagen ist völlig falsch, da er zu einem guten Verblühen eine hohe Wärmesumme braucht und der Wein nur bei hohem Mostgewicht den Erwartungen entspricht.

Ansprüche an den Boden: Die Böden sollen leicht erwärmbar, humos, fruchtbar, tiefgründig und wuchskräftig sein. Auf armen Böden degenerieren die Stöcke schnell. Flachgründige, arme Böden, die sich z.B. für den Riesling noch eignen, sind für den Traminer ungeeignet. Die Sorte ist sehr chloroseanfällig.

Holzreife: Diese ist überwiegend als gut zu beurteilen. Die Winterfrostfestigkeit ist gut. Durch seine mittelmäßige Fruchtbarkeit wird er allerdings auch nie überfordert, wie das häufig bei den Sorten Müller-Thurgau und Silvaner der Fall ist. Mittelbar trägt natürlich auch die gute Lage, die sein Anbau erfordert, zur guten Winterfrostfestigkeit bei. Die Spätfrostanfälligkeit ist wegen des mittelspäten Austriebs nicht überbetont. Vor einem Anbau in Maifrostlagen wird gewarnt, da die Beiaugen nicht fruchtbar sind.

Krankheitsanfälligkeit: Für die Pilzkrankheiten ist keine Überempfindlichkeit festzustellen. Traubenfäulnis und Stielkrankheiten treten nur in zu dichtlaubigen Beständen stärker auf. Für Gescheinsbotrytis ist Traminer besonders empfindlich.

Erziehung: Hierbei ist zu beachten, dass die Sorte infolge Engknotigkeit und stärkerer Geiztriebbildung zur Bildung einer dichten Laubwand neigt. Die Neigung zum Verrieseln kann durch viel altes Holz, also einen hohen Stamm ab 70 cm, verringert werden. Da die basalen Augen eine deutlich geringere Fruchtbarkeit wie die apikalen Augen aufweisen, bringt zur Sicherung der Ertragsleistung der Anschnitt von langem Fruchtholz Vorteile. Ein Zapfenschnitt ist dagegen völlig ungeeignet.

Unterlage: Gute Affinität besteht zu den Unterlagen SO 4 und Binova.

Ertrag: Er liegt selten über 50-70 hl/ha. Das hängt damit zusammen, dass die Sorte schwer zu selektionieren ist. Glaubt man einmal einen guten Klon ausgelesen zu haben, zeigt er auf einem anderen Standort meistens wieder geringeren Ertrag. Das DLR Rheinpfalz in Neustadt-Mußbach, die Forschungsanstalt in Geisenheim und das Weinbauinstitut in Freiburg/Baden sind beim Bundessortenamt eingetragene Erhaltungszüchter der „Rebsorte Roter Traminer“. Zur Zeit sind dort 17 Traminerklone amtlich eingetragen und zugelassen. Wegen der Abbaugefährdung müssen Rebklone ständig erhaltungszüchterisch überwacht werden, um stabile und hochwertige Klone zu erhalten.

Reife: Die Traubenreife liegt kurz vor der des Rieslings und kann als mittelspät bezeichnet werden.

Ernte: Der Traminerwein entfaltet nur dann seine volle Schönheit, wenn er sehr spät gelesen wird. Dies ist besonders dann wichtig, wenn die Weine unverschnitten als selbstständige Flaschenweine auf den Markt kommen sollen. Die beste Lesezeit liegt kurz vor der des Rieslings.

Mostgewicht: In guten Lagen steigt das Mostgewicht auch in geringen Jahren mindestens auf 80 °Oechsle und in guten Jahren stets auf 90 Grad und mehr. Die Kabinettweingrenze liegt bei 80 Grad. Überzeugende Spätlesen brauchen 90 °Oechsle. Die Mostgewichtsleistung ist höher als beim Riesling.

Säure: Sie bewegt sich um 8 g/l, oft auch etwas weniger.

Wein: Traminer-Weine sind mit rosenblütenduftigen, exotischen und getrockneten Fruchtaromen ausgestattet. Sie haben viel Spiel und wenn sie mit 6 -7 g/l Säure auf die Flasche kommen, auch Rasse. Traminer Weine mit 90 °Oechsle und darüber zeichnen sich durch Fülle und Sortenfrucht aus und gehören dann zu den Spitzengewächsen unter den deutschen Weißweinen.
Als besonderes Geschmackserlebnis sind die edelsüßen Traminer-Spezialitä-

ten und vor allem die feinfruchtigen Traminer-Brände – sie eignen sich besonders als Aperitif und zum Dessert.

Er passt gut zu Pasteten, diversen Salatarten und Salatgerichten sowie einer breiten Käsevariation von milden bis herzhaften Käsespezialitäten.

Nachteile: Unsichere Erträge, sehr hohe Ansprüche an die Lage und den Boden, verrieselt leicht, hohe Chloroseanfälligkeit.

Vorteile: Gute Mostgewichtsleistung (8 bis 10 Grad über Riesling), würzige, feine Weinart, gute Frosthärte.

Anbauwert: Der Traminer ist eine Spezialsorte für Qualitätsflaschenweinbetriebe. Der wirtschaftliche Anbau wird sich in allen Fällen auf kleine Flächen beschränken. Trotz der kleinen Anbaufläche, die der Traminer immer einnehmen wird, zählt er zu den edelsten Sorten und hat einen fest fundierten Anbauwert. Eine repräsentative Weinprobe ohne einen Traminerwein ist fast undenkbar.

Spielart (Weißer Traminer):

Der Weiße Traminer (Synonym: Savagnin blanc) ist eine Spielart des Roten Traminers. In Frankreich zählt er im Departement Jura zu den empfohlenen Sorten. Aus ihm werden die berühmten Weine, wie der Vin jaune de Jura und der von Arbois, gewonnen. Als Rarität ist der sogenannte *Heidawein* (Païen) zu nennen, der in der Schweiz in Visperterminen, im Tal der Visp des oberen Wallis, gewonnen wird. Der Rote und Weiße Traminer sind beide in ihren Eigenschaften gleich. Sie unterscheiden sich lediglich durch ihre rötliche und grüngelbe Beerenfarbe. Ampelographisch sind bei den „Weißen Traminerbeeren" die Kerne sichtbar, während die Gewürztraminerbeere immer undurchsichtig bleibt.

Früher roter Malvasier

Diese sehr alte Rebsorte, die überwiegend als "Frühroter Veltliner" bezeichnet wird, war früher im gemischten Satz in vielen Weinbergen vertreten und ist im Anbau fast verschwunden.

Verbreitung: Der weinbergsmäßige Anbau beschränkt sich hauptsächlich auf Österreich. In Deutschland sind nur 4 ha vorhanden. In die Sortenliste ist die Sorte eingetragen.

Ein Bruder dieser Sorte, der "Weiße Malvasier", ist in allen Weinländern des Mittelmeerraumes, auf Madeira, in Südafrika und Kalifornien verbreitet.

Herkunft: Von H. Goethe wird die Heimat in die bekannte Weingegend von Gumpoldskirchen in Niederösterreich gelegt. Vielleicht stammt er aber aus Italien, das sicher als Ausgangspunkt vieler Sorten gelten kann.

Nach dem Bericht des päpstlichen Legaten Alexander über den Reichstag zu Worms, 1521, hat Luther sich vor der Abreise aus der Stadt durch Malvasierwein gestärkt. Entweder war dies eingeführter, echter Malvasier aus Italien, der wegen des Reichstages herbeigeschafft worden war, oder es handelte sich um Trollinger, der damals in der Pfalz, fälschlich als Malvasier bezeichnet wurde. Wie DNA-Analysen bestätigten, ist der Frühe rote Malvasier eine zufällige Kreuzung aus Rotem Veltliner und Grünem Silvaner.
Sortenname: Nach Moog ist "Früher roter Malvasier" die richtige Bezeichnung. Im Sprachgebrauch herrscht aber der Name "Frühroter Veltliner" vor, hat aber botanisch bzw. ampelographisch keine Beziehung zum Grünen oder zum Rot-weißen (Roten) Veltiner. Nach Bassermann-Jordan könnte die Bezeichnung "Malvasier" auf Napoli die Malvasia in Morea hinweisen, was auch die Herkunft der Sorte aus Italien nahe liegt. Weitere Synonyme sind Frührot, ostitalienischer Malvasier, Rote Babotraube, Printschraube, Feldlinger, Roter Mährer, Roter Harthaunisch, Malvoise rouge (Frankreich), Malvoisie rosso (Italien), Crveba Babovina (Kroatien).

Sortenmerkmale: Triebspitze offen, stark wollig, hellgrün mit rötlichem Anflug; Blatt groß, gezähnt, deutlich fünflappig, Stiel gebuchtet, rötliche Blattrippen, oft breiter als lang, hellgrün; Holz dick, rund, dunkelbraunrot, schwarz punktiert, weitknotig; Traube groß, lang zugepitzt, oft geschultert, dichtbeerig; Beere mittelgroß, rundlich, rosa, Haut dick; Austrieb mittelspät; Blüte spät; Blühfestigkeit hoch bis sehr hoch; Reife mit Müller-Thurgau; Wuchs kräftig, mittlere Geiztriebbildung; Ertrag sehr gut; Holzreife gut. Der

Frühe rote Malvasier hat keine botanische Beziehung zum Grünen Veltliner.

Eigenschaften der Sorte

Ansprüche an die Lage: Mittel, mit Müller-Thurgau vergleichbar

Ansprüche an den Boden: Nach Lenz Moser genügen magere Böden, denn sie entsprechen noch den Ansprüchen. Bei zu starkem Wuchs kann die Sorte durchrieseln. Scheu warnt vor zu feuchten Lagen. Kalkverträglichkeit gut.

Winterfrostfestigkeit: Etwas empfindlich, da die Holzreife nicht immer befriedigt.

Spätfrostempfindlichkeit: Vergleichbar mit Müller-Thurgau.

Krankheitsanfälligkeit: Empfindlich für Peronospora, wenig empfindlich für Oidium und Phomopsis. Wenig anfällig für Stiel- und Beerenfäule.

Erziehung: Auf Grund des kräftigen Wuchses ist eine weiträumige Pflanzung vorteilhaft. Das Fruchtholz soll nur bleistiftstark sein, da dicke Reben weniger fruchtbar sind. Flachbogen und Halbbogen in wuchsschwachen, Pendelbogen in wuchsstarken Böden haben sich bewährt.

Ertrag: Ertragstreue Sorte mit etwa 80 hl/ha.

Unterlage: Bei Normalerziehung SO 4, Binova und 125 AA, bei Weitraumerziehung 5 BB.

Reife: Früh, fällt mit Müller-Thurgau zusammen.

Ernte: Da die Trauben nicht so leicht faulen, kann die Ernte bis zur Silvanerlese oder später hinausgeschoben werden.

Mostgewicht: 75 bis 80 °Oechsle, liegt etwas über dem Müller-Thurgau.

Säure: 6 bis 8 g/l.

Wein: Ist eine Spezialität, er ist kräftig, ausdrucksvoll mit dezentem Bukett. Sie sind alkoholreicher und extraktreicher als Weine des Grünen Veltliner. Nach Lenz Moser wird eine gute Qualität bescheinigt. Ein vielseitiger Speisebegleiter.

Vorteile: Geringe Bodenansprüche, säurearm, kaum chloroseanfällig. Die gute Stielfestigkeit gestattet leicht eine Gewinnung von Spätlesen. Ertragstreu, keine Verrieselungsgefahr.

Nachteile: Weincharakter etwas umstritten.

Anbauwert: Die Weine übertreffen die des Silvaners. Wo etwas lebendigere Weine gewünscht werden, ein guter Silvanerersatz.

Weißer Gutedel, -Spielarten

Der Gutedel ist eine Tafeltraube, wird aber auch als Keltertraube angebaut und liefert einen wohlschmeckenden, bekömmlichen Kneipwein.

Verbreitung: Als Tafeltraube dürften der Weiße Gutedel und sein Bruder, der Rote Gutedel, über die ganze Welt verbreitet sein. Als Keltertraube finden wir ihn vornehmlich in der Schweiz (besonders Westschweiz und Wallis), im Elsaß, in Deutschland im badischen Markgräflerland und in geringem Umfang auch in Österreich. Unbedeutende Anbauflächen finden sich noch in Ungarn, Slowenien und der Tschechien. Die deutsche Anbaufläche umfasst, nach der Statistik von 1994, 13.55 ha und 2008 noch 1.136 ha, von denen 1.105 ha im badischen Markgräflerland stehen.

Herkunft: Der Gutedel gilt als die älteste unserer Kulturreben. Seine Urheimat wird, nach Hoffmann, im Jordantal Palästinas vermutet. Ein Anbau in Oberägypten am mittleren Nil in der Großoase El Fayum, 80 km SW von Kairo, vor etwa 5.000 Jahren gilt als sicher verbürgt, da mehrere Formen dort noch heute zu finden sind. Eine weite Verbreitung der Sorte wird auch durch die seefahrenden Phönizier (1200-130 v. Chr.) zu Griechen und Römern vermutet. Die Beschreibung einer römischen Rebe, der Vitis aminea, könnte auf den Gutedel zutreffen. Wie unsicher solche Angaben jedoch sind, geht aus der Tatsache hervor, dass auch für den Riesling die gleiche römische Herkunft vermutet wird. Andere Autoren glauben in der römischen Rebe Vitis eugenius, d. h. Junker, den Gutedel wieder zu erkennen, da diese Bezeichnung unter den deutschen Synonymen zu finden ist.
Sicher weiß man, dass ein Diplomat des französischen Königs Franz I am Hofe des Sultans Solima II., der Vicomte d´Auban, 1523 Gutedelreben von Konstantinopel nach Fontainebleau und Burgund brachte. Vielleicht wurde der Gutedel nach dieser Einführung in dem Dörfchen Chasselas, südwestlich von Mâcon, erstmalig angebaut. Aber auch Cahors am Lot, nördlich Toulouse, wird als Ausgangspunkt für eine Verbreitung angesehen. Widersprüchlich sind Angaben, dass die damaligen Gutedelreben um Chasselas aus der Schweiz stammen sollten. Dort hätten sie sich aus einer zahlreich vertretenen Wildreben entwickelt. Diese Angabe ist nicht damit zu vereinbaren, dass ein General Ludwigs des XV., de Courten, Gutedelreben von Fontainebleau nach Sitten in die Schweiz gebracht haben soll. In Deutschland ist der Gutedel 1607 für Württemberg und Franken belegt, 1727 für Sachsen und 1740 für die

Gemeinde Ebringen bei Freiburg. Größere Verbreitung fand die Sorte 1870 durch Markgraf Karl Friedrich von Baden, der aus der Schweiz, von Vevey am Genfer See, Pflanzgut einführte.

Synonyme:

Land	Bezeichnung
Deutschland	Weißer Gutedel, Moster (Markgräflerland), Junker (Taubertal), Süßling, Silberling, Frauentraube, Schönedel (Sachsen), Krach most, Doppelte Spanische. Neue Bezeichnungen Chasselas, Chasselas blanc, Fendant.
Schweiz	Chasselas Moster, Junker, Schönedel (Westschweiz), Fendant, Rosmarintraube (Wallis),Gutedel (Ostschweiz), Dorin (Waadt land), Perlan (Genfer See)
Österreich	Weißer Gutedel, Moster, Wälscher
Frankreich	Chasselas blanc, Chasselass, Chasselas de Fontainebleau, Gutedel (Elsaß), Chasselas croquant, Valais blanc
Italien	Marzemina bianca, Tribianco tedesco, Tribi vignoble
Ungarn	Fehér ropvos Fabian, Gyöngyzölö, Fabiantraube
England	Royale Muscadine, Amber Chasselas, White Chasselas, Queen Victoria

Sortenmerkmale: Triebspitze offen, rotbraun, kahl bis ganz schwach behaart; Blatt mittelgroß, hellgrün, rotgeadert, stark fünflappig, tief gebuchtet, stumpf gezähnter Rand, Stielbucht V-förmig bis geschlossen; Trieb weitknotig, lange Ranken, starke Geiztriebbildung; Holz rötlichbraun, deutlich gestreift, dunkel gefleckt; Traube groß, kegelförmig, oft geschultert, locker- bis dichtbeerig; Beeren grüngelb, sonnenseits gebräunt, groß, rund, dünnhäutig aber feste Beerenhaut; Austrieb mittelspät; Blütezeitpunkt spät bis sehr spät; Blühfestigkeit mittelhoch; Reife mittelspät; Wuchs kräftig; Ertrag hoch; Holzreife gut.

Der Muskateller hat einen sehr ähnlichen Habitus, seine Blätter sind aber scharf gesägt, die des Gutedels deutlich gezähnt. Die Triebspitze des Gutedels ist kaum, die des Muskatellers schwach behaart. Der Muskat-Ottonel ähnelt dem Gutedel noch mehr, hat aber etwas kürzere Ranken.

Eigenschaften der Sorte

Ansprüche an die Lage: Der Gutedel verlangt eine mittelgute, windgeschützte Lage, weil die Blüte etwas kälteempfindlich ist. In geschützten Gärten und an Hauswänden gedeiht er vorzüglich.

Ansprüche an den Boden: Die Böden sollen fruchtbar, tiefgründig und nicht zu trocken sein. Bei guter Düngung und Humusversorgung gedeiht der Gutedel auch in nicht zu flachgründigen Gesteinsverwitterungsböden. Auch Kalkböden sagen ihm zu.
Winterfrostigkeit: Sie ist mittelmäßig bis gut, ähnlich der des Ruländers.

Spätfröste: Sie führen zu starken Ertragsausfällen, da die Beiaugen nicht oder nur wenig fruchtbar sind.

Krankheitsanfälligkeit: Für Peronospora und Roten Brenner hoch, für Oidium, Schwarzfleckenkrankheit und Botrytis weniger stark ausgeprägt. Stiel- und Beerenfäule treten daher nur begrenzt auf. Für Stiellähme ist die Anfälligkeit hoch. Vom Traubenwickler wird der Gutedel stark befallen. Anfällig für Stielkrankheiten. Wenig anfällig für Beerenfäule.

Erziehung: Die guten Ertragsleistungen einzelner Gutedelstöcke, die zur Tafeltraubengewinnung angebaut werden, zeigen, dass eine weiträumige Pflanzung möglich ist. Der Schnitt kann auf lange Bogen, kurze Strecker oder Zapfen erfolgen, da die Sorte auf allen Formen gleich fruchtbar ist.

Unterlage: SO 4, Binova, 125 AA, in schwachen Böden 5 BB.

Ertrag: In geeigneten Lagen trägt der Gutedel regelmäßig. Es werden Erträge zwischen 80 und 150 hl/ha erzielt.

Reife: Die Traubenreife fällt in die Zeit zwischen Müller-Thurgau und Silvaner, ist also mittelfrüh.

Ernte: Da die Beeren nicht sehr schnell faulen, kann die Lese mit dem Silvaner erfolgen.

Qualität: Der Gutedel zählt nicht zu den Sorten, die begehrte Qualitätsweine liefern, aber im Bereich der leichten, ansprechenden Weine stellt er eine Spezialität dar.

Mostgewicht: In der Regel werden 65 bis 75 °Oechsle erreicht, in guten Jahren auch 80 °Oechsle. Bei einer gezielten Ertragsreduzierung sind höhere Mostgewichte erreichbar

Säure: Sie ist nicht hoch und bewegt sich zwischen 5 bis 6 g/l.

Wein: Sie sind leicht, süffig, mild und sehr bekömmlich. Es sind ausgezeichnete Kneipweine und passen je nach ihrer Ausbauart zu vielen Speisen. Ähnlich wie Müller-Thurgau-Weine schmecken sie jung getrunken am besten.

Vorteile: Leicht bekömmlicher Wein, gute Tafeltraube, mittlere bis gute Frosthärte

Nachteile: Etwas blühempfindlich, anspruchsvoll an Boden und Bodenfeuchte

Anbauwert: In Deutschland ist er begrenzt und beschränkt sich auf das Markgräflerland (Baden). Ferner wird der Gutedel als Keltertraubensorte heute nur noch in der Schweiz und vereinzelt im Nordosten Frankreichs angebaut. Unter der französischen Bezeichnung Chasselas steht er in den Sortimenten vieler Weinbauländer der Erde. In der Schweiz ist die Sorte als Fendant, Dorin oder Perlan bekannt und hat am Genfer See, Neuenburger See und im Wallis eine große Anbaubedeutung. Als Tafeltraube besitzt der Gutedel einen hohen Anbauwert. Die Trauben sind gut transportfähig und schmecken angenehm süß.

Spielarten:

Roter Gutedel: Nach Moog hat der Rote Gutedel die gleichen Sortenmerkmale wie der Weiße Gutedel, mit Ausnahme der roten bis grauroten Beerenfarbe und dem späteren Austrieb. Scheu behandelt den Roten Gutedel als unterscheidbare Sorte mit etwas anderen Eigenschaften. Dessen Krankheitsanfälligkeit soll etwas größer sein, insbesondere die Botrytisanfälligkeit der Beeren. Dümmler gibt eine etwas frühere Traubenreife an. Die Ansicht von Moog ist sicher richtig, dass es sich um „artgleiche“ Sorten handelt, also um Mutationen, wobei der Weiße Gutedel wahrscheinlich aus dem Roten Gutedel mutiert ist. Als Tafeltraube ist der Rote Gutedel sehr geschätzt.

Königs-Gutedel: Es handelt sich um eine Tafeltraube mit ziemlich früher Traubenreife. Die Beeren sind blaurot und dickhäutig. Die Blätter sind weniger geschlitzt.

Früher Weißer Gutedel: Diese Tafeltraube wird auch Diamanttraube, Perltraube oder Chasselas Coulard genannt. Die Traubenreife liegt früher als beim Weißen Gutedel.

Geschlitzter Gutedel: Wegen seiner gefiederten Blätter wird diese Tafeltraube auch Petersilien-Gutedel genannt. Die Sorte hat aber als Tafeltraube wenig Bedeutung, da der Ertrag zu gering ist.

Weißer Muskat-Gutedel (Muskateller-Gutedel): Nach Scheu soll diese Gutedelspielart in Frankreich, Deutschland, Österreich und Ungarn anzutreffen sein, was für Deutschland nicht mehr zutrifft. An Doppelnamen werden Chasselas blanc musque, Chasselas musque le vrai und Passatuti angegeben. Die Ansprüche an Boden und Lage decken sich mit denen des Weißen Gutedels. Der Wuchs ist schwach. Die Beeren zeichnen sich durch ein feines Muskatbukett aus. Als Tafeltraube gut geeignet, als Keltertraube von Neuzüchtungen überholt. Ähnelt sehr dem Muskat-Ottonel und ist eventuell mit diesem verwandt.

Krachgutedel: Gutedel-Spielart, die früher in Südbaden und im Elsass verbreitet war. Frühe Reife, gute Fruchtbarkeit und vorzüglicher Wein sollen die Sorte auszeichnen. Die hartschaligen Beeren führen zur Namensgebung, da sie beim Essen zwischen den Zähnen krachen. Synonyme sind Kracher, Krachender Süßling, Chasselas croquant.

Mädchentraube: Sorte, die in Südosteuropa, vom Neusiedler See im Burgenland bis zum Schwarzen Meer verbreitet ist und einen sehr wohlschmeckenden, frischen Wein liefert, der dem Markgräfler Gutedelwein ähnelt. Synonyme: Ungarn Leanyka, Rumänien Feteasca, Bulgarien Fetiaska, UDSSR Fetjaska. Die Verwandtschaft zum Gutedel wurde erst in jüngster Zeit herausgestellt.
Von der Bezeichnung her gibt es noch viele andere Gutedel-Spielarten. Ob es sich dabei immer um echte Spielarten handelt, ist zweifelhaft.

Weißer Elbling, -Spielart

Der Elbling war vom Mittelalter bis ins 19. Jhd. eine weit verbreitete Sorte nicht nur in Deutschland, sondern auch in Luxemburg, der Champagne, Lothringen, dem Elsass, der Schweiz und Osteuropa. Mit der Abschaffung der Zehntweine musste er von Jahr zu Jahr besseren Sorten weichen. Heute haben sich einige Anbauinseln an der Ober- und Untermosel gehalten. Die dort gewonnenen Weine eignen sich vorzüglich zur Sektherstellung, werden aber zunehmend von Selbstmarktern auch als Flaschenweine vermarktet
Verbreitung: Die Rebsortenstatistik der BRD von 1994 weist eine Anbaufläche von 1.105 ha, 2000 von 1.023 ha und 2008 von 578 ha aus, von denen 567 ha an der Ober- und Untermosel stehen. Auch Luxemburg verfügt noch über eine kleine Anbaufläche. Der früher sehr umfangreiche Anbau in der Ostschweiz ist völlig verschwunden, ebenso der im Elsass und der Champagne. In Lothringen ist der Elbling noch unter den zugelassenen Sorten zu finden. Insgesamt jedoch eine Sorte, die aus den Weinbergen Europas immer mehr verschwindet, denn auch an der Mosel zeichnet sich, trotz der Aufwertung des Weines, ein leichter Rückgang im Anbau ab.
Herkunft: Viele Autoren glauben, dass der Elbling von den Römern in unsere Heimat gebracht worden sei. Die früher weit verbreitete Bezeichnung "Alben" könnte von dem lateinischen "Albus = weiss" abgeleitet sein. Bassermann-Jordan hält diese Meinung nicht unbedingt für bewiesen, weist aber auf die linguistische Ähnlichkeit zwischen dem Namen der römischen Rebsorte Vitis albuelis bzw. Vitis alba nach Columella (um 60 n. Chr.) und Plinius (23-79

n. Chr.) oder Vua albena nach Macrobius (um 400 n. Chr.) u. den deutschen Bezeichnungen Alben, Elbling hin. Der Elbling könnte auch aus Gallien nach Germanien gekommen sein und nach Gallien evtl. aus Italien. Vielleicht war er auch schon in Gallien oder Germanien bodenständig, als die Römer ins Land kamen. Die Herkunft lässt sich, wie bei vielen Sorten, nicht klären.
Nach Genanalysen von Regner ist Elbling eine spontane Kreuzung zweier Sorten mit heunischen (hunnische bedeutet geringe Sorte) und fränkischen (bedeutet anerkannte Sorte) Anteilen. Als heunische Sorte konnte zweifelsfrei Weißer Heunisch identifiziert werden. Als fränkische Sorte kann ein Traminer-Sämling angenommen werden.

Synonyme:

Land	Bezeichnung
Deutschland	Weißer Elbling, Elbling, Kleinberger, Grobriesling, Alben, Albig, Weißalbe, Elben, Süßgrober, Rheinelbe, Weißer Silvaner, Klemplich, Klämmer
Schweiz	Burger Elbling
Österreich	Großriesler, Kurzstingel
Ungarn	Elben fehér
Italien	Albana
Südtirol	Welsche
Luxemburg	Elbling
Frankreich	Allemand, Bourgeois, Mouillet, Facum blanc, Vert-Doux, Gros blanc, Gonais blanc
Elsass	Rheinalben, Burger

Sortenname: Von den beiden Hauptbezeichnungen Elbling und Kleinberger ist Elbling ampelographisch die richtige Bezeichnung.

Sortenmerkmale: Triebspitze offen, stark wollig mit rötlichem Anflug; Blatt groß, dreilappig, wenig gebuchtet, großer Mittellappen, Oberfläche blasig rauh. Rand scharf gezähnt, Stielbucht überlappend; Trieb weitknotig, mittlere Geiztriebbildung; Holz gelbbraun; Traube groß, dichtbeerig; Beere groß, länglich, dünne Haut, grün bis gelbgrün, ohne Sortenbukett; Austrieb mittelspät; Blüte spät; Blühfestigkeit hoch; Reife spät bis sehr spät; Wuchs stark; Ertrag sehr hoch.
Die Sorte kann mit dem Riesling und Gelben Ortlieber verwechselt werden. Das Blatt des Rieslings ist etwas kleiner, nicht so länglich und etwas deutlicher gebuchtet. Auch das Blatt des Ortliebers ist etwas mehr gebuchtet. Außerdem hat der Elbling an der Blattbasis Borstenhaare und Wollhaare.

Eigenschaften der Sorte

Ansprüche an die Lage: Für eine gute Elbling-Qualität ist eine mittlere Lage ausreichend.

Ansprüche an den Boden: Gering, denn der Elbling gedeiht eigentlich auf allen Böden gut.

Holzreife: Einer nicht besonders guten Holzreife entspricht einer begrenzten Winterfrostfestigkeit, die aber etwas besser ist als die des Müller-Thurgau.

Krankheitsanfälligkeit: Für Peronospora ist, verglichen mit dem Riesling, eine höhere Anfälligkeit vorhanden. Die Empfindlichkeit für Oidium ist hoch. Die Trauben werden rasch von Botrytis befallen, da die Beeren eine sehr dünne Haut haben. Die Anfälligkeit für Stiellähme ist hoch.

Erziehung: Die Dichtlaubigkeit erfordert viel Laubarbeiten. Durch eine luftige Erziehung kann die Oidium- und Botrytisempfindlichkeit etwas gedämpft werden.

Unterlagenwahl: In schwachwüchsigen Böden nimmt man die 5 BB, in wuchsstarken Böden die Binova, SO 4 oder 5 C.

Ertrag: Der Elbling gehört zu den ertragreichsten Sorten, die wir besitzen, wenn auch gering Blühfestigkeit zu größeren Jahrgangsschwankungen führt. Er bringt immer über 100 hl/ha und erreicht nicht selten noch wesentlich höhere Mengen.

Reife: Früh, mit oder vor Müller-Thurgau.

Ernte: Die Traubenfäulnis zwingt oft zu früher Lese. Der beste Zeitpunkt liegt zwischen Müller-Thurgau und Riesling.

Qualität: Das Mostgewicht liegt im langjährigen Mittel zwischen 54 und 70 °Oechsle. Der Riesling erreichte im Vergleich dazu 59 bis 93 Grad und der Müller-Thurgau 63 bis 82 Grad.

Säure: Die Säure liegt durchschnittlich zwischen 12 und 15 g/l, die des Rieslings zwischen 11 und 16 g/l und die des Müller-Thurgau zwischen 7 bis 10 g/l.

Wein: Der Wein wird von Dümmler im Weinbaulexikon als leicht, angenehm, frisch, fruchtig und anregend bezeichnet. H. Goethe spricht von einem leichten, wässrigen Wein ohne Bukett und G. Scheu charakterisiert den Wein als arm, sauer, dünn und ohne Aroma. Die beiden letzten Urteile sind sicher etwas zu negativ. Bourquin hat 1980 über den Elblingwein ein positiveres Urteil gefällt. Er bezeichnet den Elbling als den kleinen Bruder des Rieslings. Der Elbling eignet sich, als neutraler Tischwein, zum Verschnitt mit allen Rebsorten, gäbe vielen Markenweinen eine gewisse Frische und ist ein guter Sektgrundwein. Auch vom Elbling könnten Kabinettweine und Spätlesen gewonnen werden. In besonders guten Jahren seien sogar Auslesen möglich, denn der Elbling habe, wie die Huxelrebe, die Eigenschaft jungfernfrüchtige Beeren zu bilden, die ein hohes Mostgewicht erreichten und ausgelesene Weine von hohen Zuckerwerten lieferten. Die Weine und die Sekte sind heute eine Spezialität des Obermoselgebietes.

Vorteile: Hoher Ertrag und gute Sektsorte.

Nachteile: Empfindlich gegen Oidium und Beerenfäule, etwas winterfrostempfindlich.

Anbauwert: Insgesamt sehr begrenzt. In den genannten Anbaugebieten als Sektgrundwein für die betreffenden Winzer eine wichtige Sorte.

Spielart (Roter Elbling):

Der Rote Elbling gleicht in allen Merkmalen, außer der roten Beerenfarbe und der höheren Blühfestigkeit, dem Weißen Elbling.

Klone gibt es von beiden Formen. Die Klone des Weißen Elblings wurden, wie Loos berichtet, in den Jahren 1914/15 von Fueß im Bernkasteler "Haargarten" ausgelesen. Die Klone des Roten Elblings stammen aus Waldlaubersheim an der Nahe, wo die Sorte längst nicht mehr angebaut wird. Weinbautechniker Kirsten hat die Klone in der kammereigenen Rebenveredlungsstation Nittel/Obermosel weiter betreut.

Als weitere **Spielarten** nennt Dümmler im Weinbaulexikon einen Gelbelbling mit kleinen Beeren. Der Grobelbling, Hartelbling, Sitzelbling und Schlitzer sind nur als degenerierter Weißer Elbling anzusehen. Der früher noch unterschiedene Schwarz- oder Blauelbling ist eine Spielart des Trollingers.

Gelber Muskateller

Dass der Muskateller vom langen Stehen sauer wird, lernt man schon in der Schule durch das schöne Löns-Lied von der Lüneburger Heide. Von daher müsste man annehmen, dass die Sorte in Deutschland in großem Umfange angebaut würde, denn wo sollte schon eine so genaue Weinkenntnis herkommen. Das trifft jedoch nicht zu. Die heimische Sortenstatistik weist für 2001eine Rebfläche von 94 ha aus. Der Anbau hat sich allerdings in den vergangenen Jahren bis 2008 auf 174 ha ausgedehnt. Die Größten Anbauflächen besitzen Baden (61 ha), die Pfalz (57 ha), Württemberg (30 ha) und Rheinhessen (19 ha). Der Anbau erfolgt als besondere Spezialität und für Verschnittzwecke. In den übrigen Weinbau treibenden Ländern der Welt ist jedoch der Gelbe Muskateller, einschließlich seiner zahlreichen Spielarten, eine bedeutende Rebsorte.

Synonyme:

Land	Bezeichnung
Deutschland	Gelber Muskateller, Muskateller, Weiße Muskattraube. Neue Bezeichnungen Muskat blanc, Muscat, Moscato
Österreich	Muskateller, Schmeckende, Katzendreckler, Gelber Weihrauch, Weiße Muskattraube
Italien	Moscata bianca, Moscatello bianco, Moskat bianco, Moscadello
Spanien	Moscatel menudo bianco, Moscatel morisco, Zoruna
Frankreich	Muscat blanc, Muscat de Frontignan, Muscat blanc commun, Blanche douse
Ungarn	Weier Muskataly, Bela Dinka, Muskat beli, Sárga Muskotály
Südtirol	Goldmuskateller, Gelber Muskateller
Griechenland	Muskuti

Verbreitung: Als Hauptverbreitungsgebiete werden von den verschiedensten Autoren die Länder Italien, Frankreich, Spanien, Portugal, Ungarn, Jugoslawien, Bulgarien, Russland, Algerien und Chile genannt. Kleine Anbauflächen gibt es noch am Genfer See und im Wallis der Schweiz, in der Tschechien und Österreich. In der EU spielt der Muskateller besonders in Italien eine bedeutende Rolle. Aus ihm werden vor allen Dingen schwere Dessertweine hergestellt. Auch der bekannte italienische "Est-Est-Est", aus der Gegend nördlich von Rom, wird aus Muskateller gewonnen. Ebenso wie man in Deutschland das Bukett des Rieslings gerne mit etwas Muskateller anhebt, unterstützt man den französischen Sauternes und den ungarischen Tokayer durch einen Schuss seines Weines.

Herkunft: Scheu erwähnt, dass der Muskateller aus dem spanischen Pyrenäengebiet stammen könnte. Diese Annahme ist sicher zu bescheiden, denn er ist ohne Zweifel eine der ältesten Rebsorten der Menschheit. Dafür sprechen auch die sehr zahlreichen Spielarten. Nach Bassermann-Jordan hat man schon Kaiser Barbarossa (1152-90) Muskatellerweine angeboten, die sicher aus heimischen Weinbergen stammte. Karl der Große soll sich Muskatellerwein aus Frontignan in Frankreich besorgt haben. Schließlich meinen Autoren, dass der Muskateller möglicherweise die von Plinius dem Älteren um 60 n. Chr. beschriebene Sorte "Uva Apiana" sein könnte. Von daher ist es nicht schwer, seine Heimat nach Kleinasien, der Urheimat unserer Kulturrebe, zu legen, zumal sie auch als "Noah-Rebe" apostrophiert wird.

Sortenname: In Deutschland spricht man ganz allgemein vom Muskateller, ohne dabei zu erwähnen, ob es sich um Gelben oder Roten Muskateller handelt. Die ampelographische Bezeichnung heißt "Gelber Muskateller". Der Muskatgeschmack des Weines hat bei der Namengebung sicher Pate gestanden.

Sortenmerkmale: Triebspitze offen, hellgrün, etwas bronziert, mittel wollig behaart; Blatt mittelgroß, fünflappig, deutlich gebuchtet spitz gesägter Rand, hellgrün, meist länger als breit, Stielbucht V-förmig offen; Holz gelb bis hellrotbraun, fein gebuchtet; Traube groß, lang, kaum geschultert, walzenförmig, mitteldichtbeerig; Beere rundlich bis leicht länglich, grüngelb, an der Sonne bräunlich, starkes Muskatbukett, mittelgroß; Austrieb spät; Blüte spät bis sehr spät; Blühfestigkeit mittel; Wuchs stark; Ertrag mittelmäßig; Holzreife gut.

Eigenschaften der Sorte

Ansprüche an die Lage: Die Sorte benötigt wegen der mittelspäten Reife eine gute Lage. Die Ansprüche an die Lage liegen höchstens ein klein wenig niedriger als bei der Sorte Riesling. In windoffenen Lagen kann es zu Verrieselungen der Blüte kommen.

Ansprüche an den Boden: Diese können als mittel gekennzeichnet werden, denn der Muskateller gedeiht auch noch gut in steinigen oder sandigen Böden, wenn diese tiefgründig und nicht zu trocken sind. Schwere bindige Kalkböden sind ungeeignet.

Winterfrostigkeit: Sie ist dank der guten Holzreife nur wenig geringer als die des Rieslings, aber besser als die des Silvaners.
Krankheitsanfälligkeit: Insgesamt besteht keine Überempfindlichkeit für Krankheiten. Die Anfälligkeit für Peronospora kann mit der des Rieslings verglichen werden. Die Oidiumanfälligkeit ist etwas größer und entspricht der des Silvaners.

Botrytis: Die etwas dünnhäutigen Beeren platzen bei Nässe leicht auf und gehen dann rasch in Fäulnis über. Stielfäule tritt nur begrenzt auf. Gegen Stiellähme ist keine betonte Empfindlichkeit vorhanden.

Erziehung: Der Muskateller ist sehr anpassungsfähig und kann daher in den verschiedensten Formen erzogen werden. Als Tafeltraube an Hauswänden ist der Muskateller sehr gut geeignet und bringt dort reiche Erträge.

Unterlagenwahl: Wegen der Blüteempfindlichkeit sind die Unterlagen SO 4, Binova und 5 C vorzuziehen. In wuchsschwachen Böden ist die 125 AA zu empfehlen, 5 BB bei Muschel- und Keuperkalkböden.

Ertrag: Im erwerbsmäßigen Anbau befriedigt der Ertrag nur auf warmen Standorten. Im langjährigen Durchschnitt können 60-75 hl/ha erreicht werden. Zur Tafeltraubengewinnung können Einzelstöcke eine ganz beachtliche Menge und Güte bringen, ein Zeichen, dass auf warmen Standorten und bei weiträumiger Erziehung die Sorte sehr fruchtbar ist.

Ernte: Der Erntezeitpunkt wird häufig von der Traubenfäule bestimmt und liegt dann meistens zu früh. Daher ist eine luftige Erziehung, die dem Botrytisbefall vorbeugt, wichtig. Die beste Erntezeit liegt zwischen der des Silvaners und der des Rieslings. Die Trauben sind dann hochedel.

Qualität: In ungünstigen Lagen erreicht das Mostgewicht selten mehr als 60° Oechsle. In einer warmen Lage sind dagegen ohne Schwierigkeiten Zuckerwerte von 70-80 Grad zu erreichen.

Säure: In ungünstigen Lagen und bei zu früher Lese kann sie sehr hoch sein. In einer guten Lage und bei später Lese, wenn die Säure am Stock abgebaut werden kann, ist sie selten höher als 10 g/l.

Wein: Er ist leicht, rassig und durch ein kräftiges, aber feines Muskatbukett ausgezeichnet. In guten Jahren könnte man daraus durchaus einen selbstständigen Flaschenwein gewinnen, der als Spezialität sicher gut bezahlt würde. Die Weine sind in jedem Falle edler als Morio Muskat-Weine. In weniger günstigen Jahren ist das Bukett vielleicht etwas zu aufdringlich und die Säure zu kernig, um daraus Flaschenweine herstellen zu können. Trotzdem eignen sich die Weine dann immer noch vorzüglich für Verschnittzwecke. Dem Riesling verleiht ein kleiner Schuss Muskateller mehr Spiel; die neutralen Silvaner und Weißburgunder werden lebendiger. Die Bukettausbeute kann durch eine Maischestandzeit gesteigert werden.

Vorteile: Feines Muskatbukett.

Nachteile: Blühempfindlichkeit, nur mittlere Erträge, Beerenfäule, späte Reife, hohe Standortansprüche.

Anbauwert: Er ist begrenzt, gilt als Spezialität. Als Tafeltraube gut geeignet.

Spielarten: Es gibt eine Vielzahl von Sorten, die in ihrer Bezeichnung das Wort "Muskat" tragen (Morio Muskat, Muskat Silvaner usw.), um damit ihr ausgeprägtes Muskatbukett zu kennzeichnen, die aber mit dem Muskateller nichts gemeinsam haben.

Roter Muskateller

Es handelt sich um eine Mutation des Gelben Muskatellers, denn außer der Beerenfarbe sind die Eigenschaften völlig identisch. Doppelnamen sind Grauer Muskateller, Violetter Muskateller, Muskat gris, Muscat rouge, Muscat brun, muscat de corail.

Die von H. Goethe beschriebene Sorte "Schwarzblauer Muskateller" wird von Dümmler zum Roten Muskateller gerechnet.

Der Rote Muskateller ist für die deutschen Anbaugebiete zugelassen, hat sich jedoch im allgemeinen Anbau nicht durchsetzen können.

Muskat Ottonel

Zu den älteren Rebsorten, die einen Wein mit besonders feinem Bukett liefern, gehört der Muskat Ottonel. Leider ist er ein unsicherer Träger und hat daher nur 12 ha (2008) Anbaufläche.

Verbreitung: Der Muskat Ottonel ist im Elsass zu finden, in Deutschland und in Österreich, wo er sich besonders in der Steiermark und Burgund, am Neusiedler See, ausgebreitet hat. Die Eintragung in die Sortenliste erfolgte am 22.03.2004.

Herkunft: Nach der Ampelographie von H. Goethe soll der Muskat Ottonel ein Sämling von Robert Moreau sein, der ihn 1852 in einem Weinberg bei Angers an der Loire fand. Er ist seit dieser Zeit an der mittleren Loire als Tafeltraube zu finden. Moog weist auf die Ähnlichkeit zum Gutedel hin und bezweifelt von daher, dass der in Deutschland angebaute Muskat Ottonel mit dem von H. Goethe beschriebenen identisch ist. Hornickel bezeichnet ihn als Spielart des Muskatellers.

Sortenname: Bei dieser Sorte wird einheitlich der Name Muskat Ottonel verwandt.

Sortenmerkmale: Triebspitze offen, rotbraun, leicht wollig behaart; Blatt glatt, mittelgroß bis klein, scharf gezähnt wie Muskateller, dreilappig bis schwach fünflappig, tiefe Blattbuchten, die eng und meist überdeckt sind, Stielbucht V-förmig bis geschlossen; Holz dunkelgraublau, engknotig, lange Ranken; Traube mittelgroß bis klein, locker bis dichtbeerig, walzenförmig bis einseitig geflügelt; Beere mittelgroß bis groß, rund, gelbgrün sonnenseitig braunfleckig, dickschalig, hartfleischig, kräftiges, feines Muskatbukett; Austrieb mittelspät; Blüte sehr spät, kurz nach Riesling; Blühfestigkeit gering; Reife spät; Wuchs mittelstark bis schwach, hängend und mittelstarke Geiztriebbildung; Ertrag unsicher und niedrig; Holzreife gut, frostfest.

Eigenschaften der Sorte

Ansprüche an die Lage: Diese sind als mittel bis hoch zu bezeichnen. Wegen der Blühempfindlichkeit müssen die Lagen windstill und genügend warm sein. In windoffenen Lagen kommt es in jedem Jahr zu Rieselschäden. Tonböden sind zu kalt.

Ansprüche an den Boden: Der nicht sehr starke Wuchs verlangt kräftige, tiefgründige, fruchtbare Böden. Flachgründige, trockene und auch schwere, tonige Böden sind ungeeignet. Sehr kalkempfindlich und somit auch sehr chloroseanfällig.

Holzreife: Sie ist gut. Lenz Moser bezeichnet die Sorte als äußerst winterhart.

Krankheitsanfälligkeit: Etwas anfällig für Peronospora und Oidium. Die Botrytisanfälligkeit ist mit der des Silvaners vergleichbar. Anfälligkeit für Kältechlorose.

Erziehung: Die Normalerziehung mit Gassenbreiten von 2,00 m bis 2,20 m und Stockabständen von 1,00 -1,20 m und Stammhöhen von 70-80 cm sind für den Muskat Ottonel gut geeignet. Die Sorte braucht einen langen Schnitt auf bleistiftstarkem Holz.

Unterlagenwahl: Trotz der Schwachwüchsigkeit sollte auf die 5 BB verzichtet werden. Geeignet sind SO 4 und Binova.

Ertrag: Lenz Moser nennt Erträge von 8 000 bis 10 000 kg/ha. Scheu meint, dass bei guter Selektion die Tragbarkeit gut sei. Aus anderer Quelle wird der Ertrag als niedrig angegeben. Das kann man auch von vielen Praktikern hören. In einer geeigneten Lage, wo Rieselschäden nicht so stark auftraten, wurde ein Durchschnittsertrag von 65 hl/ha erreicht.

Qualität: Das Mostgewicht erreicht gut die Höhe des Silvaners und liegt bei nicht zu früher Lese auch darüber. Die Säure ist in ihrer Höhe ebenfalls mit der des Silvaners vergleichbar. Der Wein ist gefällig, mit einem kräftigen, aber sehr feinen Muskatbukett. Er hat von allen Muskatellerarten das vornehmste Bukett. Reife Weine stellen als Flaschenweine eine Spezialität dar, die gute Preise erzielen. Weiterhin eignen sich die Weine vorzüglich zum Verschnitt mit den neutralen Weinen des Silvaners, Gutedels und Weißburgunders. Aber auch der Riesling kann durch einen Schuss Muskat Ottonel sehr gewinnen. Während beim Morio Muskat das Bukett der unreifen Trauben abstoßend ist, schmeckt dieses beim Muskat Ottonel bereits angenehm.

Vorteile: Weine mit besonders feinem Bukett, gute Winterfrostfestigkeit.

Nachteile: Ertragsunsicher, hohe Ansprüche an die Lage. Ist sehr kalkempfindlich und gehört somit zu den chloroseanfälligen Sorten.

Anbauwert: In Deutschland ist er begrenzt. In Qualitätsbetrieben, die für Spezialitäten gute Preise erzielen, kann eine kleine Fläche mit Muskat Ottonel lohnend sein. Das Weinbauinstitut Freiburg/Baden ist mit dem Klon „D 90“ beim Bundessortenamt eingetragen, welcher zum Anbau zur Verfügung steht.

Grüner Veltliner

Verbreitung: In Österreich beträgt die Anbaufläche ca. 20.000 ha Das Hauptanbaugebiet ist Niederösterreich, denn die Standortverhältnisse sind für den Grünen Veltliner in Österreich sehr günstig. Grüner Veltliner wird auch in Tschechien als Veltlin Zelené oder Veltlinske Zelené und in Ungarn als Zöldveltelini angebaut. Das sind 30 % der Gesamtrebfläche, und damit ist der Grüne Veltliner die Hauptrebsorte des Landes. Auch in Ungarn, der Slowakei, in Mähren und Kroatien ist er zu finden. Wegen zu später Reife hat der Grüne Veltliner in Deutschland keine Bedeutung und nur wenige Hektar sind noch im Anbau.

Herkunft: Zu den alten Rebsorten Europas, die auch in Deutschland anzutreffen sind, gehören die Veltliner. Drei Sorten tragen diesen Namen. Es wird unterschieden zwischen dem "Grünen Veltliner", dem "Rot-weißen Veltliner", in Österreich nur Roter Veltliner genannt und dem "Frühen-roten Veltliner", der nach den Untersuchungen von Moog der "Frühe rote Malvasier" ist. Die Herkunft der Veltliner kann, wie bei fast allen alten Sorten, nicht eindeutig geklärt werden. Er scheint aber schon bei den Römern bekannt gewesen zu sein, denn bei Bassermann-Jordan ist nachzulesen, dass Kaiser Augustus Veltlinerweine aus dem rhätischen Teil Tirols gerne getrunken habe. Dort wird auch berichtet, dass der Vater Schillers, Joh. Kasp. Schiller, in seinen "Öconomischen Beiträgen" von 1766 den Veltliner aufführt. Hauptverbreitungsgebiet des Veltliners ist Österreich.

Zur Abstammung gibt es mittlerweile neue Erkenntnisse durch den Genetik-Experten Ferdinand Regner. Als ein Elternteil ist schon seit einiger Zeit der Traminer bekannt. Der bisher unbekannte, nun aufgefundene zweite Elternteil wird von Regner nach dem Auffindungsort vorläufig als „St. Georgen" bezeichnet. Es handelt sich dabei um eine einzelne am Leithagebirge aufgefundene Rebe. Für diese Rebe gibt es keinen Namen und die Beschreibung kann aufgrund des schlechten Zustandes der Rebe nicht verlässlich durchgeführt werden. Die Rebe dürfte dort schon einige Jahrhunderte gestanden haben, dies lässt der mehrfache und teilweise abgestorbene Stamm sowie die vermutete Letztbepflanzung des Grundstückes schließen. Die Übereinstimmung der beiden Sorten „Grüner Veltliner" und Rebe „St. Georgen" an allen Genorten ist nicht 100%, wurde aber an allen 19 Chromosomen als zweifelsfrei erkannt. Man ist daran, Rebmaterial von der seltenen Rebe weiter zu vermehren und mit vorhandener Beschreibung eine Rekonstruktion des Namens zu erreichen.

Sortenname: In Deutschland spricht man ganz allgemein vom Veltliner. An der Nahe wird der Veltliner als Dreimänner bezeichnet, eine Doppelbezeichnung, die in anderen Gegenden dem Traminer zukommt. In Österreich ist neben der Bezeichnung ”Grüner Veltliner” noch ”Weißgipfler” gebräuchlich, seltener ”Manhards- oder Mouhardsrebe” oder ”Grün-Muskateller”.

Sortenmerkmale: Triebspitze offen, stark weißwollig; Blatt mittelgroß, rundlich, tief fünflappig gelappt, stumpf gezähnt, oben hellgrün, unten wollig, Stielbucht V-förmig oder geschlossen; Holz graubraun, dunkel, gestreift, engknotig; Traube ziemlich groß, kegelförmig, geschultert, meist dichtbeerig; Beere länglich, grün bis grüngelb, dickschalig; Austrieb früh; Blüte spät; Reife mittel bis spät, etwa mit dem Silvaner; Wuchs mittelstark, aufrecht; Ertrag gut; Holzreife gut; wegen des frühen Austriebs spätfrostgefährdet.

Eigenschaften der Sorte

Ansprüche an die Lage: Diese sind unter den österreichischen Verhältnissen nicht sehr hoch. In Deutschland benötigt die Sorte eine gute Lage, wie wir sie für den Ruländer aussuchen würden, da die Trauben nicht früh genug reifen.

Ansprüche an den Boden: Diese sind nicht zu hoch. Mittelkräftige Böden sagen am besten zu. Verträgt Trockenheit. Neigt auf schweren kalkreichen Böden zur Chlorose.

Holzreife: Eine gute Holzreife verbürgt eine ausreichende Winterfrostfestigkeit.

Krankheitsanfälligkeit: Hervorzuheben ist eine hohe Empfindlichkeit für Roten Brenner. Die Beeren sind etwas botrytisanfällig. Eine Selektion von Lenz Moser hat diesen Fehler nicht. Die Peronosporaanfälligkeit der Blätter ist normal, die Trauben sind etwas empfindlicher.

Erziehung: Der Grüne Veltliner ist sowohl für die in Deutschland gebräuchliche Normalerziehung, als auch für die Weitraumkultur des österreichischen Weinbaues gut geeignet.

Unterlagenwahl: Die stark wachsende 5 BB ist für wuchsschwache Standorte, also arme Böden, geeignet. Sonst ist die SO 4 angebracht. Lenz Moser empfiehlt die Aripa.

Ertrag: Er ist gut und erreicht bei richtiger Kultur im Durchschnitt 100 hl/ha, deshalb ist zur Qualitätssteigerung ein Ausdünnen angebracht.

Klone sind in Deutschland nicht vorhanden. Es gibt in Österreich eine Reihe sehr guter Klone.

Reife, Ernte und **Qualität**: Die Trauben reifen vor dem Roten Veltliner, etwa mit dem Silvaner und können auch mit diesem oder kurz danach geerntet werden. Die Mostgewichte sind mittelmäßig, die Säure liegt um 8 bis 10 g/l.

Die Weine haben ein angenehmes Bukett, sind jedoch nicht extraktreich und können als ansprechend, frisch, oft spritzig, würzig, mit angenehmer Säure und bekömmlich bezeichnet werden. Die Weine sind gut lagerfähig. Zählen zu den Spitzensorten des Landes. Die Sorte Veltliner nimmt in Österreich mindestens ein Drittel der bestockten Rebflächen ein und damit sind die unterschiedlichen Qualitäten möglich. Sie ist in Österreich eine sehr bekannte und sehr beliebte Spezialität. Veltliner Weine passen zu vielen Speisen.

Sauvignon blanc, -Spielarten

Diese französische Keltertraube ist in Wirklichkeit ein Europäer, denn sie bevölkert vom Atlantik bis Slowenien die Weinberge. Sauvignon blanc ist weltweit eine der wertvollsten Weißweinsorten und ihre Weine gehören zur Spitzenklasse der Welt. Mit der Rebsorte Semillon zusammen liefert sie die berühmten Sauternes-Weine.

Verbreitung: Hauptanbaugebiet ist Frankreich und zwar Sauternes (45 Kilometer südlich von Bordeaux), Graves (am linken Ufer der Garonne, westlich und südlich Bordeaux), Charente (nördlich von Bordeaux, Gegend um Cognac), Reuilly, Quincy (am Cher, Nebenfluss der Loire), Sancerre und Pouilly-sur-Loire (obere Loire). In 30 Departements zählt sie zu den empfohlenen Sorten. Weitere Anbauländer außerhalb von Frankreich sind Italien, Österreich, Spanien, Serbien, Kroatien, Ungarn, Tschechien, Slowakei, Rumänien, Russland, Griechenland. Ebenso findet man die Rebsorte Sauvignon blanc in Kalifornien, Israel, Chile, Argentinien, Brasilien, Uruquay, Bolivien sowie Südafrika, Australien, Neuseeland und in anderen Anbaugebieten der Erde.
Auch in Deutschland stößt die Rebsorte in jüngster Zeit auf ein verstärktes Interesse. Die Gesamtfläche beträgt im Jahr 2008 434 ha, wovon 193 ha auf die Pfalz, 108 ha auf Rheinhessen und 82 ha auf Baden entfallen.

Synonyme:

Land	Bezeichnung
Deutschland	Muskat-Silvaner
Frankreich	Sauvignon blanc, Sauvignon jaune, Sauvignon fumé, Blanc fumé, Quinechon
Österreich	Muskat-Sylvaner, Feigentraube
Italien	Champagne, Sciampagna
Russland	Gros Sauvignon, Pinot Mestny Bely
Australien	Blanc Fumé
Chile	Blanc Fumé
Kalifornien	Blanc Fumé
Kanada	Blanc Fumé
Neuseeland	Blanc Fumé
Südafrika	Blanc Fumé
Slowenien	Muskatni Silvanec
Kroatien	Muskatni Silvanec

Herkunft: Nach alten Urkunden ist die Sauvignon blanc in den Weinbergen Frankreichs schon früher nachweisbar und zwar ab 280 n. Chr., als der römische Kaiser Probus das Rebpflanzverbot aufhob, wurde sie im Weinbaugebiet des Loiretal angepflanzt, von wo sie sich weiter verbreitete. Somit dürfte die Sorte Sauvignon blanc ihren Ursprung im Bordeaux-Gebiet haben.

Sortenmerkmale: Triebspitze offen, weiß-wollig; Blatt mittelgroß, fünflappig, breiter als lang, stark gewellt, wenig gebuchtet, stumpf gezähnt, hellgrün, Stielbucht V- oder U-förmig offen; Holz mittelstark, gerillt, haselnussbraun, eng bis weitknotig; Traube klein, dichtbeerig, zylinderförmig, kurzstielig, oft geflügelt, dem Silvaner etwas ähnlich; Beere klein bis mittelgroß, ungleich dick, länglich, gelblichweiß, dickhäutig mit vanilleartigem Muskatgeschmack; Austrieb mittelfrüh bis spät; Reife mittelspät; wuchskräftig; Ertrag mittelmäßig bis gut, etwas unregelmäßig; Holzreife mittel bis gut, sehr abhängig von den Witterungsverhältnissen.

Eigenschaften der Sorte

Ansprüche an die Lage: Hoch, gelangt nur in warmen Lagen zur vollen Reife und sollte nur in guten, warmen und nicht so hohen, aber südlichen Lagen gepflanzt werden.

Ansprüche an den Boden: Etwas kargere Böden sagen ihr mehr zu als zu schwere; jedoch gedeiht sie bestens auf guten und tiefgründigen Böden. Die Anpassung an die Wüchsigkeit des Bodens ist mit der richtigen Unterlagenwahl möglich.

Winterfrostfestigkeit: Die Holzreife setzt spät ein und bei ungünstiger Vegetation ist sie mangelhaft und die Winterfrosthärte daher gering.
Maifrostanfälligkeit: Wegen des nicht sehr frühen Austriebes nicht überempfindlich.

Krankheitsanfälligkeit: Für Peronospora und Oidium ist sie mittelmäßig anfällig und für Gescheinsbotrytis und Beerenfäule anfälliger. Außerdem wird sie im Vergleich zu anderen Sorten von den Rebzikaden stärker befallen.

Wuchs: Die Sorte Sauvignon blanc hat einen sehr kräftigen und aufrechten Wuchs und ist verrieselungsanfällig bei ungünstigen kühlen Witterungsverhältnissen während der Blüte.

Erziehung: Hierbei sind der kräftige Wuchs und die Schwäche in der Frostfestigkeit zu beachten. Die Erziehung muss eine gute Holz- und Traubenreife unterstützen, und dies wird gewährleistet über eine sehr luftige Spaliererziehung. Ebenso ist eine gute Pflege- und Bestandsführung erforderlich.

Unterlage: Je nach den Bodenverhältnissen sind der SO 4, Binova, 5 C und 8 B den Vorzug zu geben. Die Unterlage Kober 5 BB führt zu einem starken Triebwerk und zur Reduktion des Ertrages und zur schlechten Holzreife.

Ertrag: Dieser ist mittelmäßig und liegt bei 60 bis über 80hl/ha. Eine beachtliche Anzahl von Klone begünstigen und stabilisieren das Leistungspotential dieser Sorte, denn die Erträge sind allgemein sehr schwankend.

Ernte: Die Reife liegt im Bereich von Silvaner. Bei späterer Ernte verändert sich mit zunehmender Reife die Farbtönung der Trauben von hellgelb bis zu strohgelb. Je nach den Witterungs- und Standortverhältnissen kann es zu unreifen Frucht- und unreifen Geschmacksnoten kommen.

Qualität: Der Wein wird als voll, rund, extraktreich, mit feinem Bukett bezeichnet. Im Verschnitt mit Semillon liefert er die berühmten und weltweit bekannten Sauternes-Weine. Am Cher der oberen Loire und den übrigen Anbaugebieten erfolgt der Anbau sortenrein zu schönen, selbstständigen, fruchtigen Weinen. Auch in Deutschland bemüht man sich um den Anbau dieser Rebsorte.

Mostgewicht: Bringt eine gute Mostgewichtsleistung nur bei Vollreife sowie einer unterstützenden Säurestruktur um 6 bis 8,5 g/l.

Wein: Er zählt zu den Weinen von großer Aromenvielfalt im Geruch und Geschmack. Insbesondere sind es würzige Aromen, die an Paprika, Schwarze Johannisbeeren, Zitrusfrüchte und andere Fruchtnoten erinnern. Ein Wein von außergewöhnlicher Duftigkeit und rassiger Art. Auslesen als Dessertwein sind ein besonderes Genusserlebnis. Im Bordeaux-Anbaugebiet entstehen aus dem Cuvée von Sauvignon blanc und Semillon, der delikate, pikante, aromatische, weltbekannte Sauternes-Wein. Bei einer frühen Lese (80-85°Oe) sind im Allgemeinen die grünen Aromen, allen voran grüner Paprika, grüne Bohnen und grüner Spargel (Methoxipyrazine)aromaprägend, während bei später Lese und vollreifem Lesegut die fruchtigen Aromen, wie Schwarze Johannisbeere, Stachelbeere, Maracuja und Grapefruit (schwefelhaltige Aromen: Thiole, Mercaptane) in den Vordergrund treten.

Vorteile: Besitzt eine große ökologische Streubreite an den Boden. Kräftiger und aufrechter Wuchs. Gute Mostgewichte und Säurestruktur. Gute und interessante Weinqualität

Nachteile: Stellt hohe Ansprüche an die Lage, verrieselungsanfällig, daher windoffene Standorte ungeeignet.
Mangelhafte Holzreife und somit geringe Winterfrosthärte. Gegenüber Gescheinsbotrytis, Beerenfäule und Oidium anfällig. Schwankender Ertrag.

Anbauwert: Bei der Rebsorte Sauvignon blanc wird die Menge und Güte sehr beeinflusst von den Standort- und Witterungsverhältnissen während der Vegetation. Im Weißweinsortiment stellt sie eine interessante Bereicherung durch ihre Geschmacks- und Aromenvielfalt. Bekannt ist diese Rebsorte auch unter dem Namen Muskat Silvaner und wird, wie bereits erwähnt, in vielen Ländern angebaut.

Spielarten:

Von der Rebsorte „Sauvignon blanc“ gibt es verschiedene Varietäten, die vermutlich durch Mutationen entstanden sind und hierzu gehören: **Sauvignon rosé** oder **Sauvignon gris, Sauvignon rouge** und **Sauvignon violet.** Sauvignon gris ist ein gänzlich anderer Sortentyp mit rosafarbenen Beeren sowie etwas kompakten und etwas geschulterten Trauben. Bei günstigen Standort- und Klimabedingungen bringt die Sorte selbständige und gehaltvolle Weine. Sauvignon rosé, Sauvignon rouge, Sauvignon violet unterscheiden sich ampelographsich nur durch die Beerenfarbe und letztendlich der Charakteristik des jeweiligen Weines. Die wertvollste davon ist die eigentliche Muttersorte „Sauvignon blanc“.

Welschriesling

Zu den zahlreichen Sorten, die man als falsche Rieslinge bezeichnen kann, gehört als bedeutendster Vertreter der Welschriesling. Er gehört zum festen Rebenbestand Südosteuropas und liefert dort ansprechende Konsumweine und Weine mit großer Qualitätsspanne. Er schmeckt jung am besten.

Verbreitung: Hauptverbreitungsgebiete sind Süd- und Südosteuropa. Österreich besitzt eine Anbaufläche von fast 5000 ha, was die dritte Stelle (knapp 9% der Anbaufläche) unter den dortigen Sorten bedeutet. Er ist besonders in der Gegend um den Neusiedler See, in der Steiermark und im Weinviertel verbreitet. Weiterhin finden wir ihn in Ungarn, Rumänien, Bulgarien, Albanien, Südtirol, Norditalien und auch in China.

Herkunft: Nach Prof. H. Goethe ist der Welschriesling eine französische Sorte, deren Ursprung in der Champagne zu suchen ist. Von dort soll sie nach

Heidelberg gekommen sein und wegen ihrer Abstammung und gewissen Ähnlichkeit mit dem Riesling die Bezeichnung "Welschriesling" erhalten haben. Vom Rhein sei sie dann nach Österreich und Ungarn gewandert. Dümmler setzt im Weinbaulexikon hinter diese Herkunft ein „?“ mit der Bemerkung, dass die Sorte in der Champagne nicht bekannt sei.

Synonyme:

Land	Bezeichnung
Deutschland	Welschriesling
Italien	Riesling Italico
Ungarn	Olasz Riesling, Olaszrizling
Rumänien	Riesling Italian
Slowenien	Rizling vlašskỳ, Ryzlink vlašskỳ
Österreich	Welschriesling
Kroatien	Taljanska grasevina, Biela sladka
Bulgarien	Riesling, Italiansky Rizling

Trotz seiner Namensähnlichkeit ist der Welsch-(Wälsch)riesling nicht mit dem Riesling verwandt.

Sortenmerkmale: Triebspitze offen, hellgrün, weißwollig; Blatt mittelgroß, hellgrün, fünflappig, tief gebuchtet, scharf gezähnt, unterseits feinwollig behaart, Stielbucht offen; Traube mittelgroß, walzenförmig, geschultert, dichtbeerig, sehr langer Stiel; Beere klein bis mittelgroß, rund, gelbgrün, dünnschalig, punktiert; Holz dünn, hell, gelbbraun, engknotig, dicke Knoten, gestreift; Wuchs mittelstark; Reife sehr spät; Holzreife gut; Austrieb spät.

Eigenschaften der Sorte

Ansprüche an die Lage: Die späte Reife verlangt eine gute, warme Lage. Ansprüche an den Boden: Die hohe Kalkverträglichkeit gestattet den Anbau auf Kalkböden. Der Welschriesling verlangt gute, nährstoffreiche und nicht zu trockene Böden.

Krankheitsanfälligkeit: Nicht überempfindlich für Peronospora und Oidium, wenig botrytisanfällig.

Frostfestigkeit: Durch späten Austrieb wenig spätfrostgefährdet. Winterfrostfestigkeit sehr gut.

Erziehung: Sowohl für Normal- als auch für Weitraumerziehung sehr gut geeignet. Anschnitt von 6 bis 8 Augen/qm.

Unterlage: 5 BB und 125 AA, SO 4.
Ertrag: Regelmäßig, 80 bis 100 hl/ha.
Qualität: Die Mostgewichte liegen um 70 bis 105 °Oechsle, die Säure bewegt sich über 9 g/l bis 15 g/l.

Wein: Feines Bukett, süffig, feinwürzig, guter Konsumwein. Oft Verschnittpartner für schwere Weine. Von internationalem Bekanntheitsgrad sind die berühmten Beerenauslesen, Ausbruchweine und Trockenbeerenauslesen aus dem Burgenland. Eignet sich sehr gut als Sektgrundwein.

Rotweinsorten

Blauer Spätburgunder

Der Blaue Spätburgunder zählt zu den ältesten Kulturreben der Menschheit. Als Heimat gilt, nach Hoffmann, entsprechend den Angaben des russischen Genetikers und Ampelologen Negrul, das Niltal. Er könnte sich dort aus der Vitis vinifera occidentalis entwickelt haben. Sein Weg nach Europa ist mit der Verbreitung der Rebkultur durch Phönizier, Griechen und Römer verbunden. Der Anbau des Spätburgunders in Burgund kann bis in das 4. Jh. zurückverfolgt werden. So wie der Riesling unter den Weißweinsorten, nimmt der Blaue Spätburgunder unter den Rotweinsorten die oberste Qualitätsstufe ein. In den nördlichen Weinbaugebieten Europas werden die edelsten Rotweine aus ihm gewonnen. Der infolge Degeneration der Sorte stark gefährdete Anbau konnte durch eine intensive Klonenzucht wieder gesichert werden.

Verbreitung: Die Statistik von 1994 weist eine Anbaufläche von 6.994 ha und bis 2008 eine bestockte Fläche von 11.800 ha für Deutschland aus. Der Hauptanteil befindet sich in Baden, in der Pfalz, in Rheinhessen und Württemberg. Bekannte Rotweinanbaugebiete mit bedeutendem Spätburgunderanbau sind Assmannshausen im Rheingau, die Ahr, Ingelheim/Rhein, Affental und Waldulm in Baden. Frankreich hat einen bedeutenden Anbau in Burgund, besonders der Côte d'Or. In der Champagne stellt der Spätburgunder in der Montagane de Reims und der Vallée de la Marne den größten Teil des Rebenbestandes. In Italien sind die Lombardei und Südtirol Anbaugebiete. In der Schweiz ist er im Wallis, am Neuenburger See und in der Ostschweiz beheimatet. Weitere Anbauländer sind Ungarn und Rümänien. In Übersee ist der Spätburgunder in Kalifornien, Argentinien, Chile, Australien und Südafrika zu finden. Im Elsaß und in der Champagne wird der Blaue Spätburgunder (Pinot noir) weiß gekeltert und dient als Basis für den Champagner.

Herkunft: Die Urheimat des Blauen Spätburgunders ist sicher in Burgund zu suchen, denn der Anbau ist dort ab dem 4. Jh. nachweisbar. Er könnte von der von Plinius beschriebenen allobrogischen Rebe aus der Gegend von Vienne (Rhone), südlich Lyon, stammen. Hoffmann schreibt in seinem Buch "Weinbau in Stichworten", dass die Nachfolger Karls d. Großen den Spätburgunder 881 aus Burgund in die Kaiserpfalz nach Bodmann am Bodensee gebracht

hätten. 1318 ist die Sorte in einer Urkunde des Klosters Salem und 1330 in einer solchen des bekannten Weinortes Affental (Ortenau) in Baden erwähnt. Hornickel erwähnt eine Urkunde aus dem Jahre 1394.
Nach Genanalysen von F. Regner entstammt der Blaue Spätburgunder einer natürlichen Kreuzung aus Traminer x Schwarzriesling.

Genetische Herkunft der Burgunder und verwandter Rebsorten nach Genanalyen von F. Regner

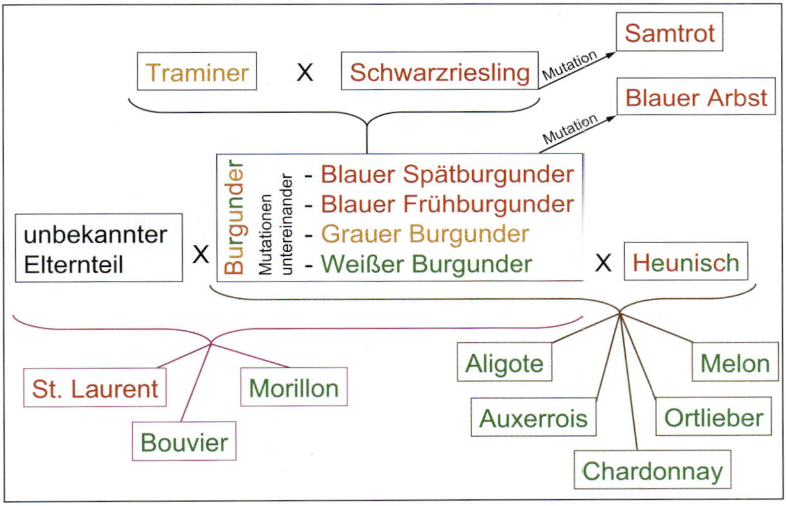

Mutationen: Aus dem Blauen Spätburgunder haben sich im Laufe der Jahrhunderte durch Mutation zahlreiche Spielarten gebildet, die einen wichtigen Platz unter den Kulturreben einnehmen.

Mutation: Blauer Spätburgunder mit blauen, grauen und weißen Trauben am gleichen Rebstock

Blauer Spätburgunder

Blattformen der Burgunder und verwandter Rebsorten

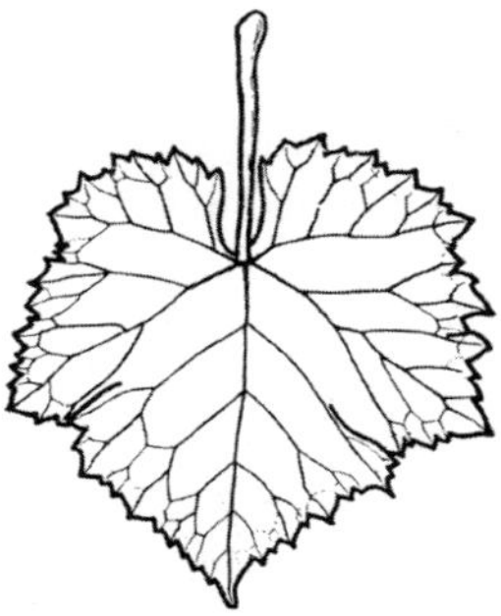

Blauer Spätburgunder (Pinot noir)

Weißer Burgunder (Pinot Blanc)

Ruländer, Grauer Burgunder (Pinot Gris)

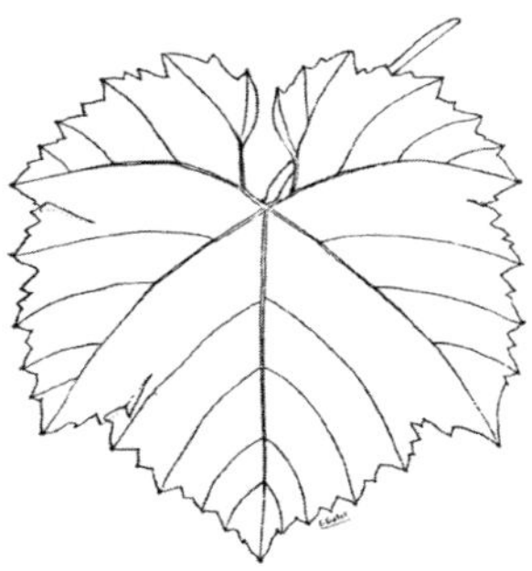

Chardonnay

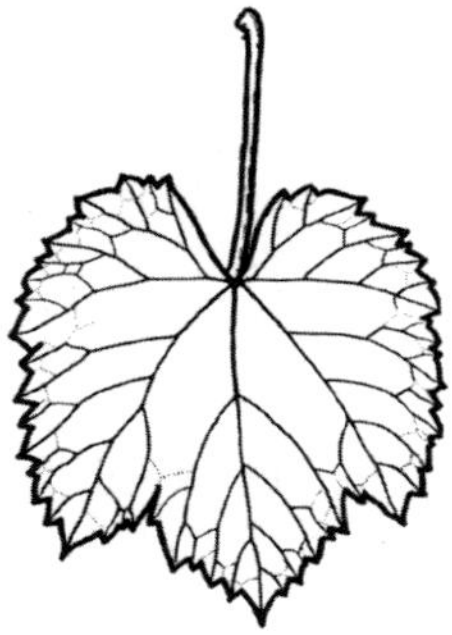

Auxerrois

Synonyme: Im deutschen Sprachraum lautet die echte Bezeichnung "Blauer Spätburgunder", im französischen "Pinot noir".

Land	**Bezeichnung**
Deutschland	Blauer Spätburgunder, Spätburgunder, Blauburgunder, Clävner, Klävner, Klebrot. Alte Bezeichnungen sind Schwarzer Burgunder, Schwarzer Riesling, Süßling, Süßedel, Süßrot, Möhrchen, Malterdinger. Neue Bezeichnungen Pinot noir, Pinot nero, Clevner, Samtrot (spezieller Klon)
Frankreich	Pinot noir, Pinot Franc noir, Bourguignon noir
Österreich	Blauer Spätburgunder, Blauer Nürnberger
Italien	Pignol, Pignola, Pino nero
Ungarn	Kisburgúndi kék, Pinot noir, Nagyburgundi
Schweiz	Blauer Spätburgunder, Klevner, Pinot noir
Tschechien	Burgúndské modré, Rulandské červen, Rulandské modré

Sortenmerkmale: Die Klonunterschiede sind beim Spätburgunder wie bei keiner anderen Sorte sehr stark ausgeprägt. Die Unterschiede beschränken sich, mit Ausnahme eines mehr aufrecht wachsenden Klons, auf die Traubenform sowie die Trauben- und Beerengröße. Dies hat einen deutlichen Einfluss auf die Botrytisanfälligkeit, den Ertrag und die Weinqualität/sensorische Ausprägung.
Bis auf die Beerenfarbe sind die Sortenmerkmale identisch mit denen des Ruländers (Grauer Burgunder) und des Weißen Burgunders.
Triebspitze offen, stark behaart, weißlich hellgrün; Blatt mittel, dunkelgrün, blasig, rundlich bis schwach dreilappig oder andeutungsweise fünflappig, unterschiedlich starke Seitenbuchten, bei guten Trägern nur andeutungsweise gebuchtet, Blattrand stumpf gezähnt, Stielbucht V-förmig offen; Holz graubraun, dunkel gestreift und gefleckt, engknotig mit wenig ausgeprägten Knoten; Austrieb mittel bis spät; Blüte spät; Blühfestigkeit hoch; Reife mittelfrüh bis spät; Wuchs mittelstark und mittelstarke Geiztriebbildung; Holzreife gut; Beere mittelgroß, rund bis oval, dunkelblau bis violettblau, stark beduftet, dünnhäutig, feiner Sortengeschmack; Traubenformen entsprechend unterschiedlicher Klon-Typen sehr unterschiedlich:
Kompakte Klone: a) klein, walzenförmig, dichtbeerig, b) groß, geschultert, rel. dichtbeerig;
Lockerbeerige Klone: groß, geschultert, lockerbeerig
Kleinbeerige Klone: kleine Traube mit normaler Beerengröße im Wechsel mit kleinen Beeren;
Aufrecht wachsende Klone: kompakte Traubenform

Eigenschaften der Sorte

Ansprüche an die Lage: Der Blaue Spätburgunder stellt hohe Ansprüche an die Lage, die aber nicht so hoch sind wie die des Rieslings. Sie liegen etwa in der Mitte zwischen Riesling und Silvaner. Ein Anbau in geringeren Lage ist falsch, da die Qualität eines Rotweines auch vom Alkoholgehalt abhängt. Die Lagen sind daher so zu wählen, dass auch in geringen Jahren Mostgewichte von wenigstens 80 °Oechsle erreicht werden. In geringen Lagen bleibt die Säure unharmonisch hoch. Die verschiedenartigsten Spätburgunder-Klone können Defizite der Lage, des Jahrgangs und der Kellerwirtschaft nicht ausgleichen.

Ansprüche an den Boden: Alle Ampelographen empfehlen gute, warme, fruchtbare, lockere, tiefgründige Böden, die nicht zu trocken sind. Richtig ist, dass schwere, kalte zur Verdichtung neigende Böden dem Blauen Spätburgunder keine idealen Standorte bieten. Bei Auswahl einer wuchsstarken Unterlage sind dagegen leicht erwärmbare und trockenere Gesteins, Sand- oder Kiesböden mit ausreichendem Feinerdegehalt noch recht gut geeignet. Auf diesen Böden ist in der Regel die Farbausbeute und das Burgunderbukett ausgeprägter als in schweren Böden.

Holzreife: In den meisten Jahren hat die Sorte eine gute Holzreife und damit eine ausreichende Winterfrostfestigkeit, wenn diese auch nicht ganz die Härte des Rieslings erreicht. Empfindlich gegen Maifröste.

Krankheitsanfälligkeit: Die Anfälligkeit für Peronospora und Oidium ist nicht überbetont. Stielfäule und Stiellähme treten selten auf, so dass fast nie ein hoher Anteil von Bodentrauben auftritt. Bei den klassischen dicht gepackten Klontypen ist die Gefahr des Abdrückens der Beeren und somit auch die Botrytisanfälligkeit sehr hoch. In Jahren mit einer feucht-warme Witterung kann dies zu einer so starken Fäulnis führen, dass eine Rotweinbereitung, wenn überhaupt, nur durch ein gezieltes Auslesen gesunder Trauben(teile) möglich ist. Bei den kompakten Klonen kommen Maßnahmen zur Gesunderhaltung der Trauben, wie die frühe Entblätterung der Traubenzone, eine besondere Bedeutung zu. Kleinbeerige Klone sind aufgrund ihrer Traubenstruktur und der aufrecht wachsende Klontyp aufgrund der etwas freier hängenden Trauben weniger botrytisanfällig. Lockerberige Klone weisen die geringste Botrytisanfälligkeit auf und können selbst in Jahren mit hoher Botrytisneigung weitgehend gesundes Lesegut liefern, was gerade für die Rotweinbereitung Grundbedingung ist.

Wuchs: Die heutigen Selektionen des Blauen Spätburgunders sind frohwüchsig und können als mittelstark- bis starkwüchsig angesehen werden. Es steht auch eine „aufrecht wachsende“ Klonform zur Verfügung, welche die Heftarbeiten erleichtern soll.

Erziehung: In der Normalerziehung sind bei Gassenbreiten von 2,00 m bis 2,20 m je nach Wuchskraft des Standortes Stockabstände von 1,00m bis 1,20 m angebracht. Ein zu hoher Stockabstand mindert zwar die Wuchskraft, führt aber zu einer erhöhten Stockbelastung, was sich deutlich in der Qualitätsleistung bemerkbar machen kann. Beim Spätburgunder ist dies sehr eindrucksvoll an der verminderten Farbintensität visuell erkennbar. Eine zu geringe

Stockbelastung (zu enge Stockabstände oder zu intensive Ausbrecharbeiten) führen dagegen zu dichten Laubwänden, kompakteren Trauben sowie zu einer erhöhten Geitztrieb- und Geiztraubenbildung. Der Botrytisbefallsdruck wird dadurch deutlich erhöht.

Unterlagen: Besonders empfehlenswert sind die Unterlagen SO 4 und Binova, gefolgt von 5 C und 125 AA. In sehr wuchskräftigen, kalkarmen Böden eignet sich auch die 3309. Die 5 BB ist nicht geeignet.

Ertrag: Das Ertragspotential des Spätburgunders wird maßgeblich vom Klontyp bestimmt. Beim Bundessortenamt sind 10 Spätburgunder-Erhaltungszüchter mit ihren 68 Klonen eingetragen und zugelassen.
Kompakte Klone mit kleinen, walzenförmigen Trauben erreichen Ertragspotentiale bis zu rund 100 hl/ha, während die kompakten Klone mit großen, geschulterten Trauben deutlich höhere Erträge bringen können. Die lockerbeerigen Klone mit den größeren, geschulterten Traubenformen weisen das höchste Ertragspotential aller Spätburgunderklone auf. Ohne ertragsreduzierende Maßnahmen weisen diese Klontypen meist erheblich höhere Erträge als die oben genannten 100 hl/ha auf. Zur Sicherung der Rotweinqualität sind hier je nach Qualitätsziel mehr oder weniger intensive weinbauliche Maßnahmen zur Ertragsbegrenzung besonders notwendig, welche dann aber auch nicht wie bei den kompakten Traubenformen in einer erhöhten Botrytisneigung resultieren.
Kleinbeerige Klone zeichnen sich dagegen aufgrund kleinerer Trauben mit einem hohen Anteil dünnerer Beeren von Natur aus durch z.T. erheblich geringere Erträge und höhere Weinqualitäten aus. Solche Klone sind besonders für qualitätsorientierte selbstvermarktende Betriebe interessant.

Reife: Der Blaue Spätburgunder reift mittelfrüh bis spät, also kurz vor dem Silvaner.

Ernte: Da es beim Spätburgunder darauf ankommt, einen ausreichend hohen Alkoholgehalt zu erreichen, sollte die Lese spät erfolgen, also nach dem Silvaner. Damit das möglich ist, sind Maßnahmen zur Verminderung der Beerenfäule, allen voran die frühe maschinelle Entblätterung, beim Spätburgunder besonders wichtig. Eine selektive Lese kann die Rotweinqualität weiterhin fördern.

Qualität: Aus geeigneten Lagen werden auch in Deutschland, an der nördlichen Grenze des Weinbaues, die schönsten Rotweine aus der Spätburgundertraube gewonnen. Die Mostgewichte erreichen in Deutschlands nördlichen Gebieten Zuckerwerte von 80 bis 90 °Oechsle, in guten Jahren auch Mostgewichte um 100 °Oechsle und mehr. Die Mostsäure beträgt im Durchschnitt 8 bis 11 g/l. Lockerbeerige Klone weisen mit Ausnahme der Geisenheimer Züchtungen immer eine etwas höhere Mostsäure als die übrigen Klon-Typen auf.
Zur Erhöhung der Qualität sind Kurz- und Doppeltriebe auf der Bogrebe rechtzeitig zu entfernen und die Trauben frühzeitig frei zu stellen (frühe Entblätterung der Traubenzone). Zur weiteren Qualitätssteigerung sollten wäh-

rend der Reife bzw. Blauverfärbung der Traubenbeeren die "Spätentwickler" bzw. die grünen oder schwach rötlichen Trauben entfernt werden, damit eine bessere Ausfärbung möglich ist. Ferner ist bei reich tragenden Weinbergen und in allen Junganlagen eine Ertragsreduzierung durchzuführen, um die Qualitäts- und Farbausbeute zu erhalten.
Den kompakten Klonen mit kleinen, walzenförmigen Traubenformen wird verglichen mit den lockerbeerigen Klonen häufig eine bessere Weinqualität mit typischerem Burgunderaroma nachgesagt. Meist sind diese Qualitätsunterschiede auf den unterschiedlichen Ertrag zurückzuführen. Werden die lockerbeerigen Klone im Ertrag auf das Ertragsniveau dieser kompakten Klone reduziert, steht deren Weinqualität i.d.R. nicht nach. Wie aus Versuchen immer wieder hervor geht, wird die Weinqualität von Spätburgunder-Rotweinen neben dem Gesundheitszustand und der Vinifikation in erster Linie vom Ertrag bestimmt.

Kurzbeschreibung der verschiedenen Klontypen

Klontyp	**Kurzbeschreibung**
Kompakt	Eignen sich zur Erzeugung von Spitzenqualitäten (Hoch preisegment) bei allerdings höchsten arbeitswirtschaftlichen Anforderungen. Die Ausbeute an für die Rotwein bereitung geeignetem Lesegut kann in Jahren mit hohem Botrytisdruck trotz intensiver Gegenmaßnahmen allerdings sehr gering sein.
Lockerbeerig	Ermöglichen bei ordnungsgemäßer Bestandsführung konstant gute Qualitäten (mindestens Basisqualität) mit gesicherten Erträgen. Bei entsprechender Ertragsreduzierung (welche i.d.R nicht zu einem Anstieg von Botrytis führt) können auch Rotweine der Spitzenklasse erzeugt werden.
Kleinbeerig	Liefern hochwertige, dichte, farbkräftige Rotweine für das Topsegment. Die Botrytisanfälligkeit ist vergleichsweise ge ring, aber höher als bei den lockerbeerigen Klonen. Jahrgangsbedingt können die Erträge unangemessen niedrig ausfallen. Deshalb nur bei entsprechend hohem Preisniveau interessant.
Aufrecht wachsend	Sind aus arbeitswirtschaftlicher Sicht (gerader Wuchs mit guter Ranken- und geringer Geiztriebbildung) interessante Klone zur Erzeugung hoher Qualitäten. Der Botrytisbefall ist durch die vergleichsweise frei hängenden Trauben etwas vermindert und die Farb- und Aromaausprägung begünstigt.

Wein: Vollmundig, samtig, mit einem feinen an Bittermandeln erinnernden Aroma (Burgunderton), Kirch- und Brombeeraromen, körperreich und alkoholreich. In Deutschland werden die Rotweine eher gerbstoffarm hergestellt. Je nach Reifegrad, Ertrag, Mostgewicht und Lage sind Spätburgunder-Rotweine sehr hochwertig, dicht und zart. Sie eignen sich dann gut für den Ausbau im Barrique, weil die Dichte und Aromafülle sich sehr gut mit den Aromen des Holzes vereint. Der Barrique-Ausbau setzt sich auch in Deutschland immer

mehr als Spezialität durch. Der Ausbau erfolgt je nach Jahrgang und Aromenpotenzial bis zu 22 Monate (auch länger) in 225 Liter fassenden kleinen Eichenfässern. Spätburgunder-Rotweine von gehobener Qualität entwickeln sich in Barrique-Ausbau durch die warmen Holzaromen (v.a. Vanillearomen) zur Perfektion von Feinheit, Eleganz, Fülle und Größe. Insgesamt werden aus dem Blauen Spätburgunder die besten Rotweine der Welt gewonnen. Auch in Deutschland stehen sie innerhalb der Rotweine an der Spitze.
Die fruchtigen und spritzigen Spätburgunder Weißherbste sind sehr beliebt. Sie werden aus weiß gekelterten Spätburgundertrauben gewonnen, die nicht auf der Maische vergoren wurden. Die Weine sind zwiebelfarben bis hellrot, frisch, mit etwas mehr Säure, auch rassig und vollmundig. Die Weinarten Rotwein, Rosé, Weißherbst, Badisch Rotgold und Rotling unterliegen bestimmten weingesetzlichen Vorschriften. Zu bemerken ist auch, dass aus Spätburgunder hervorragende Blanc de Noir-Weine bereitet werden. Schließlich werden aus den Spätburgunderweinen auch Sekte von bester Qualität gewonnen.
Der Blaue Spätburgunder ist der ideale Begleiter von Wildgerichten, Kaninchen und vieler Bratenfleischsorten.

Vorteile: Gute Fruchtbarkeit, geringe Krankheitsanfälligkeit, hochedle Weine.

Nachteile: Etwas hohe Lageansprüche.

Anbauwert: Für gute Lagen heute noch die beste Rotweinsorte, insbesondere für die nördlichen Gebiete. Deutsche Spätburgunder Rotweine, Spätburgunder Weißherbste, Spätburgunder Sekte sind aus dem Sortiment der Erzeugerbetriebe und Selbstvermarkter sowie dem Weinhandel in Deutschland nicht mehr weg zu denken.

Barrique bzw. Eichenfass-Lagerkeller

Blauer Frühburgunder

Dieser Burgunder zählt wie der Spätburgunder zu den ältesten Kulturreben. Er nimmt unter den Burgunderrotweinen die höchste Stufe ein.

Verbreitung: In den Anbaugebieten mit beachtlichen Flächen der Blauen Spätburgunder ist auch der Blaue Frühburgunder im Anbau mit kleinerer Fläche als Spezialität im Rotweinangebot vertreten. Die Statistik von 1994 weist eine Rebfläche von 44 ha, für das Jahr 2000 von 99 ha und für das Jahr 2008 für Deutschland insgesamt 252 ha aus. Die Hauptanbaugebiete sind Rheinhessen (83 ha), die Pfalz (62 ha) und die Ahr (35 ha).

Herkunft: Wie bereits erwähnt gehört der Blaue Frühburgunder zu den alten und bekannten Rotweinsorten und ist eine Mutation aus dem Blauen Spätburgunder. Wie der Name schon sagt, handelt es sich beim Blauen Frühburgunder um die früh reifende Variante des Blauen Spätburgunders. Wird der Frühburgunder auf sehr guten Standorten angebaut, dann erreicht er schon im August seine Vollreife.

Synonyme:

Land	Bezeichnung
Deutschland	Blauer Frühburgunder, Frühburgunder, Früher Clävner, Möhrchen, Jakobstraube, Augusttraube, Augustklevner, Juliustraube, Magdalenentraube, Jakobitraube, Früher Bur gunder, Frühe Jakobstraube, St. Jakobstraube, Neue Bezeichnungen Madeleine noir, Pinot Madeleine, Pinot noir precoce
Österreich	Früher Burgunder, Früher blauer Klevner, Frühreifer schwarzer Burgunder, Frühblaue, Augustiner, Laurenzitraube, Blaue Jakobstraube, Frauentagtraube und Zherna Mushza in der Steiermark
Frankreich	Madeleine Noir, Pinot Madeleine, Tuannes negrés, Ischia, Vigne d´Ischia, Noir printannier, Raisin précoce, Morillon hatif, Pinot noire précoce, Raisin de St. Jean, Raisin de Juillet
Italien	Luviana Veronese, S. Lorenzo, Lujega

Sortenmerkmale: Triebspitze offen, stark behaart, unbeborstet, fast aufrecht bis leicht hängend; Wüchsigkeit mittelstark; Geiztriebbildung mittel bis schwach; Gescheine mittelgroß an kurzem Stiel; Blühzeit früh bis mittelfrüh, bei nur mittlerer Blühfestigkeit; Blatt mittelgroß, mittel- bis dunkelgrün, schwach gelappt, Stielbucht V-förmig offen, Rand spitz gezähnt; Traube mittelgroß, dichtbeerig, mit dunkelblauen Beeren von feinem Sortengeschmack und hohem Extrakt, Beerenhaut etwas dicker als die des Spätburgunders, wenig anfällig gegen Fäulnis; Ertrag nur mittelhoch bis niedrig; Holzreife sehr gut und damit gute Winterfrostfestigkeit, die diejenige des Rieslings übertrifft.

Eigenschaften der Sorte

Ansprüche an die Lage: Aufgrund der frühen Reife sind die Lageansprüche geringer als beim Spätburgunder.

Ansprüche an den Boden: Leicht erwärmbare, durchlässige, lockere fruchtbare Böden sind wegen Farbe und Bukett vorzuziehen.

Krankheitanfälligkeit: Sie ist gering, wegen der dicken Beerenhaut, insbesondere für Botrytis. Stiellähme tritt kaum auf. Die Sorte leidet wenig unter Bodentrauben. Aufgrund der frühen Reife ist die Sorte anfällig für Vogelfraß.

Erziehung: Die Erziehungsform ist mit der des Spätburgunders identisch.

Unterlagen: Es sind SO 4 Binova und 125 AA zu wählen. Sehr stark wachsende, wie z. B. 5 BB erhöhen die möglichen Verrieselungen.

Ertrag: Selbst in gut selektionierten Beständen werden 60-70 hl/ha kaum überschritten.

Ernte: Ab Mitte September, also früh bis mittelfrüh.

Qualität: Das Mostgewicht übertrifft im langjährigen Schnitt dasjenige des Blauen Spätburgunders, was gerade für Burgunderweine von großer Bedeutung ist. Die Säure liegt mit durchschnittlich 6-8 g/l in einem für Rotweine günstigen Bereich. Die frühe Reife des Frühburgunders erbringt farbintensive, kräftige, ausdrucksvolle, pinotduftige, samtige Rotweine, die den Spätburgunder im Ausdruck übertreffen. Ausleseweine sind eine Besonderheit.
Wein: Die Rotweinqualität liegt nicht selten über der des Spätburgunders, denn sie zeichnen durch ihre zarte Art, feinen Pinotduft, edle Würze und vornehmen Burgunder-Charakter von bester Qualität aus. Die Weine des Blauen Frühburgunders sind früher trinkreif als die des Blauen Spätburgunders.

Anbauwert: Durch leistungsfähige Klone konnte der Ertrag auf ein wirtschaftliches Niveau angehoben und somit kann der Anbauwert durchaus als gut bezeichnet werden. Frühburgunder-Rotweine sind oft von ausgezeichneter Qualität und unter den Weinkennern eine Spezialität.

Beim Bundessortenamt sind für die Sorte Blauer Frühburgunder vier Erhaltungszüchter mit ihren 15 Klonen eingetragen und versorgen die Pflanzguterzeuger bzw. Rebenveredler mit Klonen bester Leistungseigenschaften.

Schwarzriesling (Müllerrebe)

Verbreitung: Die Müllerrebe hat sich in Deutschland, vornehmlich durch die Auslesezucht von Schneider (Heilbronn) und Herold (Weinsberg), eine gewisse Anbaufläche erhalten. Die Rebflächenstatistik weist für 2008 ein Areal von 2.361 ha aus, das zum größten Teil in Württemberg (1.738 ha) liegt, wo sie eine beachtliche Bedeutung erlangt hat. Nennenswerte Rebflächen sind noch in Nordbaden (266 ha), der Pfalz (161 ha), Franken (90 ha) und Rheinhessen (81 ha) zu finden.

Herkunft: Die Heimat der Müllerrebe ist sicher in Burgund zu suchen. Sie ist dort allerdings nicht im Verzeichnis der Sorten für AC-Weine zu finden, wohl aber in der Champagne. Die Müllerrebe wird weiterhin im Elsass angebaut, in der Umgebung von Beaugency an der Loire und in der Steiermark Österreichs. Schwarzriesling ist schon vor 400 Jahren nachzuweisen. Lange wurde sie als eine Mutation des Blauen Spätburgunders angesehen. Nach Genanalysen von F. Regner ist die Müllerrebe aber ein Elternteil des Blauen Spätburgunders, das dieser aus einer natürlichen Kreuzung aus Traminer x Müllerrebe (Schwarzriesling) hervorgehen soll.

Sortenmerkmale: Triebspitze offen und auffallend dichtfilzig, weißwollig (wie mit Mehl bestäubt); Blatt mittelgroß, fünflappig, mittelstark, sehr rauh und blasig, unterseits dichtwollig, behaart, Rand gesägt, Stielbucht V-förmig bis geschlossen; Traube mittel, dichtbeerig; Beeren klein bis mittel, schwarzblau, rund bis oval: Holz graubraun, mehr engknotig; Austrieb mittel bis spät; Blüte spät; Blühfestigkeit hoch; Reife mittelspät; Ertrag mittel; Holzreife gut.

Synonyme:

Land	Bezeichnung
Deutschland	Müllerrebe, Schwarzriesling. Neue Bezeichnung Pino Meunier
Frankreich	Pinot Meunier, Farineux noir, Plant Meunier, Gris Meunier, Meunier, Plant de Brie, Morillon Tacone, Auvergnat Gris
Österreich	Blaue Postitschtraube (Steiermark), Müllerrebe, Schwarzriesling
Ungarn	Molnár tóke kék
Italien	Morone farinaccio
Australien	Millers Burgundy

Eigenschaften der Sorte

Die **Ansprüche an die Lage** sind geringer als die des Blauen Spätburgunders und können als mittel bis gut angesprochen werden.

Die **Ansprüche an den Boden** sind ebenfalls nur mittelhoch bis gering. Eine gute Holzreife bedingt eine gute Winterfrostfestigkeit. Die Krankheitsanfälligkeit ist gering. Die Trauben faulen leicht.

Die **Wuchskraft** ist vergleichbar mit der der Sorte Riesling, also mittelstark bis kräftig. Insgesamt eine wenig komplizierte Sorte. Mittlere Geiztriebbildung.

Erziehung: Sie trägt sowohl auf Zapfen als auch auf Bogen. Der Bogenschnitt über einen Hilfsbiegedraht herrscht vor. Neben der Normalerziehung kann auch die Weitraumerziehung verwandt werden.

Klone: Beim Bundessortenamt sind für die Forschungsanstalt Geisenheim/ Hessen 10 Klone und für die Weinbaulehranstalt Weinsberg/Württemberg 5 Klone dieser Sorte eingetragen und zugelassen.

Unterlagenwahl: in schwachwüchsigen Böden 5 BB, 125 AA, in wüchsigen Böden SO 4, Binova und 5 C.

Ertrag: Er ist mittelhoch (60-80 hl/ha) und etwas geringer als der des Spätburgunders.

Wein: Die Weinqualität bleibt in der Regel hinter der Qualität des Spätburgunders, dem "König der Rotweine" zurück. Spätlesen von Schwarzriesling sind von großer Fülle, Harmonie, Eleganz und feinen samtigen Geschmacks- und Geruchsaromen nach Burgunder. Ferner erinnern sie im Geschmack an Kirschen, Schwarze Johannisbeeren und reife Pflaumen.

Vorteile: Qualitätswein ist frisch, rassig und in der Regel nicht so alkoholreich.

Nachteile: Spätburgunderqualität wird nicht erreicht. Der Anbauwert ist auf Württemberg begrenzt. Reift später als Spätburgunder.

Anbauwert: Am stärksten in Württemberg im Anbau. Ferner auch in anderen Anbaugebieten als Besonderheit zu finden.

Samtrot

Herkunft: Selektion der Staatlichen Lehr- und Versuchsanstalt für Weinbau und Gartenbau, Weinsberg. Mutation der Müllerrebe; entdeckt vom Klonenzüchter Schneider, Heilbronn, und dann selektiv bearbeitet an der Weinsberger Anstalt durch August Herold.

Laut Bundessortenamt wird Samtrot als Klon des Blauer Spätburgunders angesehen.

Eigenschaften der Sorte

Der Ertrag ist etwas schwankend (80-90 hl/ha). Das Mostgewicht liegt im Allgemeinen über dem des Spätburgunders und übertrifft die Müllerrebe um etwa 10 °Oechsle. Die Säure bewegt sich mit 6 bis 8 g/l in einem für Rotweine harmonischen Bereich. Der Wein ist, wie der Name zum Ausdruck bringt, samtig und burgunderähnlich.

Anbauwert: Der Anbau ist auf Württemberg begrenzt und liegt um 100 ha. Die Rebesorte ist nur für den qualitätsorientierten Selbstvermarkter interessant.

Blauer Portugieser, -Spielarten

Unter den Rotweinen liefert der Portugieser die Konsumqualitäten. In guten Jahren vermag er uns auch tiefdunkle Weine mit Burgundercharakter von guter Qualität zu schenken. Seine reiche Fruchtbarkeit und Anspruchslosigkeit hinsichtlich Lage und Boden haben ihm bis zum heutigen Tage einen festen Platz in unseren Weinbergen erhalten.

Verbreitung: Die Bundesrepublik Deutschland verfügt mit 4.354 ha im Jahr 2008 über den größten Portugieseranbau. Der Löwenanteil entfällt davon auf Rheinland-Pfalz und innerhalb von Rheinland-Pfalz auf die Pfalz (2.176 ha) und Rheinhessen (1.661 ha). Alle anderen Bundesländer oder Weinbaugebiete verfügen über vergleichsweise unbedeutende Flächen. In Österreich sind etwa 3.000 ha (ca. 5 %) mit Portugieser bestockt, er ist die dritte wichtigste Rotweinsorte und ist im Anbau etwas rückläufig. Die Spitzenstellung unter den dortigen Rotweinsorten wird von den Sorten Zweigelt und Blaufränkisch eingenommen. Auch in Ungarn gehört der Portugieser zum festen Rebsortiment. Kleine Bestände sind noch an der Marne in Frankreich zu finden.

Herkunft: Der Portugieser ist wahrscheinlich von Portugal oder Spanien nach Österreich (Bad Vöslau) gekommen und von dort in seine Verbreitungsgebiete in Mitteleuropa. Nach Schumann, der sich eingehend mit der Herkunft des Portugiesers beschäftigt hat, hat der Bürgermeister von Gumpoldskirchen, Johann Baumann, in seiner Anleitung zum einträglichen Betrieb des Weinbaues in Österreich, 1956 berichtet, dass der Herrschaftsbesitzer, Freiherr v. Fries, 1772 den Portugieser von Oporto nach Vöslau brachte. Von dort habe die Rebe ihren Siegeszug nach allen Ländern des österreichischen Kaiserstaates und nach Württemberg, Baden und in die Rheingegend angetreten. An der Verbreitung in Deutschland war Johann Philipp Bronner (1792-1864) maßgeblich beteiligt. Verschiedene Angaben, dass der Portugieser nicht aus Portugal stamme, sondern vor undenklichen Zeiten in Niederösterreich und Ungarn kultiviert worden sei, sind daher fraglich.

Synonyme: Im deutschen Sprachraum wird nur die Bezeichnung " Portugieser" gebraucht, während der Name "Oportorebe" in Vergessenheit geraten ist.

Land	Bezeichnung
Deutschland	Blauer Portugieser, Portgieser
Österreich	Blauer Portugieser, Oportorebe, Blaue Feslauertraube, Früher Vöslauer, Badener
Ungarn	Oportó, Kekopertó, Kadarka
Frankreich	Autrichien, Portugais Bleu
Tschechien	Portugalske modré

Sortenmerkmale: Triebspitze offen, ganz schwach behaart, fast kahl glänzend, gelblich grün, junge Blätter und Stengelteile mit rötlich-bräunlichem Anflug; Blatt groß, glatt, glänzend grün, dreilappig, bis schwach fünflappig, Blattrand grob gezähnt, Stielbucht V-förmig bis geschlossen; Holz gelb bis leicht rotbraun, feine Streifen, violett beduftet, dunkel punktiert, lange Internodien; Traube mittel bis groß, konisch, dichtbeerig; Beere etwas länglich, pflaumenblau, beduftet, dünne Beerenhaut, mittlere bis schwache Beerensaftfarbe; Austrieb mittel; Blüte spät; Blühfestigkeit hoch; Reife mittel bis spät; Wuchs sehr kräftig bei mittlerer Geiztriebbildung; Ertrag hoch; Holzreife mittelmäßig.

Eigenschaften der Sorte

Ansprüche an die Lage: Der Portugieser stellt an die Lage nur geringe Ansprüche. Sie können mit den Ansprüchen des Müller-Thurgau verglichen werden. Wer allerdings bessere Rotweine gewinnen will, muss eine bessere Lage wählen.

Ansprüche an den Boden: Die Sorte ist sehr anspruchslos und gedeiht auch noch in armen Sandböden sehr gut. Kalk- und Mergelböden sagen ihr noch gut zu. Nasse und sehr feuchte Standorte sind weniger geeignet.

Die **Maifrostanfälligkeit** verbietet einen Anbau in gefährdeten Lagen.

Holzreife: Eine mittelstarke Holzreife bedingt eine leichte Anfälligkeit gegen Winterfrost. In arktischen Wintern können die Stöcke total erfrieren.

Krankheitsanfälligkeit: Der Portugieser ist etwas empfindlich für Peronospora und sehr anfällig für Oidium, Schwarzfleckenkrankheit und Roten Brenner. Die Trauben werden leicht von Beerenbotrytis befallen, besonders bei enger Pflanzweise und auf feuchten Standorten.

Erziehung: Der kräftige Wuchs verlangt einen eher weiträumigen Standraum mit hohem Stamm. Bei Gassenbreiten von 2,00 m bis 2,20 m sind i.d.R. Stockabstände um 1,2 m sowie Stammhöhen von 70-80 cm angebracht. Aufgrund der Fäulnisempfindlichkeit bringt eine nicht zu dichte Traubenzone deutliche Vorteile, was durch eine frühe Entblätterung gut zu realisieren ist.

Klone: Für den Blauen Portugieser sind beim Bundessortenamt vier Erhaltungszüchter mit ihren 13 Klone eingetragen und zugelassen.

Unterlagen: Da der Portugieser sehr rieselfest ist, kann er ohne Bedenken auf die Unterlage 5 BB veredelt werden, wobei natürlich die Notwendigkeit einer weiträumigen Erziehung zu beachten ist. In tiefgründigen, fruchtbaren Böden ist es angebrachter, die etwas wuchsschwachen Unterlagen Binova, SO 4 oder 5 C zu verwenden. Sehr bewährt hat sich die Unterlage 125 AA.

Ertrag: Der Portugieser gehört zu den reichtragendsten Sorten unserer Heimat. Seine Blühfestigkeit sichert kontinuierlich hohe Erträge. Je nach Fruchtbarkeit des Bodens sind Durchschnittserträge von 140 bis 200 hl/ha zu erzielen. Eine Ertragsreduzierung ist aus Qualitäts- und Vermarktungsgründen erforderlich.

Reife: Nach Scheu liegt die Reife 14 Tage vor der des Silvaners. Auch "Babo und Mach" sowie das Weinbaulexikon zählen den Portugieser zu den früh reifenden Sorten. Andere Sortenbeschreibungen sprechen von einer mittelfrühen bis späten Reife. Im deutschen Weinbau zählt der Portugieser zu den früher reifenden Rotweinsorten (vergleichbar mit den Rebsorten Frühburgunder, Regent, Dornfelder u.a.

Ernte: Die Lese des Portugiesers wird fast immer kurz vor der des Müller-Thurgaus vorgenommen. Das ist eigentlich falsch und erfolgt entweder wegen beginnender Traubenfäulnis, welche die Rotweinfarbe beeinträchtigen würde, oder weil man rote und weiße Trauben nicht gleichzeitig verarbeiten will. Um eine bessere Farbausbeute und ein höheres Mostgewicht zu erhalten, weil Rotweine etwas mehr Alkohol haben sollen, ist ein Lesezeitpunkt vor oder mit dem Silvaner günstiger. Allerdings sind dann Maßnahmen nötig, die eine zu frühe Traubenfäule verhindern.

Qualität: Das Mostgewicht erreicht bei höheren Erträgen und früher Lese Zuckerwerte zwischen 60 und 65 °Oechsle. Bei späterer Ernte und moderaten Erträgen lassen sich aber Durchschnittswerte von 70 bis 80 °Oechsle und mehr erreichen.

Die **Säure** ist mild und liegt zwischen 6 bis 8 g/l. Unreife, sehr früh gelesene Portugieser können aber 12 g/l Säure und mehr haben.

Wein: Im Geschmack erinnern die Portugieser-Rotweine an Rote Johannisbeeren und reifen Himbeeren. Sie wirken feinfruchtig, mild, mit geringer Gerbstoffnote. Portugieser-Rotweine aus guten Lagen und entsprechender Ertragslenkung sowie gesunder und vollreifer Trauben präsentieren sich deutlich farbintensiver, sortentypischer, fruchtiger, gehaltvoller, dichter und extraktreicher. Geeignet sind sie zu Nudelgerichten, Geflügel, Kalbfleisch, zu Rostbeef, Schinken, Weichkäse und anderer Käsearten.

Vorteile: Regelmäßige und hohe Erträge, geringe Ansprüche an Lage und Boden. Beerenbotrytis. Sehr empfindlich gegenüber Maifrost.

Anbauwert: Als Lieferant für preiswerte Tischweine ist der Anbauwert unbestritten. Bei später Lese kann dieser sicher noch gesteigert werden. Unter günstigen Voraussetzungen von Lage, Witterung und Rebstockpflege wird Spätburgunderniveau erreicht.

Spielarten:

Grauer Portugieser: Er ist in Niederösterreich nur noch in Restbeständen zu finden. Es wird eine sehr hohe Fruchtbarkeit angegeben. Der Anbau ist in Österreich nicht mehr erlaubt.

Grüner Portugieser: Diese, früher in Österreich angebaute Sorte erscheint in der Sortenstatistik ebenfalls nicht mehr. Sie ist aus dem Grauen Portugieser entstanden und weist weniger Beerenfäule auf. Ihr Anbau ist in den österreichischen Weinbaugebieten Niederösterreich und Burgenland verboten. Doppelnamen: Grüngelber Portugieser, Weißer Portugieser.

Roter Portugieser: Diese, auch Königstraube genannt, sehr spät reifende, reichtragende Sorte hat ampelographisch nichts mit dem Blauen Portugieser zu tun.

Weißer Portugieser: Eine wertvolle, nicht mit dem Blauen Portugieser oder Grünen Portugieser verwandte Sorte, deren echte Bezeichnung Weiße Geißdutte, eine Tafeltraube, heißt.

Blauer Limberger

Wer einen Rotwein sucht, der die Eigenschaften eines frischen Moselweines besitzt, muss zum Limberger greifen. So wie die Sorte zwei Hauptnamen hat, nämlich Limberger und Blaufränkisch, so hat der Wein zwei Gesichter, denn er erinnert an den edlen Burgunder, ist aber zugleich leicht wie ein Portugieser. Bei später Lese und moderaten Erträgen lassen sich aber auch tanninreiche Weine mit intensiver Farbe ausbauen, die einen fruchtigen, kräftigen, charaktervollen Rotwein mit Aromen von Kirschen und Beeren hervorbringen.

Verbreitung: Das größte Anbaugebiet ist Österreich mit über 3.000 ha, die vornehmlich im Burgenland und Niederösterreich zu finden sind. Eine beachtliche Limberger-Rebfläche von rund 2.000 ha befindet sich in Tschechien. Auch Italien, Ungarn und Kroatien besitzen einige hundert Hektar Limberger-Rebflächen. Die Rebenstatistik von Deutschland gibt im Jahre 1994 eine bestockte Rebfläche von 878 ha, für 2000 von 1.196 ha und für das Jahr 2008 eine Fläche von 1.729 an, die fast alle in Württemberg (1.605 ha) liegen.

Herkunft: Ab der zweiten Hälfte des 18. Jahrhunderts lässt sich der Limberger in Österreich nachweisen, ohne dass es gelungen wäre, seine Urheimat aufzufinden. Ob diese die Umgebung von Wien ist oder Lemberg in Kroatien, kann man nicht feststellen. Hermann Goethe berichtete, dass ein Weingutsbesitzer und Weinhändler aus Bad Vöslau (zwischen Wien und Wiener Neustadt), Robert Schlumberger, für seine Verbreitung gesorgt habe. Im Weinbaulexikon wird die Vermutung ausgesprochen, dass der Name Limberger auf einen Rebschulbesitzer zurückzuführen sei, der die Sorte in den Handel gebracht habe. Ruckenbauer und Traxler sprechen die Vermutung aus, dass es sich um eine positive Selektion aus bodenständigen Rotweinsorten handele, die unter Karl dem Großen (742-814) durchgeführt wurde. Andererseits glaubt man aber auch, dass die Bezeichnung "Blaufränkisch" auf eine Herkunft aus Franken hinweisen könnte. Diese Vermutung ist von den Klimaansprüchen der Sorte her nicht zu untermauern. Deutschland hat die Sorte sicher aus Österreich erhalten.

Synonyme:

Land	**Bezeichnung**
Deutschland	Blauer Limberger, Lemberger, Limberger, Blaufränkisch
Österreich	Blaufränkisch, Schwarzer Fränkischer
Ungarn	Kékfrankos
Italien	Frankonia

Die von der internationalen ampelographischen Kommission in Colmar 1875 festgesetzte Bezeichnung "Blaufränkisch" hat sich in Deutschland nicht durchgesetzt

Sortenmerkmale: Triebspitze offen, hellgrün, glänzend, etwas bronziert, mittel bis schwach behaart; Blatt hell bis dunkelgrün, mittelgroß, breit, dreilappig mit schwachen Seitenbuchten, glatt, scharf, gezähnt, Stielbucht V-förmig bis geschlossen, überlappend; Holz weitknotig gelbbraun, an den dicken Knoten etwas rötlich, fein gestreift; Traube mittelgroß, geschultert, mehr locker als dichtbeerig; Beeren rund, mittelgroß, schwarzblau, dicke Haut; Austrieb mittelspät; Blüte spät; Blühfestigkeit hoch; Reife mittelspät; Wuchs stark, aufrecht, mittlere Geiztriebbildung; Ertrag mittel bis hoch; Holzreife mittel bis gut.

Eigenschaften der Sorte
Ansprüche an die Lage: Vergleichbar mit Blauem Spätburgunder und Weißem Riesling.

Ansprüche an den Boden: Der Limberger stellt nur mittlere Ansprüche an den Boden. Er verträgt noch schwere Kalkböden, auch Muschelkalk, gedeiht aber am besten in tiefgründigen, fruchtbaren Lösslehmböden, die etwas sandig sein können.

Krankheitsanfälligkeit: Für keiner Pilzkrankheit, auch nicht Botrytis, ist eine besondere Empfindlichkeit vorhanden. Jedoch wird die Sorte etwas von Stiellähme befallen.

Holzreife: Eine gute Holzreife bedingt eine ausreichende Winterfrostfestigkeit. Nach Lenz Moser erfriert sie ab minus 20° Celcius.
Spätfrostanfälligkeit: Der frühe Austrieb macht sie in dieser Richtung zu einer empfindlichen Sorte, Maifrostlagen sind daher vom Anbau auszuschließen.

Erziehung: Der kräftige Wuchs verlangt einen nicht zu geringen Standraum. Alle Fachleute berichten übereinstimmend von einer guten Tragbarkeit bei langem und auch bei kurzem Schnitt.

Unterlagenwahl: Der Wuchskraft entsprechend wird man SO 4, Binova und 5 C vorziehen und nur in armen Böden zur 5 BB oder 125 AA greifen.

Ertrag: Der Ertrag erreicht im langjährigen Mittel 70 bis 80 hl/ha und mehr. Die Anfälligkeit der Blüte gegen Verrieseln konnte durch die Klonenzucht weitgehend ausgeschaltet werden. Die Weinbaulehranstalt in Weinsberg/

Württemberg ist der einzige deutsche Erhaltungszüchter und ist beim Bundessortenamt mit drei Klonen dieser Sorte eingetragen.

Reife: Sie erfolgt spät, kurz nach der des Blauen Spätburgunders.

Ernte: Die geringe Empfindlichkeit der Trauben gegen Fäulnis gestattet eine späte Lese, die nach der des Blauen Spätburgunders vorgenommen werden sollte.

Qualität: Das Mostgewicht bleibt unter gleichen Verhältnissen 10 °Oechsle hinter dem des Spätburgunders zurück. Im langjährigen Durchschnitt erreicht es in einer mittleren Lage zwischen 70 und 80 °Oechsle. Die Säure liegt häufig etwas höher als beim Spätburgunder.

Wein: Die Rebsorte Blauer Limberger gehört zu den klassischen Rotweinen mit sehr viel Sortencharakter, der als spät reifende Sorte besonders lagerfähig ist. Limberger-Rotweine sind gehaltvoll und nachhaltig, machen mit ihrer angenehmen Säure- und Gerbstoffstruktur auf sich aufmerksam. Hinzu kommt eine ausgeprägte, dunkle Rotwein-Farbe. Für eine lange Lagerung gut geeignet. Limberger-Weine sind eine große Genüsslichkeit zu Grillgerichten, Sauerbraten, Wildkaninchen, Feldhase und anderen diversen Bratenfleischarten sowie Blauschimmelkäse und anderen feinwürzigen Käsearten.

Blauer Trollinger

Der Trollinger ist sicher einer der säurebetontesten Rotweine Deutschlands. Sein Wein hat etwas von der Standhaftigkeit der Bewohner seiner Heimat Südtirol mitbekommen. Als Lieferant von Tafeltrauben war er früher in allen Weinbaugebieten unserer Heimat vertreten, hat sich aber immer mehr auf Württemberg zurückgezogen.

Verbreitung: In Deutschland ist eine Fläche von 2.472 ha (2008) mit Trollinger bestockt, die fast ganz in Württemberg liegt, wo sie mit 2.439 ha rund 21 % eine der Hauptrebsorten darstellt. Das zweite Hauptverbreitungsgebiet ist Südtirol, wo der Trollinger unter der Bezeichnung "Groß Vernatsch" ebenfalls die Hauptrebsorte ist. Er ist weiterhin als Hausstock sehr verbreitet und wird als Gewächshaustraube unter der Bezeichnung "Black Hamburg" in Belgien, Holland und England gezogen. Früher, als der gemischte Satz noch vorherrschte, gab es viele Weinberge mit einzelnen Trollingerstöcken, die als Einmachtrauben die Bezeichnung "Fleischtraube" trugen.

Herkunft: Als Urheimat wird Südtirol angenommen. Dazu verleitet vor allen Dingen der Name, denn er könnte sich über Tirolinger zu Trollinger gewandelt haben. Dagegen spricht, dass er in Südtirol "Groß-Vernatsch" genannt wird. Trotzdem wird man seinen Ursprung in Südtirol oder im Trentino zu suchen haben, zwei alten Weinlandschaften. Die Römer brachten dann den Trollinger an den Rhein, wo er in der Pfalz und an der Bergstraße seine Bleibe fand und sich in die Weinberge der Nachbargebiete verbreitete. Heute ist der Trollinger nur noch in Württemberg als Keltertraube zu finden. Die Schwaben sollen ihn aber Mitte des 17. Jahrhunderts aus Tirol und nicht aus der Pfalz bezogen haben. Seine heutige Bezeichnung "Trollinger" ist denn auch in Württemberg entstanden, denn in der Pfalz und an der Bergstraße nannte man ihn früher Hammelshoden, Mohrendutte, Fleischtraube usw.

Klone: Die Weinbaulehranstalt in Weinsberg/Württemberg ist der einzige deutsche Erhaltungszüchter und ist beim Bundessortenamt mit drei Klonen dieser Sorte eingetragen.

Synonyme:

Land	**Bezeichnung**
Deutschland	Trollinger, Fleischtraube, Bocksauge, Bocksbeutel, Bockstraube, Troller, Hammelshoden, Zottelwälscher, Schwarzwälscher, Pommerer, Bammerer, Schwarzer, Frankenthaler, Lambert. Neue Bezeichnung Vernatsch
Südtirol	Groß-Vernatsch, Edel-Vernatsch, Meraner Kurtraube
Italien	Schiavone, Schiava grossa, Uva cenerente
Österreich	Großer Burgunder, Aegytischer
Frankreich	Raisin bleu de Frankental, Frankental noir, Chasselas de Jérusalem, Raisin de Languedoc
Belgien	Gros bleu, Bruxelloise
England	Black Hamburg, Black Tripoli
Koratien	Modri Tirolan

Sortenmerkmale: Triebspitze offen, hellgrün, gelegentlich kupferbronziert, mittelwollig bis flaumig behaart; Blatt groß, grün, blasig, drei- bis fünflappig, unterschiedlich stark gebuchtet, Blattrand unregelmäßig gezähnt, Stielbucht V-förmig bis geschlossen; Holz dick, weitknotig, gelbbraun, dunkle Punkte und Streifen; Traube sehr groß, pyramidenförmig, meist geschultert, lockerbeerig; Beere groß, rund rotblau, stark beduftet, dickhäutig; Austrieb mittel bis spät; Blüte spät bis sehr spät, bei hoher bis sehr hoher Blühfestigkeit; Reife sehr spät; Wuchs stark und starke Geiztriebbildung; Ertrag hoch; Holzreife gut.

Eigenschaften der Sorte

Ansprüche an die Lage: Die späte Reife verlangt eine sehr gute, frostfreie Lage, sodass man diese Ansprüche mit denen des Blauen Spätburgunders vergleichen kann. Eigentlich sind sie noch höher, da der Trollinger kein so hohes Mostgewicht erreicht, wie der Spätburgunder.

Ansprüche an den Boden: Der kräftige Wuchs lässt den Trollinger auch auf armen Böden gut gedeihen. Er ist recht chlorosefest, verträgt also hohen Kalkgehalt. Nach württembergischen Erfahrungen sind Löss-Lehmböden weniger gute Standorte für den Trollinger. Bindige, lettige Böden scheiden aus, weil sie kalt sind und die späte Reife noch fördern. Warme Böden der Keuper- und Muschelkalkformation sind gut geeignet.

Krankheitsanfälligkeit: Die Empfindlichkeit für Peronospora ist kaum höher als die des Rieslings. Dagegen ist eine deutliche Schwäche für Oidium vorhanden. Eine hohe Anfälligkeit für Botrytis ist nicht vorhanden.

Die mittlere Holzreife bedingt eine nur mäßige Winterfrostfestigkeit. Gegen Stiellähme mittel bis stark anfällig.

Erziehung: Der starke Wuchs verlangt eine weiträumige Erziehung. Gassenbreite 2,00 m bis 2,20 m, Stockabstand 1,20 m bis 1,30 m. Stammhöhe 70 bis 80 cm. Auch für Weitraumerziehung eignet sich der Trollinger gut. Da die basalen Augen wenig fruchtbar sind, wird der Anschnitt langer Bogenreben erforderlich.

Klone: Als Klonenzüchter sind beim Bundessortenamt die Weinbaulehranstalt Weinsberg/ Württemberg und der Weinbauverband Württemberg e.V., Weinsberg mit insgesamt 13 Klone eingetragen und zugelassen.

Unterlagen: Die gute Blühfestigkeit gestattet die Veredelung auf stark wüchsige Unterlagen wie 5 BB und 125 AA.

Ertrag: Der Trollinger gehört zu den fruchtbarsten Sorten und bringt Durchschnittserträge von 100 bis 150 hl/ha. Eine Ertragsreduzierung erhöht die Qualität.

Reife: Die Reife ist sehr spät; kurz nach der des Rieslings. In ungünstigen Jahren färben sich die Trauben nicht gleichmäßig aus, es bleiben einige Beeren hellrot. Diese späte Reife hat dazu geführt, dass der Trollinger, außer in Württemberg, aus den Weinbergen Deutschlands verschwunden ist und höchstens noch als Tafeltraube eine Hauswand ziert. In Württemberg hat er sich in erster Linie wegen seines guten Ertrages gehalten.

Qualität: Das Mostgewicht erreicht im langjährigen Mittel etwa 70 °Oechsle, die Säuren 7 bis 10 g/l. In den meisten Jahren müssen die Weine verbessert werden. Die Qualität bewegt sich vorwiegend auf der Stufe von Konsumweinen. In sehr guten Lagen und sehr guten Jahren können natürlich auch Spitzenweine wachsen.

Wein: Trollinger-Rotweine sind in der Regel von hellroter Farbe und einer

fruchtigen Säure geprägt. Im Bukett erinnern sie etwas an Kirschen und Rote Johannisbeeren. In ihrer gesamten Ausdrucksform sind Trollinger-Rotweine leichte, spritzige Weine für alltägliche Gelegenheiten von „früh bis spät" und sind sehr bekömmlich. Ertragslenkende Maßnahmen erhöhen die Extraktwerte und das Mostgewicht bei gleichzeitiger Reduzierung der Säure und liefern somit etwas gehaltvollere, reifere, dichtere und farbintensivere Trollinger-Rotweine.
Sie eignen sich besonders als Speisebegleiter gut zu Nudelgerichten, Geflügel, Kasseler, Tartar, gekochtem Schinken, verschiedene Käsearten und vor allem zu den regionalen Speisen insbesondere zu Spätzle und Maultaschen.

Vorteile: Kräftiger Wuchs, hoher Ertrag und gute Chlorosefestigkeit.

Nachteile: Späte Reife und geringe Winterfrosthärte.

Anbauwert: In Deutschland auf Württemberg beschränkt.

Muskat-Trollinger

Diese Spielart des Blauen Trollingers wird in kleinem Umfang in Württemberg als Spezialität angebaut. Der Sortenschutz wurde am 14.05.2008 erteilt. Der Anbau soll bis in das Jahr 1850 zurückverfolgt werden können. In den Rebanlagen um die Burg Schaubeck ist der Muskat-Trollinger ab 1881 zu finden. Das Weingut Brüssele des Grafen Adelmann in Kleinbottwar hat bewiesen, dass aus der Sorte hervorragende Rotweine gewonnen werden können. Die sehr späte Reife erfordert einen Anbau in besten Lagen. Ähnlich wie der Riesling, liefert auch der Muskat-Trollinger im niedrigen Mostgewichtsbereich gut vermarktungsfähige, ansprechende Weine. Die Weine bestechen durch ein sehr elegantes Muskatbukett. Im Prädikatsweinbereich besitzen sie eine fruchtige, pikante, edelreife Art. In Frankreich ist der Muskat-Trollinger eine beliebte Tafeltraube, deren Anbau in den letzten Jahren ständig zugenommen hat.

Saint Laurent

Der St. Laurent gehört zu den guten Rotweinsorten und ist eigentlich zu wenig verbreitet. Bei ausreichendem Ertrag wird ein sehr guter, farblich dunkler Rotwein erzeugt, der qualitativ zwischen Blauem Spätburgunder und Blauem Portugieser einzustufen ist.

Bisher wurde der St. Laurent als eine Spielart des Blauen Spätburgunders angesehen. Nach Untersuchungen von Dr. K. Wenzel, Institut für Mikrobiologie in Geisenheim/Rh., stimmt dies nicht. Bei Untersuchungen der Farbstoffe stellte sich heraus, dass die Sorte St. Laurent Anthozyane (Pflanzenfarbstoffe) enthält, die beim Blauen Spätburgunder und seinen Spielarten nicht auftreten. Nach genetischen Analysen von F. Regner entstammt der St. Laurent einer natürlichen Kreuzung aus einer noch unbekannten Rebsorte mit einem Burgunder.

Verbreitung: Hauptverbreitungsgebiet ist Tschechien mit über 2.000 ha, gefolgt von Österreich um 1.000 ha. In Deutschland sind 669 ha (2008) mit dem St. Laurent bestockt. Der größte Flächenanteil erstreckt sich auf die beiden Anbaugebiete Pfalz (302 ha) und Rheinhessen (301 ha) mit stark zunehmendem Anbau. Hermann Goethe bezeichnet den St. Laurent als französische Keltertraube, einen Status, den sie heute nicht mehr besitzt.
Die Eintragung in die Sortenliste erfolgte am 18.07.1987.

Herkunft: Nach Deutschland kam die Sorte durch Ökonomierat Bronner (1792-1864) aus Wiesloch, der sie von einem Winzer Baumann in Bollweiler, das nordwestlich Mühlhausen (Elsass) liegt und heute keinen Weinbau mehr besitzt, erworben hat. Sein Sohn, Carl Bronner, der Rebenveredler war, hat dann für eine gewisse Verbreitung gesorgt. Wo in Frankreich die Heimat des St. Laurent zu suchen ist, lässt sich nicht genau klären. Die Versuchung ist groß, diese in Saint Laurent, einem Weinbauort im Haut Medoc bei Bordeaux, anzunehmen. Dafür gibt es aber außer dem Namen keinen Anhaltspunkt, da die Sorte dort nie angebaut wurde. Daneben kommt auch der Weinort Saint Laurent-Sur-Saône bei Mâcon in Frage, zumal dort die Sorte noch im Anbau ist. Nach einer weiteren Theorie rührt der Name möglicherweise von der Genussreife der ersten Beeren um den Laurenzitag (10. August) her. Gelegentlich wird auch angeführt, dass zu dieser Zeit die (relativ frühreifen) roten Weintrauben von der Sonne ebenso gebraten werden wie der Legende nach der namensgebende Märtyrer auf dem Grillrost.

Synonyme: Blauer Saint Laurent, Saint Laurent, Sankt Lorenztraube, Lorenztraube, Laurentiustraube, Laurenzitraube, Schwarzer und Pinot St. Laurent (Frankreich).

Sortenmerkmale: Triebspitze offen, gelblichgrün, stark weißwollig; Blatt mittelgroß, fünflappig, meistens nur mittelstark gebuchtet, die Blattlappen überdecken sich, matt dunkelgrün, unterseits leicht flaumig-wollig; Holz engknotig, dunkelrotbraun; Traube mittel bis groß, dichtbeerig, meist kegelförmig; Beere oval, mittlere bis kräftige Beerensaftfarbe und dicke, schwarzblaue Beerenhaut; Austrieb mittelfrüh; Reife mittelfrüh; Wuchs kräftig; Ertrag gut bis mittel; Holzreife mittel bis gut.

Eigenschaften der Sorte

Ansprüche an die Lage: Wegen der frühen Reife werden nur mittelgute Lagen beansprucht. Man kann die Sorte in dieser Hinsicht etwas mit der Scheurebe vergleichen, da sich genau wie diese in kühleren Lagen eine zu hohe Säure behält.

Ansprüche an den Boden: Diese sind ebenfalls nur mittel, wobei tiefgründige und frische Böden eher zusagen als schwere tonige. Kalkhaltige Böden sind gut geeignet. Steinige und flachgründige Böden kann er nicht vertragen und geht im Wuchs und der Ertragsleistung sehr rasch zurück.

Holzreife: Die meist gute Holzreife bedingt eine ausreichende Winterfrostfestigkeit.

Die **Maifrostanfälligkeit** verbietet einen Anbau in Frostlagen.

Krankheitsanfälligkeit: Etwas anfällig für Peronospora und Oidium. Die kompakte Traubenform bedingt trotz der relativ dicken Beerenhaut eine hohe Botrytisanfälligkeit. Deshalb ist eine frühe Entblätterung der Traubenzone bei dieser Sorte unbedingt anzuraten.

Erziehung: Die Rebsorte ist für die Normalerziehung bestens geeignet, ebenso für die Weitraumerziehung.

Klone: Zur Zeit sind beim Bundessortenamt drei Erhaltungszüchter mit insgesamt 7 Klone eingetragen und zugelassen.
Unterlagen: In wuchsstarken Böden sind SO 4, Binova und 5 C angebracht, in wuchsschwachen 125 AA und 5 BB.

Ertrag: Die vergleichsweise hohe Alternanz in der Ertragsleistung und die häufig zu geringen Erträge wurden durch die Klonenzüchtung behoben. Heute stehen wenige, aber ertragsstabile Klone zur Verfügung, so dass durchschnittliche Erträge von 80-100 hl/ha problemlos möglich sind.

Reife: Die Reife liegt etwas später als die des Portugiesers, aber mindestens 10 Tage früher als die des Blauen Spätburgunders.

Ernte: Die Ernte sollte nicht zu früh erfolgen, damit die Säure am Stock abgebaut wird. Aus diesem Grunde ist auch eine luftige Erziehung, die keine frühe Traubenfäule aufkommen lässt, angebracht. Die beste Erntezeit liegt kurz hinter der der Sorte Silvaner.

Mostgewicht: Die Mostgewichtsleistung ist deutlich geringer als die des Spätburgunders. 75-80 °Oechsle sind bei normalen Erträgen gut erreichbar. 90 °Oechsle sind aber selbst bei stark reduzierten Erträgen nur schwer zu erreichen.

Wein: Rotweine von der Rebsorte St. Laurent sind von klassischem Rotweinstil. Sie besitzen eine angenehme Fruchtsäure und sind von rustikalen Geschmacksfacetten sowie in seiner Gesamtaromatik von Tannin in feinster Weise überlagert. Die Weine präsentieren sich dicht und gehaltvoll. Von besonderer Köstlichkeit und Sinnenerlebnis sind die St. Laurent Spät- und Auslesen mit ihrem zart-herbem, sehr feinem Burgunderaroma. Solche Weine verfügen über eine lange Lebensdauer.

St. Laurent-Weine passen besonders gut zu Wildbret sowie zu diversen kräftigen, dunklen Fleischgerichten und vielen Käsesorten und sonstiger Grill- und Bratenspezialitäten besonderer Art.

Vorteile: Klassische Rotweinsorte mit hohem Bekanntheitsgrad, frühere Reife als Spätburgunder, geringe Anfälligkeit gegenüber Krankheiten und weinbaulich unkompliziert.

Nachteile: Maifrostempfindlich. Betonte Säure. Etwas unsichere Erträge.

Anbauwert: Wo Rotwein erzeugt wird, ist sie dem Portugieser vorzuziehen. Sorte passt gut zum deutschen Rotweinsortiment und ist als Ergänzung sinnvoller als Schwarzriesling in bestimmten deutschen Anbaugebieten.

Cabernet Sauvignon

Er ist die beste und edelste der Bordeauxsorten, die den besten Rotwein Frankreichs und sicher auch der Welt liefern. Im Verschnitt mit Cabernet Franc und häufig auch mit der bekannten Rebsorte Merlot, liefert er den berühmten Rotwein des Médoc.

Verbreitung: Hauptanbaugebiete Frankreichs sind die Landschaften um Bordeaux, wie Médoc, Graves, Pomerol und Saint Emilion. Weiterhin findet man sie an der Loire, in den Gebieten Anjou und Saumur. In mehr als der Hälfte der Departements des Landes, die Weinbau besitzen, gehört sie zu den empfohlenen Rebsorten. Die Anbaufläche in Frankreich liegt 2008 bei über 60.200 ha, weltweit sind mindestens 170.000 ha bestockt. Weitere Anbaugebiete sind Südtirol, Italien, Griechenland, Slowenien, Ungarn, Rumänien, Türkei, Russland, Südafrika, Kalifornien, Mexiko, Argentinien, Chile, Australien, Deutschland und andere Länder. Die große ökologische Streubreite dieser Sorte ist auf die geringen Ansprüche an den Boden zurückzuführen; an die Lage selbst stellt sie allerdings sehr hohe Ansprüche. Auch in Deutschland stößt die Rebsorte auf Interesse. Die Anbaufläche beträgt 2008 288 ha. Den größten Flächen befindet sich in der Pfalz mit 79 ha und in Rheinhessen mit 62 ha.

Herkunft: Genau Angaben über seine Heimat sind leider nicht möglich. Der Synonymname „Biduré" bot Anlass zur Vermutung, dass sie von der von Plinius dem Älteren (23-79) erwähnten, antiken Sorte „Biturica" abstammen könnte. Durch die DNA-Analyse konnte bewiesen werden, dass die Rotweinsorte Cabernet Sauvignon eine Kreuzung aus Cabernet Franc und Sauvignon blanc ist, was auch die Herkunft ihres Namens erklärbar macht. So alt wie der Weinbau im Bordeaux-Gebiet, ihn haben spätestens die Römer eingeführt, sind auch die Bordeaux-Weine über die Grenzen des Landes hinaus berühmt. So ist zu verstehen, dass der Anbau dieser Sorte in fast allen weinbautreibenden Ländern der Erde von Erfolg gekrönt ist und die Anbaufläche sich weltweit ständig ausdehnt

Ursprung des Sortenamens: Vermutlich hängt Sauvignon mit dem französischen "sauvage" (= wild) zusammen und leitet die Entstehung von einer Wildrebe ab. Das Synonym Vidure hat seine Wurzeln im lokalen Dialekt und heißt übersetzt hartes Holz (siehe auch in französisch: vigne dure), eine Bezeichnung, die die Rebsorte mit dem Carmenère teilt.

Synonyme:

Land	Bezeichnung
Deutschland	Cabernet Sauvignon
Frankreich	Cabernet Sauvignon, Sauvignon, Marcoupet, Biduré, Petite Vidure, Petit Cabernet, Bouchet-Sauvignon
Rumänien	Bordeaux
Spanien	Burdeos Tinto
Marokko	Petit Cabernet
Bulgarien	Kaberne-Sovinjon, Lafite
Russland	Kaberne-Sovinjon, Lafite

Sortenmerkmale: Triebspitze offen, stark wollig, rötlich; Blatt mittelgroß, fünflappig, tief gebuchtet, Stielbucht V-förmig geschlossen und häufig mit einem Buchtzahn ausgestattet; Rand weit gezähnt; Holz kräftig, haselnussbraun; Traube mittelgroß, dichtbeerig, oft geschultert; Beere klein, rund, dicke und harte Beerenhaut, festes Fruchtfleisch; Reife mittelspät bis spät; Wuchs kräftig; Widerstandsfähigkeit gegen Oidium gering, gegen Botrytis sehr gut, gegen Winterfrost ausreichend, gegen Spätfrost empfindlich, sowie gegen Stiellähme. Neigt bei schlechtem Blühwetter zum Verrieseln.

Eigenschaften der Sorte

Ansprüche an die Lage: Um die nötige Qualität zu erreichen, sind warme und sehr gute Lagen erforderlich, denn es handelt sich um eine klimatisch sehr anspruchsvolle Sorte.

Ansprüche an den Boden: Die Sorte stellt an den Boden keine besonderen Ansprüche, denn sie wächst im Médoc auf kargen Kies- und Sandböden ausgezeichnet. Fruchtbare, lehmige und tiefgründig Böden sind besser geeignet und sind wegen der dort entstehenden gehaltvolleren Weine als Standort vorzuziehen.

Krankheitsanfälligkeit: Die Widerstandsfähigkeit gegenüber Peronospora ist gut und gegen Oidium, Eutypa und Schwarzfleckenkrankheit gering. Die Widerstandsfähigkeit gegenüber Botrytis ist mit Ausnahme der Gescheinsbotrytis sehr gut. Ferner ist die Sorte etwas anfälliger für Stiellähme.

Wuchs: Die Sorte verfügt über einen aufrechten und sehr kräftigem Wuchs und ist mit dem Riesling vergleichbar.

Erziehung: In den Sandböden des Médoc wird sie sehr niedrig erzogen und kurz geschnitten. In fruchtbaren Böden kann sie auch eine weiträumige Pflanzung vertragen. Der außergewöhnlich kräftige Wuchs erfordert in Normalanlagen einen nicht zu engen Stockabstand und eine Gassenbreite von grundsätzlich 2,00 m bis 2,20 m, bei einer Mindeststammhöhe von 70-80 cm mit einer Bogrebe und einem Anschnitt von 5-7 Augen je Quadratmeter, wobei auf der Bogrebe nicht mehr als 12 bis 14 Triebe sich entwickeln sollen. Auf schwachwüchsigen Standorten kann der Stockabstand vermindert werden.

Unterlagen: Zeigt mit den bekannten Berl. x Rip.-Kreuzungen eine gute Ertragsaffinität, wie z. B. SO 4, Binova, 124 AA u.a.

Klon: Die Forschungsanstalt Geisenheim/Hessen ist als Erhaltungszüchter dieser Sorte mit dem „Klon 1 Gm“ beim Bundessortenamt eingetragen.

Ertrag: Dieser liegt bei 60 bis 80 Hektoliter. Kühle Witterungsverhältnisse während der Blüte führen zum Verrieseln und somit zu Ertragseinbußen.

Reife: Die Sorte ist bekannt für eine späte Reife und verlangt daher eine warme, sonnige und geschützte Südlage. Die dicke und robuste Beerenhaut sowie die gute Widerstandsfähigkeit gegenüber der Beerenfäule kommt der späten Reife entgegen und somit entstehen keine Farbdefizite.

Ernte: Die Ernte ist sehr abhängig von der Jahreswitterung und der Reifeentwicklung im August und September. Der Erntezeitpunkt liegt im Oktober, denn die Sorte reift wie bekannt relativ spät und sollte nur im Vollreifestadium geerntet werden, um die aggressiven geschmacklichen Einflüsse einer gewissen Unreife auszuschließen.

Qualität: Da die Trauben lange hängen bleiben können, kann die Lese sehr spät erfolgen, so dass Mostgewichte über 100° erreicht werden können. Die Säure ist mittel. Die Sorte liefert granatrote bis sehr dunkle, feurige, vollmundige Weine mit viel Tannin. Eine gute Bestands- und Ertragsführung garantiert sehr sortentypische, facettenreiche Rotweine von höchster Güte. Beteiligt an der hohen Qualität sind natürlich auch sehr ausschlaggebend die Fruchtsäure sowie der erkennbare Gerbstoffgehalt.

Wein: Wie bereits erwähnt haben die Weine einen hohen Gerbstoffgehalt und erlangen ihren Genusshöhepunkt erst nach längerer Lagerzeit in der Flasche. Das Gewächs von Cabernet Sauvignon im Cuvée mit Merlot zählt zu den ausdrucksvollen und großen Rotweinen der Welt. Ausgestattet ist der Cabernet Sauvignon-Rotwein mit einer ausgeprägten Farbtiefe, feiner Würzfülle und Sortenfrucht, sowie nachhaltiger Geschmacksaromen gepaart mit einer feinen Tannin- und Säurestruktur. Über den Verschnitt mit Merlot wird der Cabernet Sauvignon Rotwein eleganter, stoffiger, weicher und geschmacksharmonischer. Über den Verschnitt mit milderen Sorten und entsprechender Lagerzeit entwickeln sich die typische Geruchsaromen von Schwarzen Johannisbeeren, diversen Blütendüften, Tabak, Zedernholz und anderen Aromen. Geschmacklich reichen die Aromen vom grünen Pfeffer, Minze, Nelken über Eukalyptus bis zu Brombeere und Pflaume. Typische Cabernet Sauvignon-Rotweine mit intensiver Farbtiefe und Gerbstoffen sind lange lagerfähig; jedoch ist der hohe Gerbstoffgehalt nicht immer der Qualität förderlich. Erst nach längerer Reifezeit im Barriquefass und auf der Flasche entfalten sie ihre volle Eleganz, Fülle, Mächtigkeit und Größe. Cabernet Sauvignon-Rotweine passen zu kräftigem und dunklem Bratenfleisch mit kräftiger und dunkler Soße. Er ist zu vielerlei kulinarischen Menues ein guter und zuverlässiger Speisebegleiter ersten Ranges.

Vorteile: Kräftiger und aufrechter Wuchs, geringe Bodenansprüche, nicht

Synonyme:

Land	Bezeichnung
Deutschland	Syrah, Shiraz
Frankreich	Seréne, Marsanne noir, Sira, Syra, Syrac, Petite Syrah, Schiras
Australien	Shiraz, Hermitage
Argentinien	Shiraz, Balsamina
Italien	Bragiola, Neretto di Saluzzo
Marokko	Sirac, Candine, Marzane noir
Tunesien	Sirac

Sortenmerkmale: Triebspitze betont weißwollig und am Saum rötlich gefärbt, jüngere Blätter auf der Unterseite wollig und hellrot; ausgewachsene Blätter mittelgroß rundlich, fünflappig mit tief eingeschnittenen Blattbuchten; Stielbucht ist lyraförmig und etwas offen; Trauben sind mittelgroß, pyramidal, mäßig locker und zum Teil geschultert; deren Form/Farbe ist mittelgroß, länglich, blauschwarz und beduftet sowie ein roter Wulst am Beerenstiel; Beerenhaut ist fein und trotzdem stabil; Fruchtfleisch ist saftig und geschmackvoll, der Austrieb ist spät und die Reife ist mittelspät – sehr abhängig vom Standort und dem Kleinklima.

Eigenschaften der Rebsorte

Ansprüche an die Lage: Syrah neigt zum Verrieseln und beansprucht grundsätzlich eine windgeschützte und sehr warme, sonnige Lage, um vollreife Trauben zu erzielen. Unreifere Trauben ergeben ausdruckslose, dünne, säuerliche und adstringierende Rotweine. Sehr gute Standorte sind nach Süden geneigte Hanglagen. Die Qualität hängt vom jeweiligen Standort hinsichtlich der Bodenart und den kleinklimatischen Einflüssen ab.

Ansprüche an den Boden: Syrah zählt zu den starkwüchsigen Sorten und stellt daher keine besonderen Ansprüche an den Boden und entwickelt sich gut auf mittleren, feinerdigen Böden mit guter Wasserversorgung und Wasserregulierung (neigt zu Trockenheit) sowie warmen und sandigen Lehmböden. Sehr kalkhaltige, bindige und tonige Böden scheiden aus, da Syrah zur „Chlorose“ neigt. Sehr wüchsige und fruchtbare Böden meiden.

Krankheitsanfälligkeit: Allgemein ist die Rebsorte Syrah ziemlich widerstandsfähig gegen Peronospora, Oidium und Schwarzfleckenkrankheit, dagegen ist sie empfindlich gegenüber Botrytis.
Frostfestigkeit: Durch den späten Austrieb ist Syrah weniger spätfrostgefährdet. Wegen der hohen Ansprüche an die Lage scheiden grundsätzlich Frostlagen für den Anbau dieser Sorte aus.

Erziehung: Der kräftige Wuchs von Syrah erfordert eine weiträumige Spalierbogrebenerziehung.
Hierbei ist eine Gassenbreite von 2,00 m bis 2,20 m und darüber sowie ein Stockabstand bis 1,20 m und einer Stammhöhe von 70 bis 80 cm aus pflan-

zenphysiologischen und arbeitswirtschaftlichen Gründen anzustreben.

Unterlagen: Da Syrah starkwüchsig ist und zum Verrieseln neigt, kommen bei weiträumiger Erziehung und entsprechender Bodenart die Unterlagen SO 4, Binova und 125 AA in Frage.

Ertrag: Syrah ist sehr ertragsreich und leistet bei weiträumiger Spalierbogrebenerziehung eine beachtliche Menge von 80 bis 100 hl und mehr je Hektar. Ein moderater Anschnitt wirkt sich bei dieser Sorte ertragsreduzierend und qualitätsfördernd aus.

Ernte: Die Ernte von Syrah ist sehr abhängig von den Standortverhältnissen, der Jahreswitterung und von der Reifeentwicklung in den Monaten August und September. Der Erntezeitpunkt ist mittelspät und sollte nur im Vollreifestadium geerntet werden. Bei Überreife kommt es zum Abfallen von Beeren.

Qualität: Das Menge-Güte-Verhältnis bei Syrah wird sehr beeinflusst von der Lage, der Anschnittstärke, den Witterungsverhältnissen während der Vegetation und vor allem von der Bestandsführung bis zur Vollreife. Unter optimalen Bedingungen sind Mostgewichte bis über 100o Oechsle möglich.

Wein: Beeindruckend sind neben den würzigen, kräftigen, extrakt- und gerbstoffreichen Syrah-Weinen ihre Aromenvielfalt nach Veilchen, Brombeeren, Heidelbeeren, Schwarze Johannisbeeren und andere Duftnoten. Große Syrah-Rotweine brauchen möglichst eine lange Reifezeit im Fass oder in der Flasche. Der An- und Ausbau erfordert ein ökologisches und oenologisches Wissen, Erfahrung, Passion und Geduld. Nur so ist es möglich, das große Entwicklungspotential von feinen Fruchtaromen und Gewürznoten auszuschöpfen.

Merlot

Mit den beiden Rotweinsorten Cabernet Sauvignon und Cabernet Franc ist Merlot die dritte Sorte im Bunde der ersten Rotweinsorten der Bordeaux-Landschaft.

Verbreitung: Das Hauptanbaugebiet von Merlot ist Frankreich, insbesondere das Bordeaux-Gebiet (Saint-Emilion, Médoc und Pomerol). In mehr als der Hälfte aller Departements mit Weinbau gehört sie zu den empfohlenen Rebsorten. Mit 190.000 Hektar Rebfläche weltweit, davon 117.200 Hektar in Frankreich, steht Merlot an der Spitze des Weltweinbaus. In der Schweiz hat sie ihre Heimat im Tessin. Ihre Weine sind dort mit einer besonderen Schutzmarke Viti (Vini Ticinesi) versehen. Weitere Anbaugebiete sind die Weinbauländer Italien, Bulgarien, Moldawien und Rumänien. Ebenso verfügen Kalifornien und Chile über einige tausend Hektar Merlot im Anbau. Ferner ist sie mit entsprechenden Flächen in Argentinien, Australien, Brasilien, Israel, Kanada, Mexico, Neuseeland, Texas, Uruguay und in anderen Staaten vertreten. Auch in Deutschland zählt sie zu den zugelassenen Rebsorten.

Auch in Deutschland hat sich die Rebsorte mittlerweile etabliert. Im Jahr 2008 beträgt die Anbaufläche 450 ha, wovon der Löwenanteil auf die Pfalz (216 ha) und auf Rheinhessen (144 ha) entfällt.

Herkunft: Wo die Rebsorte Merlot herstammt ist unbekannt, jedoch hat sie vermutlich ihren Ursprung in Frankreich und wurde im Bordeaux-Anbaugebiet "Médoc" bereits im 18. Jahrhundert erstmals urkundlich erwähnt und bereits verstärkt dort angebaut. Neuerdings wurden die Eltern des Merlot vollständig identifiziert. Magdeleine noire des Charentes heißt die bisher noch unbekannte Muttersorte des weltweit beliebten Merlot, von dem man zuvor nur den Vater - wie beim Cabernet Sauvignon war das der Cabernet franc - kannte.

Ursprung des Sortennamens: Die Bezeichnung "Merlot" kommt von Merle, bzw. Merleau kleine Amsel, und soll auf die Vorliebe der Amseln für diese frühreife Sorte hinweisen.

Synonyme:

Land	Bezeichnung
Deutschland	Merlot
Frankreich	Merlot Noir, Merlau, Vitraille, Crabutet, Bigney, Sémillon Rouge, Plant Medre, Plant Médoc, Petit Merle
Italien	Merlott, Merlo
Schweiz	Merlot
Ungarn	Merlot Noir, Médoc Noir
Slowenien	Merlot Noir

Sortenmerkmale: Triebspitze offen, wollig, rötlich gerändert, junge Blätter haben einen weißfläumigen Überzug; Blatt groß, drei- bis fünflappig, schwach gebuchtet, Rand ungleichmäßig gezähnt, Stielbucht herzförmig offen; Holz rotbraun, violetter Schimmer, kräftig, engknotig, Traube mittelgroß, verzweigt, dünnschalig; Beere rundlich, mittelgroß, schwarzblau; Reife mittelfrüh, vor Cabernet Sauvignon; Wuchs mittelstark; Austrieb früh, daher maifrostgefährdet; Widerstandsfähigkeit gegen Peronospora und Traubenfäule gering, gegen Oidium gut.

Eigenschaften der Sorte

Ansprüche an die Lage: Wegen der früheren Reife stellt er keine so hohen Anforderungen an das Klima wie die Rebsorte Cabernet Sauvignon, denn es genügen für Merlot mittelfrühe Lagen. Der frühere Austrieb führt zur Maifrostgefährdung und außerdem ist die Winterfrosthärte gering. Ist es zum Zeitpunkt der Blüte regnerisch und kühl kommt es zu Verrieselungen.

Ansprüche an den Boden: Die Bodenansprüche sind gering. Leicht, gut erwärmbare Böden mit guter Wasserversorgung sind ausreichend. Ein sehr gutes Menge-Güte-Verhältnis erzielt diese Sorte auf tiefgründigen und warmen Böden. Trockene Hanglagen sind für den Anbau völlig ungeeignet, denn hier kommt es zu Entwicklungsstörungen sämtlicher grüner Rebteile und der Traubenausbildung.

Krankheitsanfälligkeit: Er ist empfindlich für Peronospora (Falscher Mehltau) und Graufäule (Botrytis) während er für Oidium (Echter Mehltau) weniger anfällig ist.

Wuchs: Ist mittelstark bis starkwüchsig und wird beeinflusst von der Triebigkeit der Bodenart und der verwendeten Unterlage.

Erziehung: Eignet sich wie viele Rotweinsorten für die Drahtrahmen-Spaliererziehung mit einem Stockabstand von 1,00 bis 1,20 m und einem Reihenabstand von 2,00 m bis 2,20 m (Normalanlage). Das mittel- bis engknotige und sehr fruchtbare einjährige Holz auf eine kurze Bogrebe bzw. 5-7 Augen je qm anschneiden.

Unterlagenwahl: Als Unterlagen eignet sich entsprechend der Bodenverhältnisse und der Bewirtschaftungsweise die Unterlagen Binova, SO 4, 125 AA und andere.

Ertrag: Bei günstigen Standort- und Witterungsverhältnissen liegen die Erträge zwischen 60 bis 80 hl/ha und höher. Wegen zu hoher Ertragsleistung mit geringer Qualität sind Tallagen für Merlot-Anbau ungeeignet. Eine Ertragsregulierung ist für eine gute Weinqualität von Vorteil.

Reife: Im Vergleich zu den Sorten Cabernet Sauvignon und Cabernet Franc reift die Sorte Merlot früher und ergibt einen fruchtigen milden Rotwein. Aus Gründen seiner ausgeglichenen Sortenart eignet sich der Merlot vornehmlich als Cuvée-Partner zum Cabernet Sauvignon. Auch als eigenständige Sorte bringt sie eine hervorragende Qualität.

Ernte: Die mittelspäte Reife ist verantwortlich für eine Ernte bis Mitte Oktober. Da die Erträge üblicherweise nicht allzu hoch sind, bringt die Sorte Merlot Top-Rotweine von sehr ansprechender Fruchtigkeit und sehr guter Qualität hervor.

Mostgewicht: Unter geeigneten Standortverhältnissen sind 90 bis 100 °Oechsle und darüber hinaus erzielbar.

Säure: Die Säure schwankt zwischen 6 und 8 g/l und nimmt mit zunehmender Reife rasch ab.

Wein: Der Merlot-Wein ist ein fruchtiger, körperreicher, vollmundiger, milder Rotwein mit ausgeprägter Sortenfrucht, dunkelroter Farbe und feinem Beerenbukett (oder Beerenaromen). Er ist und bleibt Bestandteil großer Bordeaux-Weine. Allerdings ist er im Gegensatz zu Cabernet Sauvignon früher genussreif, jedoch nicht so langlebig. Im Verschnitt mit dem gerbstoffreichen Cabernet Sauvignon bewirkt dieser eine gewisse Weichheit und Rundung der Geschmacks- und Geruchsaromen und fördert gleichzeitig die Trinkreife und den Trinkgenuss dieses Cuveés. Merlot-Sorten-Rotweine passen gut zu diversen Bratenfleischarten mit kräftiger und dunkler Soße vom Schwein, Rind, Lamm, Reh und anderen Fleischarten sowie würzigen Käsearten und anderen Speisefolgen.

Vorteile: Kräftiger Wuchs, frühe Reife, große ökologische Streubreite, gute Rotweinqualität und Cuvéepartner für gerbstoffreiche und säurebetonte Weine, hoher Bekanntheitsgrad

Nachteile: Empfindlich gegen Spät- und Winterfröste, geringe Widerstandsfähigkeit gegenüber Peronospora und Traubenfäule.

Anbauwert: Die Rebsorte Merlot besitzt eine beachtliche ökologische Streubreite, denn sie stellt an den Standort keine besonders hohen Ansprüche und ist deshalb weltweit im Anbau. Als selbständiger Rotwein ist die Sorte Merlot von ausgezeichneter Qualität. Sie ist ein guter Cuvée-Partner zu Rundung gerbstoffbetonter Rotweine und dies ergibt füllige, geschmeidige Weine mit weichen Tanninen sowie tiefer Farbe.

Tauberschwarz

Tauberschwarz (Blauer Hängling) ist eine alte und bekannte Landsorte des badischen Frankenlandes. Mit dem Rückgang des Weinbaues im Tauber- und im Vorbach-Tal ist diese Rotweinsorte bis auf einen Weinberg mit ca. 400 Rebstöcken fast völlig verschwunden. Seit Mitte der 60er Jahre wurde die Sorte Tauberschwarz wegen ihrer guten Sorteneigenschaften von den Staatlichen Lehr- und Versuchsanstalt für Wein- und Obstbau in Weinsberg/Württemberg züchterisch bearbeitet und mittlerweile eine beachtliche Klonenzahl heraus selektioniert. Die Sorte wurde am 4.3.1994 in die Sortenliste beim Bundessortenamt eingetragen. Sie ist mittlerweile, mit Ausnahme von Saale-Unstrut, für alle deutschen Anbaugebiete klassifiziert.

Verbreitung: Nach dem Weinbaukataster von 1986 befand sich noch 1 ha im Taubertal, wo die Sorte einmal stark verbreitet war. Durch die Selektionszüchtung konnte diese regionale Rotweinspezialität erhalten und bis zum Jahre 2008 wieder auf eine bestockte Rebfläche von 15 ha aufgebaut werden.

Ursprung des Sortennamens: Der Ursprung des Namens lässt sich nicht eindeutig klären.

Synonyme:

Land	Bezeichnung
Deutschland	Tauberschwarz, Blauer Hängling, Blaue Frankentraube, Blaue Hartwegtraube, Süßrot, Grobrot, Häusler
Tschechien	Karmazyn
Kroatien	Viesanka

Sortenmerkmale: Triebspitze kahl, grün-rötlich; Blatt mittelgroß, rund; Stielbucht offen; Wüchsigkeit ziemlich kräftig; Krankheitsempfindlich gegen Botrytis; Trauben mittelgroß und lockerbeerig; Beeren mittelgroß und rund, dunkelblau und dünnhäutig; Beerenreife mittelfrüh.

Eigenschaften der Sorte

Ansprüche an die Lage: Zur Erzielung einer guten Rotweinqualität benötigt Tauberschwarz eine warme und gute Lage.

Ansprüche an den Boden: Sie stellt keine besonderen Ansprüche an den Boden.

Holzreife: Die Sorte Tauberschwarz zeichnet sich durch gute Stockmerkmale und gute Winterfrosthärte bei gleichzeitiger Fruchtbarkeit der Beiaugen aus.

Krankheitsanfälligkeit: Für Peronospora und Oidium gering anfällig. Durch die dünnschaligen Beeren besteht eine gewisse Bortytis-Neigung.
Erziehung: Bei einer Neuanlage sollte die Gassenbreite nicht unter 2 m betragen und die Stockabstände an die Wuchskraft der Rebsorte, der Unterlage und den Standortverhältnissen anpassen. Die Mindeststammhöhe sollte 70 bis 80 cm aus pflanzenbaulichen und ergonomischen Aspekten betragen.

Wuchs: Die Wüchsigkeit und die Geiztriebbildung ist als mittel zu bezeichnen.

Mostgewicht und Säure: Das Mostgewicht liegt zwischen 75 und 80 °Oechsle und die Säure bei 7 bis 8,5 g/l.

Ertrag: Durch die Klonenzucht liegen die Erträge bei 10.000 bis 12.000 kg/ha. Beim Bundessortenamt ist der Klon "We 600" eingetragen. Weitere Kleinklone befinden sich in züchterischer Bearbeitung.

Wein: In der Farbe etwas licht und in guten reifen Jahren granatrot und dann würzige Rotweinart.

Vorteile: Gute Winterfrosthärte, fruchtbare Beiaugen, lockerbeerig und geringe Ansprüche an den Boden.

Nachteile: Die Beeren sind dünnhäutig und somit besteht eine gewisse Botrytis-Empfindlichkeit.

Anbauwert: Die Sorte Tauberschwarz ist zunächst für die zugelassenen Kreise im Regierungsbezirk Stuttgart eine besondere Spezialität als angenehmer und fruchtiger Rotwein von rubinroter Farbe.

Neuzüchtungen

Grundlage für Weine hoher Qualität

Nachdem Prof. Husfeld in den zwanziger und dreißiger Jahren moderne Erkenntnisse der Genetik in die deutsche Rebenzüchtung einführte, standen ungeahnte Möglichkeiten zur Verfügung. Ab dieser Zeit wurden Kreuzungen nicht mehr spontan, sondern auf wissenschaftlicher Basis durchgeführt. Die Entwicklung verlief hauptsächlich in drei Richtungen.

1. Unterlagsrebenzüchtung zur Lösung des Reblausproblems.
2. Züchtung von resistenten (widerstandsfähigen, toleranten) Sorten (v.a. gegen Pilzkrankheiten).
3. Schaffung von Neuzuchten, die qualitativ den herkömmlichen Sorten überlegen sind.

Zu 1: Die Unterlagsrebenzüchtung hat bislang die größten Erfolge zu verbuchen. Innerhalb einer kurzen Zeitspanne war es möglich, reblausresistente Unterlagen zu züchten, die in Verbindung mit der Pfropfung den Weinbau vor dem Untergang bewahren. Obwohl das Reblausproblem züchterisch also auf biologisch elegante Art und Weise gelöst wurde, kann sich die Züchtung keineswegs auf ihren Lorbeeren ausruhen. Mittlerweile zeigen eingeführte Unterlagen vereinzelt Schwächen gegenüber der gefährlichen Reblaus, so dass die Züchter vor neuen Herausforderungen stehen.

Zu 2: Weitaus weniger erfolgreich waren bisher Bemühungen um praktikable resistente Sorten. Resistenz, Ertrag und Weinqualität in Einklang zu bringen, erwies sich viel schwieriger als erwartet. Ein Meilenstein in der Resistenzzüchtung war die Siegfriedrebe, die von Prof. Husfeld gezüchtet wurde. Da diese Sorte nicht nur gegenüber Pilzen, sondern gleichzeitig gegen die gefürchtete Reblaus eine beachtliche Widerstandskraft aufwies, sprachen die Fachleute von einer "Idealrebe". Von wissenschaftlicher Bedeutung war die Erkenntnis, dass es erstmals gelang, den Foxgeschmack, der an die Resistenzgene der eingekreuzten Wildreben gekoppelt schien, wegzuzüchten. Die klassische Hybridzüchtung, die besonders in Frankreich in großem Umfang betrieben wurde, galt nunmehr als überholt. Die Siegfriedrebe musste bekanntlich wegen ihrer unerwartet hohen Virusanfälligkeit wieder aus dem Weinbau zurückgezogen werden. Geblieben sind allerdings wichtige züchterische Möglichkeiten, die der späteren Züchtung zugute kamen. Die Resistenzzüchtung ist heute in allen Zuchtanstalten zum Schwerpunkt geworden. Gegenwärtig stehen eine Reihe resistenter Sorten in den Prüffeldern und Versuchsanlagen. Einige sind sogar schon zum Anbau freigegeben worden. Eine Spitzenstellung nimmt zur Zeit die Rebsorte Regent ein. Anhand ihrer guten Eigenschaften wird sie mit Recht als Glücksfall der Rebenzüchtung bezeichnet. Im Hinblick auf einen umweltfreundlichen, biologischen Weinbau können die resistenten Rebsorten an Bedeutung gewinnen.

Zu 3: Die Sorte Müller-Thurgau war die erste erfolgreiche Neuzucht. Mit einer Anbaufläche von 13 721 ha im Jahr 2008 steht sie hinter dem Riesling an zweiter Stelle. Diese starke Verbreitung in allen deutschen Weinbaugebieten und teilweise auch im Ausland kennzeichnet ihren hohen Anbauwert. Besonders in geringen Lagen ist die Sorte Müller-Thurgau herkömmlichen Sorten überlegen. Nach dem Zweiten Weltkrieg kamen unter anderem die Scheurebe und Morio Muskat dazu. Sie füllten eine Lücke auf dem Gebiet der Bukettsorten und entsprachen somit dem Zeitgeschmack. In der Folge wurden zahlreiche Neuzüchtungen der Praxis zur Verfügung gestellt. Hierzu gehören vor allem Huxelrebe, Bacchus, Faberrebe, Kanzler, Heroldrebe, Nobling, Freisamer, Schönburger, Ehrenfelser, Reichensteiner, Dakapo, Ortega, Regner, Würzer, Juwel, Dornfelder und andere neue Sorten. Nach einer Neuzuchteneuphorie in den sechziger bis achtziger Jahren kamen die alten Sorten wieder mehr in den Vordergrund. Insbesondere hat hierzu auch die Klonenselektion ihren großen Anteil dazu beigetragen, denn viele dieser alten Sorten mussten erst wieder ertraglich und gesundheitlich neu aufgebaut werden. Mittlerweile ist die Klonenzüchtung hinsichtlich Ertragssicherheit und Ertragsleistung an ihrer Obergrenze angekommen und man selektiert auf Qualitätsklone bei sämtlichen Sorten. Nur wenige Neuzuchten konnten sich halten. Eine Ausnahme bildet die Sorte Dornfelder, die in der Beliebtheit der Weintrinker an der Spitze steht. Aber auch die Rebsorte Regent erfreut sich großer Nachfrage, welche gegenwärtig wieder etwas rückläufig ist. Der in den vergangenen Jahren stark gestiegene Trend zu Rotwein, von dem mehr oder weniger alle Rotweinsorten profitierten, ist zur Zeit ebenfalls gebremst.

Züchtung pilzwiderstandsfähige Sorten

Zunehmende ökonomische und ökologische Zwänge (Umweltverträglichkeit) im Weinbau sind mit verantwortlich, entsprechende Neuzüchtungen verstärkt im allgemeinen Anbau zuzulassen. Rebsorten mit Resistenzeigenschaften vor allem gegenüber den Mehltaukrankheiten Peronospora und Oidium entstammen Nachkommenschaften, die ursprünglich auf so genannte "Interspezifischen Kreuzungen" zurückgehen. Diese erfolgen, um Resistenzeigenschaften von amerikanischen und/oder asiatischen Wildarten in den Genpool unserer zur Art „Vitis vinifera“ zählenden Kultursorten einzulagern. Weitere Rückkreuzungen dieser „Interspezifischen Kreuzungen“ mit Vitis vinifera-Sorten erfolgen mit dem Ziel, die Resistenz zu erhalten und die Weinqualität auf das Niveau unserer traditionellen Sorten zu bringen. Zwischenzeitlich gibt es eine Reihe von neuen Sorten aus dieser Zuchtrichtung, mit der Kombination von Resistenz und Qualität. Diese entsprechen in aller Regel hinsichtlich der ampelographischen Merkmale denen unserer traditionellen Kultursorten, sind also diesbezüglich nicht mehr zu unterscheiden Das Bundessortenamt prüft im Rahmen der Registerprüfung pilzwiderstandsfähige Neuzüchtungen auf diese Merkmale. Wenn eine Unterscheidung von Vitis.vinifera nicht möglich ist (Regelfall bei modernen Sorten) werden sie als Vitis vinifera L, ssp, sativa D. C. eingestuft Damit sind die rechtlichen Voraussetzungen gegeben, dass diese pilzwiderstandsfähigen Sorten nach ihrer Eintragung in die Sortenliste als Qualitätswein vermarktet werden können.

Neuzüchtung, geordnet nach Züchtern

Dienstleistungszentrum Ländlicher Raum – Rheinhessen-Nahe-Hunsrück, Oppenheim/Rhein

Im Zuge der Agrarverwaltungsreform wurde der Fachbereich Rebenzüchtung (mit Sitz in Alzey) der Staatlichen Lehr- und Versuchsanstalt für Landwirtschaft, Weinbau und Gartenbau in Oppenheim aufgegeben. Die Staatlichen Lehr- und Versuchsanstalten wurden zu Dienstleistungszentren für den Ländlichen Raum (DLR) zusammengefasst. Die verbliebenen Aufgaben des Fachbereichs Rebenzüchtung in Alzey werden nun vom DLR-Rheinhessen-Nahe-Hunsrück mit Sitz in Oppenheim übernommen. Der Fachbereich Rebenzüchtung, vormals Landesanstalt für Rebenzüchtung in Alzey, ist aus der ehemals Hessischen Rebenzuchtstation hervorgegangen, die zunächst ihren Sitz in Pfeddersheim bei Worms hatte und dann nach Alzey verlegt wurde.

Ihr erster Leiter, dem wir auch die bekannten Alzeyer Züchtungen verdanken, war Georg Scheu. Er hat sich sehr um die richtige Beurteilung des Müller-Thurgaus bemüht und in der "Scheurebe" dem Weinbau eine besonders wertvolle neue Sorte geschenkt. Das von ihm verfasste "Mein Winzerbuch" ist auch heute noch für jeden Winzer, Fachberater und Weinbaulehrer nützlich zu lesen. Nach Georg Scheu wirkte Dr. H. Breider kurze Zeit in Alzey. Bis 1972 stand die Landesanstalt unter der Leitung von Dr. Ed. Zimmermann. Mit seinem tüchtigen Mitarbeiter H. Wagner hat er in einer undoktrinären Einstellung für eine breite Versuchsanstellung mit Neuzüchtungen in der Praxis gesorgt. Von 1972 bis 1997 lag die Züchtungsarbeit in Händen von Dr. Otmar Bauer. Danach wurde der Fachbereich Rebenzüchtung von Dr. Werner Hofäcker geleitet, bis der Fachbereich aufgelöst und die verbliebenen Aufgaben, wie die Klonselektion von Unterlagen und Ertragsreben sowie Versuche zur Anbaueignung verschiedener Rebsorten, dem DLR in Oppenheim übertragen wurden. Das rheinhessische Hügelland, früher ein ausgesprochenes Konsumweingebiet, hat sich vor allem auch durch die Alzeyer Neuzüchtungen zu einem bedeutenden Qualitätsweinbaugebiet entwickeln können. Erst 1982 gestattete das Land Rheinland-Pfalz die Züchtung pilztoleranter Sorten auf der Grundlage von Europäer mit Amerikanerarten. Die ersten Zuchtstämme daraus erlangen nunmehr Praxisreife.

Alzeyer Neuzüchtungen

Weißweinsorten			
Scheurebe	Huxelrebe	Faberrebe	Würzer
Siegerrebe	Kanzler	Regner	Rheinfelder (AZ 82-14-104)*

* pilzwiderstandsfähig

Weißweinsorten

Scheurebe

Nach der Müller-Thurgau-Rebe ist die Scheurebe die zweite Neuzüchtung, die sich im deutschen Weinbau durchsetzen konnte. Es ist nicht selten, dass in einer Weinprobe die Scheurebe den Spitzenwein stellt. Es gibt in Deutschland, insbesondere in Rheinland-Pfalz, kaum ein Qualitätsweingut ohne wenigsten einen Weinberg mit dieser Sorte.

Verbreitung: Die Anbaufläche hat bis zum Jahr 1992 bundesweit ihre größte Ausdehnung erreicht. Die Statistik von 1994 weist eine Anbaufläche von 3.706 ha aus. Der Anbau ist jedoch Rückläufig und ist bis zum Jahr 2008 auf 1.672 ha gesunken. Der flächenstärkste Anbau findet in den Anbaugebieten Rheinhessen (921 ha), Pfalz (416 ha), Nahe (131 ha) und Franken (127 ha) statt. Auch in Österreich hat die Scheurebe eine geringe Verbreitung gefunden.

Herkunft: Landesanstalt für Rebzüchtungen, Alzey (frühere Hessische Rebenzuchtstation, Pfeddersheim bei Worms).

Sortenschutz und Sortenliste: Sortenschutz und Eintragung in die Sortenliste 1956. Klassifiziert für alle deutschen Anbaugebiete.

Züchter: Georg Scheu. Zuchtjahr 1916.

Kreuzung: Lange angenommen wurde eine Kreuzung aus Silvaner x Riesling*. Nach neueren genetischen Untersuchungen von F. Regner ist die Abstammungsfrage noch nicht vollständig geklärt. Der Riesling konnte als Elternteil belegt werden, als zweite Rebsorte ist der Silvaner jedoch auszuschließen. Es gibt Hinweise auf eine (mittlerweile verloren gegangene) Wildrebe.

Sortenname: Der Sämling erhielt seinen Namen nach dem Züchter "Georg Scheu", der von 1909 bis 1947 dem Weinbau diente. Neben dem eigentlichen Sortennamen "Scheurebe" hat sich die Bezeichnung "Sämling 88", kurz "S 88" genannt, gehalten. Breider bezeichnete die Sorte einmal als "Scheu-Riesling".

Sortenmerkmale: Triebspitze offen, rotbraun oder grün, schwach behaart

* Kreuzung: Mutter x Vater

mit rötlichem Anflug; Blatt mittelgroß, mittel bis stark gelappt, vorwiegend fünflappig, Rand gezähnt, in seiner Form an Riesling erinnernd, auf der Oberseite aber glatter und etwas dunkelgrüner, Stielbucht überlappend; Holz hellbraun mit grauen Anflug; Traube mittelgroß mit ausgeprägtem Bukett; Austrieb spät bis sehr spät, etwa 8 Tage nach Silvaner; Reife mittelspät; Wuchs stark, mittlere Geiztriebbildung; Blütezeitpunkt spät – sehr spät; Blühfestigkeit mittelhoch; Ertrag gut, höher als bei Riesling; Holzreif sehr gut, aber frostempfindliche Winteraugen. Chlorosefestigkeit sehr gut.
Eigenschaften der Sorte

Ansprüche an die Lage: Die Scheurebe beansprucht eine gute Lage, also eine Silvanerlage. Echte Qualitätsweine werden aber nur dann gewonnen, wenn sie in besseren Lagen gepflanzt wird. In geringen Lagen bleibt die Säure hoch, so dass die Weine einen unreifen Ton behalten und ein zu starkes, wenig schönes Bukett aufweisen. Spitzenweine werden nur in Spitzenlagen erreicht.

Ansprüche an den Boden: Die Scheurebe ist eine Sorte u. a. auch für Chloroseböden. Das soll nicht heißen, dass sie keine Chlorose bekäme, sondern nur, dass sie lange nicht so schnell chlorotisch wird wie z. B. der Silvaner. Insgesamt sind ihre Ansprüche an den Boden gering, denn auf Grund ihrer guten Wuchskraft gedeiht sie auch noch in steinigen, trockenen Böden. In sehr triebigen Böden hat man in den ersten Jahren häufig Schwierigkeiten mit einem zu üppigen Wuchs, der Rieselschäden auslöst und die Erntemenge sehr herabdrückt. Scheu selbst gibt in seinem Winzerbuch folgenden Hinweis für den Böden: "Stellt an den Boden wenig Ansprüche, gedeiht noch in schwersten Kalk- und Mergelböden, in denen alle anderen Sorten gelbsüchtig werden. Selbst in den steinigen, trockenen Kalkböden Rheinhessens bleibt sie gut im Wuchs."

Holzreife: Die Bräunung des Holzes setzt früh ein und ist sehr gleichmäßig. Die Winterfrostfestigkeit des alten Holzes ist geringer als die des Riesling. Das einjährige Holz hat in den Wintern 1968/69, 1969/70, 1978/79, u. 1985/-86 Frostanfälligkeit gezeigt. In den Frostlagen war der Austrieb sehr schlecht; zu Stockausfällen ist es dagegen kaum gekommen. Es ist also eine stärkere Frostanfälligkeit der Augen vorhanden. Zum Vergleich sei angeführt, dass der Müller-Thurgau unter gleichen Bedingungen größere Stockausfälle zeigt. Eine Besonderheit der Sorte ist die Frostfestigkeit des Laubes, das Temperaturen von 4 bis 5 Grad unter Null meistens ungeschädigt übersteht. In Verbindung mit dem späten Austrieb ist die Scheurebe wenig spätfrostanfällig.

Krankheitsanfälligkeit: Für Peronospora ist die Scheurebe empfindlicher als der Riesling. Für Oidium ist eine Schwäche vorhanden. Hinsichtlich Phomopsis ist die Anfälligkeit gering und entspricht etwa derjenigen des Silvaners.

Borytisanfälligkeit: Nur in dichtlaubigen Beständen faulen die Trauben leicht und platzen auf, ehe sie richtig reif sind. Es fallen dann viele Beeren und ganze Trauben ab. Sonst gehört sie nicht zu den botrytisempfindlichen

Sorten. Der Pilz befällt meistens erst die reifen Trauben. Die Edelfäule tritt schneller ein als beim Riesling. Auch Stielfäule tritt weniger stark auf.

Das **Holz** wird im Winter gerne von Hasen und Kaninchen angenagt.

Gegen **Stiellähme** ist keine betonte Empfindlichkeit vorhanden.
Erziehung: Wegen des kräftigen Wuchses sollte der Standraum nicht zu eng gewählt werden. Die Normalerziehung mit Gassenbreiten von Gassenbreite 2,00 m – 2,20 m sind gut geeignet. Die Stockabstände bewegen sich zwischen 1,00 m bis 1,20 m. Die Stammhöhe sollte 70 cm – 80 cm betragen. Als Schnitt sind lange Fruchtruten anzuschneiden, die über einen Hilfsbiegedraht gebogen werden. Der lange Anschnitt ist notwendig, da die hinteren Augen gegenüber den vorderen nur halben Ertrag bringen. Die Sorte neigt nicht besonders stark zur Geiztriebbildung. Beim Gerten brechen die Bogreben leicht ab. Die gute Wuchskraft gibt der Scheurebe eine vorzügliche Eignung für die Weitraumerziehung.

Unterlagenwahl: Bei der Normalerziehung stehen SO 4 und Binova im Vordergrund. Bei Weitraumerziehung sind Binova und 125 AA zu wählen. Auf wuchsschwachen und nicht chlorosefördernden Böden verwende man 5 BB.

Ertrag: Bei richtiger Erziehung sind Durchschnittserträge von 100 hl/ha und darüber möglich.

Reife: Sie liegt etwa in der Mitte zwischen Silvaner und Riesling, ist also als mittelspät zu deklarieren.

Ernte: Sie sollte erst kurz vor der des Rieslings erfolgen. Nur bei später Lese erhält man Weine mit reifer Säure und harmonischen Bukett. Bei früher Lese verbleibt dem Wein ein unreifer Ton. Die Sorte assimiliert lange. Starke Neigung zur Edelfäule.

Mostgewicht: In geringen Lage kommt es kaum über 65 bis 70 °Oechsle hinaus, in guten Lagen wird fast immer das anzustrebende Mostgewicht von 80 °Oechsle und mehr erreicht. In gleicher Lage wie der Riesling schafft die Scheurebe etwa 10 °Oechsle mehr. Nach Frühfrösten bleibt das frostharte Laub meistens unbeschädigt. Die Scheurebe kann dann noch assimilieren und erzielt daher eine höhere Qualität.

Säure: Sie ist hoch und wirkt im unreifen Zustand spitz. In geringen Lagen kann sie bei der Ernte noch 13 g/l und mehr betragen. Die Ernte soll daher so spät erfolgen, dass die Säure noch am Stock abgebaut wird. Dann sinkt sie in der Regel auf 10 g/l und darunter. Im Durchschnitt liegt die Säure 2-3 g/l niedriger als die der Sorte Riesling. In säurearmen Jahren bestechen die Weine durch eine beständige, elegante Säure.

Wein: Der Züchter G. Scheu bezeichnet den Wein als hochfein mit verstärktem Rieslingbukett, das leicht muskatartig sei. Eine rieslingartige Säure ergibt einen hochedlen, stahligen, harmonischen, duftigen, körperreichen Wein. Es können höchste Spitzenweine gewonnen werden. Reife Weine haben eine rassige Säure und ein volles Bukett mit einem typischen Ton, der an Schwarze Johannisbeeren erinnert. Unreife Weine haben ein aufdringliches Bukett. Die Säure ist auch bei Vollreife beständig und elegant. Die besten Weine der Scheurebe sind wertvolle Flaschenweine, wobei die Auslesen und die Eisweine eine besondere Spezialität darstellen. Weine der Scheurebe halten sich auf der Flasche lange frisch, sind also langlebig. Ein großartiges Getränk ist Scheurebe-Sekt. Scheurebe-Weine passen gut zu Fisch, zu Geflügel, zu Lammfleisch und edelsüße Weine dieser Sorte getrunken zu Pasteten, zu Kuchen und zu süßen Nachspeisen aus reifen und exotischen Früchten ist eine besondere Genüsslichkeit.

Vorteile: Gute Chlorosefestigkeit, frostfestes Laub. Wein von hoher Qualität, leichte Gewinnung von Auslesen möglich.

Nachteile: Unreife Weine haben ein abstoßendes Bukett. Die Lageansprüche sind etwas hoch. Das einjährige Holz ist etwas frostempfindlich.

Anbauwert: Die Scheurebe hat als Qualitätssorte einen hohen Anbauwert. Sie kann als Spezialsorte in Qualitätsweinbaubetrieben erfolgreich angebaut werden. Ob als Traubensaft, als Wein, als Perlwein oder als Sekt, Produkte aus der Scheurebe sind und bleiben für Liebhaber und Kenner ein großer Genuss.

Siegerrebe

Die Siegerrebe gehört zu den älteren Neuzüchtungen, die als Spezialsorte von qualitätsbewussten Flaschenweinbetrieben in begrenztem Umfange angebaut wird. Ihr sehr kräftiges, aber gleichzeitig vornehmes Bukett, geben ihr einen festen Platz im deutschen Qualitätsweinbau, ohne dass der Anbau größeren Umfang annehmen wird.

Verbreitung: Die Rebstatistik weist für das Jahr 1994 eine Fläche von 195 ha, für das Jahr 2000 von 160 ha und im Jahre 2008 nur noch eine Fläche von 103 ha aus. Siegerrebe ist eine Spezialsorte zur Erzeugung würziger und edelsüßer Auslesen von höchster Güte für Liebhaber solcher Gewächse.

Herkunft: Landesanstalt für Reben-züchtung, Alzey.

Sortenschutz und Sortenliste: Sortenschutz und Eintragung in die Sortenliste 1958 Klassifiziert für alle deutschen Anbaugebiete, ausgenommen Baden,

Württemberg und Saale-Unstrut.

Züchter: Georg Scheu. Zuchtjahr 1929.

Kreuzung: Madeleine angevine x Gewürztraminer. Heinz Scheu, Sohn von G. Scheu bemerkt in der Broschüre "Mein Winzerbuch, 2. Teil" zu dieser Kreuzung folgendes: "Die Siegerrebe ist nicht, wie von Breider irrtümlich angeben, aus einer Kreuzung hervorgegangen, sondern aus einer Selbstung bzw. frei abgeblüht aus der Madeleine angevine".

Sortenname: Vor der Namensgebung lief die Siegerrebe unter der Zuchtnummer Az 7957. Die Winzer nennen sie kurz "Sieger".

Sortenmerkmale: Triebspitze offen, stark bis sehr stark behaart (dichtwollig), weißlich bis gelbgrün mit rötlichem Anflug; Blatt mittelgroß bis klein, kreisförmig, dreilappig bis schwach fünflappig mit breitem Mittellappen. Oberfläche blasig, Blattrand stumpf gezähnt, Stielbucht überlappend; Holz gelbbraun; Traube mittelgroß, lockerbeerig; Beere rund, groß, rot, sehr starkes Sortenbukett; Austrieb mittelspät; Blütezeitpunkt spät; Blühfestigkeit gering; Reife sehr früh; Wuchs mittelstark; Geiztriebbildung mittelstark; Ertrag niedrig; Holzreife mittel bis gut; Chlorosefestigkeit gering.

Eigenschaften der Sorte

Ansprüche an die Lage: Infolge der sehr frühen Traubenreife sind diese sehr gering. Da aber der Siegerrebenwein für Verschnittzwecke erst dann seinen vollen Wert erhält, wenn die Trauben 100 °Oechsle haben, sollte man für den Anbau keine zu geringe Lage wählen. Die Blühempfindlichkeit verbietet einen Anbau in windoffenen, kühlen Lagen.

Ansprüche an den Boden: In bindigen, kalkhaltigen Böden leidet die Siegerrebe unter Chlorose. In sehr wuchskräftigen Böden wird die Neigung der Blüte zum Verrieseln gesteigert, so dass etwas geringere Böden günstiger sind.

Krankheitsanfälligkeit: Die Widerstandsfähigkeit gegen Peronospora, Oid um und Botrytis ist als Mittel zu bezeichnen und liegt vielleicht geringfügig unter der des Rieslings. Beerenfäule tritt erst bei Vollreife auf.

Frostfestigkeit: In der Winterhärte erreicht die Siegerrebe nicht ganz den Riesling. Die Maifrostgefährdung ist wegen des frühen Austriebs groß. Im Anbau sind Maifrostlagen und windoffene Lagen auszuschließen.

Erziehung: In der Normalerziehung sind Gassenbreiten von 2,00 m bis 2,20 m, Stockabstände von 1,00 m bis 1,20 m und Stammhöhe von 70 bis 80 cm angebracht. Für den Schnitt werden eine bis zwei Bogreben empfohlen. In der Weitraumerziehung muss besonders auf eine luftige Laubwand geachtet werden. Es eignet sich sehr gut die Pendelbogenerziehung.

Unterlagen: Zur Minderung der Verrieselungsgefahr stehen die SO 4 und Binova im Vordergrund. Starkwüchsige Unterlagen wie 5 BB und 125 AA sind nicht geeignet.
Ertrag: Im langjährigen Durchschnitt werden etwa 40 hl/ha erreicht. In warmen Jahren 1976, -81, -82, -83, -88, -89, -90, -91, -92, -93, -94, -98, 2001 bis 2008 war das Blütewetter für die Siegerrebe so günstig, dass Erträge bis 80 hl/ha und mehr erreicht wurden.

Ernte: Die frühe Reife verleitet zu einer Ernte vor dem Müller-Thurgau. Meistens drängt dazu auch der ungemein starke Wespenfraß. Wo der Wespenfraß nicht ausgeschaltet werden kann, gibt es oft einen totalen Ernteausfall, weil nach den Wespen die Bienen in Scharen über die reifen Trauben herfallen. Der beste Schutz wird durch ein Netz erreicht. Um auf die gewünschten 100 °Oechsle zu kommen, sollte die Ernte mit oder nach dem Müller-Thurgau erfolgen.

Qualität: Das Mostgewicht erreicht im langjährigen Mittel 85 bis 100 °Oechsle. Der Müller-Thurgau wird um bis zu 20 Grad übertroffen. Die Säure ist niedrig und selten höher als 6g/l. Sie schwankt zwischen 4,5 und 6g/l und liegt 2 bis 3g/l unter der des Müller-Thurgaus.

Wein: Der Wein hat ein extrem starkes Bukett, das aber von einer feinen Art ist. Er ist extraktreich, hat Fülle und Wucht. Sehr hochgrädige Siegerrebeweine werden gelegentlich als selbständige Ausleseweine ausgebaut und sind dann von beachtlicher Qualität. Siegerrebeweine sind außergewöhnliche Genusserlebnisse und eignen sich besonders als Aperitif und zum Dessert.

Vorteile: Sehr frühe Reife, hohes Mostgewicht, kräftiges, angenehmes Bukett, Weinspezialität.

Nachteile: Verrieselungsgefahr bei feuchtem und kühlem Wetter, geringer Ertrag, niedrige Säure, Wespen-, Bienen- und Vogelfraß, sowie eine hohe Chloroseempfindlichkeit.

Anbauwert: Sehr begrenzt. Nur Qualitätsweinbaubetriebe können die Sorte zur Qualitätssteigerung verwerten. Selbst unter den Spezialsorten stellt sie eine Spezialität dar.

Huxelrebe

Die Huxelrebe hat in den letzten Jahren eine gering zunehmende Verbreitung erfahren, weil sie sich gut vermarkten lässt und dem Spezialisten, der mit ihr umzugehen versteht, auch eine beachtliche Qualität bringt.

Verbreitung: Die Rebstatistik 1994 weist eine Anbaufläche von 1.474 ha, für das Jahr 2000 von 1.235 ha und für 2008 nur noch 635 ha aus, von denen 421 ha auf das Anbaugebiet Rheinhessen, 189 ha auf die Region Pfalz und 20 ha auf das Anbaugebiet der Nahe entfallen.

Herkunft: Landesanstalt für Rebzüchtung. Alzey.

Sortenschutz und Sortenliste: Sortenschutz und Eintragung in die Sortenliste 1968 Klassifiziert für alle deutschen Anbaugebiete, ausgenommen Baden und Württemberg.

Züchter: Georg Scheu. Zuchtjahr 1927.

Kreuzung: Weißer Gutedel x Courtillier musqué.

Sortenname: Die Bezeichnung "Huxelrebe" erfolgt zu Ehren des Winzers Fritz Huxel aus Westhofen bei Worms, der als erster Praktiker den besonderen Wert dieser Sorte erkannte und sie durch seine Anbauversuche bekannt machte. Bis zur Erteilung des Sortenschutzes lief die Sorte unter Zuchtnummer Az 3962.

Sortenmerkmale: Triebspitze offen, stark behaart; Blatt groß bis sehr groß, rundlich bis ganz schwach dreilappig, nur ganz wenig gebuchtet, Stielbucht V-förmig bis überlappt, Blattrand grob gesägt; Holz gelb bis leicht rotbraun; Traube sehr groß, locker bis dichtbeerig, grün; Beere groß etwas flach, typisches Sortenbukett von mittlerer Stärke; Austrieb früh, 14 Tage vor Silvaner; Blütezeitpunkt früh bis mittelfrüh; Blühfestigkeit niedrig; Reife früh; Wuchs stark aufrecht, gut rankend, geringe Geiztriebbildung, lange Internodien; Ertrag mittel bis hoch; Holzreife mittel; Chlorosefestigkeit gering.

Eigenschaften der Sorte:

Bestandsführung: Wenn die Huxelrebe gut verblüht hat, kann der Traubenansatz so zahlreich sein, dass alle nicht übermäßig kräftigen Rebstöcke überlastet werden. Besonders in jungen Weinbergen kann dies zum Zusammenbrechen von Stöcken führen, die im kommenden Jahr nicht mehr austreiben. Außerdem leidet die Holzreife dann so stark, dass die geringe Winterfrostigkeit noch erhöht wird. Um dem vorzubeugen, muß man etwa 4 Wochen nach der Blüte eine Ausdünnung vornehmen. Die dritte Traube wird ausgebrochen. Diese Traubenreduzierung ist auch der Qualität dienlich, die bei hohen Erträgen nicht befriedigt. Die überlasteten Stöcke sind ab Mitte August an violetten Blättern und später an violettem Holz zu erkennen. Eine Ertragsreduzierung durch kurzen Anschnitt nützt nichts, da dann mastiges Holz mit noch schlechterer Holzreife entsteht. Das Holz bekommt an den unteren Knoten Längsrisse und bricht beim Biegen leicht ab.

Ansprüche an die Lage: Die große Winterfrostempfindlichkeit erfordert eine gute bis mittlere Lage. Unter diesen Voraussetzungen ist alljährlich eine Gewinnung von Spät- und Auslesen möglich.

Ansprüche an den Boden: Die Böden sollen gut durchlüftet sein und ausreichende Triebkraft besitzen. Nicht geeignet sind lettige, kalkhaltige, zur Verdichtung neigende Böden, da sie sehr chloroseanfällig sind. Auf leichten Sandböden können Trockenschäden auftreten.

Krankheitsanfälligkeit: Gegen Peronospora sind die Blätter wenig anfällig, die Beeren etwas mehr. Eine geringe Oidiumsanfälligkeit ist vorhanden. Insgesamt entspricht das Verhalten gegenüber Peronospora und Schwarzfleckenkrankheit (Phomopsis) etwa demjenigen des Silvaners. In Jahren mit früher Reife wespengefährdet.

Botrytisanfälligkeit: Gegenüber Gescheinsbotrytis ist eine Schwäche vorhanden. Dies gilt aber nicht für Beeren-und Stielfäule.

Frostfestigkeit: Die schlechte Holzreife bedingt eine schlechte Winterfrostfestigkeit. Der frühe Austrieb (14 Tage vor Silvaner) führt zu einer hohen Maifrostempfindlichkeit. Jeglicher Anbau in Frostlagen hat daher zu unterbleiben.

Erziehung: Bei der Erziehung müssen der starke Wuchs, das etwas brüchige Holz und das Eingehen von Stöcken nach Ertragsüberlastung in jungen Jahren beachtet werden. Eine Normalerziehung mit einer Gassenbreite von Gassenbreite 2,00 m bis 2,20 m, Stockabständen von 1,00 m bis 1,20 m und Stammhöhen 70 bis 80 cm ist für die Sorte angemessen. Es bietet sich ein Schnitt von 2 Halbbogen mit etwa 5 bis 7 Augen je qm, die über einen Hilfsbiegedraht gebogen werden, an.

Unterlagen: Der kräftige Wuchs verlangt eine kräftige Unterlage. Es sind daher 5 BB und 125 AA vorzuziehen. Auf wuchsstarken Böden sind auch die SO 4 und die Binova möglich.

Ertrag: Im zehnjährigen Durchschnitt ergab sich aus allen ausgewerteten

Versuchen der Rebzuchtanstalt Alzey ein Ertrag von 95 hl/ha. Die Vergleichssorten (Müller-Thurgau und Silvaner) brachten 105 hl/ha. Die Sorte kann, wenn sie lang angeschnitten wird, Rekorderträge bringen. Damit sind aber zwei spürbare Nachteile verbunden, denn die Qualität leidet und die Lebenskraft der Stöcke wird beeinträchtigt. Bei schlechtem Blütewetter kommt es zu einer umfangreichen Ausbildung von jungfernfrüchtigen Beeren, die aber wegen ihres hohen Mostgewichts vorteilhaft zur Gewinnung von Auslesen dienen können.

Ernte: Die Normallese liegt kurz vor der des Müller-Thurgaus. Die Sorte gestattet aber eine spätere Lese zur Gewinnung von Spät- und Auslesen. Das Ernterisiko ist geringer als bei Müller-Thurgau. Das sortenspezifische Mostgewicht beginnt bei 90 °Oechsle.

Qualität: Wenn durch einen vernünftigen, nicht zu starken Schnitt und gegebenenfalls eine Ertragsregulierung die Qualität in Grenzen gehalten wird, ist es möglich, in jedem Jahr sehr ansprechende Weine im höheren Prädikatsbereich zu ernten.

Mostgewicht: Im zehnjährigen Durchschnitt aller von Alzey ausgewerteten Versuche 92 °Oechsle. Die Standardsorten lagen mit einem Durchschnitt von 77 Grad 15 °Oechsle niedriger. Das Qualitätsoptimum eines Huxelweines liegt bei 85 bis 90 °Oechsle.

Säure: Im Durchschnitt der Jahre wurden 9,4 g/l erreicht. Die Schwankungsbreite beträgt 8 bis 12 g/l. Insgesamt liegt die Säure 2 bis 3 g/l über der des Müller-Thurgau.

Wein: reif, rassig, stoffig, charaktervoll, elegant. Die Säure ist auch bei Voll- und Überreife beständig. Dementsprechend sind die Weine auch im hohen Mostgewichtsbereich frisch und lebendig. Das Bukett ist durch feinen Muskatton geprägt und nimmt bei hoher Reife auch einen vornehmen Pfirsichton an. Die Weine sind gut lagerfähig.

Vorteile: Wo sie im Ertrag nicht überfordert wird, liefert sie qualitativ gute Weine bis zur Trockenbeerenauslese.

Nachteile: Geringe Winterfrostfestigkeit. Hohe Erträge drücken die Qualität und schwächen den Wuchs; wespenanfällig, chloroseanfällig, windempfindlich. Benötigt eine spezielle Bestandsführung.

Anbauwert: Für qualitätsbewusste Betriebe stellt die Huxelrebe eine wertvolle Ergänzungssorte dar. Sie ist ferner eine Sorte zur Erzeugung hochwertiger Weine.

Kanzler

Der anspruchsvolle Name "Kanzler" soll zum Ausdruck bringen, dass wir es hier mit einer qualitätsbetonten Sorte zu tun haben. Sie eignet sich daher in erster Linie für Betriebe, die in der Lage sind, Qualitätsweine der gehobenen Klasse absetzen zu können.

Verbreitung: Die Sorte hat sich bisher nur in Rheinhessen, der Pfalz und an der Nahe im Anbau als Besonderheit im Angebot erhalten. Die bestockte Rebfläche betrug laut Rebstatistik für 1994 insgesamt 55 ha und für das Jahr 2008 noch 34 ha – die Sorte Kanzler ist eine Spezialität.

Herkunft: Landesanstalt für Rebzüchtung, Alzey.

Sortenschutz und Sortenliste: Der Sortenschutz wurde 1967 erteilt. In die Sortenliste eingetragen und klassifiziert für alle deutschen Anbaugebiete, ausgenommen Baden und Württemberg.

Züchter: Georg Scheu. Zuchtjahr: 1927.

Kreuzung: Müller-Thurgau x Silvaner.

Sortenname: Die Bezeichnung Kanzler soll die Qualität des Weines unterstreichen. Bis zur Erteilung des Sortenschutzes lief die Sorte unter der Zuchtnummer Az 3983.

Sortenmerkmale: Triebspitze offen, schwach behaart; Blatt mittel bis groß, rundlich schwach drei- bis fünflappig, mittelstark gebuchtet, Rand gezähnt, Stielbucht V-förmig, überlappend; Holz gelbbraun bis rotbraun; Traube mittel bis klein, locker bis dichtbeerig; Beere mittel bis groß, länglich oval, grün, dickschalig, schwaches Sortenbukett; Austrieb früh; Blütezeitpunkt mittelfrüh, 14 Tage vor Silvaner; Reife früh, 25 Tage vor Silvaner; Blühempfindlichkeit mittel; Wuchs stark, weite Internodien, mittlere bis starke Geiztriebbildung, Ertrag niedrig; Holzreife mittel-gering; Chlorosefestigkeit mittel.

Eigenschaften der Sorte

Ansprüche an die Lage: Von der Reife der Trauben her stellt die Sorte keine hohen Ansprüche an die Lage. Die schlechte Holzreife verbietet jedoch den Anbau in kalten Lagen (tiefe Tallagen und Windlagen), da die Ertragslabiliät in erster Linie eine Folge der falschen Standortwahl ist. Sie gehört daher in gute Lagen.

Ansprüche an den Boden: Stellt keine besonderen Ansprüche an den Boden. Ist aufgrund ihrer Wüchsigkeit für alle Böden geeignet.

Krankheitsanfälligkeit: Für Peronospora ist eine stärkere Anfälligkeit vorhanden. Für Oidium ist ebenfalls eine leichte Schwäche zu beachten. Von Phomopsis wird die Sorte stärker befallen als der Silvaner, aber weniger stark als der Müller-Thurgau.

Botrytisanfälligkeit: Die etwas hartschaligen Beeren werden relativ spät von Botrytis befallen. Infolge der frühen Reife gehen sie meistens in Edelfäule über. Die Anfälligkeit gegen Stielfäule hält sich in Grenzen, Stiellähme tritt mittel bis stark auf.

Frostfestigkeit: Die mangelhafte Holzreife bedingt auch eine erhöhte Anfälligkeit gegen Winterfrost. Dieser Tatsache muss man bei der Auswahl der Lage Rechnung tragen. Die Maifrostempfindlichkeit ist infolge des frühen Austriebes hoch, so dass sich ein Anbau in spätfrostgefährdeten Lagen verbietet.

Erziehung: Bei den Überlegungen zur Erziehung müssen die starke Wuchskraft, die weiten Internodien, die Neigung zur Geiztriebbildung und die mangelhafte Holzreife beachtet werden. Da dichtlaubige Bestände, die infolge der verhältnismäßig großen Blätter bei enger Pflanzweise leicht entstehen, die Holzreife beeinträchtigen, muss unter allen Umständen eine luftige Erziehung gewählt werden.
Bei der Normalerziehung haben sich Gassenbreiten von 2,00 m bis 2,20 m und Stockabstände um 1,20 m bewährt Stammhöhe 70 cm bis 80 cm. Langer Schnitt von zwei Bogreben, die über einen Hilfsdraht tief nach unten gebogen werden, mit 7 bis 9 Augen je qm. Auch Geiztriebe können als fruchtbares Holz angeschnitten werden. Man beachte, dass die basalen Augen bei Kanzler weniger fruchtbar sind. Für die Weitraumerziehung ist die Sorte nicht geeignet.

Unterlagen: Die Versuche haben auf der SO 4 die besten Ergebnisse gebracht. Auch die 3309 ist geeignet. In wuchsarmen Böden kann sicher auch auf die 125 AA veredelt werden.

Ertrag: Im langjährigen Mittel werden etwa 65 hl/ha erreicht. In guten Lagen sind auch Erträge bis 80 hl/ha möglich. Mostausbeute nur 60 bis 70 %.

Ernte: Der Reifebeginn fällt mit dem der Siegerrebe zusammen, die Ernte mit dem Müller-Thurgau. Da die Mostgewichtszunahme bis zum Ende der Vegetation anhält, ist eine Ernte zum Erreichen der höchsten Qualität nach dem Müller-Thurgau günstiger.

Qualität: Das Mostgewicht erreichte im langjährigen Mittel der Versuche 85 bis 95 °Oechsle. Der Müller-Thurgau wird um etwa 20 Grad übertroffen. Dies ist nicht, wie man vermuten könnte, eine Folge des geringeren Ertrages, sondern eine echte Mehrleistung. Die Sorte Kanzler fällt auch bei hohem Ertrag im Mostgewicht nicht ab. Die Säure bewegt sich auf der Höhe des Müller-Thurgau und schwankt um 7 bis 10 g/l. Sie ist auch bei Vollreife noch beständig.

Wein: Die Weine haben Stoff und Fülle, oft einen schönen Ausleseton, ein ausgeprägtes Sortenbukett mit feinem Spiel, das manchmal dezent an die Scheurebe erinnert. Es werden immer reife Prädikatsweine geerntet. Meistens liegen die Erzeugnisse im Spät- und Auslesebereich. Das sortentypische Bukett kommt erst im zweiten Jahr voll zum Ausdruck. Eleganter, langlebiger Wein, der die Weine anderer Qualitätssorten häufig übertrifft.

Vorteile: Hohe Weinqualität.

Nachteile: Mangelhafte Holzreife, frostempfindlich, sehr schwankende Erträge, die die Wirtschaftlichkeit der Sorte oft in Frage stellt.

Anbauwert: Spezialsorte zu Gewinnung hochwertiger Flaschenweine. Die Rebsorte Kanzler hat nur für Flaschenvermarktung eine gewisse Anbaubedeutung. Sie benötigt gute Standorte, die von anderen Rebsorten (z.B. Burgundersorten) besser genutzt werden können. Hauptvorteil dieser Sorte ist, dass sie alljährlich Spät- und Auslesen zu einem frühen Lesezeitpunkt bringt.

Faberrebe

Die Sorte Faberrebe gehört zu den Neuzüchtungen, die einen traditionellen Wein liefern, der wegen seiner rassigen Art Beachtung verdient.

Verbreitung: Sie beschränkt sich zur Zeit auf Rheinhessen, Pfalz, Nahe und Franken. Nach der Statistik von 1994 waren 1.909 ha vorhanden. Die Anbaufläche ist bis zum Jahre 2008 auf 587 ha gesunken. Davon entfallen allein auf Rheinhessen 497 ha. Für die Rodung von Rebflächen der Sorte Faberrebe war der verstärkte Anbau von Rotweinsorten verantwortlich.

Herkunft: Landesanstalt für Rebzüchtung, Alzey.

Sortenschutz und Sortenliste: Sortenschutz und Eintragung in die Sortenliste 1967. Klassifiziert für alle deutschen Anbaugebiete, ausgenommen Baden und Württemberg.

Züchter: Georg Scheu. Zuchtjahr: 1929.

Kreuzung: Weißer Burgunder x Müller-Thurgau.
Sortenname: Der Name Faber ist dem Lateinischen entnommen und heißt Schmied, nach dem erfolgreichen Versuchsansteller Karl Schmitt aus

Wollmesheim bei Landau. Bis zur Erteilung des Sortenschutzes lief die Sorte unter der Zuchtnummer Az 10375.
Sortenmerkmale: Triebspitze offen, mittel bis stark behaart; Blatt mittelgroß, drei- bis schwach fünflappig, stark gebuchtet, Rand gezähnt, Stielbucht V-förmig; Holz gelbbraun; Traube mittelgroß, walzenförmig, locker bis dichtbeerig; Beere mittelgroß, grün, etwas länglich, charakteristisches Sortenbukett; Austrieb früh; Blüte früh; Blühfestigkeit hoch; Reifebeginn früh bis mittel, 8 Tage vor Müller-Thurgau; Wuchs mittelstark bei mittlerer Geiztriebbildung; Ertrag hoch; Holzreife mittelgut; Chlorosefestigkeit sehr gut.

Eigenschaften der Sorte

Ansprüche an die Lage: Diese können mit denen des Silvaners auf eine Stufe gestellt werden, sind als mittel bis noch gut zu bezeichnen.

Ansprüche an den Boden: Die Bodenanpassungsfähigkeit ist groß. Sie bekommt auf kalkhaltigen, tonigen Böden nicht so leicht Chlorose wie der Silvaner. Auf wuchsschwachen Böden kommt sie leicht vom Holz.

Krankheitsanfälligkeit: Für Peronospora ist die Widerstandsfähigkeit der Blätter gut, bei den Trauben etwas schwächer. Gegenüber Oidium ist eine leichte Schwäche vorhanden. Insgesamt kann das Verhalten mit dem des Silvaners verglichen werden. Für Schwarzfleckenkrankheit ist eine Überempfindlichkeit vorhanden.

Botrytisanfälligkeit: Eine besonders ausgeprägte Botrytisanfälligkeit der Beeren ist nicht vorhanden. Dagegen gibt es bei der Faberrebe in manchen Jahren viele Bodentrauben, die auf Stiellähme zurückzuführen sind. Stockpflegemaßnahmen zur besseren Durchlüftung der Laubwände (z.B. frühe Entlaubung der Traubenzone)und Botrytisbehandlungen sind anzustreben Zur Minderung der Stiellähme haben sich Behandlungen mit Magnesiumsulfat u. a. bewährt. Um den Stiellähmebefall einzudämmen, ist es wichtig, dass die Reben vor zu starkem Wuchs (Mastigkeit) bewahrt werden.

Frostfestigkeit: Eine mittlere Holzreife bewirkt eine begrenzte Winterfrostfestigkeit, die zwischen derjenigen von Müller-Thurgau und Silvaner liegt. Nach Rekordernten kann in größerem Umfange taubes Holz auftreten. Der vor dem Müller-Thurgau liegende Austrieb führt zu einer etwas höheren Maifrostgefährdung.

Erziehung: Bei den Überlegungen zur Erziehung sind der nicht sehr starke Wuchs und die Neigung zur Stiellähme zu beachten. Die Sorte verträgt keine zu weiten Stockabstände, weil dann der einzelne Stock zu stark angeschnitten werden muss und sich bald Erschöpfungserscheinungen einstellen. Andererseits muss die Erziehung luftig gewählt werden, damit der Stiellähme etwas vorgebeugt wird. Die Neigung zur Geiztriebbildung erfordert eine Unterstützung mit genügend Drähten. Die Normalerziehung mit einer Gassenbreite von 2,00 m bis 2,20 m, einem Stockabstand von 1,00 m bis 1,20 m und einer Stammhöhe von 70 bis 80 cm ist geeignet. Durchschnittliche Augenzahl. Aus qualitativen Gründen ist ein mäßiger Anschnitt von einem Halbbogen oder einem Flachbogen mit 5 bis max.8 Augen je qm nötig. Für die Weitraumerziehung ist die Sorte nicht geeignet.

Unterlagen: Zur Unterstützung der etwas schwachen Wuchskraft gehört eine wuchskräftige Unterlage. Die besten Ergebnisse wurden mit 125 AA erzielt, gefolgt von 5 BB. In wuchskräftigen Böden sind auch die Unterlagen SO 4 und Binova geeignet.

Ertrag: Die Faberrebe bringt 2 bis 4 Gescheine je Trieb und zeigt kaum Neigung zum Verrieseln. Der Ertrag kann jedoch durch einen hohen Anteil von Bodentrauben geschmälert werden. Im langjährigen Mittel erreichen die Erträge die des Müller-Thurgaus. Wagner gibt 120 bis 150 kg/ar Trauben an, was etwa 80 bis 100 hl/ha entspricht.

Ernte: Trotzdem die Reife eine Woche vor dem Müller-Thurgau beginnt, liegt der günstigste Erntezeitpunkt zwischen Müller-Thurgau und Silvaner. Wer Spätlesen ernten will, sollte die Ernte mit oder nach dem Silvaner vornehmen. Die Sorte assimiliert länger als Silvaner und Müller-Thurgau.

Qualität: Das Mostgewicht liegt 8 bis 10 Grad über Müller-Thurgau. Das sortenspezifische Mostgewicht wird mit 80 bis 85 Grad angegeben. Die Säure übertrifft die der Sorte Müller-Thurgau um 2 bis 3 g/l. Die Weine sind elegant, fruchtig, frisch, haben traditionelle Art, hohe Weinsäure, genügend Extrakt und ein ganz feines, leichtes, angenehmes Bukett, mit einem konstanten sorteneigenen Charakter. Er ist mit seiner spritzigen und fruchtigen Ausdrucksform besonders dem Riesling ähnlich und besitzt außerdem interessante Geschmacksnuancen des Weißburgunders.

Vorteile: Bessere Mostgewichtsleistung als Müller-Thurgau, bei annähernd gleichen Erträgen und rassigem Wein; aufrechter Wuchs.

Nachteile: Anfälligkeit gegen Stiellähme, die zu einem erhöhtem Anteil an Bodentrauben führt. Die stärkere Geiztriebbildung, die etwas mehr Laubarbeiten erfordert. Neigung zu Reisigkrankheit. Bei niedrigem Mostgewicht kann der Wein einen unangenehmen Ton aufweisen.

Anbauwert: Wertvolle Ergänzungssorte, da sie im Vergleich zu Müller-Thurgau und Silvaner die frischeren Weine liefert. Kann in weniger günstigen Lagen den Riesling, wo rassige Weine gewünscht werden, den Silvaner ersetzen. Um die Attraktivität der Faberrebe-Weine neu zu beleben hat Stefan Maria Friedrich die Marke „Relaunch F“ geschaffen, unter welche verschiedene Winzer Rheinhessens die Farberrebe unter definierten Kriterien und einheitlicher Ausstattung erfolgreich vermarkten.

Regner

Verbreitung: Nach der Statistik von 1994 sind in der BRD 173 ha und 2008 nur noch 46 ha mit Regner bestockt. Davon entfallen 45 ha auf Rheinhessen und 1 ha auf die Nahe.

Herkunft: Landesanstalt für Rebzüchtungen, Alzey.

Sortenschutz und Sortenliste: Sortenschutz und Eintragung in die Sortenliste erfolgten 1978. Klassifizierung 1979 für alle deutschen Anbaugebiete, ausgenommen Baden, Württemberg und Saale-Unstrut.

Züchter: Georg Scheu. Zuchtjahr 1929.

Kreuzung: Luglienca bianca x Gamay früh. Luglienca bianca ist eine weiße Tafeltraube und heißt bei uns Gelbe Seidentraube. Gamay ist eine französische Rotweinsorte, die vornehmlich im Beaujolais angebaut wird.

Sortenname: Der Name Regner wurde zu Ehren der langjährigen Mitarbeiterin der Landesanstalt, Frau Maria Regner, gewählt. Die alte Zuchtnummer heißt Az 10378.

Sortenmerkmale: Triebspitze offen, grün, mittelstark, weißlich behaart mit rötlichem Anflug; Blatt mittel, leicht blasige Oberfläche, drei- bis fünflappig, meist deutlich gebuchtet, Rand spitz gezähnt, Stielbucht geschlossen überlappend; Traube ähnlich Müller-Thurgau, mittelgroß pyramidenförmig bis zylindrisch, dichtbeerig, kaum geschultert; Beere rieslingähnlich, mittel bis groß, oval grün, neutral bis leichter Muskatton; Holz gelb bis rötlichbraun mit grauem Anflug und graubraunen Steifen, weitknotig; Austrieb mittelfrüh; Blüte mittelspät; Blühfestigkeit hoch; Reife 6 bis 8 Tage vor Müller-Thurgau; Wuchs stark, bei mittlerer Geiztriebbildung; Holzreife mittel; Chlorosefestigkeit gering.

Eigenschaften der Sorte

Ansprüche an den Boden: Eine leichte Chloroseanfälligkeit verbietet den Anbau in stark kalkhaltigen und schweren, tonigen Böden. Gute Erfahrung hat man auf gut durchlüfteten und tiefgründigen Böden gemacht. Böden sollen nicht zu trocken sein.

Krankheitsanfälligkeit: Für Peronospora liegt die Empfindlichkeit unter der des Müller-Thurgau, für Oidium ist die Sorte anfälliger. Die Anfälligkeit für

Phomopsis (Schwarzfleckenkrankheit) ist etwas geringer als die des Müller-Thurgau.

Botrytisanfälligkeit: Stärkere Beerenfäule tritt bei Vollreife auf, geht dann aber in Edelfäule über. Stiellähme und Stielfäule treten kaum auf, da die Sorte stielfest ist.

Frostfestigkeit: Die Holzreife wird als mittel angegeben. Winterfrostfestigkeit besser als bei Müller-Thurgau. Der Austrieb fällt mit dem Müller-Thurgau zusammen, so dass eine mittlere Empfindlichkeit gegen Spätfrost besteht.

Erziehung: Das Wachstum ist mittel bis kräftig, aufrecht, von mittlerer Geiztriebbildung begleitet. Die Oidiumempfindlichkeit und Beerenfäule verlangen einen luftigen Stand der Stöcke. Zwischen den Fruchtruten soll, zwecks besserer Durchlüftung, ein kleiner Zwischenraum verbleiben. Die Sorte ist weinbautechnisch einfach.
Normalerziehung mit Gassenbreite von 2,00 m bis 2,20 m, Stockabstand von 1,00 m bis 1,20 und Stammhöhe bis 80 cm. Ein Halbbogen mit 4 bis 6 Augen/qm.

Unterlagen: Es kommen stark wachsende Unterlagen wie 5 BB und 125 AA in Frage. In kalkarme Böden auch 5 C. In triebigen Böden eignen sich SO 4 und Binova.

Ertrag: Die Ertragsleistung erreicht nicht ganz die der Sorte Müller-Thurgau und beträgt im Durchschnitt 80 bis 120 hl/ha. Sie ist ertragstreu.

Reife: Sie liegt 6 bis 8 Tage vor der des Müller-Thurgau, ist also früh. Der Regner assimiliert länger als der Müller-Thurgau.

Ernte: Mit oder nach Müller-Thurgau. Späte Lese wirkt über Einschrumpfung der Beeren qualitätsfördernd.

Qualität: Fast in allen Jahren wird ein Mostgewicht von 80 °Oechsle erreicht, so dass der Müller-Thurgau um etwa 10 °Oechsle übertroffen wird. Die Säure bewegt sich zwischen 6 bis 7 g/l, ist daher etwa um 1 g/l niedriger als bei der Sorte Müller-Thurgau.

Wein: Der Wein ist harmonisch, mild, von traditioneller Art und zeichnet sich durch einen leichten Muskatton aus. Eine Regulierung zur Geschmacksharmonie ist, nach den Angaben des Züchters, nicht erforderlich. Für Rieslinggebiete ist die Säure in manchen Jahren zu niedrig. Dadurch sind die Weine zu weich und ausdruckslos.

Vorteile: Ertragstreu, weinbautechnisch unkompliziert, höhere Mostgewichte als Müller-Thurgau bei gleicher Ertragsleistung. In ungünstigen Jahren noch gute Qualitätsleistung, hohe Blühfestigkeit.

Nachteile: Etwas krankheitsanfällig, besonders hinsichtlich Oidium, und chloroseanfällig. Die Bezeichnung Regner ist verkaufshemmend. Weine manchmal zu flach.

Anbauwert: Sie kann als wertvolle Sorte neben dem Müller-Thurgau eingruppiert werden. Für den Anbau in Rieslinggebieten wenig geeignet. Ist im Anbau rückläufig.

Würzer

Verbreitung: Die Rebenstatistik weist 1994 insgesamt 121 ha und für das Jahr 2008 nur noch 66 ha aus. Davon entfallen 44 ha auf das Anbaugebiet Rheinhessen

Herkunft: Landesanstalt für Rebzüchtung, Alzey.

Sortenschutz und Sortenliste: Sortenschutz und Eintragung in die Sortenliste erfolgten 1978. Klassifizierung 1979 für alle deutschen Anbaugebiete, ausgenommen Baden,Württemberg und Saale-Unstrut.

Züchter: Georg Scheu. Zuchtjahr: 1932.

Kreuzung: Gewürztraminer x Müller-Thurgau.

Sortenname: Die Bezeichnung Würzer soll auf die würzige Weinart hinweisen. Alte Zuchtnummer 10487.

Sortenmerkmale: Triebspitze offen, mittelstark, weißlich flaumig behaart; Blatt mittelgroß, drei- bis fünflappig, tief gebuchtet, Oberfläche leicht blasig, Rand gezähnt, Stielbucht geschlossen; Traube mittelgroß, länglich, lockerbeerig bis gepackt, oft geschultert; Beere etwas dicker als bei Riesling, rund, dünnschalig, grüngelb und bei Vollreife goldgelb, kräftiges Bukett; Holz gelb bis rotbraun mit dunkelrotbraunen Streifen; Austrieb mittelfrüh, mit Müller-Thurgau; Blütezeitpunkt spät; Blühfestigkeit mittel; Reife mittel; Wuchs mittelstark und mittlere Geiztriebbildung; Holzreife mittel; Chlorosefestigkeit gering.

Eigenschaften der Sorte

Ansprüche an die Lage: Die Ansprüche müssen mit dem Silvaner gleichgestellt werden. Frostlagen sind nicht geeignet.

Ansprüche an den Boden: Diese sind als hoch zu bewerten, denn es werden triebige, gut durchlüftete, neutrale Böden benötigt. Anfällig für Chlorose, daher sind kalkreiche und tonhaltige Böden vom Anbau auszuschließen. Lös-lehmböden sind besonders geeignet. Auf armen Böden lässt der Wuchs bei starkem Anschnitt rasch nach.

Krankheitsanfällig: Gering bis mittel, an den Beeren mittel bis stark. Frostfestigkeit: Die Holzreife ist mittelmäßig und damit die Winterfrostfestigkeit begrenzt. Maifrostanfälligkeit ähnlich der des Müller-Thurgaus.

Erziehung: Das Wachstum ist mittelmäßig bis stark, die Geiztriebbildung ist gering bis mittelstark. Starker Anschnitt führt zur Dichtlaubigkeit. Die Sorte ist wie Silvaner zu behandeln. Normalerziehung mit Gassenbreite von 2,00 m bis 2,20 m, Stockabstand von 1,00 m bis 1,20 m und Stammhöhe 70 bis 80 cm. Anschnitt eines Halb- oder Flachbogens mit 4 bis 6 Augen/qm. Im Interesse der Qualität nicht zu stark anschneiden. Bei guten Standortverhältnissen auch für die Weitraumerziehung geeignet.

Unterlagen: 125 AA, 5 BB also starkwachsende. In wuchsstarken Böden SO 4 und Binova. Auf kalkarmen und tiefgründigen Böden auch 5 C.

Ertrag: Im Schnitt werden 80 hl/ha erreicht.

Ernte: Die Vollreife wird nach dem Müller-Thurgau erreicht. Die Erntezeit liegt zwischen Müller-Thurgau und Silvaner. Die meistens gesunden Trauben können auch länger hängen.

Qualität: Das Mostgewicht übertrifft bei nicht zu hohem Ertrag den Müller-Thurgau um 8 bis 10 °Oechsle und erreicht im Schnitt 75 bis 80 °Oechsle. Die Säure ist um 0,5 bis 1 g/l höher und liegt im Schnitt um 7 bis 10 g/l. Der Wein ist elegant, rassig, frisch, besitzt eine feine Frucht und ein edles Muskatbukett. Bei zu starkem Anschnitt können sehr hohe Erträge erzielt werden, die dann von minderer Qualität sind und sich kaum vermarkten lassen. Im Interesse der Qualität wird daher vor einem zu hohen Ertrag gewarnt. In ungünstigen Lagen sind die Weine mit einer grasigen Säure und einem eckigen, rauen Bukett behaftet. Die Lageansprüche müssen beachtet werden.

Nachteile: Bei Ertragsüberforderung Neigung zu frühem Vegetationsabschluss und geringe Weine; frost- und chloroseempfindlich.

Vorteile: Ertragstreue Sorte, gute Mostgewichtsleistung, Weine mit feinem edlem Bukett.

Anbauwert: Ergänzungssorte, wo man bukettreiche Weine liebt. Ebenso ist sie eine gute Sorte zur Herstellung vor sehr fruchtigem Traubensaft.

Rheinfelder*

Herkunft: Ehemalige Landesanstalt für Rebenzüchtung; Alzey

Züchter: Helmut Wagner; Kreuzungsjahr 1982. Nach der Pensionierung von H. Wagner wurde der Zuchtstamm Az 82-14-104 von seinem Nachfolger Urban Krieg züchterisch weiter bearbeitet.

Kreuzung: Fr 946-60 x Faberrebe, Zuchtnummer: Az 82-14-104

Sortenschutz: Der Sortenschutz wurde am 07.03.2006 erteilt.

Sortenmerkmale: Triebspitze offen, mittlere Behaarung; Blatt mittelgroß, fünfeckige Blattspreite, Oberfläche leicht gewellt und etwas blasig, fünflappig, Stielbucht leicht überlappend; Traube mittelgroß bis groß, mittlere Beerendichte; Holz dunkelbraun, gute Hozreife; Wuchs aufrecht bis halbaufrecht, die Wuchsstärke liegt zwischen dem Silvaner und dem Müller-Thurgau; Beeren mittelgroß, gelbgrün, fruchtiger Geschmack; Austrieb u. Blütezeit wie Müller-Thurgau; Reife kurz vor dem Silvaner.

Eigenschaften der Sorten

Ansprüche an die Lage: Diese sind etwas geringer als beim Silvaner. Ansprüche an den Boden: Der Rheinfelder stellt nur mittlere Ansprüche an den Boden.

Krankheitsanfälligkeit: Die Sorte zeigt in der Regel eine ausreichende Toleranz gegen Oidium und Peronospora. Zwei bis maximal drei Behandlungen sind ausreichend. Die Anfälligkeit der Trauben für Botrytis ist gering.

Stiellähme- und Chloroseanfälligkeit: Der Rheinfelder ist wenig anfällig für diese beiden physiologischen Störungen.

Weinqualität: Das mittlere Mostgewicht liegt bei ca. 85° Oechsle und die Mostsäure zwischen 8,0 und 8,5 g/l. Der Wein ist fruchtig und geprägt von einer rassigen reifen Säure. Jahrgangsbedingt ist das Bukett unterschiedlich ausgeprägt.

* pilzwiderstandsfähig

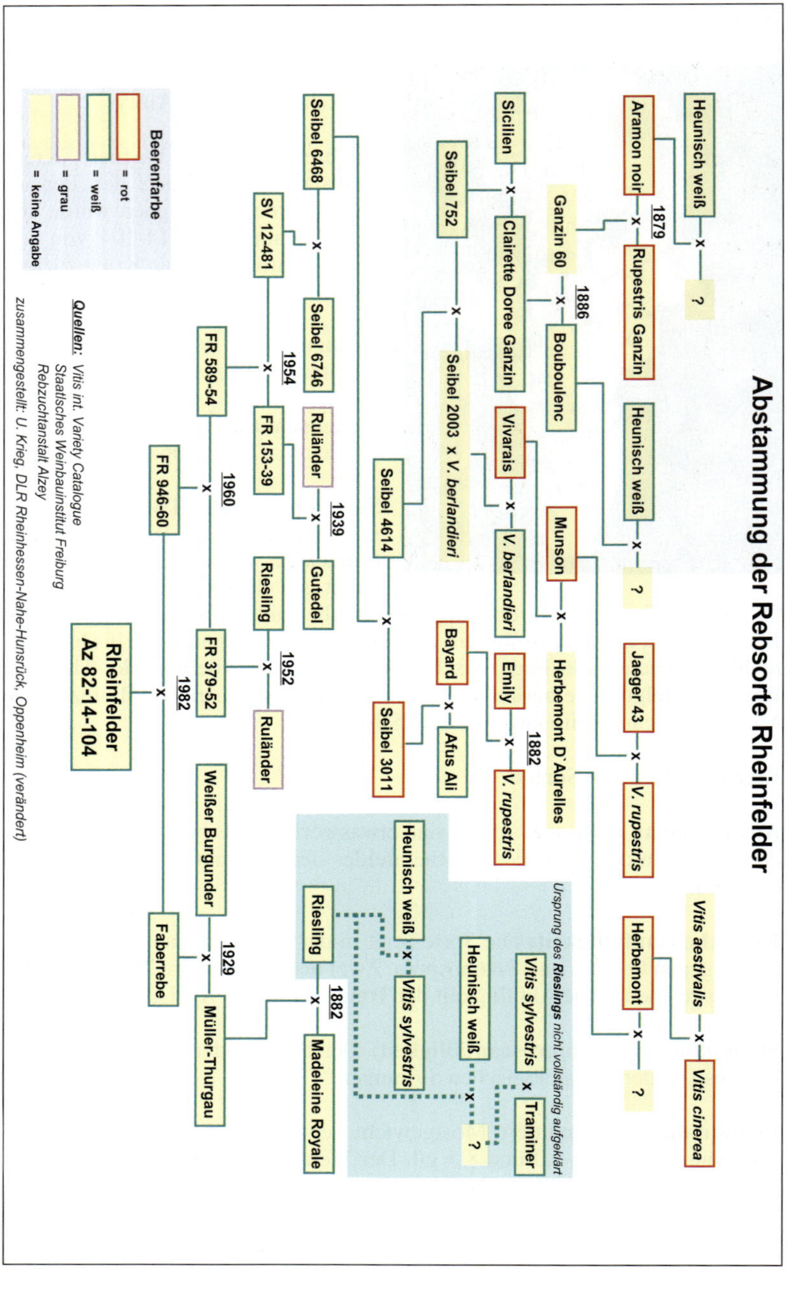
Abstammung der Rebsorte Rheinfelder
Heunisch weiß
?
Aramon noir
1879
Rupestris Ganzin
Ganzin 60
1886
Bouboulenc
Heunisch weiß
?
Jaeger 43
V. rupestris
Vitis aestivalis
Vitis cinerea
Herbemont
?
Sicilien
Clairette Doree Ganzin
Vivarais
V. berlandieri
Munson
Herbemont D'Aurelles
Emily
1882
V. rupestris
Seibel 752
Seibel 2003 x V. berlandieri
Seibel 4614
Bayard
Afus Ali
Seibel 3011
Seibel 6468
SV 12-481
Seibel 6746
1954
Ruländer
1939
Gutedel
FR 589-54
FR 153-39
Riesling
1952
Ruländer
FR 946-60
1960
FR 379-52
1982
Rheinfelder
Az 82-14-104
Ursprung des Rieslings nicht vollständig aufgeklärt
Vitis sylvestris
Traminer
Heunisch weiß
?
Heunisch weiß
Vitis sylvestris
Riesling
1882
Madeleine Royale
Weißer Burgunder
1929
Müller-Thurgau
Faberrebe
Beerenfarbe
= rot
= weiß
= grau
= keine Angabe
Quellen: Vitis int. Variety Catalogue
Staatliches Weinbauinstitut Freiburg
Rebzuchtanstalt Alzey
zusammengestellt: U. Krieg, DLR Rheinhessen-Nahe-Hunsrück, Oppenheim (verändert)

Julius Kühn-Institut, Bundesforschungsinstitut für Kulturpflanzen, Institut für Rebenzüchtung Geilweilerhof - Siebeldingen bei Landau/Pfalz

Seit 1926 ist der Geilweilerhof eine Wirkungsstätte der Rebenzüchtung und ist seit 2008 ein Institut des Julius Kühn- Instituts, das letztlich aus der alten Reichsrebenzüchtung in Müncheberg/Mark Brandenburg hervorgegangen ist, stand bis 1970 unter der Leitung von Prof. Dr. Dr. hc B.Husfeld, der auch die Leitung der Rebenzüchtung im Kaiser-Wilhelm-Institut für Kulturpflanzenzüchtung in Müncheberg hatte. Ihm gelang es am Ende des Zweiten Weltkrieges, die wichtigsten Zuchtstämme aus Müncheberg zum Geilweilerhof zu überführen. Das bereits in Müncheberg verfolgte Zuchtziel, nämlich die Schaffung von Rebsorten mit den Ertrags- und Qualitätseigenschaften unserer Kulturreben, kombiniert mit ausreichenden Resistenzeigenschaften gegenüber den wichtigsten Pilzkrankheiten sowie der Reblaus, stand auch danach am Geilweilerhof im Mittelpunkt der züchterischen Aktivitäten. Die Husfeld gezüchteten Rebsorten Siegfried-Rebe und Aris waren erste Zuchtprodukte, die diesem Ziel sehr nahe kamen, sich aber auf Grund anderer weinbaulicher Mängel nicht durchsetzen konnten. Gleichwohl müssen diese Sorten als große züchterische Leistungen angesehen werden, beweisen sie doch, dass die Kombination von Qualität und Resistenz möglich ist. Darüber hinaus wurden am Geilweilerhof eine Reihe bemerkenswerter Europäer-Neuzüchtungen entwickelt, die dem Streben des Weinbaus nach Qualitätssteigerung sehr dienlich sind.
Mit der Übernahme der Institutsleitung durch Prof. Dr. Dr. hc. G Alleweldt im Jahre 1970 wurde das Zuchtziel noch stärker auf die Resistenz gegenüber Pilzkrankheiten fokussiert und die Züchtung auf Reblausresistenz an der Wurzel zurück gestellt. In seiner Amtszeit bis 1995 ist es gelungen, neue Qualitätssorten mit hoher Pilzwiderstandsfestigkeit, wie z.B. Regent, zu entwickeln.
Seit 1995 steht das Institut unter der Leitung von Dir. u. Prof. Dr. R. Töpfer, der dieses Zuchtziel konsequent weiter verfolgt. In jüngerer Zeit zeichnen sich einige aussichtsreiche Zuchtstämme aus dieser Zuchtrichtung ab, deren weinbauliche Eignung es jedoch zunächst noch zu ermitteln gilt. In das Zuchtprogramm, das in den Händen von Dir. u. Prof. Dr. R. Eibach liegt, werden zunehmend genetische Fingerabdrücke, die mit wichtigen Eigenschaften korreliert sind, zur Frühdiagnose und Selektion in das Zuchtprogramm integriert. Mit diesen Verfahren hat ein Paradigmenwechsel in der Rebenzüchtung begonnen, der von der empirisch angelegten Züchtung zu einer wissensbasierten Züchtung führt. Effizienzsteigerungen und eine Verkürzung der Zuchtdauer um bis zu einer Dekade werden erwartet.

Geilweilerhof-Neuzüchtungen

Weißweinsorten		Rotweinsorten	
Morio Muskat	Phoenix*	Domina	Regent*
Bacchus	Sirius*	Reberger*	Staufer*
Optima	Orion*	Calandro*	Felicia*
	Villaris*		

* pilzwiderstandsfähig

Weißweinsorten

Morio Muskat

Eine dritte Sorte, die neben Müller-Thurgau und Scheurebe eine rasche Verbreitung gefunden hat, ist der "Morio Muskat". In der Vergangenheit war die Sorte bei den Winzern vor allem wegen des regelmäßig guten Ertrages und dem sehr bukettreichen Wein, der vom Handel gut aufgenommen und bezahlt wurde, sehr beliebt. Wenngleich es nach wie vor viele Liebhaber für geschmacksbetonte, aromareiche Weine gibt, so ist doch mittlerweile deren Nachfrage insgesamt zurückgegangen.

Verbreitung: In Deutschland waren 1994 1.628 ha Rebfläche mit Morio Muskat bestockt. Nach der Statistik von 2008 befinden sich in Deutschland noch 502 ha und hiervon 267 ha in der Pfalz und 217 ha in Rheinhessen. Innerhalb der Pfalz liegt die Hauptanbaufläche an der südlichen Weinstraße. An der Nahe sind noch 11 ha Morio Muskat zu finden. Alle übrigen Weinbaugebiete Deutschlands verfügen zusammen über nur 6 ha.

Herkunft: Der Morio Muskat ist eine Züchtung von Landwirtschaftsrat Peter Morio, dem langjährigen Leiter der Bayerischen Nebenstelle für Rebenzüchtung in Neustadt, später Geilweilerhof, Siebeldingen/Pfalz.

Sortenschutz und Sortenliste: Sortenschutz wurde 1956 erteilt und seit 1982 ist sie als „freie" Sorte in die Sortenliste eingetragen. Klassifiziert für alle deutschen Anbaugebiete, ausgenommen Baden und Württemberg.

Züchter: Peter Morio und Bernhard Husfeld. Zuchtjahr 1928.

Kreuzung: In den Zuchtbüchern von Peter Morio ist die Kreuzung „Silvaner x Weißer Burgunder" angegeben. Neuere molekulargenetische Untersuchungen zeigten jedoch, dass die Sorte aus der Kreuzung „Silvaner x Muskateller" hervorging. Eingang in die Praxis fand die Sorte zunächst unter der Zuchtbezeichnung „Sämling I-28-30".

Sortenname: Zu Ehren des Züchters und wegen des kräftigen Buketts der Sorte wurde die Bezeichnung "Morio Muskat" gewählt. Der Winzer nennt die Sorte überwiegend kurz "Morio".

Sortenmerkmale: Triebspitze offen, hellgrün mit schwacher Bräunung, schwach behaart; Blatt mittel bis groß, mehr rundlich als schwach dreilappig, schwach gebuchtet, glatte grüne Oberfläche, scharf gezähnt, Stielbucht geschlossen; Trieb mehr engknotig, mittlere Geiztriebbildung; Holz gelbbraun; Traube mittelgroß, dichtbeerig, geflügelt, walzenförmig; Beere grüngelb, nur bei hoher Reife gelblich schimmernd, mittelgroß, rundlich, sehr dünne Beerenhaut, stark betonter Muskatgeschmack; Austrieb früh; Blüte 5 Tage früher als Silvaner; Blühfestigkeit hoch; Reife zwischen Müller-Thurgau und Silvaner, also mittelspät; Wuchs mittel; Ertrag hoch; Holzreife mittelmäßig; Chlorosefestigkeit gut.

Eigenschaften der Sorte

Ansprüche an die Lage: Diese Ansprüche können mit denjenigen des Silvaners verglichen werden, denn der Wein ist nur dann als qualitativ ausreichend zu beurteilen, wenn er wenigstens 80 °Oechsle erreicht. Daraus wird deutlich, dass der Morio Muskat, trotz früher Traubenreife, eine bessere Lage beansprucht.

Ansprüche an den Boden: Tiefgründige, mittelschwere Lößböden sagen dem Morio am meisten zu. In sehr armen Böden erschöpft sich die Sorte infolge ihres kräftigen Wuchses und ihrer hohen Fruchtbarkeit rasch, erreicht also kein hohes Lebensalter. In sehr schweren Böden, die meistens auch feucht sind, setzt die Traubenfäule zu früh ein. Auf flachgründigen Gesteinsböden ist das Bukett nicht immer in voller Güte ausgebildet. Insgesamt sind die Bodenansprüche nur mittelmäßig hoch.

Winterfrostfestigkeit: Sie ist nur dann ausreichend, wenn die Sorte ertragsmäßig nicht überfordert wird. Ein Schnitt nicht über 6-8 Augen je qm Rebenstandraum ist daher angebracht. Nach den Winterfrösten treiben genügend fruchtbare, schlafende Augen (=Adventivknospen) aus, so dass neben dem Ertrag auch der Stockaufbau gesichert ist, wie die Winterfröste 1978/79 und 1984/85 bewiesen haben.

Maifrostgefährdung: Wegen des frühen Austriebes ist die Gefährdung groß. Da der Morio aber einen starken Nachtrieb aus den Beiaugen besitzt, die voll fruchtbar sind, ist durch Spätfrostschäden kaum ein spürbarer Ertragsausfall verbunden. Aufgrund der verkürzten Vegetationszeit werden dann in der Regel geringere Mostgewichte erzielt. Bei Kälteperioden im Frühjahr erhalten die Blätter eine sortentypische gelbgrüne Farbe und einen hellen Blattrand. Mit zunehmender Wärme werden die Blätter wieder normal grün.

Krankheitsanfälligkeit: Die Peronosporaanfälligkeit ist etwas höher als die des Silvaners. Für Oidium ist eine ausgeprägte Empfindlichkeit vorhanden. Die Anfälligkeit für Phomopsis ist etwas geringer als beim Müller-Thurgau, aber höher als beim Silvaner.

Botrytisanfälligkeit: Hoch. In feuchten Standorten besteht eine erhöhte Gefahr gegenüber der Traubenfäule und erfordert daher gezielte Vorbeugungsmaßnahmen.

Erziehung: Die Fäulnisanfälligkeit der Trauben verlangt eine luftige Erziehung. In der Normalerziehung sind bei Rebgassen von 2,00 m bis 2,20 m, je nach Wuchskraft des Standortes, Stockabstände von 1,00 bis 1,20 m angebracht. Stammhöhe 70 bis 80 cm. Stammhöhen unter 60 cm sind schlecht, da die Bodennähe die Fäulnisgefahr erhöht. Auch die Weitraumerziehung lässt sich anwenden, wenn für eine luftige Laubwand gesorgt wird. Die Halbbogenerziehung hat sich am besten bewährt. Da der Morio Muskat auf langem und kurzem Holz gleich gut trägt, können beim Schnitt, entsprechend den Erfordernissen der Wuchskraft und der Stockabstände, Flachbogen, Halbbogen oder Pendelbogen angeschnitten werden.

Unterlagen: Zu den Unterlagen 5 BB und 125 AA besitzt der Morio Muskat eine ausgezeichnete Affinität. In sehr wuchskräftigen Böden sind auch SO 4, Binova und 5 C geeignet.

Ertrag: Die Ertragstreue ist eine der besonders bemerkenswerten Eigenschaften dieser Sorte. Auf fruchtbaren Böden können sehr hohe Erträge erzielt werden, so dass es vielfach erforderlich ist, durch weinbauliche Maßnahmen (z.B. reduzierter Anschnitt, ggf. Ausdünnung) auf eine Optimierung des Menge-Güte-Verhältnisses hin zu wirken. Sowohl die Beiaugen als auch die Adventivknospen am mehrjährigen Holz besitzen eine hohe Fruchtbarkeit.

Reife: Die Vollreife der Trauben wird etwa eine Woche später erreicht als die des Müller-Thurgau.

Ernte: Leider wird der Erntezeitpunkt oft von der Traubenfäule bestimmt und liegt dann zu früh. Eine späte Lese birgt die Gefahr des Essigstiches schon in den Trauben in sich. Bei gesundem Lesegut sollte die Ernte nach dem Silvanerherbst erfolgen. Dadurch werden hochgradige Weine mit ausdrucksvollem Bukett (traminerähnlich) erzielt. Der hohe Ertrag lässt bei später Ernte, trotz Edelfäule, das Mengenergebnis nie in eine unrentable Zone sinken.

Qualität: Das Mostgewicht erreicht in kleinen Lagen kaum mehr als 60 Grad. Gegenüber der Sorte Silvaner ist das Mostgewicht 5 bis 10 °Oechsle niedriger. Nur in guten Mittellagen werden 70 Grad und mehr erzielt. Selbstständige Weine benötigen mindestens 80 °Oechsle. Die Säure ist mittel bis hoch (7-9 g/l) und liegt zwischen Silvaner und Scheurebe. In unreifen Trauben wirkt die Säure sehr spitz.

Wein: Der Wein aus Trauben mit geringem Mostgewicht schmeckt unreif, grasig und hat ein abstoßendes Bukett. Weine aus reifen, hochgradigen Trauben können sehr wuchtig sein, große Fülle aufweisen und ein ansprechendes, wenn auch kräftiges Muskatbukett besitzen. Morio Muskat ist zur Bereitung eines milden und sehr fruchtigen Sektes sehr gut geeignet. Auslesen von Morio Muskat sind ein Geschmackserlebnis und in sehr guten Jahrgängen erreichbar.

Vorteile: Hohe Fruchtbarkeit, kräftiges Bukett, bei hohem Mostgewicht. Besitzt am mehrjährigen Holz fruchtbare Adventivknospen.

Nachteile: Fäulnisempfindlichkeit der Trauben, Anfälligkeit für Oidium, spätfrostgefährdet, geringe Winterfrosthärte und abstoßende Art unreifer Weine.

Anbauwert: Der Rückgang in den letzten Jahren kennzeichnet seinen begrenzten Anbauwert. Als Verschnittsorte kann der Morio Muskat in einigen Betrieben mit Vorteil angebaut werden. In Weinbaugebieten, deren Wein vom Riesling geprägt ist, passt die Sorte wenig. Ihr bester Partner ist der Silvaner, dementsprechend hat sie in der Pfalz und Rheinhessen den höheren Anbauwert.

Bacchus

Die Neuzüchtung Bacchus liefert einen traditionellen Wein, der gut in das deutsche Weinsortiment passt. Die Sorte kann einen spürbaren Beitrag zur Hebung der Weinqualität leisten und ist in fast allen Weinbaugebieten Deutschlands verbreitet. Wegen des bukettbetonten Weines wird sie auch "Frühe Scheurebe" genannt.

Verbreitung: Hauptverbreitungsgebiete sind die Pfalz, Rheinhessen, Nahe, Franken, Mittelrhein und Mosel. Die weitere Verbreitung wird vor allen Dingen in den nördlichen Weinbaugebieten erfolgen, weil dort die Bacchus in nicht für den Riesling geeigneten Lagen angebaut werden kann. Die Statistik von 1994 weist eine bestockte Fläche von 3 525 ha, im Jahre 2000 von 3 209 ha und für das Jahr 2008 noch 2 015 ha aus.

Herkunft: Julius Kühn-Institut, Institut für Rebenzüchtung Geilweilerhof, Siebeldingen/Pfalz.

Sortenschutz und Sortenliste: Eintragung in die Sortenliste 1972. Klassifiziert für alle deutschen Anbaugebiete.

Züchter: Peter Morio und Bernhard Husfeld. Zuchtjahr 1933.

Kreuzung: (Silvaner x Riesling) x Müller-Thurgau.

Sortenname: Bacchus ist die römische Bezeichnung für den griechischen Weingott Dionysos. Urspünglich wurde der Zuchtstamm unter der Bezeichnung Gf. 33-29-133 geführt.

Sortenmerkmale: Triebspitze offen, starke, weißwollige Behaarung; Blatt mittelgroß, schwach dreilappig, wenig bis kaum gebuchtet, Stielbucht V-förmig, Rand stark gezähnt; Holz gelbbraun bis rotbraun, dunkelrotbraune Streifen; Traube mehr dichtbeerig als locker, mittelgroß; Beere mittelgroß, oval bis rundlich, gelbgrün, leichtes Bukett; Austrieb kurz vor Müller-Thurgau und Silvaner; Reife mit Müller-Thurgau; Wuchs aufrecht, mittel bis stark, etwas schwächer als Müller-Thurgau, gutrankend, wenig Geiztriebe; Ertrag hoch; Chlorosefestigkeit mittel.

Eigenschaften der Sorte

Ansprüche an die Lage: Sie können als knapp mittel bezeichnet werden. Man kann sie also auch dort anpflanzen, wo der Silvaner nicht immer vollständig reif wird. Geringe Lagen sind nicht geeignet.

Ansprüche an den Boden: Tiefgründige, frische, ausreichend nährstoffhaltige Böden sind vorzuziehen. Triebige und wuchskräftige Böden erfordern einen Stockabstand von 1,20 bis 1,30 m. In Böden von geringer Wuchskraft ist ein geringer Stockabstand nötig. Hoher Wasserbedarf. Auf trockenen Standorten gibt es Trockenschäden.

Krankheitsanfälligkeit: Die Anfälligkeit für Oidium ist etwas höher als die des Silvaner. Von der Phomopsis wird sie etwas stärker befallen, aber nicht ganz so stark wie der Müller-Thurgau. Verstärkter Befall durch Spinnmilben möglich. Bei plötzlich auftretenden Hitzeperioden im Sommer neigt Bacchus verstärkt zu Sonnenbrandschäden an den Beeren (Bacchuskrankheit). Erhaltende Beschattung der Trauben durch spätere Laubarbeit reduziert das Problem.

Botrytisanfälligkeit: Von Beerenbotrytis wird die Sorte Bacchus leicht befallen, besonders auf schweren, feuchten Böden und in zu dichten laubigen Beständen. Durch luftige Erziehung mit nicht zu engen Stockabständen kann die Gefahr herabgesetzt werden.

Chloroseneigung: Ist als mittel zu bezeichnen und erfordert wasserregulierte. Böden mit einem guten Porenvolumen.

Frostfestigkeit: Eine gute Holzreife bewirkt eine ausreichende Winterfrostfestigkeit, die den Müller-Thurgau übertrifft. Der frühe Austrieb verleiht ihr eine höhere Maifrostempfindlichkeit, so dass Spätfrostlagen für den Anbau ausscheiden. Die Nebenaugen sind weniger fruchtbar als beim Müller-Thurgau.

Erziehung: Insgesamt ist eine eher weiträumige Pflanzweise angebracht. Die Stockabstände sind so zu wählen, dass die Fruchtruten nicht aneinander stoßen, damit ein kleiner Zwischenraum eine gute Durchlüftung des Bestandes ermöglicht. Anschnitt von 5 bis 8 Augen. Unkomplizierte Sorte. Bei Gassenbreiten 2,00 m bis 2,20 m sind bei weniger triebigen Böden Stockabstände von 1,00 m bis 1,10 m und eine Stammhöhe 70 cm bis 80 cm zu wählen. Es bietet sich ein Anschnitt von ein bis zwei Flachbogen oder Halbbogen an. Die Sorte Bacchus eignet sich gut für Weitraumanlagen.

Unterlagen: Auf wuchsstarken Böden SO 4, Binova, 5 C und auf wuchsschwachen Böden 5 BB und 125 AA.

Ertrag: Die Sorte ist fruchtbar und bringt im Durchschnitt Erträge, die knapp unter denen der Sorte Müller-Thurgau liegen.

Ernte: Da die Sorte anfälliger gegen Botrytis ist als der Müller-Thurgau, kann die Ernte in der Regel nicht bis zur Silvanerlese aufgeschoben werden. Allerdings ist zur Erreichung einer ausreichenden Qualität eine späte Ernte wichtig.

Qualität: Das Mostgewicht liegt bei Ertragsgleichheit 6 bis 8 °Oechsle über dem des Müller-Thurgau. Das Mostgewicht des Silvaners wird um fast 10 °Oechsle übertroffen. Die Säure liegt im Ø bei 8-9,5 g/l und übertrifft den Müller -Thurgau um 1-1,5 g/l.

Wein: Zur Erreichung eines geschmacklich wertvollen Weines sind wenigstens 75 bis 80 °Oechsle erforderlich. Reife Weine sind extraktreich, fruchtig, mit einem eigenständigen manchmal an die Scheurebe erinnernden Bukett. Weine mit sehr hohem Mostgewicht und noch ausreichender Säure können etwas Rieslingart haben, sind blumig mit einem dezenten Muskatton.

Vorteile: Gute Holzreife, reicher Ertrag bei hohem Mostgewicht, blumiger Wein.

Nachteile: Etwas anfällig gegen Stiellähme, Bodentrauben, Trauben gefährdet durch Sonnenbrand.

Anbauwert: Gute Ergänzungssorte zu Müller-Thurgau

Optima

Die Neuzucht Optima gehört zu den qualitativ hochstehenden Sorten, was insbesondere auch für geringe Jahre zutrifft. Da die Erträge relativ niedrig liegen, ist sie meist nur für solche Betriebe wirtschaftlich, die hohe Qualitäten entsprechend vermarkten können.

Verbreitung: Die Verbreitung beschränkt sich vorwiegend auf die nördlichen Weinbaugebiete sowie Rheinhessen und die Pfalz. Nach der Statistik von 1994 waren 349 ha, 2000 noch 210 ha und 2008 nur noch 64 ha vorhanden. Davon befinden sich an der Mosel 34 ha, in Rheinhessen 31 ha, an der Nahe 10 ha und in der Pfalz nur noch 4 ha.

Herkunft: Julius Kühn-Institut, Institut für Rebenzüchtung Geilweilerhof, Siebeldingen/Pfalz.

Sortenschutz und Sortenliste: Sortenschutz 1970, Eintragung in die Sortenliste 1971. Klassifiziert für alle deutschen Anbaugebiete, ausgenommen Baden, Württemberg und Saale-Unstrut.

Züchter: Peter Morio und Bernhard Husfeld.

Kreuzung: (Silvaner x Riesling) x Müller-Thurgau.
Sortenname: Optima als Sortenname ist ein Hinweis auf die zu erzielenden sehr hohen Mostgewichte, die ursprüngliche Zuchtnummer lautet Gf. 33-13-113.

Sortenmerkmale: Triebspitze offen, stark behaart, weißlich bis grünlich; Blatt mittelgroß, blasig, drei- bis schwach fünflappig mit deutlichem Mittellappen, leicht bis schwach gebuchtet, Stielbucht V-förmig bis leicht geschlossen, Blattrand grob gesägt, erinnert etwas an Riesling; Holz gelbbraun, dunkelrot-braune Streifen; Traube klein, kaum geschultert, gepackt; Beere mittelgroß, grüngelb bis gelb, rund, dickschalig, wenig Bukett; Austrieb mittelfrüh bis spät, knapp 1 Tag vor Müller-Thurgau; Blütezeitpunkt spät bis sehr spät; Blühfestigkeit hoch; Reife etwa 10-12 Tage vor Müller-Thurgau, also früh; Wuchs mittelstark, buschig, neigt zu Geiztriebbildung; Ertrag gering; Holzreife gut; Chlorosefestigkeit mittel.

Eigenschaften der Sorte

Ansprüche an die Lage: Diese können als mittel bis gering bezeichnet werden und sind sogar etwas niedriger als die des Müller-Thurgau. Trotzdem ist ein Anbau in Frostlagen nicht zu empfehlen, weil die Winterfrosthärte geringer ist als beim Riesling.

Ansprüche an den Boden: Tiefgründige Lehm- und Lößlehmböden sind besonders geeignet.

Krankheitsanfälligkeit: Für Peronospora und Oidium ist keine besondere Empfindlichkeit vorhanden. Die Anfälligkeit für Phomopsis entspricht etwa dem Silvaner.

Botrytisanfälligkeit: Ähnlich wie beim Müller-Thurgau kann die Traube von rascher Beerenfäule erfasst werden. Meist führt dies, infolge der frühen Reife, zur Edelfäule der ganzen Traube. In nassen Herbsten kann die Fäulnis zu früher Lese zwingen. Die Trauben zeigen eine mittelhohe Anfälligkeit gegen Stielerkrankungen. Bei früher Reife Wespenfraß.

Frostfestigkeit: Die gute Holzreife bedingt eine gute Winterfrostigkeit. Durch den verspäteten Austrieb ergibt sich eine vergleichbar geringe Maifrostgefährdung. Da aber die Beiaugen weitgehend unfruchtbar sind, ist sie für Spätfrostlagen ungeeignet.

Erziehung: Hierbei sind der mittelstarke, etwas buschige Wuchs, die erhöhte Geiztriebbildung und die Neigung zur Beerenfäule zu beachten. Eine luftige Erziehung in Spalierform ist wichtig.

Bei einer Gassenbreite von 2,00 m bis 2,20 m sind Stockabstände von 1,00 m bis 1,10 m und eine Stammhöhe von 70 bis 80 cm geeignet. Anschnitt von ein bis zwei langen Fruchtruten. Der Gescheinansatz nimmt bis zum 10. Auge stetig zu, sodass der Ertrag durch langen Anschnitt gefördert wird. Anschnitt bis etwa 10 Augen/qm. Für die Weitraumerziehung ist die Pendelbogenform, mit zwei langen Fruchtruten ist angebracht.

Unterlagen: Im Vordergrund stehen 125 AA und 5 BB, auf sehr wuchskräftigen Böden auch 5 C, SO 4 und Binova.

Ertrag: Im zehnjährigen Durchschnitt wurden auf dem Geilweilerhof 113 kg/ar erreicht, während der Silvaner auf 152 kg/ar kam. Im langjährigen Mittel ist, je nach Bodenart und Lage, ein Ertrag von 40 bis 60 hl/ha zu erreichen. In Steillagen liegt der Ertrag mit dem Riesling auf einer Höhe.

Ernte: Wegen der frühen Reife kann die Ernte vor dem Müller-Thurgau erfolgen. Um mit dem Mostgewicht in den Spätlese- und Auslesebereich zu kommen, ist eine späte Lese vorteilhaft. Es macht sich bezahlt, durch gestaffelte Lese die faulen Trauben auszulesen. In nassen Herbsten Gefahr von Essigstich schon an den Trauben. Oft rascher Säureabbau, daher ist bei der Leseterminbestimmung auf die Säure zu achten.

Qualität: Das Mostgewicht liegt deutlich höher als bei anderen Sorten. Auch in geringen Jahren ist die Spätlesestufe in der Regel immer erreichbar.

Wein: Elegant, hat ein duftiges Bukett, oft rassig und erreicht in jedem Jahr mindestens die Kabinettweingrenze. Bei später Lese werden Weine mit feinem Auslese-Charakter gewonnen, denen aber gelegentlich etwas die belebende Säure fehlt.

Vorteile: Frühe Reife, hohes Mostgewicht bei harmonischer Säure, gute Holzreife.

Nachteile: Anfällig für Beerenbotrytis, etwas buschiger Wuchs, geringe Erträge.

Anbauwert: Die Optima ist in erster Linie für Flaschenweinvermarkter interessant, weil sie hochwertige Weine liefert.

Phoenix*

Verbreitung: Jahr 2008 lag die Anbaufläche bei 48 ha, davon 21 ha in Rheinhessen und 14 ha an der Nahe

Herkunft: Julius Kühn-Institut, Institut für Rebenzüchtung Geilweilerhof, Siebeldingen/Pfalz.

Sortenschutz und Sortenliste: Sortenschutz und Eintragung in die Sortenliste erfolgten 1992. Sie ist klassifiziert für sämtliche Anbaugebiete außer Baden und Württemberg. Phoenix ist die erste deutsche klassifizierte Sorte aus der Resistenzzüchtung.

Züchter: Gerhard Alleweldt.

Kreuzung: Bacchus x Villard blanc

Sortenname: Phoenix ist ein Fabelwesen der Antike, dessen Lebensdauer 972 Menschenalter betrug. Wenn er sein Ende nahen fühlte, verbrannte er sich selbst, um aus der Asche neu zu entstehen. Frühere Zuchtnummer: Gf. Ga-49-22.

Allgemeine Sortenbeschreibung: Der Resistenzgrad gegenüber Peronospora und Oidium ist so hoch, dass in aller Regel eine Reduzierung der Bekämpfungsmaßnahmen um 50% bis 70% möglich ist. Bei für den Pilz günstigen Bedingungen (Oidiumlagen, Oidiumjahre) sind 1-2 gezielte Vorblütebehandlungen, z.B. mit Schwefel, empfehlenswert. Die Resistenz gegenüber Botrytis ist mittel, allerdings können feuchte Perioden vor allem nach einer längeren Trockenperiode im September/Oktober zum Aufplatzen einzelner Beeren und damit zu Infektionsherden für Botrytis führen. Das Reblausverhalten entspricht den unseren Vinifera-Sorten, d.h. es werden keine Blattgallen gebildet, die Reben müssen jedoch gepfropft werden.

Sortenmerkmale: Der Austriebszeitpunkt ist mittelfrüh und bei aufrechter Triebhaltung und geringer bis mittlerer Geiztriebbildung ist die Wüchsigkeit mittel bis stark. Der Zeitpunkt der Blüte liegt mit bzw, kurz vor dem Müller-Thurgau, die Blühfestigkeit ist hoch. Die Beerenreife ist ebenfalls kurz vor bzw. mit dem Müller-Thurgau und damit mittelfrüh. Die Traubengröße ist mit der des Müller-Thurgau vergleichbar, jedoch mit größeren Beeren und kompakter. Der Beerengeschmack weist ein feines Muskataroma auf. Die Holzreife ist sehr gut und bedingt eine gute Winterfrostigkeit.

Ertrag und Qualität: Das Ertragspotential ist hoch und sollte durch weinbauliche Maßnahmen (z.B. Anschnitt, Ausdünnung) reduziert werden. Im

*pilzwiderstandfähig

Durchschnitt der Jahre wurden 70-75 °Oechsle und 8-9g/l Säure erzielt.

Wein: Der Wein ist nachhaltig, kräftig mit frischer Säure und einem dezenten Muskatton, erinnert an die Rebsorte Bacchus.

Anbauempfehlung: Es werden keine besonderen Bodenansprüche gestellt. Wegen des kräftigen Wuchses sind in tiefgründigen Böden schwächer wachsende Unterlagen vorzuziehen. Die Ansprüche an die Lage sind vergleichbar mit denen des Müller-Thurgau. Standorte und Böden mit stärkeren Schwankungen im Wasserhaushalt sollten wegen der beschriebenen Gefahr des Beerenaufplatzens gemieden werden. Wie aus den angegebenen Zahlen erkennbar, ist die Ertragsleistung hoch, sodass zugunsten der Qualität der Anschnitt 8-10 Augen/qm nicht überschreiten sollte.

Wegen ihrer guten Pilzresistenz, sowie ihrer attraktiven Traube und des guten Geschmacks wird sie vielfach auch in Hausgärten angepflanzt und als "Tafeltraube" genutzt.

Sirius*

Verbreitung: Die Anbaufläche liegt im Jahr 2008 bei 1 ha.

Herkunft: Julius Kühn-Institut, Institut für Rebenzüchtung Geilweilerhof Siebeldingen/Pfalz.

Sortenschutz und Sortenliste: Sortenschutz und Eintragung in die Rebsortenliste erfolgten 1995. Sirius ist klassifiziert für sämtliche Anbaugebiete außer Baden, Württemberg und Saale-Unstrut.

Züchter: Gerhard Alleweldt.

Kreuzung: Bacchus x Villard blanc

Sortenname: Sirius Stern im Sternbild des Großen Hundes, frühere Zuchtnummer: Gf. Ga-51-27

Allgemeine Sortenbeschreibung: Der Resistenzgrad gegenüber Peronospora und Oidium ist so hoch, dass in aller Regel eine Reduzierung der Bekämpfungsmaßnahmen um 50% bis 70% möglich ist. Die Botrytisfestigkeit ist gut. Es werden keine Blattgallen gebildet; eine Pfropfung auf reblaustolerante Unterlage ist erforderlich, da die Wurzeln von Reblaus befallen werden können.

Sortenmerkmale: Der Austrieb ist mittelfrüh, der Wuchs aufrecht, die

*pilzwiderstandfähig

Geiztriebbildung ist gering. Die Laubwand ist luftig, die Trauben sind von Blättern wenig verdeckt. Die Blühfestigkeit ist gut. Die Traube ist groß mit großen Beeren, im Vergleich zu Müller-Thurgau und Silvaner etwas stärker geschultert. Die Beerenreife liegt zwischen dem Müller-Thurgau und Silvaner. Bisweilen wurde leichtes Auftreten von Stiellähme beobachtet. Die Holzreife ist gut, ebenso wie die Winterfrostigkeit, die mit der des Rieslings zu vergleichen ist.

Ertrag und Qualität: Wegen ihrer Neigung zu hohen Erträgen ist vielfach eine Ertragsbegrenzung durch kulturtechnische Maßnahmen erforderlich, da sonst der Wein an Extrakt verliert und „kurz im Abgang" ist. Das Mostgewicht liegt durchschnittlich bei 65-70 °Oechsle, der Säuregehalt bei 8-10 g/l.

Wein: Der Wein ist vom gesamten Geschmacks- und Geruchseindruck ein kräftiger und fruchtiger Rieslingtyp.

Anbauempfehlung: Trotz der guten Frostresistenz und der geringen Ansprüche an den Boden sind zur Erzielung höherer Mostgewichte bessere Weinbergslagen vorzuziehen. Der gute Wuchs erlaubt in der Regel die Auswahl schwächer wachsender Unterlagen, wie z.B. SO 4. Der vorhandenen leichten Neigung zur Stiellähme sollte durch ausgeglichene Nährstoffversorgung entgegengewirkt werden.

Orion*

Verbreitung: Die Anbaufläche liegt im Jahr 2008 bei 4 ha.

Herkunft: Julius Kühn-Institut, Institut für Rebenzüchtung Geilweilerhof, Siebeldingen/Pfalz.

Sortenschutz und Sortenliste: Sortenschutz und Eintragung in die Sortenliste erfolgten 1994, klassifiziert für sämtliche Anbaugebiete außer Baden, Württemberg und Saale-Unstrut.

Züchter: Gerhard Alleweldt.

Kreuzung: Optima x Villard blanc
Sortenname: Orion. In der griechischen Mythologie Sohn des Poseidon. Sternbild, das bei uns im Winter am Abendhimmel sichtbar ist. Frühere Zuchtnummer: Gf. Ga-58-30.

*pilzwiderstandfähig

Allgemeine Sortenbeschreibung: Die Resistenz gegenüber Peronospora ist gut, in Jahren mit besonders hohem Plasmoporadruck kann es an den Geiztrieben zu Spätinfektionen kommen, die jedoch normalerweise abgekapselt werden und nur sehr schwach sporulieren. Die Oidiumresistenz ist ebenfalls gut. Gegen beide Mehltaukrankheiten ist normalerweise eine Einsparung von 50-70% möglich. Die Botrytisfestigkeit ist hoch, bei fortgeschrittener Reife kann es jedoch zu Edelfäule kommen. Die Reblausfestigkeit des Blattes entspricht der unserer Vinifera-Sorten, d.h. es werden keine Blattgallen gebildet. Wegen der nicht ausreichenden Resistenz der Wurzel gegenüber der Reblaus ist die Pfropfung auf reblausfeste Unterlagen notwendig.

Sortenmerkmale: Der Austrieb ist mittelfrüh, die Geiztriebbildung ist trotz guter Wüchsigkeit gering. Die halb hängende Triebhaltung erfordert in Abhängigkeit von der Erziehungsart u.U. etwas mehr Laubarbeit. Der Blütezeitpunkt liegt wenige Tage vor dem des Müller-Thurgau. Die Blühfestigkeit ist mittel bis hoch. Die Beerenreife erfolgt mit der des Müller-Thurgaus. Die lockere Traube ist mittelgroß. Die Beerengröße liegt zwischen der des Müller-Thurgaus und Rieslings. Die Holzreife ist gut, die Winterfrostigkeit ist vor allem im basalen Teil des Triebes sehr hoch, mit dem Riesling vergleichbar bzw. diesen übertreffend.

Ertrag und Qualität: Der Ertrag erreicht durchschnittlich 140-150 kg/ar. Das Mostgewicht beträgt im Mittel 75 °Oechsle bei ca. 8-9 g/l Säure.
Wein: Er ist körperreich, fruchtig mit frischer angenehmer Säure und ähnelt vielfach denen des Müller-Thurgau. Nach bisherigen Erfahrungen neigen die Weine zu etwas rascherer Alterung. Eine allzu lange Lagerung sollte daher vermieden werden. Er ist ein Müller-Thurgau-Typ.

Anbauempfehlung: Die Rebsorte Orion eignet sich in erster Linie für Müller-Thurgau-Lagen. Aufgrund ihrer Winterfrostfestigkeit kann sie auch in Randlagen befriedigende Erträge und Qualitäten produzieren. In tiefgründigen Böden ist eine schwachwüchsige Unterlage vorzuziehen, ansonsten Kober 5 BB. Der Anschnitt sollte 8-10 Augen/qm nicht überschreiten.

Staufer*

Verbreitung: Die Anbaufläche beträgt im Jahr 2008 1 ha.

Herkunft: Julius Kühn-Institut, Institut für Rebenzüchtung Geilweilerhof, Siebeldingen/Pfalz.

Sortenschutz und Sortenliste: Sortenschutz und Eintragung in die Sortenliste erfolgte 1994, klassifiziert für sämtliche Anbaugebiete außer Baden, Württemberg und Saale-Unstrut.

Züchter: Gerhard Alleweldt.

Kreuzung: Bacchus x Villard blanc

Sortenname: Vormals Silva vorgesehen, da mit Silvaner verwechselbar, wurde der Name Staufer gegeben. Frühere Zuchtnummer: Gf. Ga-54-14. Benannt nach dem Kaisergeschlecht der Staufer.

Allgemeine Sortenbeschreibung: Die Resistenz gegenüber Peronospora ist hoch. Auch gegen Oidium ist die Resistenz im Allgemeinen ausreichend, sodass eine Bekämpfung der Mehltaukrankheiten in der Regel auf 30-50% des üblichen Aufwandes reduziert werden kann. Die Resistenz gegenüber Botrytis ist gut; im fortgeschrittenen Reifestadium kann es zu Edelfäule kommen. Das Reblausverhalten ist mit dem von Vinifera-Sorten vergleichbar; dies bedeutet, dass keine Blattgallen gebildet werden; die Reben müssen jedoch gepfropft werden.

Sortenmerkmale: Der Zeitpunkt des Austriebes ist mittelfrüh, vergleichbar mit dem des Silvaners. Bei mittlerer Wüchsigkeit und geringer bis mittlere Geiztriebbildung ist die Triebhaltung halb aufrecht. Der Zeitpunkt der Blüte ist mittelspät, d.h. etwa mit Silvaner. Die Blühfestigkeit ist gut. Die Beerenreife ist mittelspät, nach der des Müller-Thurgau, in der Regel jedoch vor der des Silvaners. Die Traube ist mittel bis groß, lockerbeerig mit großen, etwas oval geformten Beeren. Bei fortschreitender Reife lösen sich die Beeren leicht vom Stielgerüst, was bei der Wahl des Lesetermins entsprechend zu berücksichtigen ist. Die Holzreife ist mittel, die Winterfrostfestigkeit etwas besser als die des Silvaners, jedoch geringer als die des Rieslings.

Ertrag und Qualität: Die Sorte hat ein hohes Ertragspotential, das im Sinne einer qualitätsorientierten Produktion durch anbautechnische Maßnahmen (Anschnitt, Ausdünnung) ggf. zu reduzieren ist. Das Mostgewicht liegt im Mittel der Jahre um 70 °Oechsle, und die Säure bei 8-10 g/l.

*pilzwiderstandfähig

Wein: Der Wein ist kräftig, von neutraler bis fruchtiger Art, vielfach zwischen Silvaner und Riesling einzuordnen.

Anbauempfehlung: Die Sorte weist bis zu 4 Trauben/Trieb auf und ist somit außerordentlich fruchtbar. Daher wird ein kürzerer Anschnitt von ca. 6-8 Augen/qm empfohlen. Mit Ausnahme von sehr tiefgründigen Böden ist wegen der nicht allzu starken Wüchsigkeit die Unterlage Kober 5 BB vorzuziehen. Die Lageansprüche sind mittel bis hoch; es sollten daher gute Silvanerlagen gewählt werden.

Villaris*

Herkunft: Julius Kühn-Institut, Institut für Rebenzüchtung Geilweilerhof, Siebeldingen/Pfalz.

Sortenschutz und Sortenliste: Sortenschutz seit 2004 und Anmeldung zur Sortenliste 2005.

Züchter: Rudolf Eibach und Reinhard Töpfer.

Kreuzung: Sirius x Villard blanc

Sortenname: Villaris: Die Silben der Bezeichnung finden sich teils in abgewandelter Form in den Namen der Elternsorten; frühere Zuchtnummer: Gf.84-21-9.

Allgemeine Sortenbeschreibung: Die Widerstandsfähigkeit gegenüber dem Echten und dem Falschen Mehltau ist hoch, höher als beispielsweise bei der Rebsorte Regent oder Phoenix. Auf eine Bekämpfung kann vielfach ganz verzichtet werden. Gegenüber Botrytis ist die Resistenz mittel bis hoch, so dass auch hier normalerweise Pflanzenschutzmaßnahmen entfallen können. Nach den derzeitigen Erfahrungen ist in normalen Jahren ein fungizidfreier Anbau, zumindest im Hinblick auf die Mehltaupilze möglich.

Sortenmerkmale: Der Austriebszeitpunkt entspricht etwa Riesling, der Reifezeitpunkt ist mit Müller-Thurgau vergleichbar. Der Wuchs ist kräftig, die Geiztriebbildung gering bis mittel. Das mittlere Traubengewicht liegt bei zirka 190 g und entspricht damit etwa dem des Müller-Thurgau.

Ertrag und Qualität: Nach den am Geilweilerhof von 1995 bis 2007 erhobenen Daten liegt der Ertrag etwas unter dem des Müller-Thurgau. Auch die

*pilzwiderstandfähig

Säurewerte liegen im Schnitt der Jahre unter Müller-Thurgau (9%), allerdings übertrifft das Mostgewicht mit 81o Oechsle den Müller-Thurgau um 14%.

Die **Weine** erinnern vielfach im Geruch und Geschmack an die des Weißen Burgunders mit mild ansprechender Säure; die frühe Reife liefert selbstständige Weine.

Felicia*

Herkunft: Julius Kühn-Institut, Institut für Rebenzüchtung Geilweilerhof, Siebeldingen/Pfalz.

Sortenschutz und Sortenliste: Sortenschutz seit 2004 und 2005 zur Sortenliste angemeldet.

Züchter: Rudolf Eibach und Reinhard Töpfer.

Kreuzung: Sirius x Vidal blanc

Sortenname: Felicia: Phantasiebezeichnung; frühere Zuchtnummer: Gf.84-27-285.

Allgemeine Sortenbeschreibung: Die Widerstandsfähigkeit gegenüber dem Falschen Mehltau ist mittel, eine bis zwei Behandlungen sind in der Regel ausreichend. Gegenüber dem Echten Mehltau ist die Resistenz hoch, sodass normalerweise auf Behandlungen verzichtet werden kann. Dies erspart nach den bisherigen Erfahrungen zirka 70 bis 80 % des herkömmlichen Pflanzenschutzaufwandes. Die Botrytisresistenz ist mittel bis gut.

Sortenmerkmale: Der Austrieb liegt zwischen Müller-Thurgau und Riesling, der Reifezeitpunkt entspricht Müller-Thurgau. Der Wuchs ist kräftig, die Geiztriebbildung mittel. Die Traube ist groß, lockerbeerig, das durchschnittliche Traubengewicht liegt bei etwa 250 g.

Ertrag und Qualität: Nach den am Geilweilerhof von 1995 bis 2007 erhobenen Daten liegen sowohl Ertrag als auch Mostgewicht um ca. 15% über dem Müller-Thurgau. Bei durchschnittlich 150 kg/ar wurde ein Mostgewicht von 84 oOechsle und 8,0 g/l Säure erzielt. Ertragsbegrenzende Maßnahmen können zu einer weiteren Steigerung der Zuckerleistung beitragen und somit die Voraussetzung für die Erzeugung von Prädikatsweinen liefern.

*pilzwiderstandfähig

Wein: Das Bukett ist geprägt von blumigen Aromen, die in manchen Jahren mit einem dezenten, angenehmen Muskatton kombiniert sind; bekömmlicher Wein mit harmonischer Säure; reift oft zu Spät- und Auslesequalität.

Die gute Oidiumresistenz, die frühe Reife und die attraktive, große, wohlschmeckende Traube machen sie auch zu einer **interessanten Alternative für den Rebstock am Haus.**

Rotweinsorten

Domina

Verbreitung: Im Zuge der verstärkten Verbreitung von Rotweinsorten in Deutschland in den letzten Jahren ist auch die Anbaufläche von Domina bis auf 404 ha im Jahr 2008 gestiegen, wovon 347 ha auf das Anbaugebiet Franken entfallen. Die höheren, mit Spätburgunder zu vergleichenden Lageansprüche haben zur Folge, dass sie im Anbau weniger mit den weiter verbreiteten Rotweinsorten wie Portugieser oder Dornfelder, sondern vielmehr mit Spätburgunder konkurriert. Eine besondere Bedeutung hat die Sorte in den bayerischen Anbaugebieten, wo sie derzeit knapp hinter dem Spätburgunder die am meisten angebaute Rotweinsorte ist.

Herkunft: Julius Kühn-Institut, Institut für Rebenzüchtung Geilweilerhof, Siebeldingen/Pfalz.

Sortenschutz und Sortenliste: Sortenschutz und Eintragung in die Sortenliste 1974. Klassifiziert für alle deutschen Anbaugebiete, ausgenommen Baden und Württemberg.

Züchter: Peter Morio (Zuchtjahr 1927) und züchterische Nachbehandlung in der 1950er Jahren durch Bernhard Husfeld.

Kreuzung: Portugieser x Spätburgunder

Zuchtnummer: Gf. IV-25-7 N

Sortenmerkmale: Triebspitze offen, gelblich mit rötlich bis bräunlichem Rand, stark behaart; Blatt mittelgroß, drei- bis schwach fünflappig, mittel bis stark gebuchtet, Oberfläche glatt bis leicht blasig, grün, Rand spitz bis stumpf gezähnt, Stielbucht überlappend; Trieb mit mittlerer Geiztriebbildung; Traube mittel bis groß, dichtbeerig, leicht geflügelt, pyramidenförmig; Beere blau-schwarz, rund, mittelgroß, geringes Aroma, starke Saftfarbe; Austrieb mittelfrüh; Blütezeitpunkt mittel; Blühfestigkeit hoch; Reife nach Portugieser, mittelspät; Wuchs kräftig; Ertrag hoch; Holzreife gut; Chlorosefestigkeit mittel.

Eigenschaften der Sorte

Ansprüche an die Lage: Mit Spätburgunder vergleichbar.

Ansprüche an den Boden: Gering, wenig chloroseanfällig.

Krankheitsanfälligkeit: Keine Überempfindlichkeit vorhanden. Gelegentlich etwas Stiellähme.

Frostfestigkeit: Sehr gut. Etwas anfällig gegen Spätfröste.

Erziehung: Der kräftige Wuchs erfordert eine weiträumige Erziehung. Auch für ausgesprochene Weitraumerziehung müsste die Sorte geeignet sein.

Unterlagen: Im Vordergrund stehen 5 C, SO 4, Binova und 125 AA. Auf sehr schwachwüchsigen Standorten ist auch die 5 BB möglich.

Ertrag: Der Ertrag ist infolge guter Blühfestigkeit hoch und mit dem des Portugiesers vergleichbar.

Mostgewicht: Mittelhoch. Es übertrifft den Portugieser etwa um 10 °Oechsle. Es werden überwiegend Qualitätsweine mit Prädikat erreicht.

Säure: Mittelhoch. Die Säure ist etwa 2g/l höher als die des Portugiesers.

Wein: Angenehme schöne Rotweinart, körperreich, gut gedeckt.

Weinausbau: Die zuweilen betonte Säure und der etwas höhere Gerbstoffgehalt macht es ratsam, eine längere Fassreife anzustreben. Eine spätere Flaschenfüllung führt in der Regel zu runderen vollmundigeren Rotweinen.

Vorteile: Sehr ertragstreu, guter Rotwein, gute Vermarktung.

Nachteile: Säure gelegentlich etwas hoch.

Anbauwert: Sorte, die gut in das deutsche Rotweinsortiment passt, weil die Weine qualitativ den Portugieser übertreffen und gut gedeckte Weine liefern. Die Sorte hat bei den Kunden guten Anklang gefunden.

Regent*

Verbreitung: Erste Sorte aus der Resistenzzüchtung, die innerhalb kurzer Zeit eine große Verbreitung gefunden hat. Ihre Anbaufläche stieg von 11 ha 1996 auf 449 ha in 2000, auf 649 ha in 2001 und im Jahr 2008 auf 2.161 ha an. Gegenwärtig ist die Anbaubereitschaft aufgrund stagnierender bis sinkender Nachfrage rückläufig.

Herkunft: Julius Kühn-Institut, Institut für Rebenzüchtung Geilweilerhof, Siebeldingen/Pfalz. Die Rebsorte Regent ist in allen deutschen Weinbaugebieten klassifiziert.

Sortenschutz und Sortenliste: Sortenschutz wurde 1994 erteilt und 1995 in die Sortenliste eingetragen. Im Jahr 1996 wurde der gemeinschaftliche Sortenschutz für den Bereich der EU-Länder erteilt. Mittlerweile für alle deutschen Anbaugebiete klassifiziert.

Züchter: Gerhard Alleweldt. Zuchtjahr 1967

Kreuzung: (Silvaner x Müller-Thurgau) x Chambourcin.

Sortenname: Regent, frühere Zuchtnummer: Gf. 67-198-3.

Allgemeine Sortenbeschreibung: Die gute Widerstandsfähigkeit gegenüber den wichtigsten weinbaulichen Pilzkrankheiten, dem Echten und dem Falschen Mehltau, ermöglicht eine deutliche Reduzierung des Pflanzenschutzaufwandes um ca. 60-80%. Bei länger andauernden Witterungsperioden, die der Pilzentwicklung sehr förderlich sind (Falscher Mehltau: schwülwarme Perioden mit nassem Laub; Echter Mehltau: hohe Temperaturen in Kombination mit zeitweise hoher Luftfeuchtigkeit, jedoch kein nasses Laub), sind unter Umständen Pflanzenschutzmaßnahmen erforderlich. Die Praxiserfahrungen zeigen, dass in aller Regel eine bis maximal drei Behandlungen ausreichend sind. Austriebsbehandlungen zur Bekämpfung der gelegentlich auftretenden Phomopsis viticola können bei entsprechender Mittel- und Terminauswahl in diesem frühen Entwicklungsstadium oftmals sehr effektiv mit einer Bekämpfung des Echten Mehltaus kombiniert werden. Die Botrytisfestigkeit ist mittel bis gut. Bei einem diesbezüglichen Sortenvergleich ist die Reifeentwicklung zu beachten. Da Regent früh reift, ist die Botrytisfestigkeit, bezogen auf die Reifeentwicklung, im Vergleich zu den wichtigsten anderen deutschen Rotweinsorten in der Regel besser.

Sortenmerkmale: Der Austrieb ist im Vergleich zu Müller-Thurgau etwas

*pilzwiderstandfähig

früher. Bei geringer Geiztriebbildung und mittlerer Wüchsigkeit erleichtert der aufrechte Wuchs die Laubarbeiten. Die Blühfestigkeit ist mittel. Die Beerenreife ist mittelfrüh, kurz vor bzw. mit dem Portugieser. Die mittelgroße Traube ist im Vergleich zum Spätburgunder weniger kompakt. Die Beeren sind klein bis mittel, mit Spätburgunder vergleichbar. Im fortgeschrittenen Reifestadium lösen sich die Beeren leicht vom Traubengerüst.

Eigenschaften der Sorte:

In der Aufbauphase kann Mg-Mangel auftreten: Häufiger werden bei Regent vor allem in den ersten Standjahren Magnesium-Mangelsymptome beobachtet. Die vielfach deutlichere Ausprägung bei Regent ist in Verbindung zu bringen mit dem im Vergleich zu anderen Sorten meist außerordentlich raschen und kräftigen Wachstum im Pflanzjahr. Der dadurch mögliche Anschnitt eines Stämmchens kann bereits im zweiten Standjahr zu einer Ertragsbelastung führen, wodurch das Ungleichgewicht zwischen Wurzelwachstum und oberirdischem Wachstum verstärkt wird. Dies führt zu einer unzureichenden Magnesiumaufnahme durch die Wurzel und äußert sich in den bekannten Mangelsymptomen am Blatt. Die bisherigen Erfahrungen zeigen jedoch, dass mit fortschreitendem Alter der Anlage die Symptome zurückgehen und in der Regel nach dem 5. bis 7. Standjahr gänzlich verschwunden sind.

Ertrag und Qualität: Nach den bisherigen Erfahrungen ist der Ertrag mit dem des Spätburgunders vergleichbar, liegt jedoch deutlich unter dem des Portugiesers. Das durchschnittliche Mostgewicht liegt bei ca. 80-85 °Oechsle und damit deutlich über dem des Spätburgunders und dem des Portugiesers. Die Säurewerte betragen durchschnittlich ca. 8 g/l Wein. Es sind milde, samtige, gut gefärbte Rotweine von hoher Qualität, die nicht selten den Spätburgunder übertreffen.

Erzielt hohe Zucker- und Farbwerte: Eine Besonderheit von Regent ist neben dem durchschnittlich höheren Zuckergehalt auch der höhere Farbstoffgehalt der Beeren. Diese Eigenschaften begünstigen bei entsprechend hochwertigem Lesegut die Erzeugung von besonders kräftigen, ausdrucksvollen und lagerfähigen Weinen. Eine 100%ige Vergärung des Zuckers auf der Maische führt in solchen Fällen zu äußerst farbintensiven, vollen, aber auch gerbstoffbetonten Weinen, die eine entsprechende anschließende Lagerzeit, z.B. im Barrique, benötigen. Es ist dabei selbstverständlich, dass solch ein Weintyp erst nach einigen Jahren seinen Höhepunkt erreichen wird.

Kellerwirtschaftliche Aspekte: Wie bei allen Rotweinsorten ist auch bei Regent gesundes und reifes Lesegut eine wichtige Voraussetzung für die Gewinnung harmonischer und reintöniger Weine mit optimaler Qualität. Die Kurzformel „Qualität beginnt im Weinberg“ gilt auch für Regent uneingeschränkt. Ist eine frühe Vermarktung bereits im Jahr nach der Ernte vorgesehen, so ist die Maischeerhitzung zu bevorzugen. Dieses Verfahren sollte generell auch dann gewählt werden, wenn das Lesegut Botrytisbefall aufweist. Alternativ kann auch eine kurzfristige Maischegärung (bis maximal 30 % des Mostzuckers vergoren sind) durchgeführt werden. Diese Ausbauvarianten bedingen, dass die Gerbstoffe nicht zu sehr dominieren, die Weine mehr Frucht haben und somit bereits früher ihre optimale Reife erreichen. Sollen die Weine später vermarktet werden, so ist eine längere Maischegärung von 7 bis 10 Tagen bis zur vollständigen Vergärung des Mostzuckers anzustreben. Voraussetzung hierfür ist natürlich entsprechend reifes und gesundes Lesegut. Auf diese Weise werden höhere Extraktwerte und ausgeprägte Gerbstoffgehalte erzielt, für deren optimale Einbindung längere Lagerzeiten erforderlich sind. Derartige Weine bieten eine gute Voraussetzung für den Barrique-Ausbau. Generell gilt, dass eine Holzfasslagerung die Reifeentwicklung positiv beeinflusst. Die Schwefelbestimmung sollte vor allem dann, wenn der Wein sehr farbintensiv ist, in einem Fachlabor erfolgen, da die Reduktone zu berücksichtigen sind. Ansonsten besteht die Gefahr, dass der Gehalt an freier schwefeliger Säure zu gering ist. Zur Sektherstellung eignen sich nach den vorliegenden Erfahrungen am besten Weißherbste oder Roséweine.

Anbauempfehlung: In Abhängigkeit von der Bonität des Bodens ist eine entsprechend wüchsige Unterlage (125 AA und 5 BB) zu wählen. Der Anschnitt sollte bei 6-8 Augen/qm liegen. Wegen der frühen Reife, des ansprechenden Mostgewichtes und der hohen Winterfrostigkeit ist die Sorte auch für Rotweinrandlagen geeignet. Zur Vermeidung von Verrieselungsschäden sollten jedoch auf alle Fälle kalte, windoffene Lagen gemieden werden. Sie ist eine aussichtsreiche pilzresistente Sorte mit ausgesprochen hoher Qualität und einem romanischen Weinstil. Der Regent ist von der Farbe, dem Geschmack und seinem Rotweinaroma eine hervorragende Rotweinsorte.
Der Regent neigt zu hohen Erträgen (bis zu vier Trauben/Trieb), welche vor allem in jüngeren Anlagen zu starken Stocküberlastungen führen können, die nicht selten mit einer nachhaltigen Schädigung der Rebe verbunden sind.

Geschichte der Rebsorte REGENT

1967	Kreuzung: Diana* (B) x Chambourcin (N)
1969	Auspflanzung ins Sämlingsquartier
1972	Selektion des Einzelstockes
1973	Übernahme in Vorprüfung
1981	Übernahme in Zwischenprüfung
1985	Erstellung der ersten Versuchsanlage
1989	Anmeldung zum Sortenschutz und zur Eintragung in die Sortenliste
1994	Erteilung des Sortenschutzes
1995	Eintragung in die Sortenliste
1996	Zulassung für Qualitätsweinproduktion; Klassifizierung für rheinland-pfälzische Weinbaugebiete; Erteilung des europäischen Sortenschutzes
1997	Klassifizierung für Baden und Württemberg
2002	Zulassung für alle Deutschen Anbaugebiete

Regent ist eine Kreuzung zwischen der Vitis vinifera Sorte Diana, die wiederum aus einer Kreuzung zwischen Silvaner und Müller-Thurgau hervorgeht, und Chambourcin. Chambourcin gehört zur großen Gruppe der sogenannten „französischen Hybriden“. Wegen ihrer guten Pilztoleranz und ihrer befriedigenden Weinqualität hebt sie sich von der Mehrzahl der französischen Hybriden ab.

Reberger*

Herkunft: Julius Kühn-Institut, Institut für Rebenzüchtung Geilweilerhof, Siebeldingen/Pfalz.

Sortenschutz und Sortenliste: 2004 Erteilung des Sortenschutzes und Anmeldung zur Sortenliste.

Züchter: Rudolf Eibach und Reinhard Töpfer.

Kreuzung: Regent x Lemberger. Zuchtjahr 1986.

Sortenname: Reberger leitet sich aus der ersten Silbe der Muttersorte Regent und den letzten Silben der Vatersorte Lemberger ab, frühere Zuchtnummer: Gf.86-2-60.

Allgemeine Sortenbeschreibung: Die Widerstandsfähigkeit des Rebergers gegenüber dem Echten und dem Falschen Mehltau ist als mittel einzustufen. Dies bedeutet, dass die Bekämpfung dieser Pilzkrankheiten im Allgemeinen stark reduziert werden kann. Nach bisherigen Erfahrungen sind Einsparungen des Pflanzenschutzaufwandes im Vergleich zu traditionellen Sorten um etwa 50 bis 70% möglich. Die Botrytisfestikeit ist mittel. Bedingt durch die frühe Reife steigt die Botrytisgefährdung bei feucht-warmen Witterungsperioden im September.

Sortenmerkmale: Austrieb und Reife etwa mit Regent. Der Wuchs ist mittel bis kräftig, die Geiztriebbildung gering. Die Traube ist locker, das mittlere Traubengewicht liegt bei etwa 120 g.

Ertrag und Qualität: Nach den bisherigen Erhebungen am Geilweilerhof ist der Ertrag im Vergleich zu Regent geringer. Im Mittel über 12 Jahre lag der Ertrag gegenüber Regent um 20% niedriger. Allerdings übertraf das Mostgewicht mit durchschnittlich 92° Oechsle um 10° Oechsle den Regent. Die Säure erreichte im Mittel 8,5 g/l und lag damit um 10% über Regent.

Wein: Die Reberger Weine sind kräftig und nachhaltig mit gut eingebundenen Tanninen und feinen Fruchtaromen. Sie erinnern vom Typ vielfach an Lemberger, sind jedoch in der Regel farbintensiver. Die Weine sind sehr harmonisch und eignen sich für eine frühe Vermarktung.

*pilzwiderstandfähig

Calandro*

Herkunft: Julius Kühn-Institut, Institut für Rebenzüchtung Geilweilerhof, Siebeldingen/Pfalz.

Sortenschutz und Sortenliste: 2009 Sortenschutz erteilt und 2005 Anmeldung zur Sortenliste.

Züchter: Rudolf Eibach und Reinhard Töpfer.

Kreuzung: Domina x Regent. Zuchtjahr 1984.

Sortenname: Calandro: Phantasiebezeichnung; frühere Zuchtnummer: Gf.84-58-1233.

Allgemeine Sortenbeschreibung: Die Widerstandsfähigkeit des Calandro gegenüber dem Falschen Mehltau ist mittel und gegenüber dem Echten Mehltau mittel bis hoch. Dies erlaubt eine deutliche Reduktion der Pilzbekämpfungsmaßnahmen. Die bisherigen Erfahrungen zeigen, dass Einsparungen des Pflanzenschutzaufwandes im Vergleich zu traditionellen Sorten um zirka 50 bis 70% möglich sind. Trotz der recht kompakten Traube ist die Botrytisfestigkeit mittel bis gut. Ungünstige Witterungsbedingungen im September können jedoch in kompakten Trauben zu sich ausbreitenden Botrytisnestern führen.

Sortenmerkmale: Austrieb und Reife etwa mit Regent. Der Wuchs ist mittel bis kräftig, die Geiztriebbildung gering. Der aufrechte Wuchs erleichtert die Laubarbeiten. Die Traube ist im Vergleich zu Regent etwas kompakter, das mittlere Traubengewicht liegt bei etwa 150 g.

Ertrag und Qualität: Die über einen Zeitraum von 1995 bis 2007 erhobenen Leistungsdaten am Geilweilerhof ergeben einen im Vergleich zu Regent ca. 15% geringeren Ertrag. Dem gegenüber sind sowohl das Mostgewicht mit 87° Oechsle um 6% als auch die Säure mit 8,6 g/l um 12% erhöht.

Wein: Der Weintyp ist mediterran, die Weine sind gehaltvoll, stoffig, gerbstoffreich und farbkräftig; sie ähneln in ihrer Art vielfach südlichen Rotweinen. Der hohe Tanningehalt erfordert eine längere Reifephase; sehr gut geeignet für einen Barriqueausbau; Aromengemisch aus Beerenfrüchten und rauchigen Noten; lange Lagerfähigkeit.

*pilzwiderstandfähig

Staatliches Weinbauinstitut, Freiburg

Die Sorte Freisamer ist die älteste Neuzucht des Staatlichen Weinbauinstituts. Sie wurde im Jahre 1916 von Prof. Dr. Karl Müller gekreuzt, der vier Jahre später, im Jahre 1920, das "Badische Weinbauinstitut" gründete und dessen erster Direktor war. Schon im Gründungsaufruf des Instituts wurde Züchtung krankheitswiderstandsfähiger Reben gefordert.
Von 1937 bis 1972 stand die Freiburger Züchtung unter der Leitung von Dr. Johannes Zimmermann. Dr. Zimmermann widmete sich neben der Züchtungsarbeit grundlegenden wissenschaftlichen Fragen der Frühselektion sowie der Affinität und der Adaption.
Von 1972 bis 2000 wurde die Freiburger Züchtung von Dr. Norbert Becker geleitet, der u. a. auch mit seinen wissenschaftlichen Arbeiten zur weinbaulichen Standortforschung bekannt geworden ist. Seit 2001 liegt die Freiburger Rebenzüchtung in den Händen von Dr. Volker Jörger. In den letzten Jahren hat die Freiburger Züchtung beachtliche Erfolge mit pilzwiderstandsfähigen Neuzüchtungen erzielt, wobei neue Züchtungen der Weinwirtschaft zurückhaltend und nach intensiver Prüfung angeboten werden.
Ein weiterer Schwerpunkt der Freiburger Zuchtarbeit liegt in der Erhaltungszüchtung der klassischen Ertrags- und Unterlagensorten und in der Schaffung von Unterlagen-Neuzüchtungen. Wegen der starken Betonung der Resistenzzüchtung und der geringen Bedeutung von Neuzuchten in den badischen Anbaugebieten hat die Freiburger Züchtung nur wenige Europäer-Kreuzungen an die Praxis gegeben.

Freiburger Neuzüchtungen

Weißweinsorten	Rotweinsorten
Freisamer	Deckrot
Nobling	Prior*
Merzling*	Baron*
Johanniter*	Monarch*
Bronner*	Cabernet Cortis*
Solaris*	Cabernet Carbon*
Helios*	Cabernet Cantor*
Muscaris*	Cabernet Carol*
Sauvignin gris*	Piroso*

* pilztolerantwiderstansfähig

Weißweinsorten

Freisamer

Verbreitung: Der Freisamer ist eine Neuzüchtung, die als Verbesserung des früher sehr ertragslabilen Ruländer gedacht war. Die erfolgreiche Klonenselektion des Ruländers hat ihn fast überflüssig gemacht. Der Freisamer hat deshalb eine nur begrenzte Verbreitung gefunden. In jüngster Zeit haben ihn einige Betriebe als Spezialität wieder in den Anbau genommen. Anbaufläche im Jahr 2000 14 ha und in 2008 4 ha.

Herkunft: Staatliches Weinbauinstitut, Freiburg.

Sortenschutz und Sortenliste: Sortenschutz und Eintragung in die Sortenliste 1962. Klassifiziert für alle deutschen Anbaugebiete, ausgenommen Württemberg und Saale-Unstrut. Der Sortenschutz ist inzwischen abgelaufen.

Züchter: Prof. Dr. Karl Müller. Zuchtjahr 1961.

Kreuzung: Silvaner x Ruländer

Sortenname: Die Sorte lief zunächst unter der Zuchtnummer FR. 21-5 und wurde später als Freiburger bezeichnet. Im Jahre 1958 erfolgte, aus saatgutrechtlichen Gründen, eine Umbenennung in Freisamer. Dieser Name ist gebildet aus Freiburg und Dreisam.

Sortenmerkmale: Triebspitze offen, dicht weißwollig bis spinnwebig, filzig; Blatt burgunderartig, mittel bis groß, dreilappig bis schwach fünflappig, schwach gebuchtet, Rand stumpf gezähnt, Stielbucht V-förmig bis geschlossen; Holz gelbbraun bis rotbraun; Traube mittel, grüngelb, mitteldichtbeerig; Beere mittel bis klein, länglich, ohne deutliches Sortenbukett; Austrieb mittelfrüh; Blüte spät, Blühfestigkeit mittelgut; Reife mittelfrüh; Wuchs mittel; Ertrag mittelhoch; Holzreife gut; Chlorosefestigkeit mittel.

Eigenschaften der Sorte

Ansprüche an die Lage: Diese sind als mittel zu bezeichnen. Man kann sie mit denen des Silvaners vergleichen. Das Weinbauinstitut Freiburg empfiehlt eine etwas bessere Lage, da infolge der guten Fruchtbarkeit mit 3 bis 4 Trauben je Trieb, die 3. und 4. Traube nicht voll ausreifen und dann einen "Holzton" hervorrufen.

Ansprüche an den Boden: Die Sorte kann auf allen Böden angebaut werden. Der Freisamer hat einen hohen Kalibedarf.

Krankheitsanfälligkeit: Die Widerstandsfähigkeit gegen Peronospora und Schwarzfleckenkrankheit ist mit der des Riesling vergleichbar, ist also gut. Für Oidium ist eine leichte Schwäche vorhanden.

Botrytisanfälligkeit: Beerenbotrytis tritt nur unter ungünstigen Verhältnissen auf. Es kommt aber nicht zum Auslaufen der Beeren, sondern zu einem Einschrumpfen. Die Anfälligkeit gegen Stielerkrankungen ist mittel bis stark.
Frostfestigkeit: Die Winterfrostfestigkeit ist infolge einer meist guten Holzreife ausreichend bis gut zu nennen. Da der Austrieb mittelfrüh ist, gehört der Freisamer zu den maifrostgefährdeten Sorten.

Erziehung: Das Wachstum ist nicht zu stark, aber aufrecht und verlangt keine zusätzlichen Heftarbeiten. Die Geiztriebbildung ist mittel. Die Sorte ist für Licht und Luft dankbar. Bei einer Gassenbreite von 2,00 m bis 2,00 sind hierfür Stockabstände von 1,00 bis 1,20 m und eine Stammhöhe von 70 bis 80 cm geeignet. Wilde Triebe und Beiaugen sind fruchtbar. Als Anschnitt werden zwei Fruchtruten als Halb- oder Flachbogen empfohlen. Der Sorte wird vorwiegend keine Eignung für die Weitraumerziehung zugesprochen, was aber nicht durch exakte Versuche untermauert ist. In der Erziehung als Pendelbogen ist bestimmt eine Weitraumerziehung möglich.

Unterlagen: Geeignet sind SO 4, 5 C und 125 AA. Auf der 5 BB kann es zu Verrieselungen kommen, so dass diese Unterlage nur für wuchsschwache, flachgründige, trockene Böden geeignet ist.

Ertrag: Nur auf zu starkwüchsigen Unterlagen treten Verrieselungen auf. Auf geeigneten Unterlagen ist der Freisamer sehr blühfest und ertragstreu. Nach den Untersuchungen des Weinbauinstitutes Freiburg liegt der Ertrag etwa auf der Höhe des Ruländers. Er erreicht nicht immer den des Silvaners. Im Mittel der Versuche liegt der Ertrag bei Freisamer um 56 hl/ha und beim Silvaner um 74 hl/ha. An der Nahe und in Rheinhessen wird der Silvaner im Ertrag übertroffen. Die Mostausbeute beträgt etwa 70%.

Reife: Mit Silvaner.

Ernte: Da die Trauben nicht schnell zusammenfaulen, kann die Ernte nach der des Silvaners erfolgen. Auf diese Weise kommt man zu sehr guten Qualitäten. Bei hohem Fruchtansatz müssen die 1. und 2. Traube gesondert gelesen werden, da die 3. und 4. Traube nicht voll ausreifen und dann einen Holzton hervorrufen. Qualitätsorientierte Anbauer schneiden die 3. und 4. Traube nach einer gut verlaufenen Blüte ab.

Qualität: Das Mostgewicht erreicht die Höhe des Ruländers. Es liegt im Vergleich zum Silvaner mindestens 10 Grad höher, meistens sogar darüber. Nach den Angaben von Freiburg brachte der Freisamer 1963 bei 172 kg/ar 94° Oechsle, der Silvaner bei 173 kg/ar nur 70° Oechsle. Der Freisamer hat die Eigenschaft, dass er bei hohem Ertrag in der Mostgewichtsleistung nicht abfällt. Die absolute Höhe des Mostgewichts liegt in den Freiburger Versuchen zwischen 80 Grad und 102 Grad, an der Nahe zwischen 80 Grad und 90 Grad. Die Säure übertrifft mit 7,6 bis 9,2 g/l in Freiburg die des Silvaners um 0,5 bis 1 g/l, jedoch kaum die des Ruländer (8,1 bis 9,1 g/l). In kleinen Lagen sinkt die Säure nicht unter 10 bis 13 g/l. An der Nahe liegt der Mittelwert um 10 g/l.

Wein: Der Wein ist geschmacksneutral, extraktreich, hat Fülle und Rasse. J. Zimmermann charakterisiert ihn mit folgenden Worten: "Der Wein erreicht in der Qualität den Ruländer und übertrifft durch seine Fülle den Silvaner“. Er ist von feiner, lieblicher und ansprechender Art und eignet sich zum Verschnitt”. In einem Gebiet mit Rieslingcharakter liefert er anstelle des Silvaners die rassigeren und damit rieslingähnlicheren Weine. Unreife Weine haben eine spitze Säure und einen Holzton im Geschmack. Echte Qualität beginnt ab 80 °Oechsle. Wegen des hohen Mostgewichts und des neutralen, stoffigen Weincharakters eignet sich der Freisamer gut zur Herstellung von Süßreserve.

Vorteile: Auch in geringen Jahren werden Mostgewichte über 70 °Oechsle erreicht. Weinbautechnisch eine problemlose Sorte. Ertragssicher.

Nachteile: In sehr geringen Jahren kommen die 3. und 4. Traube nicht voll zur Ausreife und verleihen dem Wein dann einen leichten Holzton. Sie müssen daher getrennt geerntet oder besser nach der Blüte entfernt werden.

Anbauwert: In mittleren Lagen kann der Freisamer, bei sachgemäßer Ernte, bessere Qualitäten liefern, die in der Prädikatsweingruppe stehen. Die Sorte konnte sich in der Praxis nicht durchsetzen. Der Anbau ist rückläufig.

Nobling

Verbreitung: Die Rebsortenstatistik weist 1994 für die BRD einen Anbau von 128 ha, für das Jahr 2000 106 und für 2008 noch 63 ha aus. Sie ist praktisch nur im badischen Markgräferland zu finden (62 ha), wo sie sich neben dem Gutedel zu einer Spezialsorte, insbesondere für die Sektbereitung, entwickelt hat.

Herkunft: Staatliches Weinbauinstitut Freiburg.

Sortenschutz und Sortenliste: Eintragung in die Sortenliste 1971. Klassifiziert für alle deutschen Anbaugebiete, ausgenommen Württemberg und Saale-Unstrut.

Züchter: Dr. J. Zimmermann. Kreuzungsjahr 1940

Kreuzung: Silvaner x Gutedel. Frühere Zuchtnummer Fr. 128-40.

Sortenmerkmale: Später und oft ungleichmäßiger Austrieb; mittlerer bis starker Wuchs, starke Geiztriebbildung; sehr späte Blüte und mittelfrühe Reife; mittel bis stark gelapptes Blatt; mittelgroße dichtbeerige Traube und grüne, mittel bis große Beeren; hoher Traubenertrag bei mittleren Mostgewicht und Säuregehalt; mittlere Holzreife und geringe Winterfestigkeit, daher nicht geeignet für Gebiete mit starken Winterfrösten.

Eigenschaften der Sorte

Ansprüche an die Lage: Mittel bis hoch. In geringen Jahren besteht die Gefahr, dass die Trauben ungleichmäßig ausreifen.

Ansprüche an den Boden: Verträgt keine trockenen Böden und sollte daher auf mehr tiefgründige Standorte gepflanzt werden. Chloroseempfindlich.

Holzreife: Mittelmäßig. Augenerfrierungen möglich.

Winterfrostfestigkeit: Gering. Im Winter 1984/85 traten schwere bis totale Frostschäden auf.

Spätfrostempfindlichkeit: Durch späten Austrieb nicht sehr hoch. Austrieb zunächst zögernd und etwas ungleichmäßig, später aber sich ausgleichend.

Krankheitsanfälligkeit: Keine Überempfindlichkeit. Bei Nässe werden die Blätter vorübergehend gelblich, mittlere Oidiumanfälligkeit.

Botrytisanfälligkeit: Mittel bis hoch. Durch ein festes Stielgerüst der Trauben nur geringe Neigung zur Stiellähme und Stielfäule.

Schädlinge: Sehr anfällig gegen Rhombenspanner.

Austrieb: Spät, bis 8 Tage nach Silvaner, ungleichmäßig.

Wuchs: Mittelstark, bei starker Geiztriebbildung.

Erziehung: Für Normal- und Weitraumerziehung geeignet. Im 2. und 3. Jahr soll nicht zu stark angeschnitten werden, weil sonst, wegen der hohen Beanspruchung durch reichen Ertrag, die Stöcke geschwächt werden und auch eingehen können.

Unterlagen: Zu SO 4 hat die Sorte eine gute Affinität. Dasselbe gilt für 125 AA, 5 BB und 5 C.

Reife: Früh bis mittelfrüh, also zwischen Müller-Thurgau und Silvaner.

Ernte: Etwa wie Silvaner, bis leicht darüber, durchschnittlich 85 hl/ha.

Qualität: Mostgewicht bis 10 °Oechsle über Silvaner. Es steigt zunächst stark an, stagniert aber dann. Die Säure ist etwa 1 g/l höher als beim Silvaner.

Wein: Fruchtig, körperreich, feines Bukett mit deutlicher Eigenart. Die Frucht der Beere findet sich nicht immer im Wein wieder. Sehr gut zur Gewinnung von Spät- und Auslesen geeignet. Echte Qualität beginnt erst bei 80 – 85 °Oechsle.

Anbauwert: Nobling hat sich zu einer Spezialsorte des badischen Markgräflerlandes entwickelt. Die Sorte braucht das feuchtwarme Klima dieser Region. In anderen Anbaugebieten hat sie sich nicht durchgesetzt.

Merzling*

Verbreitung: Im Jahr 2008 betrug die Anbaufläche 5 ha.

Herkunft: Staatliches Weinbauinstitut Freiburg.

Sortenschutz und Sortenliste: Sortenschutz und Eintragung in die Sortenliste erfolgten 1995. Ist in allen deutschen Anbaugebieten klassifiziert.

Züchter: Dr. J. Zimmermann. Kreuzungsjahr 1960.

Kreuzung: Seyve-Villard 5-276 x (Riesling x Ruländer). „Seyve Villard" ist der Name eines französischen Rebzuchtbetriebes in Saint-Vallier an der Drôme.

Sortenname: Der Sortenname nimmt

*pilzwiderstandfähig

Bezug auf den Standort der Freiburger Rebenzüchtung, die Gemarkung Merzhausen (frühere Zuchtnummer FR 993-60).

Sortenmerkmale: Wuchs kräftig, aufrecht, geringe Geiztriebbildung; derbes, kräftiges, dunkelgrünes Laub; mittelgroße bis große, fünflappige Blätter mit überlappender Stielbucht; gute Holzreife; gute Winterfrostfestigkeit; Austrieb etwa parallel zu Müller-Thurgau, gute Beiaugenfruchtbarkeit; Trauben groß, mit mittelgroßen bis großen, saftreichen Beeren; starkes Stielgerüst; keine Anfälligkeit für Stiellähme und Stielfäule.
Ertrag: Ertrag entspricht dem der Rebsorte Müller-Thurgau, ist jedoch wegen besserer Frosthärte konstanter.

Reifezeit: Etwa mit Müller-Thurgau (dabei +5 °Oechsle und +1 g/l Säure gegenüber Müller-Thurgau).

Pilzwiderstandsfähigkeit: Gute Widerstandsfähigkeit gegen Oidium und Peronospora. Anbau ohne Fungizideinsatz möglich; bei hohem Infektionsdruck kann es zu Peronospora-Befall am Reblaub kommen. Die Befallsstellen werden i.d.R. durch Nekrotisierung des Blattgewebes abgeriegelt. Bei guter Blüte, früher Reife und reichlicher Bodenfeuchte kann sich Botrytis an den reifenden Trauben entwickeln. Das starke Traubenstielgerüst zeigt keine Anfälligkeit für Stiellähme oder Stielfäule.

Wein: Fruchtig, stoffig, weitgehend neutral, mit reifer eingebundener Säure, unterschiedlich zu Müller-Thurgau.

Empfehlung: Bevorzugt Müller-Thurgau-Standorte.

Johanniter*

*pilzwiderstandfähig

Verbreitung: Im Jahr 2008 lag die Anbaufläche bei 65 ha.

Herkunft: Staatliches Weinbauinstitut Freiburg.

Sortenschutz und Sortenliste: Sortenschutz seit 1997 (BRD) und seit 1997 (CH), seit 2000 in Baden-Württemberg, der Hessischen Bergstrasse und dem Rheingau klassifiziert sowie seit 2002 auch in den anderen deutschen Anbaugebieten zum Anbau zugelassen.

Züchter: Dr. J. Zimmermann. Kreuzungsjahr 1968.

Kreuzung: Riesling x (Seyve-Villard 12-481 x (Ruländer x Gutedel).

Sortenname: Der Sortenname wurde in Erinnerung an den langjährigen Leiter der Freiburger Rebenzüchtung, Herrn Dr. Johannes Zimmermann, gewählt (frühere Zuchtnummer FR 177-68).

Sortenmerkmale: Wuchs, Erscheinungsbild ähnlich dem Riesling; Blätter tief gebuchtet, fünflappig, derb, mattgrün mit blasiger Oberfläche; gute Winterfrostfestigkeit; Austrieb früher als beim Riesling, spätfrostgefährdet; Trauben mittelgroß, walzenförmig, kompakt, jedoch länger als die Rieslingtraube; kleine dunkle "Reife-Punkte" auf den Beeren; Reifezeit vor Riesling beginnend.

Mostgewicht: Im Vergleich zum Riesling Vorsprung von 7 °Oechsle, in geringen Jahren bis 10 °Oechsle.

Säure: Ca. 2,5 g/l geringer als beim Riesling.
Ertrag: Riesling ähnlich.

Pilzwiderstandsfähigkeit: Hohe Widerstandsfähigkeit gegen Oidium und Peronospora. Anbau ohne Fungizideinsatz im Durchschnitt der Jahre möglich. Bei hohem Befallsdruck reduzierte Pilzbekämpfung notwendig.

Wein: Kräftig, fruchtig, neutral bis Riesling – ähnlich bukettiert; gute Bewertung bei Vergleichsproben.

Empfehlung: Pflanzung in mittlere bis gute, nicht spätfrostgefährdete Lagen. Zur Zeit vom Wein und Gesamteindruck die am besten beurteilte pilzwiderstandsfähige Weißweinsorte aus der Freiburger Rebenzüchtung.

Bronner*

*pilzwiderstandfähig

Verbreitung: Die Anbaufläche lag im Jahr 2008 bei 3 ha.

Herkunft: Staatliches Weinbauinstitut Freiburg.

Sortenschutz und Sortenliste: Sortenschutz seit 1997 sowie 1999 in der Sortenliste eingetragen. Seit 2002 für alle deutschen Anbaugebiete zum Anbau zugelassen, außer Baden, Württemberg und Saale-Unstrut.

Züchter: Dr. N. Becker. Kreuzungsjahr 1975.

Kreuzung: Merzling x Gm 6494 (frühere Zuchtnummer FR 250-75). Gm 6494 = Saperavi servernyi x St. Laurent. Saperavi servernyi = russische Zuchtsorte mit Erbgut der asiatischen Vitis amurensis.

Sortenmerkmale: Wuchs sehr kräftiger Wuchs, Blätter groß, fünflappig, dunkelgrün; Austrieb relativ früh, spätfrostgefährdete Lagen sind zu meiden; Holzfärbung sehr früh, Holzreife und Frostfestigkeit sehr gut; Trauben mittelgroß, meist geschultert mit mittelgroßen Beeren, hohes Traubengewicht; Reifezeit, Blüte und Beerenentwicklung etwa 1 Woche vor den Standardsorten; Beerenreife eher spät, etwa 1 Woche nach Ruländer und Weißburgunder.

Mostgewicht: Mostgewicht liegt etwa im Bereich von Ruländer und Weißburgunder

Säure: Säure liegt etwa im Bereich von Ruländer und Weißburgunder

Ertrag: Ertrag überschreitet das Niveau von Ruländer und z. T. auch von Weißburgunder; hohes Einzeltraubengewicht, daher Traubenzahl pro Stock begrenzen.

Pilzwiderstandsfähigkeit: Sehr hohe Widerstandsfähigkeit gegen Peronospora, selbst bei hohem Infektionsdruck befallsfrei, hohe Widerstandsfähigkeit gegen Oidium und sehr gute Botrytisfestigkeit der Trauben.

Wein: Stoffig, kräftig, fruchtig, Ähnlichkeit zu Weißburgunder vorhanden.
Empfehlung: Pflanzung in burgunderfähige Standorte mit eher guter Wasserversorgung, stark trockenheitsgefährdete Standorte meiden. Vom Resistenzpotential mit das höchste Niveau der derzeit vorhandenen Freiburger Züchtungen.

Solaris*

Verbreitung: Im Jahr 2008 beträgt die Anbaufläche 59 ha.

Herkunft: Staatliches Weinbauinstitut Freiburg.

Sortenschutz und Sortenliste: Sortenschutz seit 2001. Seit 2004 in die Sortenliste eingetragen. Ist mit Ausnahme von Württemberg für alle deutschen Anbaugebiete klassifiziert.

Züchter: Dr. N. Becker

Zuchtnummer: FR 240-75. Kreuzungsjahr 1975

Kreuzung: Merzling x Gm 6493. Gm 6493 = Sypernavi servernyi = russische Zuchtsorte mit Erbgut der asiatischen Vitis amurensis.

Sortenname: Die Nutzung der Strah-

*pilzwiderstandfähig

lenenergie zur frühen Reife und zu außergewöhnlich hoher Zuckerleistung haben die Namensgebung mit geprägt (frühere Zuchtnummer FR 240-75).

Sortenmerkmale: Sehr kräftiger Wuchs, Triebe wenig rankend, nicht ganz aufrecht; Blätter groß, dichtstehend, dreilappig, kräftig-derbe Struktur; Austrieb früh; Holzfärbung früh, Holzreife und Frostfestigkeit sehr gut; Trauben mittelgroß, kaum geschultert mit mittelgroßen, in der Reife grün-gelben Beeren; Blüte, Beerenentwicklung und Reifezeit etwa 1 Woche vor den Standardsorten; Beerenreife sehr früh, mit sehr hoher Zuckerkonzentration; in der ersten Septemberdekade bereits über 100 °Oechsle.

Mostgewicht: Mostgewicht liegt sehr hoch, in der ersten Septemberdekade bereits über 100° Oechsle, Anfang Oktober i.d.R. um 130° Oechsle.

Säure: Säure liegt etwa im Bereich von Ruländer

Ertrag: Ertragsniveau liegt im Bereich zwischen Ruländer und Müller-Thurgau.

Pilzwiderstandsfähigkeit: Sehr hohe Widerstandsfähigkeit gegen Peronospora und Oidium. Trotz des hohen Mostgewichts zeigen die Trauben eine ausgeprägte Botrytisfestigkeit.

Wein: Stoffig, sehr kräftig und gehaltvoll, ausgeprägte Fruchtigkeit durch Maischestandzeit und kühle Gärung. Eignet sich sehr gut als Dessertwein.

Empfehlung: Solaris bringt durch frühe Reife auch auf weniger guten Standorten vollreifes Traubengut, liefert frühzeitig "Neuen Süßen", birgt Möglichkeiten für Süßreserve und bringt ausdrucksstarke, bei guter Kellertechnik fruchtig reife Weine hervor. Als sehr gehaltvoller Cuvée-Partner auch für Riesling, Weißburgunder und Ruländer geeignet. Vom Resistenzpotential zusammen mit Bronner mit das höchste Niveau der derzeit vorhandenen Freiburger Züchtungen. Auch als Tafeltraube bestens geeignet.

Helios*

Herkunft: Staatliches Weinbauinstitut Freiburg,

Sortenschutz und Sortenliste: Besitzt Sortenschutz seit 2004 und wurde 2005 in die Sortenliste des Bundessortenamtes eingetragen. Ist für sämtliche deutschen Anbaugebiete klassifiziert, außer Baden und Württemberg.

Züchter: Dr. N. Becker Kreuzungsjahr 1973

Kreuzung: Merzling x (Seyve-Villard 12-481 x Müller-Thurgau); frühere Zuchtnummer FR 242-73.

Sortenmerkmale: Wuchs aufrecht, kräftiger als Müller-Thurgau wachsende Sorte; intensiv grün gefärbte, glänzende Blätter, dreilappig und etwas kleiner als bei Müller-Thurgau; Austrieb mittel (Müller-Thurgau); Trauben mittelgroß, wenig geschultert, relativ locker mit relativ kleinen, in der Reife gelb-grünen Beeren; Blüte, Beerenentwicklung und Reifezeit etwa zeitgleich mit Müller-Thurgau; Beerenreife mit bzw. kurz nach Müller-Thurgau bei einem um ca. 10 °Oechsle höheren Mostgewicht; Holzfärbung wie Ruländer, Holzreife gut; Frostfestigkeit gut bis sehr gut.

Mostgewicht: Mostgewicht liegt im mehrjährigen Durchschnitt rund 10° Oechsle über Müller-Thurgau.

Säure: Säure liegt zur Reifezeit etwa 0,5 bis 0,8 g/l über der von Müller-Thurgau.

Ertrag: Ertragsniveau liegt im Bereich zwischen Müller-Thurgau und Ruländer.

Pilzwiderstandsfähigkeit: Hohe Widerstandsfähigkeit gegen Peronospora und gute bis hohe Widerstandsfähigkeit gegen Oidium. Bei hohem Befallsdruck reduzierte Pilzbekämpfung notwendig. Trotz höherem Mostgewicht ausgeprägte Botrytisfestigkeit der Trauben, deutlich geringere Anfälligkeit als Müller-Thurgau.

Wein: Fruchtig, stoffiger Weintyp mit eigenständiger, zarter bis stärkerer Bukett-Ausprägung.

Empfehlung: Helios hat insgesamt geringe Standort- und Lagenansprüche, bringt auch in Müller-Thurgau-Lagen reifes, gesundes Traubengut mit guter Zuckerkonzentration, fruchtiger Säure und reifeabhängiger Bukettierung.

*pilzwiderstandfähig

Muscaris*

Herkunft: Staatliches Weinbauinstitut Freiburg, 2008 Sortenschutz und Eintragung in die Sortenliste beantragt

Züchter: Dr. Norbert Becker

Kreuzung: Solaris x Muskateller Zuchtstamm-Nr. / Kreuzungsjahr: FR 493-87 / 1987

Sortenmerkmale: Der Austrieb ist mit den Burgunder-Sorten gleich, daher weniger spätfrostgefährdet; der Blütezeitpunkt ist annähernd mit Riesling/Burgunder-Sorten gleich; phänologisch ist die Traubenentwicklung und der Traubenschluss mit Riesling/Burgunder-Sorten gleichzusetzen, jedoch unter gleichen Standortverhältnissen vergleichbar; die Neigung zum Verrieseln ist sehr gering; der Reifebeginn ist ähnlich dem Weißburgunder; die Beeren sind mittelgroß und die Beerendichte ist als mittel zu bezeichnen; die einzelnen Trauben sind mittel bis groß, wenig kompakt, maximal Grauburgunder-Größe; die Stiellähmeanfälligkeit ist gering bis teilweise auftretend; die physiologische Traubenreife bzw. die Erntereife der Trauben ist in etwa zeitgleich mit dem Weißburgunder.

Vorläufige Ernteergebnisse

Mostgewicht: Ca. 90 bis 105° Oechsle

Säure: Ca. 6,8 bis 7,5 g/l Mostsäure

Ertrag: Ca. 110 kg/ar (keine Ertragsregulierung erforderlich)

Pilzwiderstandsfähigkeit: Die Peronospora-Pilzfestigkeit ist sehr hoch, nur bei einem sehr starken Infektionsdruck zum Teil Blattbefall, in der Regel keine Behandlung erforderlich. Dagegen ist die Oidium-Pilzfestigkeit relativ hoch, gegebenenfalls ist eine Behandlung erforderlich.

Wein: Ist intensiv bukettiert, Muskat-und Zitrusaromatik mit etwas rauchigen Noten, im Geschmack kräftig-stoffig, mit kräftiger Säure, ca. 15 bis 20° Oechsle über dem Muskateller-Mostgewicht liegend.

*pilzwiderstandfähig

Souvignier gris*

Herkunft: Staatliches Weinbauinstitut Freiburg, 2008 Sortenschutz und Eintragung in die Sortenliste beantragt

Züchter: Dr. Norbert Becker

Kreuzung: Cabernet Sauvignon x Bronner

Zuchtstamm-Nr. / Kreuzungsjahr: FR 392-83 / 1983

Sortenmerkmale: Austrieb mit den Burgunder-Sorten, daher weniger spätfrostgefährdet; Blütezeitpunkt beginnt einige Tage vor dem Grauen Burgunder; die Verrieselungsneigung ist sehr gering; die Traubenentwicklung und der Traubenschluss ist mit dem Grauburgunder vergleichbar; die Beeren sind mittelgroß und die Beerendichte ist relativ gering; die Trauben sind mittelgroß, wenig kompakt und haben eine längliche Walzenform; das Weichwerden der Beeren findet kurz nach dem Weißen Burgunder statt; eine Neigung zur Stiellähme ist sehr gering; die physiologische Traubenreife bzw. die Erntereife ist ziemlich zeitgleich mit dem Weißburgunder.

Vorläufige Ernteergebnisse

Mostgewicht: Ca. 88 bis 98° Oechsle

Säure: Ca. 6,5 bis 8,0 g/l Mostsäure

Ertrag: Bewegt sich zwischen 110 bis 140 kg/ar

Pilzwiderstandsfähigkeit: Besitzt eine sehr hohe Widerstandsfähigkeit gegenüber Peronospora, so dass in der Regel keine Behandlung erforderlich ist, die Oidiumfestigkeit ist hoch und daher nur im Ausnahmefall bzw. bei einem hohen Infektionsdruck eine vorbeugende Behandlung nötig.

Wein: Ist kräftig – stoffig, jedoch weitgehend neutral bis leicht fruchtig.

*pilzwiderstandfähig

Rotweinsorten

Deckrot

Verbreitung: Die bestockte Rebfläche im Jahr 2008 beträgt laut Statistik 21 ha, davon entfallen 18 ha auf Baden.

Herkunft: Staatliches Weinbauinstitut Freiburg.

Sortenschutz und Sortenliste: Sortenschutz und Eintragung in die Sortenliste 1971 Klassifiziert für alle deutschen Anbaugebiete, ausgenommen Württemberg und Saale-Unstrut.

Züchter: Dr. J. Zimmermann, Kreuzungsjahr: 1939

Kreuzung: Ruländer x Färbertraube (Teinturnier); Frühere Zuchtnummer 119-39. Färbertraube (Teinturnier) ist eine Deckweinsorte aus Frankreich mit rotem Beerensaft, hoher Säure und geringem Ertrag

Sortenmerkmale: Später bis sehr später Austrieb mit starkem Wuchs; mittlere bis schwache Geiztriebbildung; späte bis sehr späte Blüte mit guter Blühfestigkeit und mittlere bis späte Reife; Mittel bis kleines, stark gelapptes Blatt; mittelgroße, dichtbeerige Trauben und blaue, mittel bis kleine, runde Beeren ohne Sortenbukett; mittlerer Traubenertrag bei mittlerem Mostgewicht und hohem Säuregehalt; gute Holzreife und Winterfrosthärte; geringe Anfälligkeit von Botrytis cinerea; Laub vom Austrieb an dunkelgrün-rot und schon von weitem daran erkennbar, wie bei der Sorte Teinturnier.

Eigenschaften der Sorte

Ansprüche an die Lage: Sehr hoch, vergleichbar mit Spätburgunder.

Ansprüche an den Boden: Mittel. In sehr trockenen Böden leidet der Ertrag. Krankheitsanfälligkeit gering.

Sortenmerkmale: Botrytisanfälligkeit der Beeren gering. Stielfestigkeit der Trauben gut; Wuchs mittelstark, geringer als der des Portugiesers; Geiztriebbildung gering; Austrieb spät, daher nicht überempfindlich gegen Spätfrost; Blüte spät; Reife mittelspät.

Ernte: Mit Spätburgunder, damit die Säure am Stock noch abbauen kann. Ertrag etwa 75 % des Portugiesererertrages. Mostgewicht etwa 2 Grad höher als das des Portugiesers. Säure sehr hoch, im Durchschnitt etwa 4 g/l über der des Portugiesers.

Wein: Kein selbständiger Rotwein, aber sehr guter Deckwein von hoher Farbintensität. Oft reicht zur Farbunterstützung von Portugieser und Spätburgunder ein Zusatz von 3 bis 5 % Deckrot aus.

Nachteile: In ungünstigen Jahren sehr hohe Säure.

Vorteile: Hohe Farbintensität.

Anbauwert: Als Deckrotwein geeignet, jedoch durch andere Neuzuchten zwischenzeitlich überholt

Prior*

Herkunft: Staatliches Weinbauinstitut Freiburg

Sortenschutz und Sortenliste: Besitzt Sortenschutz seit 2004 und wurde 2008 in die Sortenliste eingetragen. Klassifiziert für die Anbaugebiete Franken, Ahr, Mittelrhein, Mosel, Nahe, Pfalz, Rheinhessen und Sachsen.

Züchter: Dr. N. Becker. Kreuzungsjahr 1987.

Kreuzung: (Joan Seyve 234-16 x Blauer Spätburgunder) x (Merzling x Gm 6494). Frühere Zuchtnummer FR 484-87 r. Gm 6494 = Saperavi servernyi x Saint Laurent. Saperavi servernyi = russische Zuchtsorte mit Erbgut der asiatischen Vitis amurensis.

Sortenmerkmale: Wuchs vergleichbar den Burgundersorten aufrechtwachsender Zuchtstamm mit kräftig grünen, wenig behaarten, drei- bis fünf-lappigen Blättern; Austrieb einige Tage später als Burgundersorten, daher weniger spätfrostgefährdet; Blüte und Färbebeginn der Beeren mit den Burgundersorten; Reife mit bzw. eine Woche nach Spätburgunder, gute bis sehr gute Holzreife, gute Winterfrostfestigkeit; Trauben fast dreieckig, breit mit auffallend kurzer Spitze, Beeren berühren sich bei der Reife nur leicht, Trauben sehr wenig geschultert mit runden Beeren von der Größe der traditionellen Spätburgunderklone; Reifezeit mit Spätburgunder beginnend, und rund 7-10 Tage nach Spätburgunder erntereif.

Mostgewicht: Vergleichbar mit Spätburgunder bei genügender Reifezeit.

Säure: Im Bereich vom Blauen Spätburgunder

*pilzwiderstandfähig

Ertrag: Geringer als Spätburgunder, max. ca. 125 kg/ar.
Pilzwiderstandsfähigkeit: Hohe bis sehr hohe Widerstandsfähigkeit gegen Peronospora und Oidium. Bei hohem Befallsdruck reduzierte Pilzbekämpfung notwendig. Geringe Befallsgefährdung durch Botrytis.

Wein: Kräftiger, farbstoff- und gerbstoffreicher Rotwein mit neutraler bis leicht fruchtiger Bukettierung und mit weicher, reifer Struktur; geeignet für den sortenreinen Ausbau wie auch für Cuvées mit fruchtigen oder romanischen Rotweinen.

Empfehlung: Pflanzung in gute Lagen mit ausreichender Reifedauer, Spätfrostgefährdung im Frühjahr von geringerer Bedeutung; aufgrund der sehr ansprechenden Weinqualität und der hohen Resistenzeigenschaften ein sehr aussichtsreicher Rotwein-Zuchtstamm aus der Freiburger Rebenzüchtung.

Baron*

Herkunft: Staatliches Weinbauinstitut Freiburg.

Sortenschutz und Sortenliste: Besitzt Sortenschutz seit 2005. Zur Sortenliste angemeldet.

Züchter: Dr. N. Becker. Kreuzungsjahr 1983.

Kreuzung: Cabernet sauvignon x (Merzling x Gm 6494). Frühere Zuchtnummer FR 455-83 r. Gm 6494 = Saperavi servernyi x Saint Laurent; Saperavi servernyi = russische Zuchtsorte mit Erbgut der asiatischen Vitis amurensis.

Sortenmerkmale: Wuchs vergleichbar den Burgundersorten aufrecht wachsender, etwas weniger Ranken bildender Zuchtstamm mit dunkelgrünen, glänzenden Blättern, die in Form der Stiel- und Blattbuchten sowie der Blattlappung dem Cabernet Sauvignon gleichen; Austrieb, Blüte, Färbebeginn und Erntereife liegen etwa zeitgleich mit dem Blauen Spätburgunder; sehr gute Holzreife, gute Winterfrostfestigkeit; Trauben länglich walzenförmig, mit dem Burgunder vergleichbar, jedoch weniger geschultert, mit Beeren, die den Spätburgunder-Standardklonen entsprechen und sich zur Reifezeit nur leicht berühren; Reifezeit entspricht den Standardklonen des Blauen Spätburgunders.

Mostgewicht: Um etwa 5 °Oechsle über dem Blauem Spätburgunder.

Säure: Im Bereich vom Spätburgunder (bei derzeit noch geringer Datenbasis).

*pilzwiderstandfähig

Ertrag: Etwas geringer als Blauer Spätburgunder

Pilzwiderstandsfähigkeit: Hohe Widerstandsfähigkeit gegen Peronospora und gute Widerstandsfähigkeit gegen Oidium. Bei hohem Befallsdruck reduzierte Pilzbekämpfung notwendig. Sehr geringe Befallsgefährdung durch Botrytis.

Wein: Frucht- (Pinot)-Typ, farbintensive, fruchtig-bukettierte, gerbstoffreiche Rotweinsorte, geschmacklich im Bereich des Blauen Spätburgunders angesiedelt, durch Fruchtaromen von Johannisbeere über Himbeere, Kirsche, Brombeere bis zu Waldbeere geprägt, mit einem hohen Potenzial zur Erzeugung eines eigenständigen, sortenreinen Rotweines oder als Cuvéepartner bestens ausgestattet.

Empfehlung: Pflanzung in gute Lagen mit ausreichender Reifedauer. Der Zuchtstamm hat fast die gleichen Standortansprüche wie Blauer Spätburgunder. Aufgrund der burgunderähnlichen Weinqualität und der guten bis sehr guten Resistenzeigenschaften ein aussichtsreicher Rotwein-Zuchtstamm aus der Freiburger Rebenzüchtung.

Monarch*

Herkunft: Staatliches Weinbauinstitut Freiburg.

Sortenschutz und Sortenliste: Besitzt Sortenschutz seit 2004 und wurde 2008 in die Sortenliste eingetragen. Ist für die Anbaugebiete in und Rheinland-Pfalz, für Franken und Sachsen klassifiziert.

Züchter: Dr. N. Becker.

Kreuzung: Solaris x Dornfelder im Jahr 1988 (frühere Zuchtnummer FR 487-88 r). Solaris = Merzling x Gm 6493. Gm 6493 = Saperavi servernyi x Muskat Ottonel. Saperavi servernyi = russische Zuchtsorte mit Erbgut der asiatischen Vitis amurensis.

Sortenmerkmale: Wuchs etwas wüchsiger als die Burgundersorten mit dunkelgrünen, wenig behaarten, an der Oberseite leicht blasig wirkenden, dreilappigen Blättern; Austrieb einige Tage vor den Burgundersorten, daher etwas mehr spätfrostgefährdet; Blüte, Färbebeginn und Erntereife der Beeren etwa zeitgleich mit dem Blauen Spätburgunder; gute Holzreife, gute Winterfrostfestigkeit; die Trauben sind längspyramidal, mit Dornfelder vergleichbar, jedoch lockerbeeriger und mit deutlich geringerer Beerengröße; etwas stärke-

*pilzwiderstandfähig

re Traubenschulterung und Verrieselungsanfälligkeit als bei den Burgundersorten; Reifezeit liegt einige Tage vor Spätburgunder beginnend und etwa mit Spätburgunder erntereif.

Mostgewicht: Rund 2-4 °Oechsle über Dornfelder und etwa 4-6 °Oechsle unter Spätburgunder bei vernünftiger Ertragssituation.

Säure: Etwa 1g/l über Dornfelder und etwa 1,5g/l unter Spätburgunder (bei derzeit noch geringer Datenbasis).

Ertrag: Im Bereich von 130 bis 160 kg/ar (Normalerziehung und ohne Regulierung).

Pilzwiderstandsfähigkeit: Hohe Widerstandsfähigkeit gegen Peronospora und gute Widerstandsfähigkeit gegen Oidium. Bei hohem Befallsdruck reduzierte Pilzbekämpfung notwendig. Sehr geringe Befallsgefährdung durch Botrytis.

Wein: Frucht-(Pinot)-Typ, kräftiger, farbstoff- und gerbstoffreicher Rotwein mit intensiv fruchtiger Bukettierung und komplexen Spiel von Frucht, Säure, Alkohol und Phenolen; sehr gut geeignet für den sortenreinen Ausbau wie auch für Cuvées mit fruchtigen oder romanischen Rotweinen.

Empfehlung: Pflanzung in gute Lagen mit nachhaltigen Böden und ausreichender Reifedauer, Spätfrostgefährdung im Frühjahr beachten; aufgrund der ausgesprochen guten Weinqualität und der hohen Resistenzeigenschaften ein aussichtsreicher Rotwein-Zuchtstamm aus der Freiburger Rebenzüchtung.

Cabernet Cortis*

*pilzwiderstandfähig

Herkunft: Staatliches Weinbauinstitut Freiburg.

Sortenschutz und Sortenliste: Besitzt Sortenschutz seit 2004 und wurde 2008 in die Sortenliste eingetragen. Für alle deutschen Anbaugebiete klassifiziert, außer Baden und Württemberg.

Züchter: Dr. N. Becker. Kreuzungsjahr 1982

Kreuzung: Cabernet Sauvignon x Solaris. Solaris = Merzling x Gm 6493 (frühere Zuchtnummer FR 437-82 r). Gm 6493 = Saperavi servernyi x Muskat Ottonel. Saperavi servernyi = russische Zuchtsorte mit Erbgut der asiatischen Vitis amurensis.

Sortenmerkmale: Wuchs vergleichbar den Burgundersorten gut aufrechtwachsender Zuchtstamm mit dunkelgrünen, drei- bis fünflappigen Blättern, die von Stiel- und Blattbuchten etwas an Cabernet Sauvignon erinnern; Austrieb mit Burgundersorten; Blüte, Färbebeginn und Erntereife jeweils rund 5-10 Tage vor dem Spätburgunder; sehr gute Holzreife, gute Winterfrostfestigkeit; Trauben länglich walzenförmige, wenig geschultert, etwas größer als beim Spätburgunder; Beeren rund, burgundergroß, bei der Reife sich wenig berührend; Reifezeit rund 5-10 Tage vor Spätburgunder.

Mostgewicht: Um ca. 6-10° Oechsle über Spätburgunder.
Säure: Im Bereich vom Spätburgunder (bei derzeit noch geringer Datenbasis).

Ertrag: Etwas über dem Blauen Spätburgunder.

Pilzwiderstandsfähigkeit: Hohe bis sehr hohe Widerstandsfähigkeit gegen Peronospora und Oidium. Bei hohem Befallsdruck reduzierte Pilzbekämpfung notwendig. Sehr geringe Befallsgefährdung durch Botrytis.

Wein: Cabernet-Typ, kräftiger, farbstoff- und gerbstoffreicher, gut strukturierter Rotwein mit typischem, intensivem Cabernet Sauvignon-Charakter, geeignet für den sortenreinen Ausbau und für Cuvées vom Typ kräftiger romanischer Rotweine.

Empfehlung: Pflanzung in gute Lagen, die die Standortansprüche des Blauen Spätburgunders nicht ganz erfüllen müssen. Aufgrund der sehr ansprechenden, dem Cabernet Sauvignon vergleichbaren Weinqualität und der hohen Resistenzeigenschaften ein besonders vielversprechender Rotwein-Zuchtstamm aus der Freiburger Rebenzüchtung.

*pilzwiderstandfähig

Cabernet Carbon*

Herkunft: Staatliches Weinbauinstitut Freiburg. Besitzt

Sortenschutz und Sortenliste: Sortenschutz wurde 2004 erteilt und 2008 in die Sortenliste eingetragen. Für alle Anbaugebiete klassifiziert, außer Baden, Württemberg und Saale-Unstrut.

Züchter: Dr. N. Becker. Kreuzungsjahr 1983

Kreuzung: Cabernet Sauvignon x (Merzling x Gm 6494). Frühere Zuchtnummer 377-83 r.
Gm 6494 = Saperavi servernyi Saint Laurent; Saperavi servernyi = russische Zuchtsorte mit Erbgut der asia-

tischen Vitis amurensis.

Sortenmerkmale: Wuchs vergleichbar den Burgundersorten, aufrechtwachsender, weniger rankender Zuchtstamm mit dunkelgrünen, leicht behaarten, wenig gelappten Blättern; Austrieb mit den Burgundersorten; Blüte mit Spätburgunder, Färbebeginn und Erntereife etwa 8-10 Tage nach dem Spätburgunder; gute bis sehr gute Holzreife, gute Winterfrostigkeit; Trauben groß, länglich walzenförmig, wenig geschultert mit kleinen, runden in der Reife noch relativ locker stehenden Beeren; Reifezeit etwa 8-10 Tage nach Spätburgunder bei gutem Reifepotential des Standorts, jedoch 10-14 Tage vor Cabernet Sauvignon.

Mostgewicht: Vergleichbar mit Spätburgunder bei genügendem Reifepotential des Standorts.

Säure: Im Bereich vom Spätburgunder (bei derzeit noch geringer Datenbasis).

Ertrag: Etwas über dem Blauen Spätburgunder.

Pilzwiderstandsfähigkeit: Hohe Widerstandsfähigkeit gegen Peronospora und gute Widerstandsfähigkeit gegen Oidium. Bei hohem Befallsdruck reduzierte Pilzbekämpfung notwendig. Geringe Befallsgefährdung durch Botrytis.

Wein: Farbstoff- und gerbstoffreicher, kräftiger, gut strukturierter Rotwein mit intensiver Cabernet Sauvignon – Art; geeignet für den sortenreinen Ausbau und für Cuvées vom Typ kräftiger romanischer Rotweine.

Empfehlung: Standortansprüche liegen über denen des Blauen Spätburgunders, Pflanzung daher in sehr gute Lagen mit langem Reifepotential im Herbst. Aufgrund der sehr hohen, dem Cabernet Sauvignon vergleichbaren Weinqualität und der guten bis hohen Resistenzeigenschaften ein Rotwein-Zuchtstamm aus der Freiburger Rebenzüchtung mit sehr guter Perspektive.

Cabernet Cantor*

Herkunft: Staatliches Weinbauinstitut Freiburg, besitzt Sortenschutz seit 2007. Zur Sortenliste 2002 angemeldet.

Züchter: Dr. Norbert Becker
Kreuzung: Seibel 70-53 x (Merzling x (Zarya Severa x Muskat Ottonel))

Zuchtstamm-Nr. / Kreuzungsjahr: FR 523-89 r / 1989

Sortenmerkmale: Der Austrieb ist einige Tage nach dem Blauen Spätburgunder; der Blütezeitpunkt ist unmittelbar nach dem Blauen Spätburgunder; die Neigung zum Verrieseln ist sehr gering; die Traubenentwicklung und der Traubenschluss liegen kurz nach dem Blauen Spätburgunder; das Umfärben der Beeren findet ungefähr eine Woche vor dem Blauen Spätburgunder statt; die Neigung zur Stiellähme ist als sehr gering zu bezeichnen; außerdem ist die Beerenbortytis bzw. der Fäulnisanteil gering; die physiologische Traubenreife bzw. Erntereife ist in etwa eine Woche vor dem Blauen Spätburgunder.

Mostgewicht: Liegt 4 bis 8° Oechsle über dem Blauen Spätburgunder

Ertrag: Bei einer Ertragshöhe von 125 bis 145 kg/ar ist bei dem höheren Ertrag eine Ertragsregulierung anzuraten.

Pilzwiderstandsfähigkeit: Das Weinbauinstitut Freiburg bewertet die Peronospora- und Oidiumfestigkeit mit sehr gut. Somit ist ein Fungizideinsatz im Durchschnitt der Jahre nicht nötig.

Wein: Die Rebsorte Cabernet Cantor ist ein Cabernet-Typ – die Weine sind farbintensiv, extrakt- und phenolreich. Im Duft- und Geschmacksbereich ein würzig, milder Cabernet-Typ (ähnlich dem Merlot). Die Sorte Cabernet Cantor gelangt unter unseren Klimaverhältnissen im Gegensatz zu den für Kreuzungen verwendeten südländischen Ausgangsrebsorten von Jahr zu Jahr zu ihrer vollen Reife und somit zu einem ausdrucksvollen Rotwein.

*pilzwiderstandfähig

Cabernet Carol*

Herkunft: Staatliches Weinbauinstitut Freiburg, besitzt Sortenschutz seit 2005 und wurde im Jahre 2008 in die Sortenliste eingetragen.

Züchter: Dr. Norbert Becker

Kreuzung: Cabernet Sauvignon x (Merzling x (Zarya Severa x Muskat Ottonel))

Zuchtstamm-Nr. / Kreuzungsjahr: FR 428-82 r / 1982

Sortenmerkmale: Die Triebspitze dieser Sorte ist wollig behaart, unbeborstet und etwas bronziert; das Blatt ist mittelgroß, dreilappig mit einer etwas geöffneten Stielbucht; der Austrieb ist einige Tage nach dem Blauen Spätburgunder; der Blütezeitpunkt, die Traubenentwicklung und der Traubenschluss ist mit dem Blauen Spätburgunder vergleichbar; besitzt eine mittelstarke Wüchsigkeit und Geiztriebbildung; der Färbebeginn der Beeren ist mit bis kurz nach dem Blauen Spätburgunder; die Beeren sind blauschwarz gefärbt, klein bis mittelgroß und rundlich, die Trauben mittelgroß und etwas kompakt; die Neigung zum Verrieseln ist sehr gering; Cabernet Carol ist mittel bis hoch anfällig für Stiellähme, der Botrytisbefall bzw. der Fäulnisanteil der Trauben ist abhängig von der Befallshäufigkeit der Stiellähme; die Reifezeit beginnt mit Spätburgunder und die Trauben sind 8 bis 10 Tage nach dem Spätburgunder erntereif.

Mostgewicht: Ist in etwa mit dem Blauen Spätburgunder vergleichbar

Ertrag: Der hohe Ertrag (135 bis 165 kg/ar) erfordert eine gezielte Ertragsregulierung.

Pilzwiderstandsfähigkeit: Cabernet Carol verfügt über eine sehr gute Widerstandsfähigkeit gegenüber Peronopora. Vor einem starken Oidiumdruck sind in manchen Jahren Behandlungen erforderlich.

Wein: Cabernet Carol ist sehr farbintensiv, sehr extrakt- und phenolreich, sowie würzig und zugleich ein intensiver Cabernet-Typ. Er gelangt unter unseren Klimaverhältnissen (wie Cabernet Carbon und Cabernet Cortis) im Gegensatz zu den für die Kreuzungen verwendeten südländischen Ausgangsrebsorten von Jahr zu Jahr zur vollen Reife.

*pilzwiderstandfähig

Piroso*

Herkunft: Staatliches Weinbauinstitut Freiburg, besitzt Sortenschutz seit 2005 und wurde 2004 zur Sortenliste angemeldet.

Züchter: Dr. Norbert Becker

Kreuzung: (Rotberger x Heroldrebe) x (Deckrot x FR 589-54)

Zuchtstamm-Nr./Kreuzungsjahr: FR 364-80 r / 1980

Sortenmerkmale: Unter gleichen Standortbedingungen ist der Austrieb zeitgleich mit dem Blauen Spätburgunder und daher ist dieser nicht spätfrostgefährdet, Blütezeitpunkt, Traubenentwicklung, Traubenschluss sowie das Umfärben und Weichwerden der Beeren sind kurz nach dem Blauen Spätburgunder; die Neigung zum Verrieseln ist sehr gering; ebenfalls ist die Stiellähme-Anfälligkeit als gering zu bezeichnen; die Beerengröße ist mittel und die Beerendichte ist gering bis mittel; Beerenbotrytis bzw. der Fäulnisanteil ist im Bestand sehr gering; die Erntereife der Trauben ist zeitgleich mit dem Blauen Spätburgunder.

Mostgewicht: Liegt 8 bis 12° Oechsle über dem Blauen Spätburgunder

Ertrag: Das Ertragsniveau liegt zwischen 115 bis 135 kg/ar. Bei einer Menge von nur 115 kg/ar ist keine Ertragsreduktion erforderlich.

Pilzwiderstandsfähigkeit: Die Sorte verfügt über eine mittel bis hohe Widerstandsfähigkeit gegen Peronospora und ist hoch gegenüber Oidium. Die Befallsgefährdung durch Botrytis ist gering. Gegen die beiden Mehltaupilze sind 1 bis 2 Behandlungen ab abgehende Blüte erforderlich. Durch einen weitgehenden Wegfall der Rebschutzmaßnahmen werden beachtliche Rebschutzmittel-, Lohn-, Maschinenkosten und Zeitaufwendungen eingespart. Diese und andere pilztoleranten Rebsorten können einen wesentlichen und nachhaltigen Beitrag zur Umweltschonung leisten.

Wein: Die Rotweinsorte Piroso ist ein ausgesprochener Cuvée-, Deckrotweintyp von höchster Farbintensität, mit Exrakten von über 35 g/l. Er hat gute sensorische Eigenschaften im Bereich der Europäer-Rotweine. Es besteht nur eine sehr geringe sensorische und geschmacklich Einwirkung als Cuvée-Partner auf den in der Farbe zu verbessernden Grundwein im Bereich von 1 bis 5% Mengenzugabe. Als Cuvée-Patrtner unterstützt die Rebsorte gleichzeitig die Haltbarkeit des Weines. Als Deckrotweintyp ist er fruchtig, stoffig und passt sehr gut zu Blauen Spätburgundern.

*pilzwiderstandfähig

Staatliche Lehr- und Versuchsanstalt für Wein- und Obstbau, Weinsberg/ Württemberg

Staatliche Lehr- und Versuchsanstalt für Wein- und Obstbau Weinsberg, Referat Rebenzüchtung und Rebenveredlung.
Das Referat „Rebenzüchtung und Rebenveredlung" der LVWO Weinsberg wurde im Mai 1997 nach Weinsberg verlegt; vorher befanden sich die Züchtungsquartiere über 71 Jahre in Lauffen am Neckar. Es wurde früher von Oberlandwirtschaftsrat August Herold (1926-1964) und anschließend von Dr. Helmut Schleip (1965-1975) geleitet. Seit 1977 liegt die Züchtung in den Händen von Dr. Bernd H. E. Hill. Weinsberg ist nur mit wenigen neuen Kreuzungssorten an die Öffentlichkeit getreten, hat aber neben den bewährten Rebsorten Kerner und Dornfelder weitere wertvolle Sorten geschaffen.

Weinsberger Neuzüchtungen

Weißweinsorten	Rotweinsorten	
Kerner	Heroldrebe	Cabernet Cubin
Hölder	Helfensteiner	Cabernet Dorsa
Juwel	Dornfelder	Cabernet Dorio
	Hegel	Cabernet Mitos 2)
	Acolon 1)	Palas 3)

1) vielseitiger Cuvéepartner; 2) farbkräftiger Cuvéepartner; 3) primär ein Deckrotwein

Weißweinsorten

Kerner

Zu den neuen Kreuzungssorten, die in den letzten Jahrzehnten eine große Verbreitung gefunden haben, gehört die Sorte Kerner. Der Grund liegt in ihrer Frosthärte und in ihrem ansprechenden Wein.

Verbreitung: Von 5 ha im Jahr 1964 ist die Fläche auf 7 826 ha bis 1992 angewachsen. Die Rebstatistik für das Jahr 2008 weist 3 712 ha bestockter Rebfläche aus; demnach verringerte sich die Kerner-Rebfläche von 1992 bis 2008 um 4 041 ha. Dieser außerordentliche Rückgang innerhalb von anderthalb Dekaden geht zu Gunsten des verstärkten Anbaues von Rotwein- und traditioneller Weißweinsorten. Sie steht zurzeit flächenmäßig noch an vierter Stelle im Weißweinanbau und ist in allen deutschen Weinbaugebieten klassifiziert.

Herkunft: Staatliche Lehr- und Versuchsanstalt für Wein- und Obstbau Weinsberg, Referat Rebenzüchtung und Rebenveredlung.
Sortenschutz und Sortenliste: 1969. Klassifiziert für alle deutschen Anbaugebiete.

Züchter: OLR A. Herold, Kreuzungsjahr 1929.

Kreuzung: Blauer Trollinger x Weißer Riesling; Zuchtnummer We S 2530

Sortenname: Die Bezeichnung Kerner geht auf den Dichter Justinus Kerner (1786-1862) zurück, der in Weinsberg als Oberamtsarzt und Dichter lebte. Aus seiner Feder stammt das bekannte Lied: "Wohlauf noch getrunken den funkelnden Wein".

Sortenmerkmale: Triebspitze: offen, stark behaart; Blatt: mittelgroß, fünflappig, deutlich gebuchtet, Rand gezähnt bis gesägt, Stielbucht V-förmig bis geschlossen überlappend, Spreite dunkelgrün; Holz: gelb bis leicht rotbraun; Traube: mittel - groß, geschultert, lockerbeerig; Beeren: rund, grün, dickschalig, mittel - groß, schwaches Sortenbukett; Austrieb: spät, kurz nach Müller-Thurgau; Blüte: 1-2 Tage nach Müller-Thurgau; Blühfestigkeit hoch; Reife mittelfrüh - spät, kurz vor Silvaner; Wuchs: mittel - stark, mit starker Geiztriebbildung; Holzreife: sehr gut; Ernte: mit Silvaner; Chlorosefestigkeit: hoch.

Eigenschaften der Sorte

Ansprüche an die Lage: Mittel, kann in Silvaner-Lagen gepflanzt werden. Kühle, neblige Lagen in Niederungen sagen nicht zu. Besser sind nebelfreie Hochlagen. In windoffenen Lagen kann es zu Verrieselungen kommen.
Ansprüche an den Boden: Gedeiht auf allen Böden.

Krankheitsanfälligkeit: Für Peronospora wenig anfällig. Für Oidium sehr empfindlich. Für Phomopsis etwas stärker anfällig.

Botrytisanfälligkeit: Bei zu dichter Pflanzweite tritt Beerenbotrytis und in wuchsfördernden Jahren auch Stielfäule auf. Durch luftige Erziehung kann diese Schwäche weitgehend ausgeschaltet werden.

Stiellähme: Mittel bis starke Anfälligkeit, geringer als bei Riesling.

Winterfrostfestigkeit: Hoch bis sehr hoch.

Spätfrostanfälligkeit: Nicht höher als die der Sorten Riesling und Silvaner. Laub etwas frosthart.

Erziehung: Hierbei ist die stärkere Geiztriebbildung, die zur Dichtlaubigkeit führen kann, zu berücksichtigen. Durch nicht zu enge Stockabstände sind gut durchlüftete Stöcke anzustreben. In Normalanlagen sind Gassenbreiten um

2,00 m, Stockabstände bis 1,20 m, Stammhöhen von 70-80 cm und als Erziehungsform die Halb- oder Flachbogenerziehung geeignet. Da die Triebe schlecht ranken, müssen die beweglichen Heftdrähte durch Klammern zusammen gehalten werden. Als Weitraumerziehung hat sich die Pendelbogenerziehung gut bewährt.

Anschnitt: 5 bis 7 Augen je qm.

Unterlagen: 125 AA, 5 BB, 5 C, in wuchskräftigen Böden SO 4 und Binova.

Ertrag: Sehr gut, 10 bis 15 % höher als der des Rieslings; 80 bis 100 hl/ha.

Reife: Mittelfrüh bis spät, kurz vor der des Silvaners.

Ernte: Der Kerner sollte länger hängen, da die Blätter frostfest sind und lange assimilieren. Durch späte Lese sind hohe Mostgewichte zu erreichen. Das erfordert eine luftige Erziehung und intensive Botrytisbekämpfung. Wer hohe Qualitäten erreichen will, schiebe die Ernte bis kurz vor die Riesling-Ernte hinaus. Bei Umschwung auf regnerisches Herbstwetter kann reifes Lesegut binnen weniger Tage am Stock zusammenfaulen, so dass Gefahr eines erhöhten Anteils an Bodentrauben entsteht.

Mostgewicht: Es übertrifft den Riesling um 10 bis 15 °Oechsle. Trockenheit beeinträchtigt die Mostgewichtsleistung stärker als die des Weißen Riesling, wie das Jahr 1983 deutlich gezeigt hat.

Säure: 8 bis 12 g/l.

Wein: Frisch, rassig, rieslingähnlich, fruchtig, feines Bukett, das gelegentlich einen leichten Muskatton aufweist. Neben den Weinen der Sorte Ehrenfelser haben die Weine des Kerner am meisten Riesling-Art. Die Weine sind in jedem Qualitätsbereich selbständig.

Vorteile: Gute Holzreife, gute Winterfrostfestigkeit, Chlorosefestigkeit, Ertragstreue, hohe Mostgewichtsleistung und der traditionelle Wein.

Nachteile: Starke Geiztriebbildung, Oidiumempfindlichkeit, Schwäche für Botrytis.

Anbauwert: Eine der besten Neuzüchtungen, die in allen Riesling-Gebieten als Standardsorte eingestuft werden kann. Auch in mittleren Lagen liefert sie Weine von Riesling-Qualität. Die Weine haben sich beim Kunden gut eingeführt.

Zur Imageverbesserung des Kerner wird dieser in Württemberg auch unter der Bezeichnung „Justinus K“ vermarktet. Justinus K. - nach dem schwäbischen Dichter Justinus Kerner benannt - ist eine württemberger Spezialität. Die Karriere des Weines „Justinus K.“ begann 1999 im Staatsweingut Weinsberg. Seit 2001 ziert der Name „Justinus K.“ das Etikett. Ziel war und ist es, das Potential der Kerner-Traube aufzuzeigen. Die Erzeuger verpflichten sich strenge Qualitätsvorschriften einzuhalten.

Hölder

Verbreitung: Anbaufläche im Jahr 2008 beträgt ca. 6 ha.
Herkunft: Staatliche Lehr- und Versuchsanstalt für Wein- und Obstbau Weinsberg, Referat Rebenzüchtung und Rebenveredlung.

Sortenschutz und Sortenliste: 1987. Klassifiziert in allen deutschen Anbaugebieten, außer Baden und Württemberg.

Züchter: OLR A. Herold, Kreuzungsjahr 1955.

Kreuzung: Weißer Riesling Klon We 044 x Ruländer Klon H 1; Zuchtnummer We S 397.

Sortenname: Die Bezeichnung "Hölder" wurde zu Ehren des Dichters und berühmtesten Sohnes der Weinstadt Lauffen am Neckar, Friedrich Hölderlin (1770-1843), gewählt.

Sortenmerkmale: Austriebszeitpunkt: mittel - spät; Wüchsigkeit: mittel; Triebhaltung: aufrecht; Geiztriebbildung: sehr schwach; Blütezeitpunkt: mittel - spät; Blühfestigkeit: hoch; Holzreife: gut; Beerenreife: mittelspät; Beerengröße: klein -mittel; Beerendichte: locker - dichtbeerig; Traubengröße: mittel - groß; Traubenertrag: mittel - hoch; Mostgewicht: mittel--hoch; Mostsäuregehalt: mittelhoch.

Eigenschaften der Sorte: Die Rebsorte Hölder zeichnet sich vornehmlich durch ihre guten weinbaulichen Eigenschaften aus; aufrechte Triebhaltung, geringe Geiztriebbildung, gutes Ranken und lange und feste Traubenstiele. Ihr genügen sogenannte Silvaner-Lagen oder Riesling-Randlagen. Als Unterlage ist allgemein Kober 5 BB, zu der eine sehr gute Affinität besteht, empfehlenswert.

Wein: Traditionell, fruchtig, kräftig, mit deutlichem Riesling-Typ; manchmal ist im Abgang auch Ruländer-Art erkennbar.

Juwel

Verbreitung: Die Rebstatistik weist für 2008 eine bestockte Fläche von ca. 25 ha aus.

Herkunft: Staatliche Lehr- und Versuchsanstalt für Wein- und Obstbau Weinsberg, Referat Rebenzüchtung und Rebenveredlung.

Sortenschutz und Sortenliste: 1987. Klassifiziert in allen deutschen Anbaugebieten, außer Baden, Württemberg und Saale-Unstrut.

Züchter: OLR A. Herold, Züchtungsjahr 1951.

Kreuzung: Kerner x Grüner Silvaner; Zuchtnummer We S 378.

Sortenmerkmale: Austriebszeitpunkt: mittelfrüh; Wüchsigkeit: mittel - stark; Triebhaltung: aufrecht; Geiztriebbildung: schwach - mittel; Blütezeitpunkt: mittel; Blühfestigkeit: mittel - hoch; Holzreife: gut - sehr gut; Beerenreife: mittel; Beerengröße: mittel; Beerendichte: locker - dichtbeerig; Traubengröße: mittel; Traubenertrag: mittel - hoch; Mostgewicht: hoch - sehr hoch; Mostsäuregehalt: mittel; Chloroseneigung: gering.

Eigenschaften der Sorte: Von der Blattform und dem Stockaufbau her gleicht Juwel dem Kerner, jedoch ohne dessen starke Geiztriebbildung. Auffallend ist das robuste, im Herbst lange grün und damit assimilationsfähig bleibende Laub. Je nach den Bodenverhältnissen des ausgewählten Standortes können alle gebräuchlichen Unterlagsrebsorten verwendet werden. Empfohlen wird diese Rebsorte für Kerner-Lagen, wo sie eine gute Ertragssicherheit bei hohen Mostgewichten zeigt.

Wein: Fruchtige, elegante Art. Schneidet im Vergleich mit der Sorte Kerner meist etwas geringer ab.

Rotweinsorten

Heroldrebe

Verbreitung: Rotweinsorte von begrenzter Bedeutung. Anbaufläche für 2008 beträgt 155 ha, der Anbauschwerpunkt liegt in der Pfalz mit ca 99 ha.

Herkunft: Staatliche Lehr- und Versuchsanstalt für Wein- und Obstbau Weinsberg, Referat Rebenzüchtung und Rebenveredlung.

Sortenschutz und Sortenliste: 1960. Klassifiziert für alle deutschen Anbaugebiete, außer Baden und Saale-Unstrut.

Züchter: OLR A. Herold, Kreuzungsjahr 1929.

Kreuzung: Blauer Portugieser x Blauer Limberger, Zuchtnummer We S 130.

Sortenmerkmale: Triebspitze: offen, stark behaart, weißlich - gelbgrün; Blatt: groß, dreilappig - schwach fünflappig, Rand groß gezähnt, Stielbucht überlappend; Holz: gelb - leicht rotbraun; Traube: groß, einseitig geflügelt, dichtbeerig; Beeren: mittel - groß, rund blau; Saftfarbe: mittel; Austrieb: mittel - spät; Blütezeitpunkt: spät - sehr spät, kurz nach Portugieser und kurz vor Spätburgunder; Blühfestigkeit: hoch; Reife: spät; Wuchs: stark, geringe Geiztriebbildung; Holzreife: gut - sehr gut; Chloroseanfälligkeit: mittelstark.

Eigenschaften der Sorte

Ansprüche an die Lage: Wegen später Reife mittel bis hoch, aber geringer als beim Blauem Trollinger.

Ansprüche an den Boden: Mittel bis gering.

Krankheitsanfälligkeit: Wenig anfällig für Peronospora, aber etwas oidiumanfällig.

Botrytisanfälligkeit: Mittelstark bis gering.

Winterfrostfestigkeit: Mittelmäßig, aber besser als etwa Blauer Trollinger und Blauer Portugieser.

Spätfrostempfindlichkeit: Mit Blauem Portugieser vergleichbar.

Erziehung: Der starke Wuchs und eine gewisse Fäulnisempfindlichkeit der Beeren erfordern eine weiträumige Pflanzung. Da die Triebe gerade nach oben wachsen und wenige Geiztriebe bilden, verursacht die Sorte im Drahtrahmen wenig Heftarbeiten. Die reiche Fruchtbarkeit muss im Interesse der Qualität in Grenzen gehalten werden. Der Anschnitt sollte 8 Augen je qm nicht übersteigen. Beiaugen sind fruchtbar. Neben der Normalerziehung kann auch die Weitraumerziehung gewählt werden.

Unterlagen: SO 4 und 5 C, in wuchsschwachen Böden auch 125 AA und 5 BB.

Ertrag: Sehr hoch, bis 140 hl/ha, ertragstreu.

Reife: Etwas vor Blauer Trollinger, 14 Tage nach Blauer Portugieser.

Ernte: Mit Blauem Limberger und Blauem Spätburgunder, also vor Blauem Trollinger. Frühe Lese ergibt Weine mit einem grasigen Ton. Eine zeitige Blaufärbung der Trauben täuscht Reife vor.

Mostgewicht: Höher als Blauer Portugieser, insgesamt niedrig und nur bei später Lese ausreichend.

Säure: Mittel, etwa wie Blauer Spätburgunder.

Wein: Leicht, rassig, neutral, gerbstoffbetont. Bei nicht zu hohem Ertrag besser als Blauer Portugieser. Für Weißherbst gut geeignet.

Vorteile: Sehr ertragstreu. Blüte verläuft auch unter nicht abgehobenen Käppchen.

Nachteile: Späte Reife.

Anbauwert: Nach den langjährigen Erfahrungen erreicht die Heroldrebe nicht die Weinqualität der Sorte Blauer Portugieser.

Helfensteiner

Verbreitung: Anbaufläche im Jahr 2008 noch 19 ha, auf Württemberg begrenzt.

Herkunft: Staatliche Lehr- und Versuchsanstalt für Wein- und Obstbau Weinsberg, Referat Rebenzüchtung und Rebenveredlung.

Sortenschutz und Sortenliste: 1960. Klassifiziert für alle deutschen Anbaugebiete, außer Baden und Saale-Unstut.

Züchter: OLR A. Herold, Kreuzungsjahr 1931.

Kreuzung: Blauer Frühburgunder x Blauer Trollinger; Zuchtnummer We S 5332.

Sortenmerkmale: Triebspitze: offen, stark behaart; Blatt: groß, dreilappig - ganz schwach fünflappig, Blattrand gesägt, Stielbucht überlappend; Holz: gelbbraun; Traube: groß, lockerbeerig; Beere: groß, oval, blau; Saftfarbe: mittel; Austrieb: mittel; Blüte: spät - sehr spät; Blühfestigkeit: gering; Reife: 2-3 Wochen vor Blauer Trollinger; Wuchs: stark bei mittlerer Geiztriebbildung; Holzreife: mittel; Chloroseanfälligkeit: hoch.

Eigenschaften der Sorte

Ansprüche an die Lage: Hoch. Warme, windgeschützte Lagen sind angebracht, da sehr blühempfindlich.

Anprüche an den Boden: Hoch, verträgt wenig Kalk.

Krankheitsanfälligkeit: Für Peronospora und Oidium wenig empfindlich. Infolge harter Beerenhülsen wenig bortytisanfällig.

Winterfrostfestigkeit: Mittel, aber besser als beim Blauen Trollinger.

Spätfrostempfindlichkeit: Geringer als beim Blauen Trollinger.

Erziehung: Hierbei muss der sehr kräftige Wuchs beachtet werden. Die Geiztriebbildung ist nur mittelmäßig. Die Triebe zeigen einen aufrechten Wuchs. Die Blühempfindlichkeit erfordert eine weiträumige Pflanzung mit hohen Stämmen. Neben der Normalerziehung kann auch die Weitraumerziehung gewählt werden. Aufgrund der geringen Fruchtbarkeit der Basalaugen wird ein längerer Anschnitt der Bogrebe verlangt.

Unterlagen: Nur solche, die zur Verbesserung der Blühfestigkeit beitragen,

SO 4, Binova. In sehr wuchsschwachen Böden 125 AA.

Ertrag: Schwankend, auf geeigneten Standorten mittel, niedriger als Blauer Portugieser.

Reife: Früh bis mittelfrüh, kurz nach Blauem Portugieser.

Ernte: Mit Blauem Portugieser oder etwas später.

Mostgewicht: Mittelhoch um 80 °Oechsle, höher als beim Blauen Portugieser.

Säure: Mittel, 9 bis 10g/l.
Wein: Hohe Qualität, gefällig, feinfruchtig, neutral, besser als Blauer Portugieser.

Vorteile: Frühe Reife.

Nachteile: Schwankende Erträge durch Blühempfindlichkeit.

Anbauwert: Begrenzt, Leistung gegenüber anderen Sorten zu gering.

Dornfelder

Verbreitung: Seine Anbaufläche in Deutschland betrug im Jahr 1985: 620 ha. Nicht zuletzt auf Grund der Konsumentenpräferenz folgte ein enormer Anstieg bis zum Jahr 2005 mit 8.259 ha: Zur Zeit stagniert der Anbau auf hohem Niveau (8.101 ha im Jahr 2008).

Herkunft: Staatliche Lehr- und Versuchsanstalt für Wein- und Obstbau Weinsberg, Referat Rebenzüchtung und Rebenveredlung.

Sortenschutz und Sortenliste: 1979 bzw. 1980. Klassifiziert ab 1981 für sämtliche deutschen Anbaugebiete.
Züchter: OLR A. Herold, Kreuzungsjahr 1955.

Kreuzung: Helfensteiner x Heroldrebe; Zuchtnummer We S 341.

Sortenname: Die Bezeichnung geht auf den Weinsberger Kameralverwalter Immanuel Dornfeld zurück, der um die Mitte des 19. Jahrhunderts erste Anregungen zur Gründung einer Königlichen Weinbauschule in Württemberg gab, was tatsächlich 1868 realisiert wurde..

Sortenmerkmale: Triebsspitze: offen, stark behaart; Blatt: groß, fünflappig, mitteltief gebuchtet; Stielbucht geschlossen, weit überlappend; Blattrand: grob gezähnt; Blattfläche: dunkelgrün; Traube groß - sehr groß, bei mittlerer Beerendichte; Beeren: groß, rundlich, blauschwarz, dickschalig; Holz: gelbbraun; Austrieb: (früh -) mittel; Blüte: mittel - spät; Blühfestigkeit: mittel - gut; Reife: früh - mittel; Wuchs: stark - sehr stark, aufrecht; Geiztriebbildung: gering - mittel, Holzreife: mittel; Chloroseanfälligkeit: mittel.

Eigenschaften der Sorte

Ansprüche an die Lage: Mittel. Bessere Lagen sind im Interesse von Mostgewicht und Farbintensität vorzuziehen.

Ansprüche an den Boden: Gering. Sehr trockene Standorte sind nicht geeignet, da erhöhter Wasserbedarf.

Krankheitsanfälligkeit: Normale Anfälligkeit gegen Peronospora. Geringe Anfälligkeit gegen Oidium. Die langstieligen etwas lockeren Trauben mit dicken, hartschaligen Beeren sind wenig botrytisanfällig.

Winterfrostfestigkeit: Mittel

Spätfrostanfälligkeit: Mittel

Erziehung: Der kräftige, aufrechte Wuchs und die geringe Neigung zur Geiztriebbildung machen den Dornfelder zu einer weinbautechnisch einfachen Sorte. Eine weiträumige Pflanzung ist angebracht (lange Internodien). In der Normalerziehung sind Gassenbreiten von 2,00-2,20 m, Stockabstände bis 1,20 m, Stammhöhen von ca. 70 cm und ein Anschnitt von 1 bis 2 Bogreben (Halbbogen) anzustreben. Wegen des kräftigen Wuchses ist der Dornfelder auch für die Weitraumerziehung gut geeignet.

Unterlage: SO 4 oder 5 C, auf trockenen Böden auch 125 AA oder 5 BB.

Ertrag: Dornfelder ist eine Erfolgsrebsorte mit einer sehr hohen Ertragsleistung von über 120 hl/Hektar. Eine Ertragsbegrenzung über den Rebschnitt als auch eine termingerechte Ertragsreduzierung ist bei Dornfelder eine unerlässliche Maßnahme zur Erzeugung von bester Rotweinqualität. Die veränderten Marktbedingungen erfordern eine qualitätsorientierte Traubenproduktion im Weinberg sowie beste Vinifikation mit dem Ziel "voluminöse" und strukturbetonte Dornfelder-Rotweine gehobener Qualität herzustellen. Die Rebsorte Dornfelder dankt diesen Aufwand, in dem die aus dem ertragsreduzierten und gesunden Lesegut erzeugten Rotweine nicht nur farbintensiv sind, sondern auch den typischen Dornfelder-Charakter erhalten, den ein hochwertiger Dornfelder-Rotwein auszeichnet.

Ernte: Die geringe Fäulnisanfälligkeit und gute Stielfestigkeit gestatten eine späte Lese mit oder nach dem Blauen Spätburgunder.

Qualität: Blauer Portugieser und Blauer Trollinger werden übertroffen.

Mostgewicht: Bereits bei einem relativ niedrigen Mostgewicht wird ein harmonischer Wein erreicht. Der Blaue Trollinger wird um etwa 8 °Oechsle übertroffen. Im Durchschnitt werden 70 bis 80° Oechsle erreicht.

Säure: Die Säure erreicht im Mittel 7 bis 9 g/l. Bis 2 g/l niedriger als die des Portugiesers.

Wein: Als Besonderheit ist bei Dornfelder-Rotweinen die Farbintensität und das enorme Aromenspektrum im Geschmacks- und Geruchsausdruck. Insbesondere tragen die nach Kirschen, Brombeeren und Mandeln erinnernde Aromen sowie die markante und angenehme Tanninausformung sehr zur Qualität des Dornfelders bei.
Dornfelder-Rotweine sind Weine, die dem Rotweintrinker und Rotweinkenner positiv beeindrucken. Dornfelder-Rotweine sind ausgezeichnete Speisebegleiter zu Wildspezialitäten und anderen Fleischarten mit kräftiger dunkler Soße, zu einem würzigen, kräftigem reifen Hartkäse oder geräuchertem Schinken und anderen Genüsslichkeiten zur Verschönerung besinnlicher Stunden.

Bei „vorsichtiger Verwendung" als farbintensivierender Cuvéepartner gut geeignet. Kann beim Verschnitt dem Blauen Portugieser oder dem Blauen Trollinger seine Eigenart nehmen.

Vorteile: Hoher Ertrag, weinbautechnisch einfach, farbstoffreicher, angenehmer Wein, geringe Neigung zu Chlorose.

Nachteile: Leichte Empfindlichkeit gegen Trockenheit.

Verarbeiten der Trauben zu Maische: Als Rotwein, Deckrotwein und für Sekt gut geeignet. Wird als eine der aussichtsreichsten Neuzüchtungen beurteilt. Für den Weingeschmack sind die kellerwirtschaftlichen Maßnahmen von entscheidender Bedeutung:
Wird die Maische sofort abgepresst, gewinnt man gehaltvolle, fast samtige Weine mit der Farbe eines maischevergorenen Blauen Trollingers gleicher Reife. Zur Erreichung einer ausreichenden Farbintensität genügt es die Maische nur anzugären oder für kurze Zeit auf relativ niedrige Temperaturen zu erwärmen, z. B. 45° für 6 Stunden. Längere Standzeiten oder Maischegärung führen zu Rotweinen mit kräftigem Gerbstoffgerüst.
Zur Deckrotweingewinnung werden Maischegärung, Maischeerwärmung oder Kurzzeiterhitzung empfohlen, weil dies zu einer intensiven Farbausbeute führt. Störender Gehalt an Gerbstoff kann mit 20 g/hl Gelatine zum Most beseitigt werden, ohne den Farbwert nennenswert herabzusetzen. Der Dornfelder-Wein eignet sich gut für den Barrique-Ausbau.

Anbauwert: Die Rebsorte Dornfelder gehört zu den wertvollsten neuen Rotweinkreuzungen.
Er hat bereits seine guten Marktchancen bei den Rotweintrinkern seit vielen Jahren mehr als bestätigt. Besonders gefragt und beliebt sind trockene Weine sowie Dornfelder im Barrique gereift.

Hegel

Verbreitung: Anbaufläche im Jahr 2008 10 ha, davon 7 ha in Württemberg.

Herkunft: Staatliche Lehr- und Versuchsanstalt für Wein- und Obstbau Weinsberg, Referat Rebenzüchtung und Rebenveredlung.

Sortenschutz und Eintragung in die Sortenliste: 1994. Klassifiziert für allen deutschen Anbaugebiete, ausgenommen Baden, Württemberg und Saale-Unstrut.

Züchter: OLR A. Herold, Kreuzungsjahr 1955.

Kreuzung: Helfensteiner x Heroldrebe.

Zuchtnummer: We S 342.

Sortenname: Die Bezeichnung geht auf den Philosophen Georg Wilhelm Friedrich Hegel zurück, der am 27.08.1770 in Stuttgart geboren wurde und am 14.11.1831 in Berlin starb. Hegel vollendete den sogenannten "Deutschen Idealismus" und entwarf das umfassende und einheitlichste System der deutschen Philosophie ("absoluter Idealismus").

Sortenmerkmale: Austriebszeitpunkt: mittel; Wüchsigkeit: mittel - stark; Triebhaltung: aufrecht bis halbaufrecht; Geiztriebbildung: mittel; Blütezeitpunkt: mittel; Blühfestigkeit: mittel bis hoch; Holzreife: mittel; Beerenreife: früh - mittel; Beerengröße: mittel bis groß; Beerendichte: locker bis dichtbeerig; Traubengröße: mittel bis groß; Traubenertrag: mittel (bis hoch); Mostgewicht: mittel (bis hoch); Mostsäuregehalt: mittel.

Eigenschaften der Sorte: Im Vergleich zum Dornfelder ist sie später im Austrieb und etwas schwächer im Wuchs. Die Beerenreife der Rotweinsorte Hegel liegt zeitlich etwas vor dem Schwarzriesling (Müllerrebe); jedoch wird die Traubenernte im Allgemeinen unmittelbar im Anschluss an die Schwarzriesling- oder Portugieser-Ernte vorgenommen. Als Standort sind Portugieser- und Burgunder-Lagen geeignet.
Wein: Der in der Farbintensität selbständige Rotwein entwickelt ein angenehmes charakteristisches Bukett bei feinfruchtiger und vollmundiger Rotweinart.

Acolon

Verbreitung: Die Anbaufläche beträgt im Jahr 2008 478 ha. Davon entfallen 220 ha auf Württemberg und 116 ha auf die Pfalz. 22 ha befinden sich noch in vertraglichen Anbaueignungsversuchen.

Herkunft: Staatliche Lehr- und Versuchsanstalt für Wein- und Obstbau Weinsberg, Referat Rebenzüchtung und Rebenveredlung.

Kreuzung: Blauer Limberger x Dornfelder

Kreuzungsjahr: 1971

Sortenschutz und Sortenliste: März 2002 Sortenschutz und Eintragung in die Sortenliste beim Bundessortenamt. Acolon ist nicht für „Baden“ klassifiziert; jedoch für die übrigen deutschen Anbaugebiete zum Anbau zugelassen.

Züchtungsbezeichnung: We 71-816-102.

Pate: Dr. h.c. Theo Sorg, Landesbischof a.D. der Evangelischen Landeskirche in Württemberg;
Mentor: Prayut Piang-bunta, Thailand (ehemaliger Weinsberger Schüler)

Sortenmerkmale: Austrieb: (früh -) mittel; Wüchsigkeit: stark; Geizbildung: gering - mittel; Blütezeitpunkt: mittel; Blühfestigkeit: (mittel -) hoch; Holzreife: gut; Beerengröße: mittel - groß; Beerendichte: locker - dichtbeerig.

Eigenschaften der Sorte

Ansprüche an die Lage: Keine besonderen Ansprüche. Größere Frosthärte als Blauer Spätburgunder; Grüner Silvaner-, Kerner- und Blauer Spätburgunder-Lagen.

Ansprüche an den Boden: Mittel.

Krankheitsanfälligkeit: Für Peronospora und Oidium keine große Anfälligkeit.

Botrytisanfälligkeit: Gering, keine Spezialbehandlung erforderlich.

Stiellähme: Gering.

Erziehung: Die Sorte hat durch den aufrechten Wuchs mit geringer - mittlerer Geiztriebbildung günstige Pflegemerkmale. Sie ist für Normal- und Weitraumanlagen geeignet.

Anschnitt: 6-8 Augen/qm

Unterlage: Je nach Bodenart gebräuchliche Unterlage auswählen.

Ertrag: Geringer als Dornfelder, ca. 130-140 kg/a (100 hl/ha).

Ernte: Reift bereits Mitte September, frühere Einfärbung als Dornfelder, Lesetermin vor / mit Dornfelder.

Mostgewicht: Die Sorte erreicht höhere Mostgewichte als Dornfelder, nicht selten 100° Oechsle, hohe Zuckerleistung

Säure: mittel – zwischen 8 bis 9 g/l.

Wein: Die Acolon-Weine sind sehr gut ausgefärbt, ohne die Blaustichigkeit des Dornfelder. Sie präsentieren sich fruchtig („dunkle Beeren"), mit hohem Extrakt - langjährig 25,81 g/l zuckerfreier Extrakt - und werden allgemein besser beurteilt als Dornfelder. Durch seine, für deutsche Anbaugebiete, traditionelle Art ist er auch ein vielseitiger Cuvéepartner.

Anbauwert: Unter oenologischen Aspekten wird er vom Züchter höher eingestuft als Dornfelder und dürfte eine große Verbreitung finden. Die eigenständige Rotweinsorte Acolon ist in ihren weinbaulichen Eigenschaften der Rotweinsorte Blauer Limberger sehr ähnlich, weist jedoch einen späteren Austrieb, eine dunklere Beeren- und Weinfarbe sowie bessere Holzreife auf.

Cabernet Cubin

Verbreitung: Bestockte Rebfläche 2008 ca. 71,5 ha, davon noch 9,0 ha in vertraglichen Anbaueignungsversuchen.

Herkunft: Staatliche Lehr- und Versuchsanstalt für Wein- und Obstbau Weinsberg, Referat Rebenzüchtung und Rebenveredlung.

Kreuzung: Blauer Limberger x Cabernet Sauvignon Klon Levadoux.

Kreuzungsjahr: 1970

Sortenschutz und Sortenliste: Vom Bundessortenamt erteilt März 2004 bzw. April 2005. Klassifiziert für alle deutschen Anbaugebiete, außer Baden, Saale-Unstrut und Sachsen.

Züchtungsbezeichnung: We 70-281-35.

Pate: Frank Kämmer, Master Sommelier, Regionalsprecher Schwaben der Sommelier-Union; Mentoren: Kiichiro Ochi, Japan (ehemalige Weinsberger Schüler), und Kazuo Nagumo, Japan.

Sortenmerkmale: Trieb: Halbaufrecht (vor dem Heften); Farbe der Internodien: grün mit roten Streifen; Größe der Blattspreite: mittel; Form des Blattes: fünfeckig; Profil: V-förmig; Länge der Ranke: kurz; Rebholz: gelblich braun. Austriebszeitpunkt: mittel; Wüchsigkeit: stark; Geiztriebbildung: gering (-mittel); Blütezeitpunkt: mittel - spät; Blühfestigkeit: mittel - gut; Holzreife: (mittel -) gut; Beerenreife: spät; Beerengröße: mittel; Beerendichte: locker - dichtbeerig; Traubengröße: mittel - groß. Die Traubenstruktur zeigt Ähnlichkeit zur Vatersorte Cabernet Sauvignon

Eigenschaften der Sorte

Ansprüche an die Lage: Benötigt als ausgesprochene Qualitätssorte Topplagen, d. h. gute bis sehr gute Blaue Spätburgunder-, Weiße Riesling- bzw. Blaue Limberger-Lagen.

Ansprüche an den Boden: Keine besonderen Ansprüche.

Krankheitsanfälligkeit: Gegenüber Peronospora und Oidium außerordentlich robust.

Winterforsthärte: Gut.

Erziehung: Aufgrund des aufrechten bzw. halbaufrechten Wuchses problemlos.

Unterlagen: Zu den gängigen Unterlagen besteht eine gute Affinität.

Ernte: Sehr spät, was aufgrund der Gesundheit der Trauben problemlos ist.

Ertrag: Hoch. Deshalb ist meistens eine Regulierung erforderlich – 140 kg/a (ca. 115 hl/ha).

Mostgewicht: Gut; Cabernet Cubin ist eine ausgesprochene Qualitätssorte – über 89° Oechsle im Durchschnitt.

Säure: Wie bei Blauer Spätburgunder / mittel bis hoch – ca. 10 g/l.

Wein: Der farbkräftige, aromatische und gerbstoffbetonte Wein besitzt eine ausgeprägte Cabernet Sauvignon-Art („Cassis“); wie dieser benötigt auch Cabernet Cubin-Wein eine längere Entwicklungsdauer zur optimalen Reife. Bedingt durch seine Dichtigkeit und Fülle - langjährig ca. 29 g/l zuckerfreier Extrakt - ist der Cabernet Cubin-Wein zum Ausbau im Holzfass / Barrique prädestiniert.

Anbauwert: Cabernet Cubin ist eine spätreifende und ertragssichere Rotweinsorte mit "robusten" weinbaulichen Stockmerkmalen, hoher Qualitätsleistung und besitzt „internationales Weinformat“.

Cabernet Dorsa

Verbreitung: Bestockte Rebfläche 2008 227 ha, davon noch 52 ha in vertraglichen Anbaueignungsversuchen.

Herkunft: Staatliche Lehr- und Versuchsanstalt für Wein- und Obstbau Weinsberg, Referat Rebenzüchtung und Rebenveredlung.

Kreuzung: Dornfelder x Cabernet Sauvignon

Kreuzungsjahr: 1971

Sortenschutz und Sortenliste: Sortenschutz im Dezember 2003 erteilt und im Januar 2004 in die Sortenliste eingetragen. Gleichzeitig wurde Cabernet Dorsa für alle deutschen Anbaugebiete, außer Baden klassifiziert.

Züchtungsbezeichnung: We 71-817-92.

Paten: Ulla Salzgeber, Mannschaftsweltmeisterin und -europameisterin der Dressurreiter, und Dr. Helmut Gebhardt, Landesoberstallmeister des Haupt- und Landesgestüts Marbach; Mentor: Mario Marques, Portugal (ehemaliger Weinsberger Schüler).

Sortenmerkmale: Trieb: Halbaufrecht; Farbe der Internodien: grün mit roten Streifen; Größe der Blattspreite: mittel; Form der Blattspreite: fünfeckig; Rebholz: gelblich-braun. Austriebszeitpunkt: mittel; Wüchsigkeit: (mittel -) stark; Triebhaltung: aufrecht (- halbaufrecht); Geiztriebbildung: gering - mittel; Blütezeitpunkt: mittel; Blühfestigkeit: mittel; Holzreife: (mittel-) gut; Beerenreife: mittel - spät; Beerengröße: mittel - groß; Beerendichte: locker - dichtbeerig; Traubengröße: mittel (- groß). Der Cabernet Dorsa ähnelt sehr der Muttersorte Dornfelder.

Eigenschaften der Sorte

Ansprüche an die Lage: Blaue Spätburgunder- bzw. Grüne Silvaner-Lagen

Ansprüche an den Boden: Keine besonderen.

Krankheitsanfälligkeit: Peronospora: gering; bei Oidium ist Vorsicht geboten.

Botrytisanfälligkeit: Gering wie Dornfelder, Beeren sind etwas lockerbeeriger.

Stiellähmeempfindlichkeit: Praktisch keine Bodentrauben.

Winterhärte: Gut.

Erziehung: Aufrechter Wuchs mit durchweg ordentlichen Stockmerkmalen, geringe bis mittlere Geiztriebbildung.

Unterlagen: Zu den gängigen Unterlagen besteht eine gute Affinität. Bodenbonität stets berücksichtigen.

Ernte: Nach Silvaner.

Ertrag: Mittel – hoch. Ø 80 hl/ha und darüber.

Mostgewicht: Hoch bis sehr hoch, höher als Dornfelder oder Spätburgunder.

Säuregehalt: 9-10 g/l.

Wein: Der Wein dieser Spezialsorte ist sehr gut ausgefärbt mit einem ansprechenden, vollmundigen Charakter sowie leichter Gerbstoffnote, an Blauen Limberger erinnernd. Eine Maischegärung lässt deutlich Kirscharomen erkennen. Die Weine eignen sich auch gut für den Barriqueausbau und „benötigen" eine ausreichende Holzfasslagerung. Der langjährige zuckerfreie Extrakt liegt bei 26,27 g/l.

Anbauwert: Man spricht von einer qualitativ wertvollen Sorte mit traditionellem, aber auch internationalem Charakter.

Cabernet Dorio

Verbreitung: Bestockte Rebfläche 2008 ca. 38,5 ha, davon noch 2,8 ha in vertraglichen Anbaueignungsversuchen.

Herkunft: Staatliche Lehr- und Versuchsanstalt für Wein- und Obstbau Weinsberg, Referat Rebenzüchtung und Rebenveredlung.

Kreuzung: Dornfelder x Cabernet Sauvignon. Der Cabernet Dorio entstammt der gleichen Kreuzung wie der Cabernet Dorsa, weist jedoch nur wenige Merkmale der Elternsorten auf.

Kreuzungsjahr: 1971

Sortenschutz und Sortenliste: Dezember 2003 bzw. Januar 2004 vom Bundessortenamt Zulassung erhalten. Cabernet Dorio ist für alle Anbaugebiete (außer Baden) klassifiziert und für den Anbau zugelassen.

Züchtungsbezeichnung: We 71-817-89.

Pate: Otto Hahn, Präsident des Landesverbandes Baden-Württemberg und Vizepräsident des Zentralverbandes des Deutschen Kraftfahrzeuggewerbes; Mentoren: Inke & Ernst Gouws, Südafrika (ehemaliger Weinsberger Schüler).

Sortenmerkmale: Trieb: Aufrecht - halbaufrecht; Farbe der Internodien: a) Rückenseite: völlig rot, b) Bauchseite grün mit roten Streifen, Größe der Blattspreite: mittel; Form des Blattes: fünfeckig, Profil: V-förmig; Länge der Ranken: kurz - mittel; Rebholz: dunkelbraun. Austriebszeitpunkt: (früh -) mittel; Wüchsigkeit: (mittel -) stark; Geiztriebbildung: gering (-mittel); Blütezeitpunkt: mittel; Blühfestigkeit: mittel; Holzreife: mittel - gut; Beerenreife: (mittel -) spät; Beerengröße: (klein -) mittel; Beerendichte: locker - dichtbeerig; Traubengröße: mittel.

Eigenschaften der Sorte

Ansprüche an die Lage: Gute Blaue Spätburgunder-, Blaue Limberger- sowie Blaue Trollinger-Lagen.

Ansprüche an den Boden: Mittel.

Krankheitsanfälligkeit: Im Allgemeinen gering; bezüglich Oidium auf Zeigertriebe achten.

Stiellähmeanfälligkeit: Gering, keine Bodentrauben.

Winterfrosthärte: Gut.

Erziehung: Ordentliche Stockmerkmale, für Normalanlage und Weitraum geeignet. Anschnitt 6-8 Augen/qm, aufrechter Wuchs, geringe Pflegekosten.

Unterlage: Zu allen gängigen Unterlagen besteht eine gute Affinität.

Ernte: Mit bzw. nach Blauem Spätburgunder.

Ertrag: Mittel, 80-100 kg/a – Ø 75 hl/ha

Mostgewicht: Konstant bzw. sehr hoch, über 90° Oechsle im Durchschnitt.

Säuregehalt: Gering – mittel, ca. 8 g/l.

Wein: Charakteristisch sind die für deutsche Rotweine traditionelle Intensität und Art der Cabernet Dorio-Weinfarbe bei gleichzeitigem hochreifen, vollmundigen Spezialitätengeschmack (langjährig 24,8 g/l zuckerfreier Extrakt), welcher deutliche Waldbeerenaromen bzw. Cabernet Sauvignon-Note zum Ausdruck bringt.
Er ist ein eigenständiger Weintyp bzw. ein neuer Rotweintyp, jedoch bestehen deutliche Parallelen zum Geschmacksbild der Vatersorte Cabernet Sauvignon. Die Farbe des Weines ist geringer als die der übrigen neuen Weinsberger Rotweinsorten.

Anbauwert: Cabernet Dorio bringt bei mittlerem Ertrag und praxisgerechten Rebstockmerkmalen eine konstant hohe Qualitätsleistung.

Cabernet Mitos

Verbeitung: Bestockte Rebfläche 2008 320 ha, davon noch 2,8 ha in vertraglichen Anbaueignungsversuchen.

Herkunft: Staatliche Lehr- und Versuchsanstalt für Wein- und Obstbau Weinsberg, Referat Rebenzüchtung und Rebenveredlung

Kreuzung: Blauer Limberger x Cabernet Sauvignon Klon Levadoux

Kreuzungsjahr: 1970

Sortenschutz und Sortenliste: Beide im Januar 2001 vom Bundessortenamt erhalten und für sämtliche deutschen Anbaugebiete klassifiziert und zum Anbau zugelassen.

Züchtungsbezeichnung: We 70-77-4F.

Paten: Dr. Willi Steul, Landessenderdirektor Baden-Württemberg, Südwestfunk Stuttgart; und Victor von Oertzen, Hauptabteilungsleiter Land und Leute, Stellvertretender Landessenderdirektor Baden-Württemberg, Südwestrundfunk Stuttgart; Mentoren: Matthias Boss, Kanada (ehemaliger Weinsberger Schüler), & Herbert Konzelmann, Kanada.

Sortenmerkmale: Austriebszeitpunkt: mittel - spät; Wüchsigkeit: mittel - stark; Triebhaltung: aufrecht - halbaufrecht; Geiztriebbildung: gering (- mittel); Blütezeitpunkt: mittel; Blühfestigkeit: mittel - hoch; Holzreife: mittel - gut; Beerenreife: spät - sehr spät; Beerengröße: klein - mittel; Beerendichte: locker - dichtbeerig; Traubengröße: mittel.

Eigenschaften der Sorte

Ansprüche an die Lage: Im Interesse einer hohen Qualität sind gute – sehr gute Lagen vorzuziehen, da Sorte spät reift.

Ansprüche an den Boden: Verlangt keinen hohen Wasserbedarf.

Krankheitsanfälligkeit: Für Peronospora und Oidium nicht besonders empfindlich.

Botrytisanfälligkeit: Gering, weil bei Überreife die Beeren zu schrumpfen beginnen; keine Spezialbehandlung nötig.

Stiellähmeanfälligkeit: Gering, kaum Bodentrauben.

Winterfrosthärte: Wie Blauer Spätburgunder.

Erziehung: Der kräftige Wuchs (aufrecht) und die geringe Geiztriebbildung erleichtern die Pflegearbeiten wesentlich. Cabernet Mitos ist sowohl für Normal- als auch Weitraumanlagen geeignet. Muss allerdings oft ausgedünnt werden.

Anschnitt: 6-8 Augen pro qm.

Unterlage: Zu den üblichen Unterlagen besteht eine gute Affinität.

Ernte: Durch späte Reife soll die Lese nach derjenigen des Blauen Spätburgunder erfolgen.

Ertrag: Mittel, gegebenenfalls Ertragsregulierung Ø 95 bis 100 kg/a – 70-80 hl/ha durchschnittlich.

Mostgewicht: Mittel bis hoch, im Ø über 80° Oechsle.

Säure: Wie bei Blauem Spätburgunder ca. 10 g/l.

Wein: Die Weine sind bläulich-rot gefärbt mit einer tiefdunklen Farbe und weisen hohe Gerbstoffgehalte auf; eine Barriquelagerung ist von Vorteil. Mit zunehmender Reife wird ein dezenter Cabernet Sauvignon-Charakter deutlich. Selbständig ausgebaut, besticht der Wein durch seine Komplexität und Fruchtaromen. Cabernet Mitos-Weine sind sehr dicht und gerbstoffreich, was eine längere Lagerung empfiehlt.
Der farbkräftige Cabernet Mitos erfüllt darüber hinaus sehr gut die Anforderungen, welche an eine so genannte Deckrotweinsorte gestellt werden. Zur Farbunterstützung eines Rotweines werden 3 % und weniger Cabernet Mitos-Wein eingesetzt.

Anbauwert: Cabernet Mitos ist eine Rotweinspezialität mit dunkelrot gefärbtem Beerensaft. Als Cuvéepartner mit traditionellen Rotweinsorten eignet sie sich hervorragend.

Palas

Verbreitung: Bestockte Rebfläche 2008 ca. 8,5 ha, davon noch 0,22 ha in vertraglichen Anbaueignungsversuchen.

Herkunft: Staatliche Lehr- und Versuchsanstalt für Wein- und Obstbau Weinsberg, Referat Rebenzüchtung und Rebenveredlung.

Kreuzung: Blauer Trollinger x Rubintraube

Kreuzungsjahr: 1969

Sortenschutz und Sortenliste: Beide im März 2002 vom Bundessortenamt erhalten und wurde gleichzeitig für die deutschen Anbaugebiete (außer Saale-Unstrut) klassifiziert und für den Anbau zugelassen.

Züchtungsbezeichnung: We 69-633-14F.

Paten: Gerdi Staiblin, Ministerin für den Ländlichen Raum Baden-Württemberg, Stuttgart; Mentoren: Klaus Schröder, Chile, und Carlos Hernandez Toso, Argentinien (beide ehemalige Weinsberger Schüler).

Sortenmerkmale: Trieb: Halbaufrecht, Farbe der Internodien: völlig rot; Größe der Blattspreite: mittel; Form der Blattspreite: fünfeckig; Länge der Ranken: kurz - mittel; Rebholz: rötlich-braun. Austriebszeitpunkt: mittel; Wüchsigkeit: mittel - stark; Triebhaltung: aufrecht - halbaufrecht; Geiztriebbildung: mittel; Blütezeitpunkt: mittel; Blühfestigkeit: mittel; Holzreife: mittel; Beerenreife: mittel - spät; Beerengröße: mittel - groß; Beerendichte: (locker -) dichtbeerig; Trauben-größe: mittel.

Eigenschaften der Sorte

Ansprüche an die Lage: Nur gute Lagen.

Ansprüche an den Boden: Keine Besonderheiten.

Krankheitsanfälligkeit: Für Peronospora und Oidium normal.

Botrytisanfälligkeit: Wird manchmal leicht befallen.

Stiellähmegefahr: Gering.

Winterfrosthärte: Gut.

Erziehung: Eine problemlose praxisgerechte Erziehung möglich. Für Normalerziehung und Weitraumanlagen gleich gut geeignet. Anschnitt 6-8 Augen/qm.

Ernte: Mit und nach Blauen Spätburgunder.

Ertrag: Mittel – hoch, ca. 75 hl/ha.

Mostgewicht: Mittel – hoch, über 80° Oechsle.

Säurewerte: 8-10 g/l.

Wein: Kennzeichnend neben der ausgezeichneten Deckkraft des Palas-Weines sind dessen neutraler, weiniger und als angenehm empfundener Charakter, der relativ niedrige Gehalt an violetten / bläulichen Farbstoffkomponenten sowie gute Extraktwerte (im Durchschnitt mehrerer Jahre ca. 31 g/l zuckerfreier Extrakt.).

Anbauwert: Die Neuzucht Palas ist eine Rebsorte mit dunkelrot gefärbtem Beerensaft, weshalb sie primär zur Farbintensivierung bei traditionellen Rotweinsorten gedacht ist. Hierbei genügt eine sehr geringe Menge (ab 3 %), um die nötige Farbstärke eines herkömmlichen Weines zu erreichen. Palas weist weniger Blautönung auf als Cabernet Mitos.

Forschungsanstalt für Weinbau, Gartenbau, Getränketechnologie und Landespflege - Institut für Rebenzüchtung, Geisenheim/Rheingau (Hessen)

Schon Müller-Thurgau hat in Geisenheim Reben gezüchtet. Später hat Prof. Dr. H. Birk das Institut geleitet. Sein Zuchtziel war die Schaffung eines früh reifenden Rieslings. Von 1964 bis 1990 wirkte in Geisenheim Prof. Dr. Helmut Becker, der das Zuchtziel erweitert hat und durch seine temperamentvolle Art die Geisenheimer Zuchtarbeit neu belebte. In den letzten Jahren wurden zahlreiche Europäer-Kreuzungen mit besonderer Ertragssicherheit, botrytisfesten Trauben, guter Holzreife und beachtlicher Weinqualität gezüchtet. Ein weiterer Schwerpunkt ist die Züchtung pilzresistenter, sogenannter interspezifischer Ertragsreben. Die meisten dieser Kreuzungen liefern Weine mit traditionellem, oft auch rieslingähnlichen Wein. Schließlich ist Geisenheim das erste Institut der westlichen Welt, das Ertragssorten mit der Erbmasse der frostfesten Vitis amurensis hat. Ferner werden interspezifische, resistente Sorten mit amerikanischem und asiatischem Erbgut gezüchtet. Neuer Institutsleiter ist seit 1991 Prof. Dr. Ernst Rühl.

Geisenheimer Neuzüchtungen

Weißweinsorten		Rotweinsorten	
Ehrenfelser	Primera*	Rotberger	Rondo*
Reichensteiner	Hibernal*	Dunkelfelder°	Accent*
Arnsburger	Prinzipal*	Dakapo°	Allegro*
Schönburger	Saphira*		Bolero*
Osteiner			
Ehrenbreitsteiner			

*pilzwiderstandsfähig

° Verwendung v.a. als Deckrotwein

Weißweinsorten

Ehrenfelser

Verbreitung: 91 ha Anbaufläche im Jahr 2008.

Herkunft: Züchtung des Instituts für Rebenzüchtungen und Rebenveredlung der Hessischen Forschungsanstalt für Weinbau, Gartenbau, Getränketechnologie und Landespflege, Geisenheim/Rheingau. Die Sorte ist für Rieslinggebiete interessant.

Sortenschutz und Sortenliste: Sortenschutz und Eintragung in die Sortenliste 1969. Klassifiziert für die deutschen Anbaugebiete (außer Baden und Saale-Unstrut).

Züchter: Prof. Dr. H. Birk. Zuchtjahr 1929.

Kreuzung: Riesling x Silvaner

Sortenname: Die Benennung erfolgt nach der Ruine Ehrenfels bei Rüdesheim a. Rh.

Zuchtnummer: Gm 9-93.

Sortenmerkmale: Triebspitze offen, gelbgrün, mittelstark, weißwollig; Blatt fünflappig, rötlich berandet, deutlich gebuchtet mit V-förmig geschlossener Stielbucht, grob gezähntem Rand und blasiger Blattspreite; Traube walzen- bis kegelförmig, klein bis mittelgroß, teilweise geschultert; Beere klein bis mittel, rund und gelbgrün; Holz hellbraun; Wuchs mittelstark, aufrecht, gut rankend mit mittlerer Geiztriebbildung; Austrieb mittelspät , kurz vor Riesling; Blüte mittelspät; Blühfestigkeit hoch; Reife mittelspät, kurz vor Riesling; Chlorosefestigkeit mittel.

Eigenschaften der Sorte (Rieslingtyp)

Ansprüche an die Lage: Die Ansprüche an die Lage liegen nur wenig unter denen des Rieslings, sind also mittel bis hoch. Mittlere und kleine Lagen scheiden aus, da dort die Weine die Erwartungen nicht erfüllen. Der Ehrenfelser ist eine typische Sorte für Rieslinggrenzlagen.

Ansprüche an den Boden: Arme, steinige, wenig fruchtbare Böden sind nicht geeignet. Die Bodenansprüche sind höher als die des Rieslings.

Krankheitsanfälligkeit: Gering, vergleichbar mit Riesling.

Botrytisanfälligkeit: Gegen Beerenfäule ist der Ehrenfelser wenig anfällig.

Besonders hervorzuheben ist die sehr gute Stielfestigkeit. Es kommt auch bei sehr später Lese kaum zu Bodentrauben.

Frostfestigkeit: Die sehr gute Holzreife verbürgt eine gute, etwas unter Riesling liegende Frostfestigkeit. Die Spätfrostfestigkeit ist mit Riesling vergleichbar, also nicht überbetont.

Erziehung: Wegen des aufrechten Wuchses und der guten Rankfähigkeit problemlos für alle Drahtrahmenerziehungen. Normalerziehung: Gassenbreite 2,00 m bis 2,20 m Stockabstand, 1,00 bis 1,20 m, Stammhöhe 70 bis 80 cm. Eine bis zwei Ruten Flach- oder Halbbogen, bei weitem Standraum Halbbogen (Pendelbogen). Zur Förderung der Qualität Anschnitt von 6 bis 8 Augen je qm Rebenstandraum und nur bei sehr kräftigem Wuchs etwas mehr. Auch für Weitraumerziehung geeignet.

Unterlagen: 5 C, SO 4, auf leichten Böden auch 5 BB, 125 AA und Börner.

Ertrag: Etwas höher als der des Rieslings, ertragssicher.

Mostgewicht: 5 bis 10 °Oechsle höher als das des Rieslings.

Säure: Durchschnittlich 1-2 g/l niedriger als die des Rieslings.

Reife: Etwa 8 Tage vor Riesling, auch wenn die Beeren noch grün sind.

Ernte: Wegen der Stielfestigkeit kann der Ehrenfelser lange hängen und mit oder nach dem Riesling geerntet werden.

Wein: Fruchtiger, rieslingähnlicher Typ mit feiner Säure. Entwickelt sich rascher als Rieslingweine, erreicht aber nicht dessen Feinheit. Im Alter sind die Rieslingweine nachhaltiger.

Qualität: In sogenannten kleinen Rieslinglagen ist der Wein wegen seines höheren Mostgewichtes dem des Riesling überlegen. Auch in kleinen Jahren liegen die Weine im Kabinettbereich, in sonstigen Jahren überwiegend im Spät- und Auslesebereich.

Vorteile: Lageansprüche etwas geringer als die des Rieslings. Hohe Stielfestigkeit. Weinbautechnisch sehr einfache Sorte. Höheres Mostgewicht als Riesling. Eignet sich für Spät- und Auslesen.

Nacheile: Nicht geeignet für mittlere und kleine Lagen.

Anbauwert: Wichtige Sorte für Rieslinggrenzlagen. Besonders geeignet für die nördlichen Rieslingweinbaugebiete.

Reichensteiner

Verbreitung: Anbaufläche im Jahr 2008 106 ha.

Herkunft: Institut für Rebenzüchtung und Rebenveredlung der Hessischen Forschungsanstalt Geisenheim/ Rheingau.

Sortenschutz und Sortenliste: Sortenschutz 1978, Eintragung in die Sortenliste 1978. Klassifiziert für die deutschen Anbaugebiete, außer Baden, Württemberg und Saale-Unstrut.

Züchter: Prof. Dr. H. Birk. Zuchtjahr 1939.
Kreuzung: Müller-Thurgau x (Madeleine d'Angerine x Calabreser-Froelich).

Sortenname: Die Bezeichnung geht auf die Burg Reichenstein bei Trechtingshausen/Rhein zurück.

Zuchtnummer: Gm CD 18-92.

Sortenmerkmale: Triebspitze offen, dicht wollig bis filzig, weißlich-grün, rötlich gefleckt, starke bis sehr starke Wollbehaarung, weißflaumig mit rötlichem Anflug auf graurotem Trieb; Blatt mittelgroß, glatt, glänzend, drei- bis schwach fünflappig; deutlich gebuchtet, Stielbucht V-förmig offen, Rand grob gezähnt; Traube groß, länglich, lockerbeerig kaum geschultert; Beere rund, grüngelb, mittelgroß, bei Vollreife leuchtend gelb bis gelbbraun, neutraler Geschmack; Holz gelbbraun mit dunkelbraunen Streifen, weitknotig; Austrieb früh bis mittelfrüh; Blüte mittelfrüh; Blühfestigkeit hoch; Reife früh bis mittelfrüh; Holzreife mittel; Wuchs knapp mittelstark, starke bis mittlere Geiztriebbildung; Chlorosefestigkeit mittel.

Eigenschaften der Sorte

Ansprüche an die Lage: Die Sorte verlangt mittelgute, windgeschützte, spätfrostfreie Lagen.

Ansprüche an den Boden: Die Böden sollen fruchtbarer sein und keinesfalls trocken.

Krankheitsanfälligkeit: Die Empfindlichkeit für Peronospora, Oidium und Roten Brenner ist mit der des Müller-Thurgau vergleichbar. Die Anfälligkeit für Phomopsis ist etwas geringer, aber jedoch stärker als bei Silvaner.

Botrytisanfälligkeit: Die Trauben sind lockerbeerig und kaum anfällig gegen Beerenbotrytis.

Holzreife: Sie ist mit der des Müller-Thurgau vergleichbar. Daraus ergibt sich eine Empfindlichkeit gegen Winterfrost.
Austrieb: Der Austrieb fällt mit Müller-Thurgau zusammen. Daraus ergibt sich eine erhöhte Maifrostanfälligkeit. Spätfrostgefährdete Lagen sind also zu vermeiden.

Erziehung: Der Wuchs ist nur mittelstark. Bei zu starkem Anschnitt kommt die Sorte leicht vom Holz. Die Erziehung sollte mit nicht zu weiten Stockabständen erfolgen, aber trotzdem luftig sein, damit die Holzreife gefördert wird. (Gassenbreite 2,00 m bis 2,20 m, Stockabstand 1,00 m bis 1,10 m, Stammhöhe 70 cm bis 80 cm. Eine lange Fruchtrute mit etwa 6 bis 8 Augen/qm). Zu starker Anschnitt führt zu schwachem Wuchs und schlechter Holzreife.

Unterlagenwahl: Der schwache Wuchs erfordert stark wachsende Unterlagen. In triebigen, frischen Böden sind das SO 4 und 5 C, in etwas wuchsschwächeren Böden 125 AA, Börner oder 5 BB.
Ertrag: Er liegt auf der Höhe des Müller-Thurgau. Geringe Neigung zum Verrieseln. Regelmäßige und gute Erträge.

Ernte: Durch die geringere Fäulnisanfälligkeit kann sie nach dem Müller-Thurgau erfolgen. Die Beeren laugen gelegentlich aus, was zu vorzeitiger Lese zwingen kann.

Qualität: Das Mostgewicht übertrifft das des Müller-Thurgaus um 5 bis 10° Oechsle, die Säure um 0,5 bis 1 g/l.

Der Wein ist schwach im Bukett, süffig, neutral, nicht immer lebendig genug und erinnert etwas an Weißburgunderweine. Bei später Lese ist die Gewinnung von Auslesen möglich. Die Weine eignen sich auch für die Herstellung von Süßreserven. Kann mit allen Sorten verschnitten werden. Die Sorte eignet sich besonders für die Gewinnung trockener und halbtrockener Weine.

Vorteile: Geringe Botrytisanfälligkeit, hohes Mostgewicht und hohe Erträge.

Nachteile: Mangelhafte Holzreife. Bei Ertragsüberlastung rascher Wachstumsrückgang. Wein zu neutral, mit geringer Nachhaltigkeit. Frostanfällig.

Anbauwert: Diese Geisenheimer Neuzüchtung ist in ihrem Sortentyp mit dem Müller-Thurgau vergleichbar. Die geringere Botrytisanfälligkeit der Trauben lässt sie als Ergänzungssorte für Müller-Thurgau gelten. Bei etwas niedrigerem Ertrag ist eine sehr gute Mostgewichtsleistung zu erreichen. Die Weine sind im Vergleich zu Müller-Thurgau-Weinen neutraler.

In der Pfalz ist ihr Anbauwert umstritten. Die hohe Mostgewichtsleistung gestattet die Gewinnung von Prädikatsweinen auch in weniger günstigen Lagen und Jahren. Eine Tatsache, die besonders in den nördlichen Gebieten von Interesse sein dürfte. Hier kann sie eine Alternative zum Müller-Thurgau darstellen.

Arnsburger

Verbreitung: Die Rebflächenstatistik von 2008 weist nur eine Fläche von 1 ha aus.

Herkunft: Institut für Rebenveredlung und Rebenzüchtung der Hessischen Forschungsanstalt für Weinbau, Gartenbau, Getränketechnologie und Landespflege, Geisenheim/Rh. Sortenschutz und Sortenliste: Sortenschutz und Eintragung in die Sortenliste 1984. Klassifiziert für die deutschen Anbaugebiete, außer Baden, Württemberg und Saale-Unstrut.

Züchter: Prof. Dr. H. Birk. Zuchtjahr 1939.

Kreuzung: Riesling Klon 88 Gm x Riesling Klon 64 Gm.

Sortenname: Der Name Arnsburger soll an die Weintradition der Zisterzienser-Mönche erinnern, die sich große Verdienste um die Verbreitung des Weinbaues im Rheingau erwarben. Das Zisterzienserkloster Eberbach im Rheingau gründete das Kloster Arnsburg in der Wetterau.

Zuchtnummer: Gm 22-74.

Sortenmerkmale: Triebspitze offen, schwachwollig, gelblich-grün mit rötlichem Anflug bis bronziert; Blatt groß, deutlich siebenlappig, weite Einbuchten, Stielbucht seltener V-förmig, mehr in sich berührend bis leicht überlappend. Blattrand unterschiedlich lang gezähnt, Blattfläche glatt, oberseitig dunkelgrün, unterseits hellgrün, Herbstverfärbung gelb; Traube groß, breit kegelförmig, geschultert, langstielig, lockerbeerig; Beere mittelgroß, kurzoval mit derber Haut, gelblich-grün, neutraler Geschmack; Austrieb mittel; Wachstum kräftig, aufrecht; Reife mittel, etwas nach Müller-Thurgau; Holzreife mit Müller-Thurgau vergleichbar, also mittel bis gering. Phänologisch mit Müller-Thurgau vergleichbar.

Eigenschaften der Sorte

Ansprüche an die Lage: Wegen der gegenüber Müller-Thurgau niedrigeren Mostgewichte sind sicher mittlere Lagen, also Silvanerlagen, vorzuziehen. Wegen der begrenzten Holzreife müssen frostgefährdete Lagen vermieden werden.

Ansprüche an den Boden: Wegen der Starkwüchsigkeit sind nährstoffreiche, tiefgründige und feinerdereiche Böden empfehlenswert.

Krankheitsanfälligkeit: Es ist keine besondere Anfälligkeit für Pilzerkrankungen bekannt.

Botrytisanfälligkeit: Die Anfälligkeit gegen Botrytis und Stiellähme ist infolge der Lockerbeerigkeit, der festen Beerenhaut und des festen Stielgerüstes gering.

Frostfestigkeit: Die Winterfrostempfindlichkeit ist mit der des Müller-Thurgau vergleichbar.

Erziehung: Für Normal- und Weitraumanlagen gleichermaßen geeignet.

Unterlagen: Es werden 5 C, SO 4 Börner und 125 AA empfohlen.

Ertrag: Die Ertragsleistung ist etwas höher als beim Müller-Thurgau.

Qualität: Das Mostgewicht liegt 5 bis 8 °Oechsle unter dem des Müller-Thurgaus, die Säure bis 4 g/l höher.

Wein: Der Wein ist fruchtig und rieslingähnlich.
Anbauwert: Wegen geringer Botrytisanfälligkeit und rieslingähnlichen fruchtigen Weinen besonders gute Eignung als Sektgrundwein.

Schönburger

Verbreitung: Die Rebflächenstatistik von 2008 nur eine Anbaufläche von 20 ha aus.

Herkunft: Züchtung des Instituts für Rebenzüchtung und Rebenveredlung der Hessischen Forschungsanstalt Geisenheim/Rheingau.

Sortenschutz und Sortenliste: Sortenschutz 1979, Eintragung in die Sortenliste 1980. Klassifiziert für die deutschen Anbaugebiete, außer Baden und Württemberg.

Züchter: Prof. Dr. H. Birk. Zuchtjahr 1939.

Kreuzung: Spätburgunder x IP 1. IP 1 ist eine italienische Tafeltraube aus der Kreuzung Chasselas (Gutedel) rosa x Muscat Hamburg. IP ist der Züchter I. Pirovano.

Zuchtnummer: C/D 15-114

Sortenname: Die geplante Bezeichnung "Rosa Muskat" wurde vom Bundessortenamt nicht gebilligt, da es eine zu große Fülle von Sorten mit der

Bezeichnung Muskat gibt. So wurde die Bezeichnung Schönburger, nach der Schönburg in Oberwesel/Rhein, gewählt.

Sortenmerkmale: Triebspitze offen, weißlich-grün, schwach rötlich gefleckt, starkwollig, bis weißwollig-filzig; Blatt mittelgroß, fünflappig, Mittellappen eng geschnürt, Seitenbuchten mitteltief, Stielbucht V-förmig bis geschlossen, selten überlappend, Blattfläche schwach bis blasig, dunkelgrün, Blattrand gesägt, mit breit keilförmig etwas gebogenen Zähnen, Blattstiel gerieft, schwach rötlich gestreift; Holz dunkelrotbraun mit hellbraunen Streifen; Traube mittel breit kegelförmig, teils geschultert, dichtbeerig; Beeren mittelgroß, leicht oval, rosa, derbe Beerenhaut, kräftiges Aroma; Austrieb mittel bis früh; Blütezeitpunkt mittel; Blühfestigkeit hoch; Reife: mittelfrüh, Anfang Oktober; Wuchs mittelstark, aufrecht, mittlere Geiztriebbildung; Ertrag mittel; Holzreife gut; Chlorosefestigkeit mittel.

Eigenschaften der Sorte

Ansprüche an die Lage: Mittel, etwas höher als Müller-Thurgau, also warme Lagen, die nicht windoffen sein sollten.

Ansprüche an den Boden: Mittel, warme, nährstoffreiche, feinerdereiche, aber keine trockene, steinige oder kiesige Böden.

Krankheitsanfälligkeit: Für Pilzkrankheiten besteht keine besondere Empfindlichkeit.

Botrytisanfälligkeit: Wenig empfindlich für Beerenfäule. Feste Stiele und daher wenig Bodentrauben.

Winterfrostfestigkeit: Gut.

Spätfrostanfälligkeit: Nicht überbetont.

Erziehung: Der mittelstarke, aufrecht Wuchs und die geringe Geiztriebbildung geben in der Erziehung keine Probleme auf. Geeignet ist die Normalerziehung mit Gassenbreiten von 2,00 m bis 2,20 m, einem Stockabstand von 1,10 bis 1,30 m und einer Stammhöhe von 70 bis 80 cm. Anschnitt: Flachbogen mit 8 bis 10 Augen pro qm. Trägt auf langem Holz besser als auf kurzem, daher eine lange Fruchtrute wählen. Schönburger ist auch für die Weitraumerziehung geeignet.

Unterlagen: 5 C, SO 4, in wuchsschwachen Böden 125 AA, 5 BB, Börner.

Ertrag: Mittel, etwa vergleichbar mit Riesling oder knapp darunter. Konkurrierende Neuzüchtungen wie Würzer, Bacchus und Kerner liegen im Ertrag wesentlich höher.

Reife: Mittelfrüh, Ende September.

Ernte: Früh bis mittelfrüh. Die feste Beerenhaut lässt erst spät Botrytis aufkommen. Auftretende Beerenfäulnis ist vorwiegend Edelfäule. Der Erntetermin wird auch unter dem Gesichtspunkt der etwas knappen Säure zu wählen sein. Trotz gesunder Trauben ist daher in Jahren mit guter Reife, im Interesse eines lebendigen Weines, die Ernte etwas früher vorzunehmen.

Mostgewicht: Der begrenzte Ertrag garantiert fast in jedem Jahr Oechslegrade im Prädikatsbereich. Der Riesling wird um 10 bis 15 Grad übertroffen, der Müller-Thurgau um etwa 10 Grad, der Bacchus um rund 8 Grad, der Würzer um etwa 2 Grad und die Sorte Kerner um höchstens 1 Grad.

Säure: gering, durchschnittlich zwischen 6 und 7 g/l. Damit fehlt in manchen Jahren den Weinen die belebende Säure.

Wein: Schönburger-Weine verfügen über ein feines, zartes Muskat-Bukett und erinnert besonders an Traminer-Aromen. Bringt pikante Prädikatsweine von großer Güte und Genüsslichkeit.

Vorteile: Robuste, weinbautechnisch einfache Sorte.

Nachteile: Begrenzter Ertrag, nicht immer überzeugender Wein.

Anbauwert: Gute Verschnittsorte für fruchtige Sorten.

Osteiner

Verbreitung: Die Rebflächenstatistik von 2008 weist nur eine bestockte Rebfläche von 1 ha aus.

Herkunft: Institut für Rebenzüchtung und Rebenveredlung der Hessischen Forschungsanstalt für Weinbau, Gartenbau, Getränketechnologie und Landespflege, Geisenheim/Rh.

Sortenschutz und Sortenliste: Sortenschutz und Eintragung in die Sortenliste 1984. Klassifiziert für die deutschen Anbaugebiete, außer Baden, Württemberg und Saale-Unstrut.

Züchter: Prof. Dr. H. Birk. Zuchtjahr 1929.

Kreuzung: Weißer Riesling x Grüner Silvaner

Sortenname: Der Name Osteiner wurde zu Ehren der Grafen von Ostein gewählt, von denen der letzte seines Geschlechtes, Johann Friedrich Karl Maximilian Amor Maria Graf von Ostein (1735-1809), als Erbe seines Onkels, des Kurfürsten und Erzbischofs von Mainz, in Geisenheim bedeutende Bauwerke und Gartenanlagen errichtete. Zuchtnummer Gm 9-97.

Sortenmerkmale: Triebspitze offen, filzig bis dichtwollig, weißlich-gelbgrün, karminrötlich berandet; Blatt mittelgroß, rundlich, fünflappig, rieslingsartig, Seitenbuchten tief, überlappend, Blattfarbe oberseits tief dunkelgrün, unterseits graugrün, Stielbucht variabel V-förmig bis überlappend, Blattrand breit gezähnt, Blattfläche blasig; Herbstverfärbung gelb; Traube mittelgroß, breit kegelförmig, kompakt; Beeren mittelgroß, feste Haut, gelbgrün, fruchtig; Austrieb spät; Wachstum mittelstark bis kräftig, aufrecht, wenig Geiztriebe; Reife spät, mit Silvaner, jedoch spätere Herbstverfärbung; Holzreife gut, wie Riesling, phänologisch mit dem Silvaner vergleichbar.

Eigenschaften der Sorte

Ansprüche an die Lage: Für mittlere bis gute Lagen geeignet, also Silvanerlagen und Rieslinglagen.

Ansprüche an den Boden: Auf allen Weinbergsböden anpflanzbar. Wenig empfindlich gegen Chlorose und Trockenheit.

Krankheitsanfälligkeit: Ähnlich mit der des Rieslings.

Botrytisanfälligkeit: Geringe Anfälligkeit, kaum Stielfäule. Nach Versuchen in Franken etwas botrytisanfälliger als der Silvaner.

Frostfestigkeit: Aufgrund der guten Holzreife gute Winterfrostfestigkeit. Bringt nach Frostjahren, verglichen mit dem Silvaner, noch einen guten Ertrag. Wegen des späten Austriebes nicht überempfindlich gegen Spätfröste.

Erziehung: Für Normal- und Weitraumerziehung gleich gut geeignet. Aufgrund des aufrechten Wuchses und der geringen Geiztriebbildung weinbautechnisch unkomplizierte Sorte.

Unterlagen: Es werden 5 C, SO 4, 125 AA, Börner und 5 BB empfohlen.

Ertrag: Der Ertrag ist mit Riesling vergleichbar. In den fränkischen Versuchen lag der Ertrag etwas unter dem des Silvaners. Die Blühfestigkeit garantiert gleichmäßige Erträge.

Qualität: Das Mostgewicht liegt 5-10 °Oechsle über dem des Silvaners, die Säure zwischen Silvaner und Riesling.

Wein: Der Wein ist kräftig, fruchtig, körperreich, nachhaltig, selbstständig mit einem Geschmack in Richtung Riesling.

Anbauwert: In Silvanergebieten als Sorte zur Erzeugung rieslingähnlicher Qualitätsweine mit rassigem, eleganten Sortenbukett anzusehen. Praxis hat kein Interesse an der Sorte.

Ehrenbreitsteiner

Verbreitung: Die Rebflächenstatistik von 2008 weist eine bestockte Rebfläche von 10 ha aus.

Herkunft: Institut für Rebenzüchtung und Rebenveredlung der Hessischen Forschungsanstalt für Weinbau, Gartenbau, Getränketechnologie und Landespflege, Geisenheim/Rheingau.

Sortenschutz und Sortenliste: Sortenschutz und Eintragung in die Sortenliste 1994. Klassifiziert für die deutschen Anbaugebiete, außer Baden, Württemberg und Saale-Unstrut.
Züchter: Prof. Dr. Helmut Becker. Zuchtjahr 1964.

Kreuzung: Ehrenfelser x Reichensteiner (Riesling x Silvaner) x (Madeleine d'Angevine x Calabreser-Froelich).
Zuchtnummer: Gm 6414-36.

Sortenmerkmale: Ähnlich wie Riesling, jedoch weniger Blattmasse, aufrechter Wuchs bei geringer Geiztriebbildung, Reife 2 Wochen vor Riesling.

Eigenschaften: Müller-Thurgau-Lagen, für alle weinbaufähigen Böden geeignet, sehr blühfest. Winterfrostfestigkeit besser als bei Müller-Thurgau, in ungünstigen Jahren etwas Botrytisbefall, kompakte Trauben.

Ertrag: Im Müller-Thurgau-Bereich; Mostgewicht: Ähnlich Müller-Thurgau; Weinqualität: Feinfruchtig-rassig, rieslingähnlich.

Wein: Ein rieslingähnlicher Weintyp, spritzig, rassig, feinfruchtig und von einer betonten Fruchtsäure geprägt.

Unterlagen: 5 C, auf wüchsigen Böden SO 4 und auf schwachwüchsigen Böden 125 AA, Börner und 5 BB.

Primera*

Herkunft: Institut für Rebenzüchtung und Rebenveredlung der Hessischen Forschungsanstalt für Weinbau, Gartenbau, Getränketechnologie und Landespflege, Geisenheim/Rheingau.

Sortenschutz und Sortenliste: Sortenschutz seit 1997.

Züchter: Prof. Dr. H. Becker.

Zuchtnummer: GM 341 58.

Kreuzung: (Silvaner x Riesling) x (Riesling x Silvaner) F 2 (frei abgeblüht).

Sortenmerkmale: Wuchs mittel, aufrecht, geringe Geiztriebbildung; derbes kräftiges, dunkelgrünes Laub; gute Holzreife, gute Winterfrostfestigkeit; Trauben mittelgroß, kompakt; Beeren rund, mittelgroße, etwas botrytisanfällig.

Reifezeit: Etwa mit Riesling.

Mostgewicht: Etwas niedriger als beim Riesling.

Säure: Ca. 4 g/l niedriger als Riesling.

Ertrag: Ca. 20 % höher als beim Riesling.

Pilztoleranz: Gute Widerstandsfähigkeit gegen Oidium und Peronospora; bei hohem Infektionsdruck kann es sowohl zu Oidium-, als auch zu Peronosporabefall kommen. Hier sind in entsprechenden Jahren bzw. Lagen ein Einsatz von Schwefel und bei Peronospora-Gefahr eine Kupferapplikation nach der Blüte sinnvoll. Botrytis entwickelt sich erst an den reifen Trauben; keine Sauerfäule.

Wein: Fruchtig, rassig, weitgehend neutral; silvanerähnlich; guter Sektgrundwein.

*pilzwiderstandfähig

Hibernal*

Verbreitung: Die Rebflächenstatistik von 2008 weist eine Anbaufläche von 1 ha aus.

Herkunft: Institut für Rebenzüchtung und Rebenveredlung der Hessischen Forschungsanstalt für Weinbau, Gartenbau, Getränketechnologie und Landespflege, Geisenheim, Rheingau.

Sortenschutz und Sortenliste: Sortenschutz seit 1977 und Eintragung in die Sortenliste im Jahr 1999. Klassifiziert und zugelassen für den deutschen Weinbau, außer den Anbaugebieten Baden, Württemberg und Saale-Unstrut.

Züchter: Prof. Dr. H. Birk.

Zuchtnummer: GM 322 58

Kreuzung: Seibel 7053 x Riesling Kl 239 Gm. F 2 (frei abgeblüt).

Sortenmerkmale: Wuchs stark, aufrecht, geringe Geiztriebbildung.

Phänologie: Rieslingähnlich, Traubenreife 1-2 Wochen vor Riesling.

Mostgewicht: Höher als beim Riesling.

Säure: Ca. 3 g/l niedriger als Riesling.

Ertrag: Etwas höher als Riesling.

Pilztoleranz: Gute Widerstandsfähigkeit gegen Oidium und Peronospora. Nur bei hohem Infektionsdruck kann es sowohl zu Oidium-, als auch zu Peronosporabefall kommen. Hier sind in entsprechenden Jahren bzw. Lagen ein Einsatz von Schwefel und in Peronospora-Jahren eine Kupferapplikation nach der Blüte sinnvoll.

Wein: Gehaltvoll, rassig, in manchen Jahren der Scheurebe ähnlich. Hibernal gewinnt in Südost Europa zunehmend an Bedeutung. Besitzt eine sehr hohe Winterfrosttoleranz.

*pilzwiderstandfähig

Prinzipal*

Verbreitung: Die Rebflächenstatistik von 2008 weist eine Anbaufläche von 3 ha aus.

Herkunft: Institut für Rebenzüchtung und Rebenveredlung der Hessischen Forschungsanstalt für Weinbau, Gartenbau, Getränketechnologie und Landespflege, Geisenheim, Rheingau.

Sortenschutz und Sortenliste: Seit 1997 besitzt sie Sortenschutz und 1999 in die Sortenliste eingetragen. Klassifiziert und zugelassen für den deutschen Weinbau, außer Baden, Württemberg und Saale-Unstrut.

Züchter: Prof. Dr. H. Becker.

Zuchtnummer: Gm 7116-26.

Kreuzung: Gm 323-58 (Seibel 7053 x Riesling Kl 237 Gm) x Ehrenfelser.

Sortenmerkmale: Wuchs stark, aufrecht, geringe Geiztriebbildung; derbes kräftiges, dunkelgrünes Laub; sehr gute Holzreife; sehr winterfrostunempfindlich; Beiaugen besonders fruchtbar; Trauben dem Riesling ähnlich, jedoch größere runde Beeren; Reifezeit etwa mit Müller-Thurgau.

Mostgewicht: Höher als beim Riesling.

Säure: Ca. 2 g/l niedriger als Riesling.

Ertrag: Zwischen Riesling und Müller-Thurgau.

Pilztoleranz: Gute Widerstandsfähigkeit gegen Oidium und Peronospora. Bei hohem Infektionsdruck kann es sowohl zu Oidium-, als auch zu Peronosporabefall kommen. Hier sind in entsprechenden Jahren bzw. Lagen ein Einsatz von Schwefel und in Peronospora-Jahren eine Kupferapplikation nach der Blüte sinnvoll. Botrytis entwickelt sich erst an den reifen Trauben, keine Sauerfäule.

Wein: Zeichnet sich durch eine sehr duftige, fruchtige Art, mit viel Riesling-Charakter aus.

*pilzwiderstandfähig

Saphira*

Herkunft: Institut für Rebenzüchtung und Rebenveredlung der Hessischen Forschungsanstalt für Weinbau, Gartenbau, Getränketechnologie und Landespflege, Geisenheim, Rheingau.

Sortenschutz und Sortenliste: Sortenschutz erteilt 1999 und Eintrag in die Sortenliste 2004. Zeitgleich wurde „Saphira" klassifiziert und für den Anbau im deutschen Weinbau zugelassen mit Ausnahme der Anbaugebiete Baden und Württemberg.

Züchter: Prof. Dr. Helmut Becker. Kreuzungsjahr 1978.

Zuchtnummer: Gm 7815-1.

Kreuzung: Arnsburger x Seyve-Villard 1-72.

Sortentyp: Burgunderartig.

Ansprüche: Bessere Müller-Thurgau-Lagen.

Sortenmerkmale: Wuchs stark, aufrecht, sehr geringe Geiztriebbildung, offene Laubwand; Holzreife früh und sehr gut; Phänologie ähnlich dem Weißen Burgunder, bei etwas späterem Reifebeginn.

Ertrag: Höher wie Weißer Burgunder.

Mostgewicht: Ähnlich wie Weißer Burgunder.
Säure: Ca. 3 g/l höher als Weißer Burgunder.

Weintyp: Er ist als neutral bis leicht fruchtig einzuordnen und ähnelt einem fruchtigen, frischen Weißburgunder.
Spezielle Eignung: Zur Gewinnung von vollmundigen, körperreichen Weinen, bei äußerst geringem Aufwand für Pflanzenschutzmaßnahmen; zurzeit nur Tafelwein aufgrund der gesetzlichen Bestimmungen (pilztolerante Sorte).
Pilztoleranz: Hohe Toleranz gegen Peronospora. Bei starken Oidiumdruck eine bis zwei Schwefelbehandlungen erforderlich.

*pilzwiderstandfähig

Rotweinsorten

Rotberger

Verbreitung: Die Rebflächenstatistik von 2008 weist eine Anbaufläche von 16 ha aus.

Herkunft: Institut für Rebenzüchtung der Hessischen Forschungsanstalt in Geisenheim.

Sortenschutz und Sortenliste: Sortenschutz 1969, Eintragung in die Sortenliste 1971. Klassifiziert 1972 für die alle deutschen Anbaugebiete, außer Baden, Württemberg und Saale-Unstrut.

Züchter: Prof. Dr. H. Birk. Zuchtjahr 1928.

Kreuzung: Trollinger x Riesling

Zuchtnummer: Gm 3-37.

Sortenmerkmale: Triebspitze offen, weiß mit grünlichem Hauch, dichtweiß-filzig, karmesinrötlich berandet; Trieb schwach kantig, leicht gerieft, mittelgrün, rötlich gestreift; Blatt mittel bis groß, fünflappig, Seitenbuchten mitteltief, teils überlappend, Stielbucht geschlossen überlappend,. Blattrand grob gezähnt, Blattfarbe dunkelgrün; Traube groß, kegelförmig, locker bis dichtbeerig; Beeren groß, rotblau, rund, ohne Sortenbukett; Holz hellbraun mit mittelbraunen Streifen; Wuchs kräftig und aufrecht; Geiztriebbildung mittel bis stark; Austrieb spät; Blüte spät; Blühfestigkeit hoch; Reife mittelspät.

Eigenschaften der Sorte

Ansprüche an die Lage: Mittel.

Ansprüche an den Boden: Hoch, verlangt tiefgründige, feinerdereiche, nicht zu trockene Böden, nicht kalkempfindlich.

Krankheitsanfälligkeit: Peronosporaanfälligkeit normal, aber empfindlich für Oidium. Botrytisanfälligkeit gering, Stielfestigkeit gut.
Frostfestigkeit: Aufgrund einer mittleren bis guten Holzreife ausreichende Winterfrostfestigkeit. Frostfester als Trollinger, Portugieser und Spätburgunder. Spätfrostempfindlichkeit auf Grund des späten Austriebs nicht überbetont.

Erziehung: Der kräftige Wuchs verlangt eine weiträumige Erziehung. Für Normal- und Weitraumerziehung gleich gut geeignet. Die geringe Geiztriebbildung und der aufrechte Wuchs ergeben eine erziehungsmäßig problemlose Sorte.

Unterlage: 5 C und SO 4. Auf sehr schwachwüchsigen Standorten kann auch auf 125 AA oder Börner veredelt werden.

Ertrag: Hoch, vergleichbar mit Portugieser.

Reife: Mittel bis spät. Die Versuche an der Ahr haben einen Reifebeginn von 8 Tage vor Portugieser ergeben.

Ernte: Mit Spätburgunder.

Mostgewicht: 5 bis 10 Grad über Trollinger. An der Ahr knapp über Portugieser.

Säure: Etwas unter Trollinger, aber um 2 g/l über Portugieser.

Wein: Dem Trollinger sind Rotberger-Weine im Geschmack, Frucht, Duft sehr ähnlich. Er ist außerdem frisch und herzhaft von blassroter Farbe, eine Spezialsorte zur Erzeugung spritziger Rosé-Weine - sie eignen sich besonders als Frühling- und Sommerweine. Ferner ist er ein universeller, süffiger, lebendiger und vielseitiger Wein, er kann fast zu allen Speisen, Mahlzeiten und Gelegenheiten getrunken bzw. serviert werden. Besonders gut als Roséwein und zur Versektung geeignet.

Vorteile: Weinbautechnisch einfache Sorte, guter Ertrag, ansprechender Wein.

Nachteile: Oidiumanfälligkeit und etwas farbschwacher Wein.

Anbauwert: Wertvolle Sorte zur Gewinnung von Roséwein.

Dunkelfelder

Verbreitung: Die Statistik von 1990 weist eine bestockte Fläche von 118 ha auf, für das Jahr 1994 187 ha, bis 2000 ein Anstieg auf 298 ha und im Jahr 2008 sind es insgesamt 352 ha.

Herkunft: Nach H. Moog ist die Sorte Dunkelfelder mit der Zuchtnummer Froelich V4 (4) eine Züchtung von Landesökonomierat G. A. Froelich (1847-1912) aus Edenkoben (Pfalz). Es handelt sich um eine Kreuzung zwischen Blauer Portugieser x Färbertraube (Teinturier du Cher). Sie stand im Jahre 1930 im Geisenheimer Tafeltrauben-Sortiment in Oberhof a.d. Lahn, wurde dort ampelographisch bearbeitet und auf ihre weinbaulichen Eigenschaften geprüft. Die Sorte wurde am 14.2.1980 als freie

Sorte in das Sortenregister eingetragen. Erhaltungszüchter ist das Institut für Rebenzüchtung und Rebenveredlung der Forschungsanstalt Geisenheim. Eintragung in die Sortenliste: 1980, klassifiziert für alle deutschen Anbaugebiete.

Sortenmerkmale: Triebspitze offen, dichtwollig bis filzig, weißlichgrün mit rotfleckigen Interkostalfeldern; Blatt mittelgroß, fünflappig, Mittellappen keilförmig, meist eingeschnürt, mitteltiefe Seitenbuchten, Stielbucht V-förmig offen bis berührend, Blattrand grob gezähnt, oberseits dunkelgrün mit roten Flecken ab August, unterseits graugrün; Triebe neigen etwas zu Verbänderungen, stärkere Geiztriebbildung; Traube mittelgroß, breit, kegelförmig, mitteldicht; Beere blauschwarz, schwachoval, beduftet, intensive Saftfarbe, neutraler bis leicht säuerlicher Geschmack; Austrieb sehr früh; Reife früh; Holzreife gut; Krankheitsanfälligkeit gering; Wuchskraft mittelstark.

Eigenschaften der Sorte

Ansprüche an die Lage: Auf Grund der frühen Reife sind die Lageansprüche nicht hoch. Da Rotweine jedoch, um marktfähige Weine zu liefern, ein höheres Mostgewicht benötigen als Weißweine, sollten für den Anbau mindestens mittlere, besser gute, Lagen gewählt werden. Der frühe Austrieb verbietet den Anbau in Spätfrostlagen.

Ansprüche an den Boden: Die Empfindlichkeit gegen Trockenheit gebietet den Anbau in ausreichend tiefgründigen Böden.

Winterfrostfestigkeit: Ausreichend, besser als Portugieser.

Krankheitsanfälligkeit: Keine Überempfindlichkeit vorhanden. In feuchten Jahren kann etwas stärkerer Beerenbotrytis auftreten.

Erziehung: Wie Burgundersorten.

Unterlagen: 5 C, Börner, 5 BB, 125 AA und SO 4.

Ertrag: Die vergleichende Sortenprüfung weist einen etwas schwankenden Ertrag aus. Im langjährigen Mittel dürfen 80 hl/ha zu erreichen sein.

Reife: Früh, mit oder kurz vor Portugieser.

Ernte: Früh, mit Portugieser oder kurz danach. Dem Verwendungszweck entsprechend sollten keine faulen Trauben vorhanden sein.

Mostgewicht: Im Durchschnitt werden 75 bis 85 °Oechsle erreicht.

Säure: Sie liegt in einem für Rotweine günstigen Bereich unter 10 g/l, im Durchschnitt bei etwa 8,5 g/l.

Wein: Sehr farbtief, dunkelrot; Geruch duftig, neutral; Geschmack körperreich, stoffig, nachhaltig; Säure mild. Die Farbe ist in Schale und Beerenfleisch enthalten. Auch "weiß" gekeltert wird ein dunkler Wein gewonnen. Durch Maischegärung werden sowohl die Farbe als auch die Qualität verbessert. Auch als selbstständiger Rotwein interessant insbesondere bei Barriqueausbau.

Verwendung: Sehr gute Sorte für Deckrotwein. Im Verschnitt mit blauem Spätburgunder reicht ein Zusatz von höchstens 3 bis 5 % aus, ohne dass hierbei der Sortencharakter des Burgunders gestört würde.

Vorteile: Sehr gut für Deckrotwein und Farbsüßreserve geeignet.

Nachteile: In der Regel muss sie vor dem Portugieser geerntet werden, um der Fäulnis, dem Vogel- und Wespenfraß vorzubeugen.

Anbauwert: Begrenzt, da sie speziell als Deckrotwein verwendet wird.

Dakapo

Verbreitung: Die Rebflächenstatistik von 2008 weist eine Anbaufläche von 59 ha aus.

Herkunft: Institut für Rebenzüchtung und Rebenveredlung der Hessischen Forschungsanstalt für Weinbau, Gartenbau, Getränketechnologie und Landespflege, Geisenheim/Rheingau.

Sortenschutz und Sortenliste: Sortenschutz und Eintragung in die Sortenliste 2001. Klassifiziert für alle deutschen Anbaugebiete, außer Württemberg und Saale-Unstrut.

Züchter: Prof. Dr. Helmut Becker.

Zuchtnummer: Gm 7225-8.

Kreuzung: Deckrot x Portugieser

Sortenmerkmale: Blühfest, Winterfrostfestigkeit deutlich besser als Portugieser. Wuchs mittelstark, aufrecht, geringe Geiztriebbildung, Holzreife ähnlich Blauer Spätburgunder. Phänologie: Ähnlich Blauer Portugieser, Traubenreife etwa mit dem Blauen Spätburgunder.

Eigenschaften der Sorte

Lagen- und Bodenansprüche: Die Sorte Dakapo ist weinbaulich unproblematisch. Dakapo erfordert für einen optimalen Deckrotwein einen günstigen Standort hinsichtlich Boden, Lage und Klima.

Holzreife: Vergleichbar mit dem Blauen Spätburgunder und ist als gut zu bezeichnen. Winterfrosthärte besser als Portugieser.

Krankheiten: Gewisse Botrytisanfälligkeit sowie eine geringe Stiellähme mit ca. 8 % im mehrjährigen Durchschnitt.

Wuchs: Mittelstarker und aufrechter Wuchs mit geringer Geiztriebbildung.

Erziehung: Sowohl für Normal- als auch für Weitraumanlagen geeignet. Der Anschnitt sollte bei 6 bis 8 Augen/qm liegen.

Unterlagen: Als Unterlagen kommen je nach Erziehungsart, Triebigkeit des Bodens und der Bewirtschaftungsform SO 4, 5 C, 125 AA, 5 BB und Börner in Frage.

Ertrag: Der Ertrag liegt im langjährigen Schnitt bei ca. 150 kg/ar.

Reife: Die Traubenreife ist ca. 2 Wochen später als Portugieser bzw. etwa gleichzeitig mit dem Blauen Spätburgunder.

Mostgewicht: Das Mostgewicht beträgt im mehrjährigen Schnitt 78° Oechsle.

Säure: Die Mostsäure liegt im Durchschnitt bei 9,3 g/l.

Wein: Dakapo ist eine Deckrotwein-Sorte mit einer hohen Farbintensität und frei von blauen Farbtönen.

Anbauwert: Eine Deckrotwein-Sorte von ausgezeichneter Farbqualität und eine optimale Ausdruckskraft bei der Farbtiefe mit dem Verschnittpartner.

Rondo*

Verbreitung: Die Rebflächenstatistik von 2008 weist eine Anbaufläche von 10 ha aus.

Herkunft: Institut für Rebenzüchtung und Rebenveredlung der Hessischen Forschungsanstalt für Weinbau, Gartenbau, Getränketechnologie und Landespflege, Geisenheim, Rheingau.

Sortenschutz und Sortenliste: Seit 1997 Sortenschutz und Sortenlisteeintrag 1999. Klassifiziert für den deutschen Weinbau, außer Baden und Württemberg.

Züchter: Prof. Dr. Helmut Becker, Prof. Dr. V. Kraus, Lednice/Tschechien. Kreuzungsjahr 1964.
Zuchtnummer: Gm 6494-5.

Kreuzung: (Zarya Severa = Früher Malingre x Vitis amurensis) x St. Laurent.

*pilzwiderstandfähig

Die Sorte Zarya Severa stellt eine Kreuzung zwischen dem Früher Malingre und der asiatischen Rebart Vitis amurensis dar. Sie wurde 1964 von Prof. Dr. Kraus in der damaligen Tschechoslowakei gekreuzt und in Geisenheim züchterisch weiterbearbeitet.

Lagen- und Bodenansprüche: Portugieser-Lagen, für alle Böden mit guter Wasserversorgung geeignet. Die Sorte zeichnet sich durch eine sehr frühe Reife aus.

Sortenmerkmale: Blütefest; winterfrostfester als Blauer Spätburgunder; Neigung zum Befall durch Botrytis und Oidium gering; Wuchs mittel, das etwas hängende Triebwerk verlangt etwas mehr Laubarbeiten oder entsprechende Erziehungsformen, wie z.B. Umkehrerziehung; Holzreife früh und sehr gut; Phänologie ähnlich Portugieser; Austrieb und Holzreife früher als Portugieser.

Ertrag: Ca. 15 % niedriger als Portugieser

Mostgewicht: Im 10-jährigen Durchschnitt ca. 5 °Oechsle höher als Portugieser.

Säure: Im 10-jährigen Durchschnitt etwa wie Portugieser.

Weintyp: Farblich selbständige, gehaltvolle Rotweine (ohne Fremdtöne).

Spezielle Eignung: Zur Gewinnung von farblich selbstständigen, kräftigen Rotweinen mit Merlot-Charakter in Portugieser-Lagen gut geeignet (pilztolerante Sorte).

Weinbautechnik: Für Normal- und Weitraumerziehung geeignet. Je nach Bodenverhältnissen eignen sich die Unterlagen SO 4, 5 C, 125 AA, Börner und 5 BB.

Pilztoleranz: Aufgrund der hohen Toleranz gegen Peronospora und Oidium sind in entsprechenden Lagen und Jahren nur ca. zwei Pflanzenschutzmaßnahmen erforderlich.

Accent*

Herkunft: Institut für Rebenzüchtung und Rebenveredlung der Hessischen Forschungsanstalt für Weinbau, Gartenbau, Getränketechnologie und Landespflege, Geisenheim, Rheingau.

Sortenschutz und Sortenliste: Der Sorte wurde im Jahr 2007 als Deckrotweinsorte der Sortenschutz erteilt und im Jahr 2003 zur Eintragung in die Sortenliste beim Bundessortenamt angemeldet. Die Eintragung erfolgt voraussichtlich 2010. Zur Eintragung angemeldeter Klon: 1 Gm.

Kreuzung: Es handelt sich um eine Kreuzung aus dem Jahr 1982 zwischen Kolor (Blauer Spätburgunder x Teinturier) und Chancellor (Seibel 7053).

Zuchtummer: Gm 8230-2

Allgemeine Sortenbeschreibung: Diese pilztolerante Deckrotweinsorte präsentiert sich mit einem lockeren Traubengerüst und festen Stielen. Die Trauben können so bei nur geringer Botrytisgefahr lange am Stock reifen. Der Erntezeitpunkt liegt zwischen Blauem Spätburgunder und Cabernet Sauvignon.

Sortenmerkmale: Triebspitze: offen, unbehaart, stark bronziert; Blatt: mittelgroß, schwach 3- bis 5-lappig mit stark überlappender Stielbucht, schwach blasig, leicht glänzend, Blattrand spitzgezähnt; Traube: mittelgroß, länglich, geschultert und locker; Beeren rundlich, blauschwarz, stark beduftet mit dunkelrotem Beerensaft.

Eigenschaften der Sorte:

Wuchs:	mittel bis stark
Austrieb:	mittel bis spät
Blütezeitpunkt:	spät
Reifezeit:	spät
Lageansprüche:	mittel bis hoch
Ertrag:	ca. 160 kg/ ar (längjähriger Mittelwert)

*pilzwiderstandfähig

Mostgewicht: 98° Oe (längjähriger Mittelwert)

Mostssäure: 8 g/l (längjähriger Mittelwert)

Krankheitsanfälligkeit: Die Sorte hat eine hohe Widerstandsfähigkeit gegen Oidium und zeigt gute bis ausreichende Peronosporatoleranz. Die Botrytisfestigkeit ist hoch. In der Regel sind zwei Pilzbehandlungen ausreichend. Die starke Geiztriebbildung ist bei den Laubarbeiten zu berücksichtigen.

Wein: Durch die dichte, kräftige Tanninstruktur, die gut deckende dunkelrote Farbe und das ausgeprägte Vanillearoma ist Accent auch ein idealer Cuvéepartner

Allegro*

Herkunft: Institut für Rebenzüchtung und Rebenveredlung der Hessischen Forschungsanstalt für Weinbau, Gartenbau, Getränketechnologie und Landespflege, Geisenheim, Rheingau.

Sortenschutz und Sortenliste: Der Sorte wurde 2006 Sortenschutz erteilt. 2009 erfolgte die Eintragung in die Sortenliste beim Bundessortenamt mit dem Klon 1 Gm.

Kreuzung: Allegro ist eine Geisenheimer Kreuzung aus dem Jahr 1983 mit den Elternsorten Chancellor (Seibel 7053) x Rondo. Rondo, mit Erbgut von Vitis amurensis, besitzt eine gute Peronosporaresistenz, Chancellor ist besonders winterhart und oidiumfest.

Zuchtnummer: Gm 8331-1

Allgemeine Sortenbeschreibung: Allegro zeichnet sich bei guter Peronospora- und Oidiumtoleranz sowie geringer Botrytisanfälligkeit durch gute Erträge bei mittleren Mostsäuregehalten aus.

Sortenmerkmale: Triebspitze: gelblichgrün, schwach behaart; Blatt: junges Blatt rundlich, hellgrün, interkostal rötlich gefärbt, ausgewachsenes Blatt schwach dreilappig, oft fast rund, blasig, Stielbucht V-förmig, etwas geöffnet bis leicht überlappend; Traube: mittelgroß, locker, Beeren rundlich, blauschwarz, beduftet.

Eigenschaften der Sorte:

Wuchs: mittel bis stark

*pilzwiderstandfähig

Austrieb:	mittel bis früh
Blütezeitpunkt:	früh
Reifezeit:	mittel
Lageansprüche:	mittel
Ertrag:	ca. 25 % niedriger als Bolero
Mostgewicht:	84 °Oe (langjähriger Mittelwert)
Mostsäure:	8,1 g/l (langjähriger Mittelwert)

Wuchs: Der aufrechte Wuchs bedingt eine geringe Geiztriebbildung. Die so entstehende offene Laubwand führt zu einer günstigen Belichtung und Ventilation in der Traubenzone.

Krankheitsanfälligkeit: Wegen der guten Peronospora- und Oidiumtoleranz und der guten Botrytisfestigkeit sind zumeist zwei Pilzbehandlungen ausreichend.

Wein: Die Weine präsentieren sich mit einer kräftigen, tiefdunkelroten Farbe mit Würznoten und Aromen von reifen roten Waldfrüchten und einer ausgewogenen Tanninstruktur.

Bolero*

Herkunft: Institut für Rebenzüchtung und Rebenveredlung der Hessischen Forschungsanstalt für Weinbau, Gartenbau, Getränketechnologie und Landespflege, Geisenheim, Rheingau.

Sortenschutz und Sortenliste: Bolero wurde im Jahr 2006 der Sortenschutz erteilt und im Jahr 2008 in die Sortenliste beim Bundesortenamt eingetragen, zeitgleich klassifiziert für Franken, Anbaugbiete von Rheinland-Pfalz und Sachsen.

Kreuzung: Bolero geht aus der von Prof. Dr. H. Becker 1982 durchgeführten Kreuzung von Gm 6427-5 (Rotberger x Reichensteiner) x Chancellor (Seibel 7053) hervor. Chancellor ist eine winterharte und oidiumfeste französische Züchtung, Gm 6427-5 eine frühreife, reichtragende Weißweinsorte.

*pilzwiderstandfähig

Zuchtnummer: Gm 8221-3

Allgemeine Sortenbeschreibung: Die Sorte Bolero besitzt eine gute Widerstandsfähigkeit gegen Pilzkrankheiten, ist schwachwüchsig und zeichnet sich durch eine frühe Traubenreife aus.

Sortenmerkmale: Triebspitze: lockere Wollbehaarung, fehlende bis sehr geringe Anthocyanfärbung; Blatt: junges Blatt stark bronziert, ausgewachsenes Blatt mittelgroß meist dreilappig, seltener fünflappig; Traube: mittel bis groß, lockerbeerig, Beeren blauschwarz, beduftet; Fruchtfleisch ist rot.

Eigenschaften der Sorte:

Wuchs:	mittel bis schwach
Austrieb:	früh
Blütezeitpunkt:	früh
Reifezeit:	früh
Lageansprüche:	mittel
Ertrag:	vergleichbar Müller Thurgau
Mostgewicht:	77° Oe (langjähriger Mittelwert)
Most-Säure:	6,4 g/l (langjähriger Mittelwert)

Wuchs: Der schwache Wuchs bedingt eine geringe Geiztriebbildung. Ein kurzer Anschnitt, enger Stockabstand, sowie die Verwendung starkwüchsiger Unterlagen wird empfohlen.

Krankheitsanfälligkeit: Die Widerstandsfähigkeit gegen Oidium, die gute Botrytisfestigkeit und die erhöhte Peronosporatoleranz machen meist zwei Pilzbehandlungen ausreichend.

Wein: Die Weine sind dunkel leuchtend rubinrot, erinnern an reife, rote Waldfrüchte und sind geprägt durch eine weiche Tanninstruktur.

Bayerische Landesanstalt für Weinbau und Gartenbau, Würzburg

Die Rebenzüchtung in Franken hat ebenfalls eine Reihe bemerkenswerter Neuzüchtungen geschaffen. Ein Teil davon geht auf den früheren Leiter der Rebenzüchtung, Dr. Ziegler, zurück. Bis 1970 unterstand die Züchtung Prof. Dr. H. Breider, aus dessen Arbeiten eine Reihe weiterer Neuzüchtungen hervorgingen. Der Schwerpunkt der aktuellen Ertragsrebenzüchtung liegt in der Klonselektion, vorwiegend bei Silvaner und anderen Sorten, die an die fränkischen Weinbauverhältnisse adaptiert sind. Hohe Weinqualität und eine ausreichende Ertragssicherheit sind wichtige Selektionskriterien. In der Unterlagenzüchtung haben die Chlorosefestigkeit, die Reblausresistenz und die Trockenheitsresistenz einen hohen Stellenwert. Diese Zuchtziele werden heute von Dr. A. Schwab verfolgt.

Würzburger Neuzüchtungen

Weißweinsorten	
Rieslaner	Perle
Ortega	Mariensteiner
Albalonga	

Weiwßweinsorten

Rieslaner

Verbreitung: Anbaufläche im Jahr 1994 5 ha, 2000 waren es nach der Statistik 70 ha und 2008 von insgesamt 87 ha.

Herkunft: Bayerische Landesanstalt für Weinbau und Gartenbau, Würzburg.

Sortenschutz und Sortenliste: Sortenschutz 1957, Eintragung in die Sortenliste 1968. Klassifiziert für alle Anbaugebiete in Deutschland, außer Baden und Württemberg.

Sortenname: Früher bekannt als "Mainriesling". Der neue Sortenname Rieslaner wurde vom Sortenausschuss für Reben am 5.7.1963 festgesetzt.

Züchter: Dr. Ziegler, Zuchtjahr 1921.

Kreuzung: Silvaner x Riesling.

Zuchtnummer: Wü N I-11.17.

Sortenmerkmale: Triebspitze offen, schwach behaart, rotbraun; Blatt mittelgroß, drei- bis schwach fünflappig, wenig gebuchtet, Rand stumpf gezähnt, Stielbucht V-förmig bis geschlossen; Holz gelbbraun bis rotbraun; Traube mittel, geschultert, dichtbeerig; Beere rund, mittel bis klein, gelbgrün, ohne Bukett; Austrieb mittel bis spät; Blüte spät bis sehr spät; Blühfestigkeit mittel; Reife mittelspät; Wuchs kräftig und mittelstarke Geiztriebbildung; Holzreife gut; Chlorosefestigkeit gut.

Eigenschaften der Sorte

Ansprüche an die Lage: Hoch, etwas geringer als die des Rieslings.

Ansprüche an den Boden: Mittel bis gering, verträgt auch Kalkböden.

Krankheitsanfälligkeit: Gegen Peronospora weniger empfindlich als Müller-Thurgau. Die Oidiumanfälligkeit gleicht der des Rieslings.
Botrytisanfälligkeit: Mittlere Anfälligkeit, neigt wie Riesling zur Stiellähme und Stielfäule.

Winterfrostfestigkeit: Gut bis sehr gut und mit Riesling vergleichbar.

Spätfrostempfindlichkeit: Da Austrieb mittel bis spät, guter Schutz gegenüber Spätfrostschäden.

Wuchs: Kräftig, aufrecht, normale Geiztriebbildung.

Erziehung: Keine Bevorzugung einer bestimmten Erziehungsform. Geeignet ist z.B. die Normalerziehungmit Gassenbreiten von 2,00 m bis 2,20 m, Stockabstand 1,00 m bis 1,20 m, Stammhöhe 70 bis 80 cm, Anschnittsniveau 4-5 Augen/qm, als Halb- oder Flachbogen.

Unterlage: In Abhängigkeit vom Boden die entsprechende Unterlage auswählen. Meist SO 4. Starkwüchsige Unterlagen fördern beim Rieslaner die Verrieselung.

Ertrag: Das Ertragsniveau der neuen Klone ist etwa mit dem des Rieslings vergleichbar. Durch Klonenselektion konnte der Ertrag verbessert werden. In Klonen-Versuchen der Bayerischen Landesanstalt wurden die Erträge des Rieslings übertroffen. Die Erträge liegen im Durchschnitt bei 100 kg/ar.

Mostgewicht: Hoch, bei Vollreife über 90° Oechsle.

Säure: Hoch, bedarf in qualitativ geringen Jahren einer Regulierung.

Reife: Mittelspät, mit Silvaner.

Ernte: Mit und nach Silvaner, es sollte hohe Mostgewichte im gehobenen Prädikatsbereich angestrebt werden.

Wein: Frisch, fruchtig im Bukett, rieslingähnlich jedoch mit exotischen Geschmacksnuancen wie Mango-Maracuja, Banane-Papaya und Melone. Benötigt im Vergleich zum Riesling für ansprechende Weinqualitäten höhere Mostgewichte, was auch in gleicher Lage und auf gleichem Standort erreicht wird. Weine im hohen Qualitätsbereich brillieren mit Harmonie und feiner Frucht. In Franken, der Pfalz und Rheinhessen werden von einigen Spitzenweingütern hochwertige Weine ausgebaut. In guten Lagen und in guten Jahren bringt Rieslaner hochwertige Auslesen.

Vorteile: Sorte traditioneller Art, die hochwertige Qualitätsweine liefern kann. Auch Verschnitte mit Silvanerweine brachten eine Qualitätssteigerung.

Nachteile: Bei nicht ausreichender Reife spitze Säure.

Anbauwert: Zur Erzeugung von hochwertiger Qualität sind Silvaner-Lagen bestens geeignet. Der zur Verfügung stehende Rieslaner-Klone Wü 7 zeichnet sich hinsichtlich Qualität und Ertragssicherheit besonders aus. Der vor 80 Jahren von Dr. August Ziegler aus Silvaner und Riesling gekreuzte Rieslaner ist eine hochwertige Weißweinsorte für Weine von exzellenter Qualität.

Ortega

Verbreitung: Anbaufläche 1 250 ha im Jahr 1994, für das Jahr 2000 weist die Statistik 1 021 ha und für 2008 nur noch 634 ha aus.

Herkunft: Züchtung der Bayerischen Landesanstalt für Weinbau und Gartenbau, Würzburg.

Sortenschutz und Sortenliste: Sortenschutz und Eintragung in die Sortenliste 1971. Klassifiziert 1972, für alle Anbaugebiete in Deutschland, außer Baden und Württemberg.

Züchter: Dr. H. Breider. Zuchtjahr 1948

Kreuzung: Müller-Thurgau x Siegerrebe (Madeleine angevine x Gewürztraminer).

Zuchtnummer: Wü B 48-21-4.

Sortenname: Die Sorte ist nach dem spanischen Philosophen José Ortega y Gasset (1833-1955) benannt.

Sortenmerkmale: (Muskatellerhabitus); Triebspitze offen, stark wollig, rötlich; Blatt mittelgroß, dreilappig, schwach bis deutlich gebuchtet, Rand spitz gezähnt, Stielbucht V-förmig bis geschlossen; Traube pyramidenförmig, manchmal geschultert, mittelgroß, locker- bis dichtbeerig, bei ungünstigem Blühwetter etwas jungfernfrüchtig; Beere mittelgroß, gelb, feste Haut; Austrieb mittelfrüh; Blüte spät; Reife sehr früh; Wuchs mittel; Chlorosefestigkeit gering bis mittel.

Eigenschaften der Sorte

Ansprüche an die Lage: Wegen der sehr frühen Reife gering. Bei nicht ausreichend hoher Temperatur während der Blüte sind stärkere Verrieselungen möglich. Sie sollte in Müller-Thurgau-Lagen gepflanzt werden.

Ansprüche an den Boden: Extrem trockene Böden verträgt die Sorte nicht. Sie ist auch empfindlich gegen hohen Kalkgehalt und zu bindige, tonige Böden, da sie zur Chlorose neigt. Ausreichend tiefgründige, gut durchlüftete Böden sind vorzuziehen.

Krankheitsanfälligkeit: Gegenüber Pilzerkrankungen wenig empfindlich.

Botrytisanfälligkeit: Etwas anfällig für Beerenfäule, aber wenig Bodentrauben.

Winterfrostfestigkeit: Sehr gut

Spätfrostanfälligkeit: Hoch, da Austrieb mittelfrüh.

Erziehung: Keine Bevorzugung einer bestimmten Erziehungsform. Bei Normalerziehung Gassenbreite 2,00 m bis 2,20 m, Stockabstand 1,00 bis 1,30 m, Stammhöhe 80 cm bis 90 cm und Anschnitt 4-6 Augen/qm. Auch für Weitraumerziehung geeignet.

Unterlage: SO 4 und Binova. Wegen Verrieselungsgefahr starkwüchsige Unterlagen (z.B. 5 BB) nicht geeignet.

Ertrag: In geeigneten Lagen 80 bis 100 hl/ha. In kühlen Lagen führt die Blühempfindlichkeit zu schwankenden Erträgen.

Reife: Sehr früh, zwischen Siegerrebe und Müller-Thurgau. Gefahr gegenüber Wespenfraß.

Ernte: Früh, vor Müller-Thurgau. Bei späterer Lese können sehr hohe Mostgewichte erreicht werden, die auch in ungünstigen Jahren die Gewinnung von Prädikatsweinen fast immer ermöglichen.

Mostgewicht: Hoch, oft um und über 100 Grad. Selbst in ungünstigen Jahren können 80° Oechsle und mehr erreicht werden. Durchschnittlich liegt das Mostgewicht 20 Grad über dem des Müller-Thurgaus.

Säure: Mittel, 5 bis 7 g/l, die in warmen Jahren am Stock rasch abbaut.

Wein: Feines, pfirsichartiges Bukett, voll, nachhaltig, feinfruchtig, Auslesetyp. Weine früh füllen. Gute Lagerfähigkeit. Seine beste Art entwickelt der Wein ab 80° Oechsle.

Vorteile: Frühe Reife; qualitativ hochstehender Wein; Sorte, die auch in kleinen Lagen noch befriedigt; gute Frosthärte; Ausleseweine immer möglich.

Nachteile: Blühempfindlichkeit; Wespenfraß; Chlorose- und maifrostempfindlich.

Anbauwerte: Hoch, gute Sorte für kleine Lagen. Durch ihre Klonenselektion konnte die Bayerische Landesanstalt für Wein- und Gartenbau die Verrieselungsneigung verringern und den Mostsäuregehalt auf 6-7 g/l erhöhen. Neue Klone, Wü 30 und Wü 5 befinden sich im Ausbau. Eine typische Auslese-Sorte für feine und würzige Spezialitäten.

Albalonga

Verbreitung: Anbaufläche im Jahr 1994 von 19 ha, im Jahr 2000 von 15 ha und im Jahr 2008 ein weiterer Rückgang von 2 ha auf nur noch 13 ha.

Herkunft: Züchtung der Bayerischen Landesanstalt für Weinbau und Gartenbau, Würzburg.

Sortenschutz und Sortenliste: Sortenschutz und Eintragung in die Sortenliste 1971. Klassifiziert für alle deutschen Anbaugebiete, außer Baden, Württemberg und Saale-Unstrut.

Züchter: Dr. H. Breider. Zuchtjahr 1951.

Kreuzung: Rieslaner (Silvaner x Riesling) x Silvaner
Zuchtnummer: Wü B 51-2-1.

Sortenname: Albalonga, heißt Weiße-Lange

Sortenmerkmale: Offene Triebspitze, schwache Wollbehaarung; später Austrieb mit mittleren Wuchs; mittlere Geiztriebbildung; späte bis sehr späte Blüte; hohe Blühfestigkeit; mittelfrühe Reife; Blatt mittelstark gelappt; mittelgroße, dichtbeerige Traube und grüngelbe, mittelgroße Beeren. Der Ertrag liegt über dem der Rieslaner mit deutlich höherer Ertragsstabilität. Mostgewichte und Säuregehalt sind hoch. Besitzt eine mittlere Holzreife und mittlere Winterfrostfestigkeit. Chlorosefestigkeit mittel.

Eigenschaften der Sorte

Ansprüche an die Lage: Mittel bis hoch. Die ausgeprägte Säure verbietet den Anbau in kleinen Lagen.

Ansprüche an den Boden: Mittel bis hoch. Tiefgründige, leicht erwärmbare Böden sind vorzuziehen. Kalkhaltige Böden führen zur Chlorose, weshalb der Unterlagenwahl eine große Bedeutung zukommt.

Krankheitsanfälligkeit: Keine betonte Anfälligkeit gegen Peronospora. Anfälligkeit gegen Oidium vergleichbar mit Silvaner.

Botrytisanfälligkeit: Mittlere Anfälligkeit für Botrytis. Späte Beerenbotrytis erwünscht, zur Erzeugung von Auslesen, Beerenauslesen und Trockenbeerenauslesen.

Winterfrostfestigkeit: In guten Lagen wird eine mittlere bis gute Holzreife erlangt. Unter diesen Voraussetzungen ist die Winterhärte ausreichend.

Wuchs: Mittel bis stark.

Erziehung: Weiträumige Erziehung ist angebracht. Gassenbreite 2,00 m bis 2,20 m, Stockabstand 1,20 m bis 1,30 m. Anschnitt normal 4 bis 6 Augen/qm.

Unterlagen: SO 4, Binova, 125 AA, auf wuchsschwachen Standorten 5 BB.

Ertrag: Gut, erreicht nicht ganz den Müller-Thurgau.

Reife: Nach der des Müller-Thurgau.

Ernte: Hängt sehr von der Prädikatsstufe bzw. Qualität ab. Späte Lese.

Mostgewicht: Hoch - Reife ab 80 °Oechsle, Vollreife ab 90 Grad. Spezialsorte für hochwertige Auslesen, Beeren- und Trockenbeerenauslese.

Säure: 10 bis 12 g/l und höher.

Wein: Fruchtige, körperbetonte Weine mit ansprechender Säurestruktur und exotischen Fruchtaromen wie Maracuja, Papaya und Melone. Mit hochgrädigen Mostgewichten wurden Weine mit exzellenter, einzigartiger Qualität erzeugt. Spitzenweine im Auslesebereich.

Vorteile: Im höheren Mostgewichtsbereich sind die Weine höher einzustufen als Riesling-Weine, da sie eine lebendige fruchtige Säure und eine extravagante Säure besitzen.

Nachteile: Hohe Ansprüche an die Lage, Botrytisanfälligkeit. Weine, die unter 80° Oechsle liegen, sind nicht ansprechend genug.

Anbauwert: Hat sich in die Praxis wenig eingeführt. Bringt hochwertige Auslesen hervor. Eine Rebsorte, die in Weingütern mit ausgeprägter Vermarktung von hochwertigen Ausleseweinen, nicht fehlen sollte

Perle

Verbreitung: Die Anbaufläche von 181 ha im Jahr 1994 ist rückläufig und die Statistik von 2008 weist noch 37 ha aus.

Herkunft: Bayerische Landesanstalt für Weinbau und Gartenbau, Würzbug.

Sortenschutz und Sortenliste: Sortenschutz 1961. Eintragung in die Sortenliste 1968. Klassifiziert für sämtliche deutschen Anbaugebiete.
Züchter: Georg Scheu (Aley) im Jahr 1927. Im Jahr 1950 befasste sich Dr. Hans Breider (Würzburg) mit der züchterischen Nachbearbeitung durch Selektion

Kreuzung: Gewürztraminer x Müller-Thurgau.

Zuchtnummer: Wü S 3951.

Sortenbezeichnung: Ausgangspunkt der Perle ist die von Georg Scheu gezüchtete Perle von Alzey. Sie wurde in Würzbug von Dr. Breider selektiv bearbeitet und erhielt unter der Bezeichnung "Perle" Sortenschutz.

Sortenmerkmale: Triebspitze offen, stark weißwollig, leichter rötliche Anflug; Blatt klein, drei- bis fünflappig, deutlich gebuchtet; Oberfläche blasig rau, Rand gezähnt, Stielbucht offen bis überlappend; Holz gelbbraun bis rotbraun; Traube klein, dichtbeerig; Beeren mittelgroß, etwas länglich, rötlich, schwaches Muskat-Bukett; Austrieb spät; Blüte spät; Blühfestigkeit hoch; Reife mittelfrüh bis spät; Wüchsigkeit schwach bis mittel; Geiztriebbildung schwach; Holzreife sehr gut, sehr hartholzig; neigt zur Chlorose.

Eigenschaften der Sorte

Ansprüche an die Lage: Mittel bis gering. Die geringe Spätfrostempfindlichkeit macht sie zu einer Spezialsorte für Spätfrostlagen. Die Lagen sollen luftig und windoffen sein, um der Traubenfäule vorzubeugen.

Ansprüche an den Boden: Mittel bis gering. Extrem arme Böden sagen ihr nicht zu.

Krankheitsanfälligkeit: Wenig anfällig für Peronospora aber empfindlich für Oidium.

Botrytisempfindlichkeit: Neigung zu Stielkrankheiten.

Winterfrostempfindlichkeit: Sie verfügt über eine gute Holzreife und hohe Winterfrosthärte. Sehr dichtzelliges hartes Holz.

Spätfrostempfindlichkeit: Wegen des späten Austriebs gering.

Erziehung: Die hohe Neigung zur Fäulnis erfordert eine luftige Erziehung. Beispielsweise Normalerziehung mit Gassenbreite von 2,00 m bis 2,20 m, Stockabstand 1,00 m bis 1,20 m, Stammhöhe 70 cm bis 80 cm. Anschnitt 4 bis 6 Augen/qm. Auch für Weitraumerziehung gut geeignet.

Unterlagen: SO 4, 5 C in wuchsschwachen Böden 125 AA und 5 BB.

Ertrag: Gut, etwa 80 hl/ha.

Reife: 4 bis 5 Tage nach Müller-Thurgau. Ab 70 °Oechsle nur zögernde weitere Mostgewichtszunahme.

Ernte: Kurz vor Silvaner bzw. im Anschluss an Müller-Thurgau.

Mostgewicht, Säure: Mittel, Mostsäure 6 bis 7 g/l.

Wein: Leicht, mild, leicht blumig. Der Anbau ist im Bundesgebiet stark rückläufig.

Nachteile: Hohe Anfälligkeit gegen Trauben-Botrytis.
Vorteile der Sorte: Geringe Spätfrostanfälligkeit und eine gute Winterfrosthärte.

Anbauwert: Eine Sorte für geringe Lagen sowie Spätfrostlagen. Klon Wü 41.

Mariensteiner

Verbreitung: Anbaufläche im Jahr 2001 von 8 ha.

Herkunft: Züchtung der Bayerischen Landesanstalt für Wein- und Gartenbau Würzburg.

Sortenschutz und Sortenliste: 1971 Sortenschutz und in die Sortenliste eingetragen. Klassifiziert, ist für alle deutschen Anbaugebiete, außer Baden, Württemberg und Saale-Unstrut.

Züchter: Dr. H. Breider. Zuchtjahr 1951.

Kreuzung: Silvaner x Rieslaner (Silvaner x Riesling).

Zuchtnummer: Wü B 51-7-3

Sortenmerkmale: Mittlerer bis später Austrieb mit mittlerem Wuchs; offene Triebspitze, schwach bis sehr schwach behaart; schwache Geiztriebbildung; späte Blüte; hohe Blühfestigkeit und mittlere bis späte Reife; mittlere bis großes, stark bis mittelstark gelapptes Blatt; mittelgroße, locker bis dichtbeerige Traube und grüngelbe, mittelgroße längliche Beeren mit sehr schwachem Sortenbukett; hoher Traubenertrag bei niedrigem Mostgewicht und mittlerem Säuregehalt; mittlere Holzreife und Winterfestigkeit; mittlere Anfälligkeit für Botrytis cinerea.

Eigenschaften der Sorte

Ansprüche an die Lage: Hoch, vergleichbar mit Riesling.

Ansprüche an den Boden: Mittel.

Krankheitsanfälligkeit: Anfällig für Oidium.

Botrytisanfälligkeit: Wenig anfällig für Beerenbotrytis und Stielerkrankungen.

Winterfrostfestigkeit: Ausreichend, da Holzreife gut.

Spätfrostempfindlichkeit: Geringer als Silvaner, da später austreibend.

Erziehung: Wie Silvaner, da Wuchskraft stark. Anschnitt von 6-8 Augen/qm Standraum und etwas mehr. Gassenbreite von 2,00 m bis 2,00 m Stockabstand ca. 1,10-1,30 m.

Unterlagen: SO 4, jedoch keine Bevorzugung einer Unterlage.

Ertrag: Sehr gut, wie Silvaner bis leicht darüber, da ziemlich blühfest.

Reife: Mittel-spät, mit Silvaner.

Mostgewicht: Silvanerniveau (bei 70-80 hl/ha).

Säure: 8 bis 10 g/l.

Wein: Rassig, betonte Säure, aber nicht grasig, zarte Frucht, körperreich.

Vorteile: Ertragstreu, Qualität liegt über dem Silvaner.

Nachteile: Säure gelegentlich etwas hoch.

Anbauwert: Nur für gute Lagen, Silvanerlagen geeignet.

Sonstige Neuzüchtungen verschiedener Züchter Weißweinsorten

Findling

Verbreitung: Nach der Statistik von 1994 sind 41 ha und 2008 noch 29 ha bestockt, und vornehmlich in Baden.

Herkunft: Franz Kimmig, 77704 Oberkirch, Springstr. 7.

Sortenschutz und Sortenliste: Sortenschutz und Eintragung in die Sortenliste 1971. Klassifiziert in allen deutschen Anbaugebieten, außer in Württemberg und Saale-Unstrut.

Abstammung: Müller-Thurgau-Mutation.

Sortenmerkmale: Offene Triebspitze, stark wollig; mittelfrüher Austrieb mit starkem bis mittlerem Wuchs; schwache Geiztriebbildung; mittlere bis späte Blüte; Blühfestigkeit hoch; sehr frühe bis frühe Reife; mittelgroßes, starkes bis mittel gelapptes Blatt; mittelgroße, locker-dichtbeerige Traube und große grüne bis gelbe Beeren mit sehr schwachem Sortenbukett; mittlerer Traubenertrag bei hohem Mostgewicht und mittlerem Säuregehalt; gute Holzreife und nur mittlere Winterfrostfestigkeit; hohe Anfälligkeit gegen Botrytis.

Eigenschaften der Sorte
Vergleichbar mit Müller-Thurgau. Im Ertrag 30% niedriger. Im Mostgewicht bis 15 Grad höher und in der Säure etwa gleich.

Wein: Ähnelt den Weinen des Müller-Thurgau, ohne dessen Bukett zu erreichen, sind mehr neutral.

Kernling

Verbreitung: In der Rebenstatistik ist ein bestockte Rebfläche im Jahr 2008 von 18 ha ausgewiesen.

Herkunft: Kerner-Mutation, die im Jahre 1974 in einer Kerner-Anlage in der Gemarktung Nußdorf als Knospenmutation von L. Hochdörfer gefunden wurde.

Sortenschutz und Sortenliste: Die neue Sorte "Kernling" wurde 1991 mit der Zuchtnumer "10 A 80" für Ludwig Hochdörfer, Nußdorf/Pfalz, Sortenschutz erteilt und 1995 in die Sortenliste mit der Bezeichnung "Kernling" beim Bundessortenamt eingetragen. Die Sorte Kernling ist klassifiziert in allen deutschen Anbaugebieten, außer Baden und Würtemberg.

Abstammung: Der Kernling ist eine Mutation aus der bewährten und erfolgreichen Neuzüchtung Kerner. Seine Vorteile liegen in einer hohen Weinqualität und einem traditionellen Wein, der gut in das deutsche Sortiment passt.

Sortenname: Von der Bezeichnung Kernling weist die erste Silbe "Kern" auf die Muttersorte Kerner hin und die zweite Silbe "ling" auf den Riesling, dessen Weintyp die Kernling-Weine sehr nahe kommen.

Sortenmerkmale: Triebsspitze offen, stark behaart; Blatt mittelgroß, dreilappig, Blattstielbucht weit überlappend; Traubengröße mittel Beerenform kurzoval, Beerengröße mittel bis groß; Beerenhautfarbe rotgrau; Beerenreife gleich wie Kerner, jedoch höheres Mostgewicht und leichtere Lesearbeit als bei der Sorte Kerner; Wuchs mittel und geringere Geiztriebbildung als bei Kerner; Holzreife sehr gut; Chlorosefestigkeit hoch; Mostausbeute sehr hoch.

Eigenschaften der Sorte

Ansprüche an die Lage: Die Ansprüche an die Lage sind mittel und können mit denen des Kerner auf eine Stufe gestellt werden.

Ansprüche an den Boden: Nach den bisherigen Erfahrungen hat diese Rebsorte eine große Bodenstreubreite und ist daher mit dem Kerner vergleichbar.

Krankheitsanfälligkeit: Für Peronospora und insbesondere für Oidium ist der Kernling weniger anfällig, als die Ausgangssorte Kerner.

Botrytisanfälligkeit: Bedingt durch eine etwas lockere Traubenstruktur und verminderte Geiztriebbildung (insbesondere im Traubenbereich) ist der Kernling weniger durch Stiel- und Beerenbotrytis gefährdet.

Holzreife: Die Holzreife setzt früh ein und ist sehr gleichmäßig, was als sehr positiv zu bewerten ist.

Erziehung: Insgesamt ist eine weiträumige Pflanzung empfehlenswert. In der Normalerziehung sind Gassenbreiten von 2,00 m bis 2,20 m, Stockabstand 1,20 m und Stammhöhe von 70-80 cm angebracht. Als Erziehungsform hat sich ein Halbbogen mit sieben Augen je qm bewährt.

Unterlage: Auf tiefgründigen und wuchsstarken Böden SO 4, Binova, 5 C und auf wuchsschwachen Böden 5 BB und 125 AA.

Ernte: Mit Kerner.

Ertrag: Sehr fruchtbar, bringt sichere, gute Erträge, die nicht unter denen der Ausgangssorte Kerner liegen. Im Durchschnitt mehrerer Jahre 130-140 kg/a.

Mostgewicht: Fast in allen Jahren wird ein Mostgewicht im gehobenen Spätlesebereich erzielt. Die Säure ist etwas geringer als beim Riesling und schwankt je nach Reifegrad zum Zeitpunkt der Ernte zwischen 8,5 bis 9 g/l.

Wein: Der Wein ist kräftig und nachhaltig, von traditioneller Art und Feinheit geprägt und zeichnet sich durch eine betont fruchtige und reife Säure aus, also Rieslingart.

Vorteile: Eine selbständige und ertragstreue Sorte mit geringeren Lageansprüchen gegenüber denen des Rieslings. Geringere Geiztriebbildung als die des Kerners und gute Holzreife. Weinbautechnisch einfacher als der Kerner. Die schwächere Geiztriebbildung bedingt eine geringere Anfälligkeit gegenüber Botrytis und Oidium. Der Kernling zeichnet sich durch ein hohes Mostgewicht und eine fruchtige Säure aus.
Er hat geringe Bodenansprüche und bringt in einer mittleren Lage traditionelle rassige und gehaltvolle Weine. Für die Bereitung trockener und halbtrockener Weine ist eine gute Eignung vorhanden. Eignet sich sehr gut für die maschinelle Traubenernte.

Nachteile: Keine bekannt.

Anbauwert: Wegen des rassigen und fruchtigen Weines eine gute Ergänzungssorte zum Rieslinganbau in mittleren Lagen.

Goldriesling

Verbreitung: Der Goldriesling ist eine früh reifende weiße Rebsorte und für das Anbaugebiet Sachsen klassifiziert. Die Sortenstatistik weist für das Jahr 2008 17 ha bestockte Fläche aus.

Herkunft: Gezüchtet von Christian Oberlin (7.7.1831 – 23.7.1915), Colmar, Elsaß. Oberlin kreuzte den Weißen und Roten Riesling vornehmlich mit der früh reifenden Rebsorte Courtiller musqué précoce und einigen anderen Rebsorten, um eine früher reifende Rebsorte mit feinem Rieslingbukett und der fruchtigen Rieslingsäure zu erhalten.

Sortenschutz und Sortenliste: Wurde im Jahr 1995 in die Sortenliste des Bundessortenamtes eingetragen und ist in allen deutschen Anbaugebieten, ausgenommen Baden und Württemberg klassifiziert.

Kreuzung: Riesling x Courtiller musqué précoce. Kreuzungsjahr 1893.

Sortenmerkmale: Triebspitze offen, mittel wollig behaart, gelblichgrün; Blatt mittelgroß, fünflappig; Wüchsigkeit stark; Trauben walzenförmig bis geschultert, klein bis mittelgroß, gepackt; Beerenfarbe grün-gelblich bis gelblich-braun; Geschmack fein würzig; Traubenreife früh; Holzreife ist gut bis sehr gut und bedingt eine gute Winterfrosthärte; Austrieb mittelfrüh; schwache Geiztriebbildung.

Sortenname: Die Bezeichnung ist abgeleitet von der goldgelben Farbe der Beeren und dem Riesling.

Synonyme: Deutschland: Gelbriesling, Franzosentraube. Frankreich: Riesling doré.

Eigenschaften der Sorte

Ansprüche an die Lage: Der Goldriesling stellt nur geringe Ansprüche an die Lage. Er besitzt eine hohe Winterfrosthärte.

Ansprüche an den Boden: Die Bodenansprüche sind höher als die des Rieslings. Er liebt tiefgründige und feinerdige Böden. Er eignet sich nicht nur für leichte, flachgründige, sandige oder steinige Böden.

Krankheitsanfälligkeit: Die Anfälligkeit für Pilzkrankheiten und Schädlinge kann als gering eingestuft werden. Durch frühe Reife etwas wespenanfälliger.

Rebenerziehung: Das Wachstum ist mittelstark bis schwach, die Geiztriebbildung ist gering. Er eignet sich für Bogrebenschnitt.

Unterlagen: Der mittelstarke bis schwache Wuchs verlangt eine wüchsige Unterlage. Es sind daher 125 AA und 5 BB am besten geeignet.

Ertrag: Es werden durchschnittlich 80-100 hl/ha und mehr erzielt.

Mostgewicht und Säure: Mittleres Mostgewicht und geringer Säuregehalt.

Ernte: Die Reife ist sehr früh und liegt ca. 8 Tagen vor Müller-Thurgau.

Wein: Der Goldriesling wird zum Zeitpunkt der Hauptlese als Federweißer angeboten. Der Wein ist von leichter, körperarmer Art mit zartblumigem Duft und milder Säure. Der Wein ist weich und nicht lange lagerfähig.

Anbauwert: Außer für das Anbaugebiet Sachsen und Saale-Unstrut ist für die übrigen Anbaugebiete Deutschlands der Anbauwert sehr begrenzt, da dort die Standortverhältnisse den Anbau anspruchsvoller Rebsorten gewährleisten.

Cabernet blanc*

Cabernet blanc ist eine sehr junge Neuzüchtung mit der besonderen Eigenschaft der Resistenz gegen „Echten und Falschen Mehltau".

Herkunft/Züchter: Privat-Züchter und Weingutsbesitzer Valentin Blattner in Soyhières im Schweizer Kanton Jura; Selektion und Vertrieb in der Rebschule Freytag in Neustadt/ Lachen-Speyerdorf in der Pfalz

Kreuzung: Cabernet Sauvignon x pilzresistenter Partner im Jahr 1991 (Zuchtnummer: VB 91-26-1)

Sortenschutz: Sortenschutz wurde am 6.3.2008 durch das Bundessortenamt erteilt. Zur Zeit im Versuchsanbau.

Sortenmerkmale: Der Wuchs ist kräftig und aufrecht, Traubenzone sind die Blätter nicht zu dicht, so dass eine ausreichende Durchlüftung der Laubwand gewährleistet ist. Die Traube ist gemischtbeerig, d.h. normalgroße und jungfernfrüchtige Beeren befinden sich nebeneinander. Die Rispen sind sehr lockerbeerig, was sich sehr gut auf die Botrytisresistenz auswirkt. Die Beeren sind klein und rund, die kernlosen Früchte weisen einen sehr hohen Zuckergehalt und gute Extraktwerte auf. Vor

*pilzwiderstandfähig

der vollständigen Reife sind die Beeren dunkelgrün und wirken lange unreif. Bei Beginn der Vollreife Anfang Oktober färben sich die Beeren gelb.

Eigenschaft der Sorte:

Widerstandskraft: Gute Resistenz gegen Oidium und Peronospora. Weiterhin sind die Rispen lockerbeerig und die Beerenschale ist sehr kräftig, weswegen diese Sorte auch sehr unempfindlich gegen Botrytis-Pilze ist. Somit können alle Behandlungen der Rebstöcke und Trauben mit Pflanzenschutzmittel gegen Pilzbefall unterbleiben oder zumindest auf ein Minimum reduziert werden.

Frostfestigkeit: Gute Frosthärte bei Winterfrösten.

Verrieselungsanfälligkeit: Im Jahr 2009 trat in einer Versuchsanlage in Rheinhessen eine sehr starke Verrieselung auf, welche bei anderen Sorten und neuen pilztoleranten Zuchtstämmen in der gleichen Anlage nicht auftraten.

Wein: Die Aromen des Cabernet blanc sind sehr vielfältig. Typische Aromen sind schwarze Johannisbeere, Grapefruit, Stachelbeere und Annanas sowie Nuancen von grünem Paprika, welche auf die Muttersorte Cabernet Sauvignon hindeuten. Der Säuregehalt ist recht hoch und sein Körper gestaltet sich mittelprächtig bis kräftig. Der Wein erinnert vom Aroma an einen eleganten Sauvignon blanc und kann so das Geschmacksangebot im Weißweinbereich erweitern. Er passt er ausgezeichnet zu Salaten, Pasta, Fisch und hellen Fleischgerichten.

Rotweinsorten

Blaue Zweigeltrebe

Verbreitung: Sie gehört zu den empfohlenen Sorten Österreichs. Der Anbau ist in den letzten Jahre auf ca. 2 600 ha angestiegen und ist in sämtlicher Weinbauregionen von Österreich verbreitet. In Deutschland umfasst die Anbaufläche im Jahr 2008 100 ha; davon entfallen 55 ha auf Württemberg..

Herkunft: Höhere Bundeslehranstalt für Wein- und Gartenbau in Klosterneuburg.

Sortenschutz und Sortenliste: Der Blaue Zweigelt ist im Rebsortenregister des Bundessortenamtes geschützt und wurde 1998 in die Sortenliste eingetragen. Sie ist für den deutschen Weinbau klassifiziert, außer der Anbaugebiete Baden und Hessen.

Kreuzung: St. Laurent x Blaufränkisch. Züchter und Namenspate ist Professor Dr. Zweigelt, ehemaliger Direktor der Höheren Bundeslehranstalt in Klosterneuburg. Rotweinsorte Zweigelt ist in Österreich sehr bekannt und beliebt. Von den Rotweinsorten nimmt er dort inzwischen die größte Rebfläche ein.

Sortenmerkmale: Triebsspitze offen, glatt, bronziert; Blatt schwach dreilappig, mehr breit als lang, stumpf gezähnt, derb, unterseits borstig behaart; Traube groß, kegelförmig, geschultert, dichtbeerig; Beere mittelgroß, eiförmig, dicke Beerenhaut, saftig; Holz kräftig, engknotig, kastanienbraun; Wuchs sehr kräftig; Reife mittelfrüh; Holzreife gut.

Eigenschaften der Sorte

Ansprüche an die Lage: Mittel bis hoch.

Ansprüche an den Boden: Gering, jedoch gedeiht sie auch sehr gut auf tiefgründigen Böden. Etwas kalkempfindlich.

Krankheitsanfälligkeit: Wenig anfällig für Oidium, etwas mehr für Peronospora. Durch die dicke Beerenhaut sehr wenig anfällig gegen Botrytis.

Frostfestigkeit: Sehr gut.

Erziehung: Der kräftige Wuchs verlangt weiträumige Erziehung. Anschnitt 7 bis 8 Augen/qm. Die Gassenbreite nicht unter 2,00 m und der Stockabstand nicht unter 1,10 m sowie einer Stammhöhe von mindestens 70 bis 80 cm.

Unterlage: SO 4, 5 BB.
Ertrag: 90 bis 100 hl/ha. Zu hohe Erträge mindern die Qualität der Rotweine beachtlich.

Mostgewicht und Säure: Die Blaue Zweigeltrebe erzielt 75-95 °Oechsle und die Mostsäure liegt bei 7-10 g/l.

Wein: Mild, nicht sehr farbintensiv, ähnlich St. Laurent, körperreich, nachhaltig, Burgunderart – oft besser als Burgunder bewertet.

Blauburger

Verbreitung: Der Anbau dieser Sorte beschränkt sich fast ausschließlich auf Österreich und ist am stärksten in Niederösterreich sowie im Burgenland verbreitet. Im deutschen Weinbau hat die Sorte Blauburger mit einer Anbaufläche von 3 ha (2008) bisher keine Anbaubedeutung.

Herkunft: Höhere Bundeslehranstalt für Wein- und Gartenbau in Klosterneuburg.

Sortenschutz und Sortenliste: Im Rebsortenregister des Bundessortenamtes ist die Rotweinsorte Blauburger geschützt und 1999 in die Sortenliste eingetragen. Er ist für die deutschen Anbaugebiete, außer Baden, Württemberg und Saale-Unstrut klassifiziert.

Kreuzung: Sie wurde um 1920 aus Portugieser und Blaufränkisch (Lemberger) als Keltertraube für Rotwein gezüchtet (Zuchtnummer 181-2).

Ursprung des Sortennamens: Der Sortenname Blauburger ist abgeleitet von Klosterneuburg bzw. von der Endsilbe Klosterneu – burger.

Synonyme: Sind keine bekannt.

Sortenmerkmale: Triebspitze Vinifera-Typ, offen, grün, schwach bronciert, kahl; Sommertrieb glatt, sonnenseits rötlich; Ranken zweiteilig gegabelt; Blatt mittelgroß, mittelgrün, drei- bis fünflappig, schwach wellig, stumpf gezähnter Blattrand, Blattunterseite schwach borstig behaart, Blattstiel rötlich, Stielbucht V-förmig, Herbstverfärbung rot; Fruchtholz hellbraun, schwach punktiert, Internodien kurz bis mittellang; Wuchs kräftig; Blühfestigkeit hoch; Traube groß, kegelförmig, leicht geschultert, dichtbeerig und gepackt, langer Traubenstiel; Beeren mittelgroß bis groß, rund, dunkel bis schwarzblau und beduftet bzw. bereift, feste und stabile Beerenhaut; Geschmack frisch und saftig; Reife früh – Lese Mitte bis Ende September; Ertrag nachhaltig und sehr gut; Frosthärte gering; Kalkverträglichkeit gut.

Eigenschaften der Sorte

Ansprüche an die Lage: Die Rebsorte Blauburger bevorzugt mittlere bis gute Lagen und ohne Frostgefährdung. Eine gute Lage ist der Garant für eine gute Rotweinqualität.

Ansprüche an den Boden: Die Bodenanpassungsfähigkeit ist ziemlich breit, da die Sorte sehr wüchsig ist, stellt sie geringe Ansprüche und verträgt auch kalkhaltige Böden.

Krankheitsanfälligkeit: Gegen Peronospora weniger empfindlich. Eine gewisse Empfindlichkeit besteht gegenüber dem Oidium. Ferner ist sie anfällig gegen Stiellähme und Stielfäule sowie Beerenbotrytis. Direkte Maßnahmen (Rebschutz und Blattdüngung) und indirekte Maßnahmen (gute Durchlüftung der Traubenzone, weite Reihenabstände und optimale Bestandsführung) fördern die Gesunderhaltung der Trauben und den Reifeprozess.

Frostfestigkeit: Bei der Standortwahl vor der Neuanlage ist auf eine gute Lage zu achten, denn der Blauburger ist winterfrostempfindlich.

Erziehung: Der kräftige Wuchs verlangt eine moderne weiträumige Standweite zur Erzielung sicherer Erträge und hoher Rotweinqualität.

Ertrag: Die Sorte ist sehr ertragssicher und liefert Durchschnittserträge von 80 bis 100 hl/ha.

Reife: Sie reift sehr früh und die Traubenernte ist dementsprechend Mitte bis Ende September.

Qualität: Das Mostgewicht und die Säure bewegen sich in einem günstigen Verhältnis mit 75 bis 90° Oechsle und 7,5 bis 10 g/l Säure. In guten Lagen, bester Bestandsführung und guten Jahren können besondere Blauburger-Spezialitäten erzeugt werden.

Wein: Der Wein des Blauburger ist sehr farbkräftig und eignet sich daher sehr gut als Farbreserve bzw. Deckrotwein. Er ist ein dunkler, extraktreicher und dichter Rotwein, samtig, feine Sortenfrucht, sehr gute Qualität, dem Blaufränkisch bzw. Lemberger etwas ähnlich.

Vorteile: Gute Fruchtbarkeit, geringe Krankheitsanfälligkeit gegenüber Peronospora, gute Erträge und Qualitäten, sehr gut als Farbreserve geeignet, geringe Ansprüche an den Boden und gute Kalkverträglichkeit, frühe Reife, kräftiger Wuchs.

Nachteile: Winterfrostgefährdet (erfordert einen frostfreien Standort). Empfindlich gegen Stiellähme, Stielfäule und Beerenbotrytis.

Anbauwert: Ist in Deutschland kaum bekannt. Der Anbau dieser Sorte ist bisher auf Österreich beschränkt.

Neronet

Herkunft: Die Kreuzung der Neuzucht erfolgte von Prof. Ing. Vilém Kraus (Universität in Lednice, Tschechien) und wurde von dem Züchter Hermann Jäger aus Ockenheim übernommen und züchterisch weiterbearbeitet.

Kreuzung: Bei der Sorte Neronet wurden 4 Zuchtstufen durchgeführt, da nur dadurch die gewünschten Zuchtziele erreicht werden konnten. Zur Kreuzung wurden nur Vitis vinifera Züchtungen verwendet: Aus den Sorten St. Laurent x Portugieser zeichnete sich der Sämling 3/27 mit gutem Wuchs und sehr guter Holz- und Traubenausreife aus. Auch war die Säure gering. Die Farbkraft war jedoch nicht genügend und die Sorte wurde daher nochmals mit der Sorte Alibernet gekreuzt. Alibernet ist eine Züchtung aus den Eltern Alicante Bouschet x Cabernet Sauvignon. Die Sorte Alicante Bouschet ist eine sehr gute Färbertraube, die in Südfrankreich von Henri Bouschet aus der Sorte Grenache x Petit Bouschet gezüchtet wurde. Diese Sorte hat eine sehr dunkle Färbung des Fruchtfleisches, und sicherlich hat die Sorte Neronet diese Farbeigenschaft übernommen. Die Farbstoffbildung in der Schale und im Fruchtfleisch verläuft parallel zur Reife, das Fruchtfleisch ist intensiv rot.

Sortenschutz und Sortenliste: Sortenschutz wurde 2004 erteilt und die Eintragung in die Sortenliste erfolgte 2008. Klassifiziert für Bayern (Franken), Rheinland-Pfalz und Sachsen.

Sortenmerkmale: Triebspitze bronziert und flaumig wollig behaarte Blättchen; Wuchs ist kräftig, robust und verrieselt leicht; Blatt ist mittelgroß und 3-lappig gebuchtet und weist eine leicht überlappende Stielbucht auf, das Blattwerk verfärbt sich im Herbst rot; Geiztriebbildung ist mittel bis stark; Trauben sind mittel bis groß und kompakt; Traubenreife ist mit Dornfelder ziemlich vergleichbar.

Eigenschaften der Sorte

Krankheitsanfälligkeit: Die Widerstandsfähigkeit gegenüber Peronospora und Oidium ist gut. Bei guter Laubpflege innerhalb der Traubenzone besteht keine besondere Botrytisgefährdung.

Frostfestigkeit: Die gute Holzreife bewirkt eine gute Winterfrosthärte.

Unterlagen: Neronet ist eine starkwüchsige Sorte und als Unterlage sind SO 4, Binova, 5 C geeignet. Wegen der Neigung zum Verrieseln sowie dem starken Wuchs scheiden starkwüchsige Unterlagen aus.

Ertrag: Die Ertragsleistung ist gut; jedoch ist bei hohen Erträgen eine Ertragsregulierung durch Ausdünnen ratsam, um das Mostgewicht und die Säurestruktur zu begünstigen.

Reifeverlauf und Ernte: Sind dem Dornfelder sehr ähnlich.

Wein: Neronet ist aber nicht nur als Cuvéepartner und Deckrotwein interessant, sondern ergibt einen durchaus selbständigen Wein. Der Wein ist in der Farbe tiefrot und von dunkel - rubinartiger Färbung. Er ergibt einen harmonischen, runden, gefälligen Rotwein mit eingebundenen Tanninen und präsentiert eine gewisse Betonung der Frucht.

Rubinet

Herkunft: Die Kreuzung der Neuzucht erfolgte von Prof. Ing. Vilém Kraus (Universität in Lednice, Tschechien) und wurde von dem Züchter Hermann Jäger aus Ockenheim übernommen und züchterisch weiterbearbeitet.

Kreuzung: Die Sorte Rubinet ist eine Erweiterung der Sorte Neronet. Insgesamt wurden 6 Zuchtstufen durchgeführt. Die Eltern sind ein Sämling aus den Sorten Revolta x Alibernet und der Sorte André. Die Sorte André ist eine tschechische Neuzucht. Sie ist spätreifend, hat aber eine gute Widerstandsfähigkeit gegen Winterfrost und auch gegen Botrytis. Sie ergibt extraktreiche Rotweine. Die Sorte Revolta ist eine Züchtung von Prof. Kraus. Diese Sorte erbringt frühreife, weiche, milde und samtige Rotweine. Ein Elternteil der Sorte Revolta sind Sämlinge aus der alten griechischen samenlosen und blaubeerigen Sorte Corinth und der Sorte Perle von Csaba. Der andere Teil sind Sämlinge aus den Sorten Weißer Gutedel x Malingre. Alibernet stammt von den Sorten Alicante Bouschet und Cabernet Sauvignon ab, die auch bei der Sorte Neronet eingekreuzt wurde. Durch die Kreuzung von früh und spät reifenden Sorten, sowie Sorten von hoher Farbintensität und guter Holzausreife konnte diese sehr interessante Rotweinsorte gezüchtet werden.

Sortenschutz und Sortenliste: Sortenschutz wurde 2004 erteilt und die Eintragung in die Sortenliste erfolgte 2008. Klassifiziert für Bayern (Franken), Rheinland-Pfalz und Sachsen.

Sortenmerkmale: Triebspitze ist schwach bronziert und leicht behaarte Blättchen; Wuchs kräftig und aufrecht; Blatt ist mittelgroß und 5-lappig gebuchtet und weist eine etwas offene Stielbucht auf; Geiztriebbildung ist mittel bis stark; Trauben sind mittelgroß und haben kleinere, jedoch zahlreiche Beeren; Beerenfarbe und das Fruchtfleisch ist blauschwarz bzw. dunkelrot mit intensiver Farbausprägung; Reife ist früh; gute Winterfrosthärte.

Eigenschaften der Sorte

Krankheitsanfälligkeit: Ihre Anfälligkeit für Peronospora und Oidium ist gering. Ähnlich verhält sich Botrytis.

Frostfestigkeit: Die Winterfrosthärte von Rubinet ist mit der von Riesling zu vergleichen. Wegen des frühen Austriebes ist die Sorte maifrost- bzw. spätfrostgefährdet.

Unterlagen: Wegen der starken Wuchskraft eignen sich die Unterlagen S0 4, Binova und 5 C. Der aufrechte Wuchs und Wuchskraft wirken sich arbeitserleichternd aus.

Ertrag: Selbst bei etwas höherem Ertrag leistet die Sorte Rubinet gute Mostgewichte. Mit zunehmender Reife reduziert sich die Mostsäure.

Wein: Die Sorte ergibt einen sehr tiefdunklen, mit hohem Extrakt versehenen Wein. Rubinet ist in den nördlichen Weinbaugebieten eine Rarität, sie erweitert die geschmackliche Vielfalt und den Rotweincharakter unserer Weinbaugebiete. Dieser Wein erfüllt die internationalen Forderungen an dunkle, extraktreiche Rotweine.

Pinotin*

Pinotin ist eine sehr junge Rotwein-Neuzüchtung mit der besonderen Eigenschaft der **Resistenz gegen „Echten und Falschen Mehltau".**

Herkunft/Züchter: Privat-Züchter und Weingutsbesitzer Valentin Blattner in Soyhières im Schweizer Kanton Jura; Selektion und Vertrieb in der Rebschule Freytag in Neustadt/Lachen-Speyerdorf in der Pfalz

Kreuzung: Blauer Spätburgunder x pilzresistenter Partner im Jahr 1991(Zuchtnummer: VB 91-26-19).
Sortenschutz: Sortenschutz wurde am 4.4.2005 vom Bundessortenamt erteilt. Zur Zeit im Versuchsanbau.

Sortenmerkmale: Wuchs mittelstark, ähnlich wie Spätburgunder, allerdings etwas aufrechter; Traube schmahl, lang (Walzenförmig), wenig geschultert, lockerbeerig; Beeren mittelgroß, rund und von einer gleichmäßigen Wachsschicht überzogen, färben sich durch das lockere Stielgerüst schon früh und gleichmäßig; Reifezeitunkt etwa eine Woche nach Regent.

Eigenschaft der Sorte

Widerstandskraft: Gute Resistenz gegen Oidium und Peronospora. Durch lockerbeerige Traube wenig botrytisanfällig Auch eine Widerstandskraft gegen Trockenheit wird ihr nachgesagt.

Frostfestigkeit: Gute Frosthärte bei Winterfrösten.

Wein: Der Wein zeichnet sich durch eine rubinrote Farbe aus. Im Duft erinnert der Wein an schwarze Kirschen. Im Geschmack kann er durch seine milde, warme Art überzeugen. Der Pinotin kann als Pinot-Typ bezeichnet werden.

*pilzwiderstandfähig

Empfehlenswerte Tafeltrauben und Zierreben für Haus, Garten und Freiland

Für den Liebhaber von Tafeltrauben gibt es kaum etwas Schöneres als reife Trauben direkt vom eigenen Rebstock zu ernten. Seit altersher ist bekannt, dass Weintrauben nicht nur gut schmecken, sondern durch ihren hohen Gehalt an Vitaminen, Mineralien und sekundären Pflanzenstoffen auch gleichzeitig sehr gesund sind. Eine sonnige, geschützte Lage im Garten oder im Freiland sind günstige Standorte, die sich besonders auf eine frühe Reife der Trauben auswirken. Die bekannten und klassischen Rebsorten (siehe Übersicht „A") benötigen einen planmäßigen Rebschutz zur Gesunderhaltung der Trauben, denn nur gesunde, gut ausgebildete, reife Trauben und frei von Spritzflecken haben eine Absatzchance. Dass unter dieser Perspektive die „neuen pilztoleranten Tafeltraubensorten" und „Zierreben" (siehe Übersicht „B" und „C") besonders prädestiniert sind für den Anbau liegt auf der Hand. Die Resistenz gegenüber pilzlichen Krankheiten macht es bei den pilztoleranten Sorten möglich, Rebschutzbehandlungen auf ein Minimum zu reduzieren oder sich gänzlich zu erübrigen. Auch bei den pilztoleranten Rebsorten gibt es bisher noch keine sogenannte Idealrebe. Dennoch ist es der nationalen und internationalen Rebenzüchtung gelungen, pilztolerante Tafeltraubensorten zu züchten, welche mit günstigen Produktionsbedingungen und vor allem mit weniger Rebschutz wunderbare, farbschöne und wohlschmeckende Tafeltraubenqualitäten liefern.

Das Ziel der Züchtung ist Tafeltrauben mit höchster Resistenz und Traubenqualität zu züchten, welche einen gänzlichen Verzicht von Rebschutzmaßnahmen ermöglichen. In den Übersichten A, B und C sind die wichtigsten Eigenschaften von klassischen und pilztoleranten Tafeltraubensorten für die Haus-, Garten- und Freilandpflanzung ersichtlich. Eine Aufteilung der Sorten erfolgt nach frühreifen (Anfang August bis Anfang und Mitte September), mittelfrüh reifend (Anfang August bis Anfang bis Mitte und Ende September), mittelspät reifend (Anfang September bis Mitte Oktober), spät bis sehr spät reifend (Ende September bis Anfang November), wobei die Standortverhältnisse bzw. Sortenansprüche richtig zugeordnet werden müssen. Das umfangreiche pilztolerante Tafeltrauben-Sortiment wird ständig im Rahmen der Kreuzungszüchtung und der Selektionsarbeit der einzelnen Sorten verbessert, so dass eine noch größere Auswahl brauchbarer Sorten für den Hobby- und Erwerbsanbau zur Verfügung stehen.

Der Anbau und der Verkauf von speziellen Tafeltrauben (siehe Übersicht „B" und „C") unterliegen seit Juli 2000 nicht mehr dem Weinrecht und somit sind für das Grundstück keine Pflanzrechte erforderlich. Allerdings dürfen dort keine zugelassenen Keltertraubensorten (z.B. Dornfelder, Gutedel, Muskateller und andere, siehe Übersicht „A") die für die Qualitätsweinbereitung bestimmt sind, gepflanzt werden. Es müssen spezielle Tafeltrauben sein, die von verschiedenen Rebschulen am Markt angeboten werden. Zugelassene Keltertrauben-Rebsorten (z.B. Regent, Dornfelder, Portugieser, Gutedel und andere) können nur auf genehmigten Rebflächen (mit Pflanzerechten) als Essoder auch Tafeltrauben erzeugt und für den Frischverzehr verkauft werden.

A „Bewährte Weiße – Rote – Blaue – Rebsorten für Tafeltrauben“

Rebsorten	Traube	Geschmack	Beeren		Bemerkungen
			Form	Farbe	
a) Früh reifend (Mitte August bis Mitte September)					
Grüne Seidentraube	mittelgroß, lockerbeerig	saftig, süß, angenehm	mittelgroß, eiförmig	grün und braun gefleckt	reicher Ertrag, fäulnisempfindlich
Madeleine Céline	groß, lockerbeerig ohne bes. Aroma	angenehm süß	mittelgroß, oval	gelb	guter Ertrag, fault nicht, verrieselt leicht
Madeleine royale (Königliche Magdalenentraube)	großtraubig, dichtbeerig	saftig, süß mit leichtem Muskataroma	mittelgroß, rund bis oval	hellgrün bis hellgelb	guter Ertrag, neigt zur Fäulnis, aber sehr gute Qualität
Gelbe Seidentraube	mittelgroß, locker	süß, angenehm, aromatisch	länglich	hellgrün bis hellgelb	guter Ertrag, fast ohne Kerne, fault nicht
Perle von Szaba	groß, länglich, lockerbeerig	sehr süß, ausgeprägtes Muskataroma	mittelgroß, fast rund	hellgrün bis bräunlich	mittlerer Ertrag, wird von Vögeln und Wespen befallen („schützen“)
Frühe Malingre (Malenga)	klein- bis mittel-locker, groß	saftig, süß, wenig Aroma (fruchtig)	klein, länglich	grün bis goldgelb	guter Ertrag, wenig Fäule
Königin der Weingärten	sehr groß, lockerbeerig bis dichtbeerig	süß und sehr fein	groß, länglich	gelblich bis grün	mittelmäßiger bis guter Ertrag und jungfernfrüchtig
Frühroter Malvasier	groß	sehr süß, angenehm fruchtig	mittelgroß und rund	rot bis graurot	ertragsreich
Frühe Gamay	mittelgroß	angenehm schmeckend	leicht eiförmig	blauschwarz	mittelmäßiger Ertrag
Augusta Luise	groß	Muskat und saftig süß	groß	gelb	geschützter und warmer Standort Würzburger Züchtung
Hildegardistraube	mittelgroß und kompakt	aromatisch	groß	rötlich	windgeschützter Standort, Würzburger Züchtung
Huxelrebe	groß	aromatisch	klein-groß und rund, jungfern-früchtig	grün bis gelb	windgeschützt, kalkarmer Boden, sehr frostempfindlich. Alzeyer Züchtung
b) Mittelfrüh reifend (Mitte September bis Mitte Oktober)					
Bouvier Traube	mittelgroß, länglich, lockerbeerig	saftig, süß, mit feinem Muskataroma	mittelgroß, rund	grünweiß bis gelblich punktiert	guter Ertrag
Weißer Gutedel	groß, länglich, dicht- bis lockerbeerig	süß und aromatisch	mittel- bis groß und rund	goldgelb	gleichmäßiger und mittlerer Ertrag
Regina	mittelgroß, lockerbeerig	saftig, süß, muskiert	mittelgroß, oval	goldgelb	gleichmäßiger und mittlerer Ertrag
Roter Gutedel	groß, länglich, dicht- bis lockerbeerig	süß und aromatisch	unterschied lich groß und rund	rot bis dunkelrot	sehr ertragsreich, mit zunehmender Reife schwache Fäulnis
Schönburger	groß	feines und ausgeprägtes Muskataroma	groß	rosa	guter Ertrag, kalkarmer Boden, Geisenheimer Züchtung
Rotberger	groß und kompakt	fruchtig	groß und rund	blau	ertragreich, warmer Standort, Geisen-heimer Züchtung
Dornfelder	großtraubig	fruchtig	groß und rund	dunkelblau-blauschwarz	ertragreich, warmer Standort, Weinsberger Züchtung
Portugieser	großtraubig	fruchtig	groß und rund	dunkelblau bis blauschwarz	warmer Standort, sehr frostempfindlich

c) Spät reifend (Mitte Oktober bis Anfang November)					
Gelber Muskateller	mittelgroß, länglich und walzenförmig, locker- bis dichtbeerig	süß, mit sehr feinem Muskataroma	mittelgroß, rund	hellgelb bis bräunlich	mittlerer und gleichmäßiger Ertrag, empfindlich in der Blüte
Blauer Trollinger	mittelgroß bis groß, lockerbeerig bis gepackt	sehr saftreich, herb und neutral im Geschmack	rund und dick, pralle Beeren	rot bis blauschwarz	sehr gleichmäßiger, hoher Ertrag, anfällig gegen echten Mehltau
Muskat Hamburg	mittelgroß	sehr würzig, angenehm mit feinem Muskataroma	rund und mittelgroß bis groß	blauschwarz	mittlerer Ertrag, sehr gute Qualität

Die Auflistung der Tafeltraubenrebsorten stellt lediglich eine Auswahl dar und erhebt keinen Anspruch auf Vollständigkeit.

Pilztolerante Tafeltraubensorten

Die wohlschmeckenden und zum Teil feinwürzigen pilztoleranten Tafeltrauben und Zierreben liefern bei richtiger Standortwahl und Kulturpflege sehr gute Traubenqualitäten und mittlere bis sehr hohe Erträge. Die einzelnen Rebsorten sind unterschiedlich widerstandsfähig gegenüber pilzlicher Krankheiten sowie gegenüber Winterfrost; allerdings ist dies sehr abhängig von den Standortverhältnissen, der Witterung und den Pflegemaßnahmen. Nach dem derzeitigen Stand der Rebenzüchtung gibt es noch keine vollständige Krankheits- und Frostresistenz. Die meisten hier genannten pilztoleranten Tafeltraubensorten und Zierreben sind Kreuzungen zwischen Europäerreben und resistenten amerikanischen Rebsorten. Die im Teil „B“ und „C“ der Übersichten vorgestellten pilztoleranten Rebsorten sind nicht mehr von den Europäersorten (Vitis vinifera) im Geschmacksbild zu unterscheiden. Der nationalen und internationalen Rebenzüchtung ist es zu verdanken, dass es Tafeltrauben heute gibt, die den Einsatz von Rebschutzmitteln beachtlich reduzieren oder sogar völlig darauf verzichtet werden kann. Ebenso ist die Toleranz gegen Winterfröste ein sehr wichtiges Ziel der Züchter von Tafeltrauben.
Das Pflanzen von pilztoleranten Tafeltrauben findet bei Liebhabern als auch bei Winzern ein beachtliches Interesse, denn deutsche Tafeltrauben haben dadurch am Markt eine völlig neue Perspektive erfahren. Die große Sortenstreubreite pilztoleranter Tafeltrauben-Rebsorten eröffnet den deutschen Tafeltrauben-Erzeugern die Möglichkeit, ein umfangreiches Angebot von geschmacklich neutralen bis zu würzigen Muskat-Tafeltrauben (über einen längeren Zeitraum) den Markt bzw. den Handel zu beliefern.

B „Pilztolerante Tafeltrauben-Rebsorten und Zierreben“

Rebsorten	Reife- und Erntezeiten Beerenfarben	Traubenstrukturen und Beereneigenschaften	Geschmacks-Aromen	Besonderheiten
		früh reifend		
1. Esther 	Anfang August – Ende August. Esther ist eine sehr schöne blaufruchtige Tafeltraube. Synonyme: „Königliche Esther“ und „Eszter“. Verhältnismäßig frühreif, kurzes Erntefenster.	Trauben: groß, geschultert, mittlere Traubendichte und ziemlich ungleich große Beeren innerhalb einer Traube. Beeren: mittelgroß bis groß und eiförmig, mäßig saftiges und sehr festes Fruchtfleisch mit einer ziemlich stabilen Beerenhaut; die Beeren trennen sich gut vom Stiel. Das Blattwerk verfärbt sich im Herbst rot.	Der Traubenfruchtgeschmack ist geprägt von feiner und wohlschmeckender Fruchtsüße und milder Fruchtsäure - geschützt seit: 1999	Das Mostgewicht ist mittel bis hoch und die schmeckbare Fruchtsäure gering; der Ertrag ist sicher; gut ausgebildete Trauben; Traubenkerne sind vollständig ausgebildet; besitzt eine gute Resistenz gegenüber dem Echten Mehltau sowie eine sehr gute Winterfrosthärte.
2. Primavera 	Mitte Juli – Ende August. Beeren goldgelb bis altgold und leicht bräunlich, beduftet. Sehr zeitiges und ziemlich langes Erntefenster.	Trauben: länglich, schlank, etwas verästelt und ziemlich lockerbeerig, gestreckte und elegante Traubenform, die Traubenfarbe ist beeindruckend. Beeren: mittelgroß, rund, mit zunehmender Reife stärkere Farbveränderungen der Beeren und der Traubenstiele.	Ausgesprochen feinfruchtig, saftiges Beerenfruchtfleisch, eine wertvolle Ergänzung im Sortiment als frühreifende Tafeltraube.	Ist im Anbau unproblematisch, hat einen sehr aufrechten Wuchs und eine sehr gute Holzausreife; ihre Widerstandsfähigkeit gegenüber pilzlicher Krankheiten ist sehr gut; sie kann lange am Rebstock bleiben; jedoch müssen die Trauben gegen Wespen geschützt werden, wenn die Standortverhältnisse es erfordern.
		mittelfrüh reifend		
3. Artemis 	Anfang August-Anfang September. Gelblich grüne bis roséfarbige Beeren. Etwas kürzeres Erntefenster.	Trauben: groß, geschultert, zugespitzt, langstielig und etwas geästelt, gepackte bis lockerbeerige Struktur. Beeren: rundkugelig, mittelgroß bis groß, das Beerenfruchtfleisch ist sehr bissfest und die Beerenhaut nicht so zäh.	Verfügt über eine feine Fruchtsäure und ist aromatisch im Geschmack. Sie gehört zu den Spitzensorten im Tafeltraubensortiment – farblich und geschmacklich eine Besonderheit.	Artemis ist „kernlos“, sie ist im Anbau problemlos, bringt mittlere bis gute Stockerträge. Die Trauben müssen frei hängen, um Botrytis (Beerenfäule) zu verhindern. Sie ist sehr lagerfähig, besitzt eine gute Widerstandsfähigkeit gegenüber Mehltaupilzen.

4. Palatina 	Anfang August - Mitte September. Beeren goldgelb und zart beduftet, farblich eine Augenweide. Synonym: „Prim“. Zeitiges und ziemlich langes Erntefenster.	Trauben: große, geschulterte, schöne ausgeprägte Traubenform und lockerer bis mittlerer Beerendichte Beeren: mittelgroße und ovale Beerenform; lösen sich sehr leicht vom Stiel; das Fruchtfleisch ist mäßig fest und saftig.	Von sehr angenehmer frischfruchtiger und dezenter Muskataromatik sowie einer stabilen, knackigen Schale, ein gutes Geschmackserlebnis.	Mostgewicht ist mittel bis gut und die Fruchtsäure angenehm niedrig; Ertrag ist mittel bis normal; Kerne sind bei dieser Sorte vollständig ausgebildet; besitzt eine gute Toleranz gegenüber dem Echten und Falschen Mehltau; die Trauben bleiben am Rebstock gesund; sind gut lagerfähig.
5. Primus 	Reift schon Ende Juli/Anfang August – Ende September. Beeren gelbgoldgelb. Sie ist eine sehr auffällige und gleichermaßen schöne Tafeltraube. Weites Erntefenster.	Trauben auffallend große Traubenform mit breiten und betonten Schultern und großen Beeren: Beeren knackig im Biss, keine harte Schale, das Fruchtfleisch ist angenehm und frisch, Beeren lösen sich optimal vom Stiel und sind rund.	Primustrauben haben sehr klassische Traubenfruchtaromen, sind vollmundig und knackig	Primus ist eine „kernlose“ Tafeltraube mit einem feinen Fruchtaroma; verlangt eine gut Lage bzw. gute Standortverhältnisse, der Ertrag ist hoch, daher nicht zu stark anschneiden, pro Trieb nur eine Traube belassen. Einzeltraubengewicht beträgt 400 g. Gute Mehltau- und Botrytis-Toleranz
6. Muskat Garnier 	Mitte August – Mitte September. Beeren blau bis dunkelblau und duftig. Kurzes Erntefenster.	Trauben: schlank, länglich geformt und etwas geschultert. Die Trauben vom Muskat Garnier gleichen der Muskat bleu. Allerdings neigt sie weniger zum Verrieseln. Beeren: sind rund, mittelgroß und lösen sich leicht vom Stiel.	Saftig, süß, aromatisch und einer feinen Muskatnote.	Muskat Garnier zählt zu den frühen roten Tafeltrauben-Rebsorten. Der Ertrag ist mittel bis ausreichend. Die Widerstandsfähigkeit gegen pilzliche Krankheiten ist sehr gut. Die Genussreife ist eine der frühesten der roten Sorten.
7. Hecker 	Mitte August - Mitte September. Reifezeit etwa wie bei Gutedel. Ihre Farbe wechselt im Verlauf der Reife gelb-grün nach gelb. Enges Erntefenster.	Trauben: pyramidal, geschutert, ziemlich großtraubig und dichtbeerig bzw. gepackte Traubenstruktur. Beeren: verhältnismäßig große und elliptische Beerenform, trennen sich leicht vom Stiel.	Leicht aromatischer süßer Traubenfruchtgeschmack und ausgewogenes Fruchtsäurespiel, kein ausgeprägtes Bukett.	Mostgewicht und Fruchtsäure sowie ihre aromatische Geschmacksnote ergänzen sich gegenseitig. Sie ist sehr ertragreich und mit zunehmender Reife etwas fäulnisempfindlich. Beansprucht einen guten Standort; ist etwas anfällig für Winterfrost. Große Ähnlichkeit mit Gutedel. Gute Peronospora-Resistenz, etwas schwächere Oidium-Resistenz.

8. Birstaler Muskat 	Anfang August - Mitte September. Mit zunehmender Reife verfärben sich die Beeren von gelbgrün nach goldgelbfruchtig und sind leicht beduftet. Weites Erntefenster.	Trauben: sind mittel bis groß, geschultert und lockerbeerig. Beeren: mittel bis dichtbeerig, breit elliptisch und trennen sich sehr gut vom Beerenstielchen; ihr Fruchtfleisch ist mäßig fest und sehr saftig; die Beerenhaut ist dünn bis mittel.	Ihre Geschmackseindrücke werden geprägt von einer feinen Muskatnote und der Fruchtzuckersüße, welche im Einklang mit der verhaltenen Fruchtsäure steht.	Mostgewicht bzw. der Zuckergehalt in den Beeren ist ideal und die Fruchtsäure moderat; Ertrag ist mittel bis hoch; die Traubenkerne sind vollständig ausgebildet; verfügt über eine sehr gute Krankheitsresistenz, weniger gegen Botrytis. Mittelstarker und aufrechter Wuchs.
9. Jakobsberger 	Ende August - Mitte September. Während der Reife bis zur Vollreife verfärben sich die gelbgrünen Beeren goldfarbig und sind etwas beduftet. Hat ein kurzes Erntefenster.	Trauben: groß und länglich mit kleinen verästelten Schultern; eine sehr schlanke und lockerbeerige Traubenstruktur. Beeren: leicht elliptisch geformt, ihre Haut ist dünn bis mittelstark und mäßig fest, die Kerne sind von weicher Konsistenz. Fruchtfleisch ist mäßig fest.	Die verhältnismäßig dünnschaligen, grün-goldgelben Beeren sind fruchtig und süß. Ein Klassiker.	Unter klimatisch günstigen Standortbedingungen und bei guter Sonneneinstrahlung erhalten die Trauben eine goldgelbe Beerenfarbe. Besitzt eine gute Teilresitenz gegenüber Pilzkrankheiten. Sie leistet hohe Erträge und gute Zuckerwerte. Zur Ertragsreduktion auf eine Traube pro Trieb ist es ratsam, um dem Verrieseln im Folgejahr vorzubeugen.
10. Lilla 	Ende August – Mitte September. Schöne Gelbtönung und gleichmäßig beduftete Beeren. Kurzes Erntefenster.	Trauben: verhältnismäßig großtraubig, geschultert und lockerbeerig. Beeren: groß, oval, gelb bis goldfarbig und fein beduftet: das Fruchtfleisch ist saftig und die Kerne sind vollständig entwickelt; die Beerenschalen sind dünn bis mittelstark.	Geschmacklich ist sie sehr fruchtig und geprägt von einer feinen Fruchtsüße und ausgewogener Fruchtsäure sowie knackig im Biss.	Mostgewicht bzw. der Zuckergehalt ist hoch und die Säure gering bis mittel; Kerne sind vollständig ausgebildet; verfügt über eine sehr hohe Winterfrostfestigkeit; Nebenaugen und Adventivaugen sind fruchtbar.
11. Nero 	Ende August – Mitte September. Die Beeren bzw. die Trauben sind dunkelblau und stark duftig. Das Erntefenster ist verhältnismäßig kurz.	Trauben: mittelgroße bis große und geschulterte „schöne Traubenform“ von mittlerer Traubendichte. Beeren: mittelgroß bis groß und eiförmig; Kerne vollständig ausgebildet; mäßig saftiges und festes Fruchtfleisch; Beeren trennen sich sehr leicht vom Stiel.	Sehr wohlschmeckende neutrale Sortenfrucht und feine Fruchtzuckersüße.	Zeichnet sich aus durch ein harmonisches Mostgewicht/Fruchtsäure-Verhältnis; Ertrag ist mittel bis hoch. Verfügt über eine mittlere bis gute Toleranz gegen den Echten und Falschen Mehltau; ebenso ist die Holzreife und Winterfrosthärte sehr gut; stellt keine besonderen Ansprüche an die Lage; ist gut für Traubensaft geeignet.

12. Millenium 	Ende August – Mitte September. Mit zunehmender Reife findet eine intensive Verfärbung der Beeren bzw. der gesamten Traube von gelb nach goldgelb statt. Kurzes Erntefenster.	Trauben: pyramidal und oft geschultert; das Einzeltraubengewicht liegt im Durchschnitt bei 400g und darüber. Beeren: groß und oval, das Beerenfleisch ist entsprechend saftig und knackig, mit feinen Fruchtaromen; die Beeren lösen sich gut vom Stiel.	Ihr frisches und fruchtiges Geschmacksbild ähnelt der Sorte Primus.	Millenium ist wie Primus eine „kernlose“ Tafeltraube mit feiner Fruchtsäure und Fruchtaromen. Unabhängig vom Anschnitt (ob als Bogreben, Streckern oder Zapfen) bringt sie einen guten Ertrag. Gegenüber dem Echten und Falschen Mehltau sowie Botrytis (Graufäule) besitzt sie eine gute Toleranz. Ihre Winterfrosthärte ist als mittelmäßig zu bezeichnen.
13. Romulus 	Mitte August - Ende September. Beeren gelbgrün und zart beduftet. Synonym: „Gustoso“. Ziemlich weites Erntefenster.	Trauben: Struktur ist ziemlich lockerbeerig und von mittlerer Größe so wie geschultert und pyramidal. Beeren: rund und dünn bzw. kleinbeerig.	Geschmacklich neutral bis fruchtig und angemehmer Fruchtzuckersäure	Romulus ist eine neutrale „kernlose“ und fruchtige Tafeltraubensorte. Sie ist sehr ertragsreich und sehr wüchsig. Die Resistenz gegenüber den Mehltaupilzen und Botrytis ist gut. Ebenso besitzt sie eine gute Winterfrosthärte.
mittelspät reifend				
14. Muskat bleu 	Anfang September – Anfang Oktober. Die Beerenfarbe ist blau und beduftet, Synonym: „Aromata“. Verhältnismäßig kurzes Erntefenster, abhängig vom Standort.	Trauben: mittelgroß, lockerbeerig, mittel- bis langstielig. Beeren: groß und oval, mittel- bis dickhäutig, lösen sich gut vom Stiel; Fruchtfleisch sehr fest und saftig; Kerne sind vollständig ausgebildet.	Die knackigen Traubenbeeren sind durch ihren typischen und feinen Muskatgeschmack sehr wohlschmeckend.	Das Mostgewicht ist mittel bis hoch und die Säure gering; der Ertrag ist mittel; sie besitzt eine sehr gute Resistenz gegenüber dem Echten und Falschen Mehltau; windige Standorte bedeuten „Rieselgefahr“ bzw. mangelhafte Befruchtung; Wuchs ist mittelstark bis stark; eignet sich gut zur Erzeugung von Traubensaft.
15. Franziska 	Mitte September– Anfang Oktober. Beeren gelbgrün. Ziemlich kurzes Erntefenster.	Trauben: außergewöhnlich in ihrer Form und Größe, geschultert und von mittlerer Traubendichte; Einzeltraubengewicht bis zu 1500g. Beeren: sind groß, länglich bis leicht oval.	Im Geschmack ist Franziska saftig, süß und neutral bzw. traubenfruchtig mit angenehmer Fruchtsäure.	Franziska stellt eine sinnvolle Ergänzung der Sortenlücke vor der spät reifenden Sorte „Angela“ dar. Ihr Ertrag ist sehr hoch, gegebenenfalls ausdünnen (= Traubenbehang reduzieren), um die Traubenqualität zu fördern und den Rebstock zu schonen. Ist sehr tolerant gegen Echten und Falschen Mehltau und ist sehr widerstandsfähig gegen Winterfrost.

16. Philipp 	Mitte September – Anfang Oktober. Die Beeren sind schön blaufrüchtig und beduftet. Ziemlich kurzes Erntefenster.	Trauben: Philipps „igelförmige“ Traubenform ist sehr eigentümlich und zugleich eine sehr dekorative und exklusive Tafeltraube. Beeren: spitz zulaufend (birnenförmig); Fruchtfleisch saftig und fest.	Im Geschmack sind die Beeren fruchtig und knackig im Biss. Sie ist mit ihrer Fruchtnote als klassisch zu bezeichnen.	Zeichnet sich aus durch ihre frische Sortenfruchtsüße und vor allem durch ihr „igelförmiges“ Aussehen. Ihr Wuchs ist sehr stark und dadurch besonders gut geeignet für Hausreben. Der Ertrag ist mittel bis hoch. Stellt keine besonderen Ansprüche an den Standort. Besitzt eine gute Resistenz gegen den Echten und Falschen Mehltau sowie eine gute Winterfrosthärte.
17. Rhea 	Mitte September – Anfang Oktober. Rhea ist eine sehr schöne rosafrüchtige Rebsorte. Wegen ihrer etwas späteren Reife eignet sie sich auch für frühere Standorte. Ziemlich enges Erntefenster Synomym: „Jupiter“	Trauben: sehr schöne pyramidale Traubenform mit einem rötlichen Stielgerüst und lockerbeerig. Beeren: sie sind groß, oval und kernlos bis rudimentär; das Fruchtfleisch ist sehr bissfest.	Im Geschmack ist Rhea feinfruchtig, süß und wohlschmeckend.	Rhea-Beeren sind „kernlos bis rudimentär“. Sie ist in der Kultur sehr unproblematisch, wächst gerade und hat wenig Geiztriebe. Geiztriebe sollte man vor oder unmittelbar nach der Blüte entfernen. Gegen pilzliche Krankheiten ist sie sehr widerstandsfähig.
18. Fanny 	Mitte September – Mitte Oktober. Mit dem Reifefortschritt verfärben sich die Beeren von gelbgrün zu einem typischen Gelb um. Die Beeren sind beduftet. Erntefenster mit Franziska gleich.	Trauben: sehr groß, gleichmäßig geschultert und grünstieliges Traubengerüst; die Traubenform ist pyramidal und verhältnismäßig lockerbeerig. Beeren: ziemlich groß, oval und trennen sich leicht vom Stiel; das Beerenfruchtfleisch ist sehr fest und knackig.	Die grüngelben Traubenbeeren sind geschmacklich neutral, knackig im Biss und mit einer wohlschmeckenden Fruchtzuckersüße ausgestattet.	Die Tafeltraube Fanny ist unproblematisch und kann noch in Grenzlagen angebaut werden. Sie ist eine sehr ertragstreue und ertragsreiche Sorte. Ihr Wuchs ist mittel. Gegen pilzliche Krankheiten ist sie widerstandsfähig und besitzt aufgrund ihrer guten Holzreife auch eine gute Winterfrosthärte.
19. Evita 	Mitte September - Mitte Oktober. Die Beeren sind goldgelb und zart beduftet. Erntefenster wie bei Franziska.	Trauben: groß bis sehr groß und formschön; und ziemlich gepackt. Beeren: mittelgroß bis groß, die Beerenhaut ist dünn bis mittelstark und das Fruchtfleisch ist sehr fest, die Stiele lösen sich relativ leicht von den Beeren.	Die Evita-Trauben sind sehr knackig und haben eine feinwürzige, angenehme und wohlschmeckende Muskatnote.	Evita ist „kernarm“ und zugleich eine formschöne Tafeltrauben-Rebsorte. Ihr Wuchs ist kräftig und aufrecht wachsend. Der Ertrag ist mittel. Sie stellt keine besonderen Ansprüche an den Standort. Sie verfügt über eine gute bis sehr gute Pilztoleranz gegen den Echten und Falschen Mehltau. Ebenso ist die Holzreife und Winterfrostfestigkeit gut.

20. Georg 	Mitte September – Mitte Oktober. Die Beeren sind dunkelblau und beduftet. Erntefenster mit Franziska identisch.	Trauben: mittel bis groß, etwas verästelt und lockerbeerig. Beeren: groß, oval und knackig; Kerne sind vollständig ausgebildet.	Die formschönen Trauben als auch die Beeren sind im Geschmack fruchtig, süß und mild.	Die Rebsorte „Georg“ stellt eine gute Ergänzung zum blauen Tafeltraubensortiment dar. Sie hat ein großes Erntefenster von 4-5 Wochen. Der Ertrag ist hoch. Georg hat einen starken und aufrechten Wuchs. Ist für fast alle Standorte geeignet. Ist sehr gut widerstandsfähig gegen pilzliche Krankheiten und die Winterfrosthärte ist gut.
21. Sophie 	Mitte September – Mitte Oktober. Beeren gelbgrün und zart beduftet. Erntefenster mit Franziska ziemlich gleich.	Trauben: Verhältnismäßig groß, pyramidal, aufgelockert und lang. Beeren: ziemlich groß und oval; die Beerenhaut ist dünn bis mittelstark und das Fruchtfleisch ist sehr fest; Kerne sind vollständig ausgebildet; die Beeren lösen sich leicht vom Stiel.	Seine formschönen Trauben bzw. die ovalen und großen Beeren sind fruchtig und süß (klassischer Traubenfruchtgeschmack).	Die schöne Trauben- und Beerenform, Beerengröße sowie Beerenfarbe prägen diese Sorte. Der Ertrag ist mittel bis hoch. Stellt keine besonderen Ansprüche an die Lage; wegen des frühen bis mittelfrühen Austriebs besteht eine gewissen Maifrostgefährdung. Sie besitzt eine sehr gute Pilzfestigkeit gegen Mehltaupilze. Gute Winterfrosthärte.
22. Katharina 	Anfang September - Ende Oktober. Schöne rosafrüchtige und zart beduftete Beeren. Je später die Reife, desto enger das Erntefenster.	Trauben: lockerbeerig, groß und formschön; das gesamte Stielgerüst ist hellgrün. Beeren: länglich, oval und leicht zugespitzt. Kerne sind vollständig ausgebildet.	Die Trauben sind fruchtig, süß, mit erfrischender Fruchtsäure.	Katharina ist eine form- und farbschöne, lockere Traube. Sie hat einen kräftigen, starken und aufrechten Wuchs. Ihr Ertrag ist mittel bis hoch und beansprucht mittlere Lagen. Die Resistenz gegen Echten und Falschen Mehltau ist gut bis sehr gut. Sie hat außerdem eine hohe Festigkeit gegen Beeren- und Stielbotrytis. Winterfrosthärte ist ebenso gut.
23. Teréz 	Anfang Oktober – Anfang November. Beeren gelbgrün und verfärben sich mit zunehmender Reife leicht rosa bis rötlich. Synonym: „Theresa“.Erntefenster mit Angela vergleichbar.	Trauben: groß, lang, schlank, leicht geschultert und lockerbeerig. Beeren: mittel bis groß, elliptisch geformt und von mittlerer Hautstärke; Kerne sind vollständig ausgebildet; mäßig festes Fruchtfleisch; Stiele trennen sich relativ leicht.	Sehr angenehmer Geschmack und eine frische Fruchtsäure.	Mostgewicht und Säure sind sehr ausgewogen. Ertrag ist mittel bis hoch. Eine sehr gute Resistenz gegenüber dem Falschen und Echten Mehltau sowie gegen Beerenbotrytis. Besitz eine mittlere Winterfrosthärte. Wegen des frühen Austriebes ist sie maifrostgefährdet.

24. Angela 	Anfang Oktober – Anfang November. Beeren gelbgrün und zart beduftet. Die späte Reife bedingt ein ziemlich enges Erntefenster.	Trauben: Eine Augenweide sind die schönen großtraubigen, etwas geschulterten und dickbeerigen „Angela-Trauben" am Rebstock. Die außergewöhnlich großen und elliptisch geformten Beeren haben ein knackiges Fruchtfleisch und trennen sich relativ leicht vom Traubenstiel. Die Ausbildung der Kerne ist vollständig.	Angelas große, gelb-grünen Beeren haben ein bissfestes und knackiges Beerenfruchtfleisch und sind sehr wohlschmeckend.	Aufgrund ihrer verhältnismäßig späten Reife und ihrer guten Trauben- und Beerenkonsistenz eignet sich „Angela" gut zur Lagerung bis zum Frühjahr im Kühlhaus. Sie ist mittel bis starkwüchsig und sehr ertragsreich. An den Standort stellt „Angela" mittlere bis gehobene Ansprüche. Gegen Echten und Falschen Mehltau ist sie ziemlich widerstandsfähig u. verfügt außerdem über eine gute Winterfrosthärte.

Die Auflistung der Tafeltraubenrebsorten stellt lediglich eine Auswahl dar und erhebt keinen Anspruch auf Vollständigkeit.

Voraussetzungen für den Anbau von Tafeltrauben

Von besonderer Bedeutung für das Pflanzen und Gedeihen von Tafeltrauben sind die Standortverhältnisse (die Lage, das Klima und der Boden). Die verschiedenartigsten Tafeltrauben-Rebsorten haben genauso wie die Keltertrauben-Rebsorten sehr unterschiedliche Ansprüche an den Standort. Was die Lage einer größeren Fläche für die Erzeugung von Tafeltrauben für den Markt oder für das Hobby im eigenen Garten betrifft, ist besonders darauf zu achten, dass diese Grundstücke bzw. Flächen weder maifrost- oder winterfrostgefährdet sind. In Maifrostlagen (Tallagen) können Spätfröste im Monat Mai (zum Zeitpunkt der Eisheiligen bis Anfang Juni) beachtliche Frostschäden an den jungen grünen Rebtrieben verursachen. Auf solch gefährdeten Arealen sollten keine früh austreibenden Tafeltraubensorten angepflanzt werden. Ähnlich verhält es sich bei Tafeltrauben mit geringer Winterfrosthärte.
Bei der Standortwahl spielt auch die Himmelsrichtung eine sehr wichtige Rolle. Hierbei ist zu beachten, dass Tafeltrauben in südlich exponierten Flächen bzw. Lagen besser gedeihen als in nördlichen Standorten. Entgegen der guten Lagen bewegen sich die mittleren Lagen zwischen Ost, Südost, Süd-Südost, Südwest und West. Bei einer mehr oder weniger ungeeigneten Fläche muss man die Sortenwahl so festlegen, dass sich die Reben unter den jeweiligen Standortgegebenheiten am besten entwickeln können. Ist die Lage bzw. der Standort gut geeignet für die Sorte, so ist die wesentlichste Voraussetzung für eine hohe Tafeltraubenqualität und nachhaltige Erträge gewährleistet.
Ebenso wichtig ist der Standortfaktor Boden, denn die Güte einer Tafeltraube sowie der Stockertrag sind sehr stark vom Boden abhängig. Ein geeigneter Boden zur Erzeugung von Tafeltrauben sollte leicht erwärmbar, tiefgründig und humos sein. Besonders gut geeignet sind Lehm-, Löß- und Löß-Lehmbö-

C „Erntezeit und Genussreife von pilztoleranten Tafeltraubensorten und Zierreben

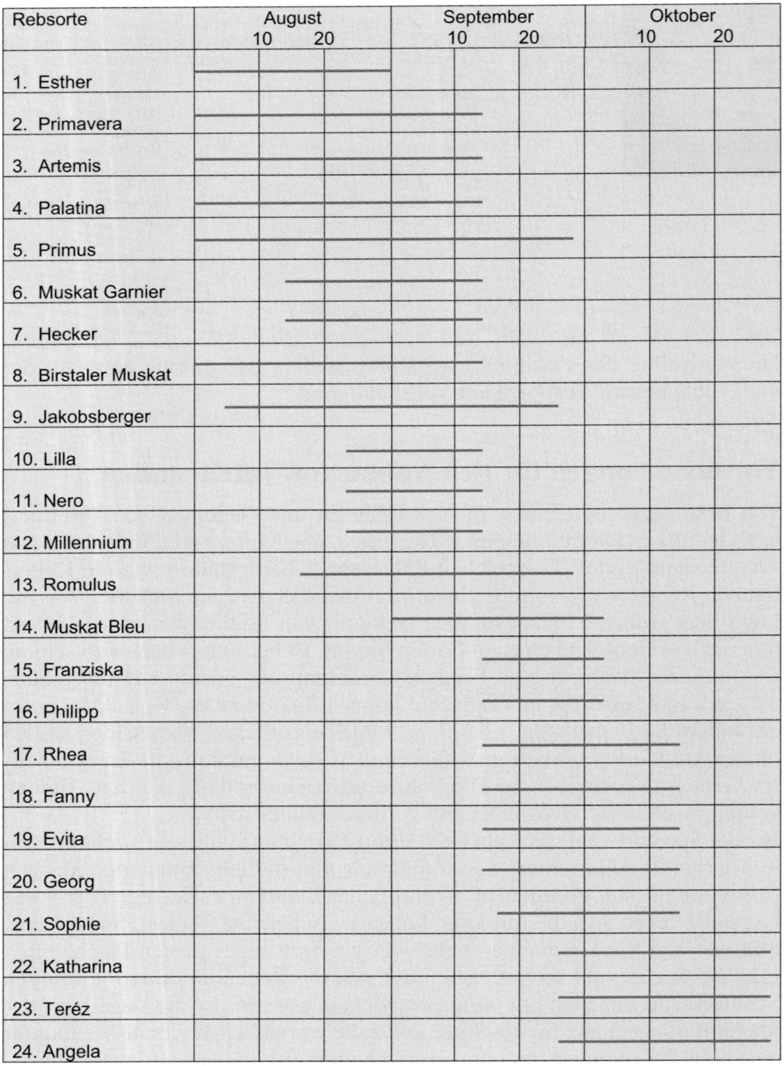

Die Auflistung der Tafeltraubenrebsorten stellt lediglich eine Auswahl dar und erhebt keinen Anspruch auf Vollständigkeit.

den. Leichtere und sandige Böden müssen bei einem akuten Wassermangel rechtzeitig bewässert werden, um durch Trockenschäden Qualitäts- und Ertragseinbußen zu vermeiden. Zur optimalen Wasserversorgung der Rebstöcke haben sich Tropfbewässerungsanlagen bestens bewährt.
Bei der Wahl der Unterlage ist ein gutes Zusammenspielen zwischen der Fruchtbarkeit des Bodens, der Triebkraft der Unterlage und der Wüchsigkeit der jeweiligen Rebsorte anzustreben. Für tiefgründige, kräftige, warme und humose Böden eignen sich schwächere Unterlagen, während in leichteren Böden eine Sorte auf einer kräftigeren Unterlage besser geeignet ist und länger leistungsfähig bleibt. Für kalkhaltige, tiefgründige Böden kommen grundsätzlich kalkverträgliche Unterlagen wie z.B. SO 4, Binova, 125 AA oder auch 8B in Frage. Die Kalkempfindlichkeit bzw. die Chloroseempfindlichkeit einer Tafeltraubensorte kann durch die Unterlage ziemlich oder auch ganz ausgeglichen werden. Für kalkarme und tiefgründige Böden eignen sich die Unterlagen 5C und Börner. Für wuchsschwache bzw. leichte und trockene Böden ist z.B. die wuchskräftige Unterlage 5BB nötig. Die Neigung zum Verrieseln einer Sorte ist bei der Unterlagenwahl zu berücksichtigen. Eine sehr starkwüchsige Unterlage wie die 5BB scheidet für eine verrieselungsanfällige Rebsorte daher aus. Allerdings können auch weinbautechnische Fehler zu Verrieselungen führen, wie z.B. durch eine induzierte Chlorose, eine zu hohe Stickstoffdüngung, falsche Standortwahl bzw. eine zu windoffene Lage und andere Auslöser.

Rechtliche Regelungen für den Anbau von Tafeltrauben

- Tafeltrauben anpflanzen und verkaufen unterliegen nicht dem Weinrecht!
- Tafeltrauben können innerhalb und außerhalb der parzellenmäßigen Abgrenzung angepflanzt werden.
- Pflanzrechte sind für das Grundstück nicht erforderlich.
- Wiederbepflanzungsrechte für Keltertrauben können trotz der Pflanzung von Tafeltrauben nur innerhalb der Frist von 13 Jahren genutzt werden.
- Es dürfen nur veredelte Tafeltraubensorten (Wurzelpfropfreben) gepflanzt werden, keinesfalls Keltertraubensorten.
- Auslegung von „Esstrauben aus Keltertrauben“ und „Esstrauben aus Tafeltrauben“:
  - Esstrauben aus Keltertrauben (Übersicht „A“):
    Keltertrauben (z.B. Dornfelder, Gutedel, Muskateller und andere) dürfen nur auf Rebflächen mit Wiederbepflanzungsrechten gepflanzt werden, auch wenn daraus Esstrauben erzeugt werden. Jegliche Vermarktung als Trauben, Most, Federweißer oder Wein von Keltertrauben fällt unter das Vermarktungskontingent!
  - Esstrauben aus Tafeltrauben (Übersicht „B“ und „C“):
    Nur spezielle Tafeltrauben/Esstrauben (z.B. Angela, Esther, Jakobsberger, Palatina und andere) dürfen angepflanzt werden. Pflanzrechte für das jeweilige Grundstück sind nicht erforderlich und braucht sich nicht in einem weinbergswürdigen Gelände zu befinden.
- Aus Tafeltrauben darf kein Federweißer, Traubenmost oder Wein erzeugt werden – auch nicht für den Eigenbedarf.

- Aus Tafeltrauben, die keine Keltertrauben sind, dürfen folgende Erzeugnisse hergestellt werden:
  - Herstellung von Traubensaft oder anderen für den Verzehr bestimmten Erzeugnissen auf Basis dieses Traubensaftes ist zulässig.
  - Essig vom Typ Balsamico oder jede andere Art von Essig mit Ausnahme von Weinessig.
  - Was als Tafeltrauben nicht vermarktet werden kann, darf zu Tresterbrand veredelt werden.
- Tafeltrauben, die frisch in den Verkehr gebracht werden, unterliegen den EG-Vermarktungsnormen.

Pflanzenschutz für Tafel- und Esstraubenproduktion

Beim Anbau von Tafeltrauben muss genau darauf geachtet werden, dass Tafeltrauben nur dann als solche verkehrsfähig sind, wenn sie ausschließlich mit speziell amtlich zugelassenen/genehmigten Mitteln behandelt wurden. Die für die Tafeltraubenproduktion erlaubten Mittel müssen die speziellen Wartezeiten streng eingehalten werden. In der nachfolgenden Übersicht sind Pflanzenschutzmittel (gegen den Echten und Falschen Mehltau sowie Graufäule bzw. Botrytis) aufgelistet, die für die Tafeltraubenproduktion bzw. Esstraubenproduktion aus Keltertraubensorten eingesetzt werden dürfen:

Mittel	***Peronospora*** Falscher Mehltau	***Oidium*** Echter Mehltau	***Botrytis*** Graufäule	***Wartezeiten*** in Tagen
Equation Pro	x 1)			28
Electis	x 2)			35
Forum	x 1)			35
Mildicut				21
Collis		x 1)		28
Flint		x 1)		35
Discus		x 1)		35
Stroby WG		x 1)		35
Systhane 20 EW		x 1)		28
Topas		x 1)		35
Vento Power		x 1)		28
Vivando		x 1)		28
Cantus			x 3)	28
Switch			x 3)	35
Teldor			x 3)	21

Stand: März 2009 (stellt lediglich eine Auswahl dar und erhebt keinen Anspruch auf Vollständigkeit)
1) = Maximal 3 Anwendungen pro Saison über alle Indikationen für Fungizide
2) = Möglichst nur 2 Anwendungen pro Saison
3) = Maximal 1 Anwendung je Mittel pro Saison

Tafeltrauben – „Anforderungen, Kriterien und Marktwert“

Je mehr von den nachfolgenden Eigenschaften für eine Sorte zutreffen, um so wertvoller ist sie als Tafeltraube:

- Ideal sind mittelgroße und schön geformte Trauben mit großen runden oder ovalen Beeren. Gefordert wird ein lockerbeeriges und nicht ein zu dichtbeeriges Trauben-Stielgerüst.
- Die Traubenbeeren sollen sich relativ leicht und heil von den Traubenstielchen trennen und sich einzeln gut abzupfen lassen.
- Das Beerenfruchtfleisch und die Beeren sollten relativ fest, knackig und saftig sein; die Beerenhaut (-schale) nicht zu dünn und nicht zu zäh sein.
- Die Beeren sollten möglichst kleine, wenige oder keine Kerne (kernlos) haben.
- Die Trauben sollten ein formschönes, frisches, gesundes und sortentypisches (grün – gelb – gold – rosa – rot – blau) Aussehen haben.
- Der Trauben- bzw. Beerengeschmack kann je nach Sorte neutral sein oder auch eine leicht aromatische Fruchtnote (Muskataroma) haben.
- Gefordert ist auch ein angenehmes, mildes und wohlschmeckendes Fruchtzucker-/Fruchtsäureverhältnis.
- Die Trauben und Traubenbeeren müssen frei sein von Krankheiten, Schädlingen, Sonnenbrandschäden, Erde, Schmutz, Pigmentschäden, aufgeplatzten Beeren, Spritzflecken, Fremdgerüchen und anderen Beschädigungen.
- Für den Geschmack bzw. für die Genussreife und Lagerung ist der optimale Erntezeitpunkt sehr entscheidend. Denn unreife Trauben sind im Geschmack fremd, bitter, sauer und ausdruckslos; überreife Trauben sind unansehnlich, nicht lagerfähig und leicht verderblich.
- Der Marktwert von Tafeltrauben wird beeinflusst durch: Traubenform, -größe, -farbe, -dichte; Beerengröße, -form, -farbe, -fruchtfleisch, -festigkeit, -stielchen, -saft und -geschmack; Kerne klein, kernarm oder kernlos; das Trennen der Beeren vom Stiel; das Aussehen der Trauben und letztendlich wie dekorativ eine Tafeltraube ist.

Bezugsquellen für pilztolerante Tafeltrauben-Rebsorten

Martin Auer Rebschulen Rebschulstraße 608 CH-8215 Hallau Tel.: 0041 (0) 526 81 2627	Günter u. Hilde Pfeiffer Rebenanzucht u. Versand Zum Kurmittelhaus 12 D-35080 Bad Endbach Tel.: 02776-7186
Rebschule Volker Freytag Theodor-Heuss-Str.78 D-67435 Neustadt/Lachen-Speyerdorf Tel.: 06327-2143	Rebschule Ferdinand Staab Schillerstraße 12 D-65239 Hochheim/M. Tel.: 06146-2276
Rebschule Hermann Jäger Rheinstraße 16 D-55437 Ockenheim Tel.: 06725-4233 06725-2330	Rebschule Steinmann Sandtal 1 D-97286 Sommerhausen Tel.: 09333-225
Rebschule Michael Kimmig Grünstädter Str. 4 D-67271 Obersülzen Tel.: 06359-919130	Rebschule Jörg Wolf Alter Dürkheimer Weg D-67098 Bad Dürkheim-Ungstein Tel.: 06322-63237
Rebschule Ulrich Martin D-67599 Gundheim Tel.: 06244-803	Garten- und Pflanzencenter bieten von verschiedenen Rebschulen pilztolerante Tafeltrauben-Pfropfreben an.

Bezugsquellen-Übersicht hat keinen Anspruch auf Vollständigkeit.

Empfehlenswerte Rebsorten für Traubensaft und Sekt

Nachdem im Jahre 1978 und 1981 die Landes- Lehr- und Versuchsanstalt für Weinbau in Oppenheim/Rhein zahlreiche klassische und neue Rebsorten auf ihre Eignung zur Traubensaft- und Sektbereitung untersucht hatte, konnten bei verdeckten Proben (rund 1500 Teilnehmer) die Winzer und andere Teilnehmer davon überzeugt werden, dass sich eine ganze Reihe von weißen und roten Rebsorten, die im deutschen Weinbau angebaut werden, geradezu für die Versaftung und Versektung prädestiniert sind. Anhand von zwei großen Traubensaft- und Sektproben, die der Winzerschaft und anderen Teilnehmern vorgestellt wurden, erzielten der Riesling- und Spätburgunder-Sekt die beste Bewertung als Sekt. Als Traubensaft schnitten Scheurebe, Bacchus, Würzer und Müller-Thurgau ebenfalls sehr gut ab. Für „deutsche Rebsortensäfte und Rebsortensekte“ steht ein breites Rebsortiment zur Verfügung, um die einzelnen Geschmacksrichtungen abdecken zu können. Für den klassischen deutschen Sekt nimmt bekanntlich der Riesling mit seiner markanten frischen Fruchtsäure und dem eleganten rassigen Bukett eine Spitzenstellung ein. Ebenso ergeben die Burgundersorten, Chardonnay, Scheurebe, Silvaner, Sauvigon blanc und andere Rebsorten hervorragende Sekte von höchster Qualität.

Weiß- und Rotweinsorten zur Bereitung von Traubensaft und Sekt

Traubensaft	Sekt
a) Weißweinsorten	
Müller-Thurgau Reichensteiner Bacchus Silvaner Scheurebe Morio Muskat Muskateller Faberrebe Gutedel Regner Kerner Schönburger Huxelrebe Gutedel Kernling Phoenix * Würzer	Riesling Silvaner Elbling Kerner Kernling Faberrebe Arnsburger Rieslaner Ehrenfelser Scheurebe Sauvignon blanc Bacchus Huxelrebe Morio Muskat Muskateller Weißer Burgunder Grauer Burgunder Chardonnay Traminer Juwel Nobling Primera * Gutedel Würzer
b) Rotweinsorten	
Blauer Portugieser Dornfelder Heroldrebe Blauer Trollinger Rotberger	Blauer Spätburgunder Domina Dornfelder Blauer Trollinger Rotberger Blauer Lemberger Merlot Schwarzriesling St. Laurent Blauer Portugieser Samtrot Regent * Rondo*

* Bei diesen Rebsorten handelt es sich um pilztolerante Neuzüchtungen. Beim gegenwärtigen Stand der Züchtungsergebnisse pilztoleranter weißer und roter Rebsorten ergibt sich für den Traubensaft und Sekt eine zusätzliche biologische Qualität. Ebenso sind die Tafeltrauben Muskat bleu und Nero für die Erzeugung von Traubensaft gut geeignet.

Als Winzersekt darf nur ein Qualitätsschaumwein b.A. (Sekt b.A.) bezeichnet werden, der durch traditionelle Flaschengärung aus Trauben gewonnen ist, die im Weinbaubetrieb geerntet wurden, in dem der Hersteller die Verarbeitung der Trauben zu Wein durchführt. Gleiches gilt auch für Erzeugergemeinschaften. Winzersekt darf auch im Lohnverfahren hergestellt werden. Schließlich sind in der Etikettierung der Weinbaubetrieb, die Rebsorte und der Jahrgang angabepflichtig.

Unterlagsrebsorten

Mit der Einschleppung der Reblaus von importierten bewurzelten Reben aus Amerika nach Europa bzw. 1857-1862 nach Südfrankreich und nach Deutschland, wurde sie im Jahre 1874 erstmals in der Rebschule der königlichen Domäne auf dem Annaberg bei Bonn gefunden. Innerhalb weniger Jahrzehnte breitete sich die Reblaus über sämtliche Weinbaugebiete in Europa und Übersee aus und brachte den Weinbau in vielen Ländern nahezu zum Erliegen. Durch das Reblausgesetz von 1904 mit seinen strengen Verordnungen und einem staatlichen Bekämpfungsdienst konnte durch die Vernichtung der befallenen Weinberge im deutschen Weinbau eine Reblaus-Katastrophe verhindert werden. Die Reblausverseuchung nahm während des zweiten Weltkrieges im deutschen Weinbau sehr stark zu. Um das Jahr 1949/50 wurde mit der Umstellung auf Pfropfreben mit reblausresistenten Amerikaner-Unterlagen planmäßig begonnen. Die Gefährdung der Europäerreben durch die Wurzelreblaus kann also ausgeschaltet werden, wenn als Wurzelstange eine Amerikaner-Unterlagsrebe mit dem Edelreis einer Europäerrebe gepfropft bzw. veredelt wird. Die Bekämpfung der Reblaus mittels reblaustoleranter Amerikaner-Unerlagsrebsorten darf zu Recht als eine biologische, Umwelt und Boden schonende Maßnahme angesehen werden.
Diese Art der biologischen Bekämpfung der Wurzelreblaus hat sich seit über 100 Jahren bewährt. Die resistenten bzw. toleranten Amerikaner-Unterlagsrebsorten gehören verschiedenen Gruppen an:

Vitis-Berlandieri (= Kalkrebe)
Vitis Riperia (= Uferrebe)
Vitis Rupertris (= Felsenrebe)
Vitis Solonis (= Sumpfrebe)
Vitis Cinerea u.a. Sorten,

sowie Kreuzungen diverser Amerikaner-Rebsorten (Wildreben) untereinander. Die Affinität der Amerikaner-Europäer-Pfropfpartner, sowie ihre Adaption bzw. Ansprüche an die Bodenarten, Bodenfreuchte und an den Aktiv-Kalkgehalt der Böden (wegen der Chlorosegefährdung) sind für die Amerikaner-Unterlagsrebsorten sehr verschieden. Die Zahl der Amerikaner-Unterlagsrebsorten ist im Vergleich zu den vielen Europäer- und anderer Ertragsrebsorten gering. Im deutschen Weinbau werden vor allem die Berlandieri x Riparia Kreuzungen als Unterlagsrebsorten bevorzugt. Die wichtigsten Unterlagen sind SO 4, 5 BB, 5 C, 8 B, 125 AA und Binova. Die Unterlagsrebsorten Börner, Cina und Rici mit Vitis cinerea Einkreuzungen besitzen Sortenschutz und sind beim Bundessortenamt in die Sortenliste sowie weitere Sorten eingetragen. Seit dem Pflanzjahr 2001 können diese Unterlagen innerhalb der EU angepflanzt werden, denn eine Klassifizierung der Unterlagsrebsorten ist in der EU seit dem 1.8.2000 nicht mehr erforderlich. Dies bedeutet, dass jede

Unterlagsrebsorte, die in der Rebsortenliste des Bundessortenamtes eingetragen ist, frei in den deutschen Weinbaugebieten angepflanzt werden kann.

Die wichtigsten Eigenschaften der Unterlagsreben*

Unterlage	Eltern + Züchter/Klone	Bevorzugte Bodeneigenschaften (=Adaption)	Kalkverträglichkeit (%Ca) total**	aktiv***	Bewurzelung, Wüchsigkeit und Chloroseeignung	Veredlungsfähigkeit (=Affinität)	Allgemeine Eigenschaften, Fruchtbarkeit, Holzreife und sonstige Kriterien im Weinberg
SO 4	Berlandieri x Riparia (Selektion Oppenheim 4) Klon: Op 14, 16, 31 Jäger 50 HP Würzburg WÜ 2, 18, 62, 102 Neustadt N 201, 202, 203, 204 Geisenheim 2 G, 47, 60 Freiburg FR 78	Sehr große Adaptionsbreite, sehr kalkverträglich, mittlere bis gute Böden, die nicht zur Trockenheit neigen	40	ca. 20 und etwas mehr	Halbtiefgehend, kräftig , starker Wuchs, jedoch geringer als 5BB, besonders widerstandsfähig gegen Chlorose	gut	Starkwüchsig, jedoch geringer als 5 BB. Begünstigt die Fruchtbarkeit und neigt nicht zur Verrieselung. Die frühe und sehr gute Holzreife wirkt positiv auf die Winterfrosthärte. Besonders für tiefgründige und kalkreiche Böden geeignet. Besitzt eine sehr große Standort- und Bodenstreubreite. Gering anfällig gegen Wurzelreblaus.
5 BB	Berlandieri x Riparia Klon: Freiburg 148 Geisenheim 13 Würzburg 137 Weinsberg 48 Jäger 40 HP Oppenheim 11 Op Neustadt N 101	Sehr große Adaptions-Breite, gut kalkverträglich, größte Variationsbreite für alle Böden und sehr fruchtbar in nicht zu nährstoffreichen Böden. Ungeeignet für zur Verrieselung neigende Sorten, auf triebigen Böden.	40	20	Halbtiefgehend, stark bis sehr stark wüchsig, gute Widerstandsfähigkeit gegen Chlorose	gut bis sehr gut	Sehr stark wüchsig, fördert die Verrieselung, besonders in triebigen und wüchsigen Böden. Auch für nicht blüteempfindlichen Sorten verwenden (Ausnahme leichte und trockene Böden). Gut für wuchsschwache u. trockene Standorte. Gering anfällig gegenüber der Wurzelreblaus
5 C	Berlandieri x Riparia Klon: Geisenheim 6, 10, 6-13, 6-16, 6-22, 6-52, 6-53	Sehr große Adaptionsbreite, jedoch nicht für extrem trockene Böden geeignet, weniger kalkverträglich als SO4, Binova, 5 BB, 125 AA u. 8 B. Für alle Sorten in kräftigeren Böden geeignet. Ungeeignet für kalte und nasse Standorte	30	15 und weniger	Halbtiefgehend, stark bis sehr stark wüchsig, auf nährstoffreichen Böden. Chloroseanfällig	gut	Wüchsigkeit stark, sie liegt zwischen 5 BB und SO4, gute Affinität für Riesling, Traminer und Burgundersorten, besonders für blüteempfindliche Sorten geeignet (ähnlich wie SO 4). Frostwiderstandsfähiger als 5 BB und frühere Holzreife. Gegen Wurzelreblaus gering anfällig.
8 B Teleki	Berlandieri x Riparia Klon: Geisenheim 349-4, 349-7, 361-2, 361-3, 361-5, L6 Gm	Für flache u. trockene Böden nicht geeignet, sehr kalkwiderstandsfähig – verträgt höchsten Kalkgehalt (=Mergelböden)	40 u. mehr	20 . mehr	Halbtiefgehend und kräftig, mittelstarker Wuchs, sehr widerstandsfähig gegen Chlorose	Mäßig bis gut (= mit ein Grund für geringe Verbreitung)	Besonders für Riesling auf kalkhaltigen, schweren Böden, mittelstark wachsend, mäßige Holzreife, in guten Böden sehr fruchtbar (z.B. für Siegerrebe gut geeignet). Für reichtragende Sorten ungeeignet. Anfälligkeit gegen Wurzelreblaus gering
Cina	(Berlandieri x Riparia) x Cinerea. Sortenschutz- und Zulassung seit 6.8.1998 Klon: DLR Neustadt N 404	Die Bodenadaption ist gut – jedoch nicht für nassen und kalkhaltigen Boden verwenden	Bei Cinera-Kreuzungen ist die Kalkverträglichekeit etwas problematisch		Die Bewurzelung von Cinerea ist gut, allerdings das Anwuchsergebnis etwas geringer als bei den Standardunterlagen in der Rebschule. Chloroseanfällig	Mit den Standard-Unterlagen (z.B. SO4 oder Binova) vergleichbar	Im Ertragsweinberg ist sie als schwachwüchsig einzustufen, ein kurzer Anschnitt und enger Stockabstand sind sinnvoll. Für sehr trockene und flachgründige Böden und Hangweinberge ungeeignet. Resistent gegenüber der Wurzel- und Blattreblaus. Im Ertrag und Mostgewicht fast gleich wie 8 B und Binova.

Unterlage	Eltern + Züchter/Klone	Bevorzugte Bodeneigenschaften (=Adaption)	Kalkverträglichkeit (%Ca) total**	aktiv***	Bewurzelung, Wüchsigkeit und Chloroseeignung	Veredlungsfähigkeit (=Affinität)	Allgemeine Eigenschaften, Fruchtbarkeit, Holzreife und sonstige Kriterien im Weinberg
Rici	(Berlandieri x Riparia) x Cinerea Sortenschutz und -zulassung seit 6.8.1998 Klon: DLR Neustadt N 301	Adaption an den Boden ist gut – verträgt „wie die Unterlage Cina" keine nassen und kalkhaltigen Böden	Mit der Unterlage „Cina" vergleichbar		Vergleichbar mit „Cina"	Vergleichbar mit „Cina"	In der Wüchsigkeit ähnlich den Unterlagen SO 4 und Binova. Resistent gegenüber der Wurzel- und Blattreblaus. Beide Unterlagen „Rici und Cina" sind neben anderen Rebsorten auch für die Burgundersorten geeignet.
125AA	Berlandieri x Riparia Klon: Freiburg 26 Gm 1, 2, 3, 4, 5 Frank F 261 Jäger 80 HP DLR N 501, 502	Sehr große Adaptionsbreite mit guter Kalkverträglichkeit, besonders dicht lagernde Böden, die wenig luft- und wasserdurchlässig sind. Ungeeignet für flachgründige Böden	Bis ca. 50	Bis ca. 30	Halbtiefgehend, u. kräftig, Wuchskraft ist mittel bis stark, „Chlorosefestigkeit" ist mittel bis hoch	Gut	Für alle Europäersorten geeignet, besonders für Müller-Thurgau, Portugieser, Faberrebe u.a. für blüteempfindliche Sorten weniger geeignet (Siegerrebe, Traminer u.a.). Die Wüchsigkeit ist stark bis sehr stark, vergleichbar mit der 5 BB.
3309 Couderc	Riparia x Rupestris (Couderc) Klon: Freiburg 465/5 (Dümmler) Gm 2 u. 18	Tiefgründige, nährstoffreiche, feuchte und kalkarme Böden, geringe Kalkverträglichkeit	10 bis 15	bis ca. 25	Flach, nicht sehr tiefgehend, Wüchsigkeit schwach bis mittel, empfindlich gegen Chlorose	Gut	Sehr fruchtbar, verrieselt nicht. Für schwere Böden nicht geeignet. „Französische Herkunft"
Binova	Berlandieri x Riparia (SO4-Mutation) Oppenheim Klon: Oppenheim 1	Sehr große Adaptionsbreite mit sehr guter Kalkverträglichkeit"	Bis ca. 50	Bis ca. 30	Halbtiefliegend und kräftig, starker Wuchs, jedoch geringer als 5 BB, sehr „chlorosefest"	Sehr gut	Besonders gut für blüteempfindliche Sorten geeignet, sehr fruchtbar, fördert die Fruchtbildung und Holzreife
Börner	Riparia 183 G x Cinerea (Arnold). Benannt nach dem Reblaus- und Unterlagenforscher Dr. Carl Börner Klon: Geisenheim 1 Gm	Verfügt über eine gute Trockentoleranz auf leicht erwärmbaren, durchlässigen, skelettreichen zur Trockenheit neigenden, tiefgründigen Böden. Dagegen neigt Börner auf schweren, verdichteten, staunassen Ton/Lehmböden zur „Chlorose". Börner verträgt einen mittleren Kalkgehalt.	Mittlere bis gute Aktivkalk-Toleranz. Standorte mit hohem pH und Aktivkalk sind ungeeignet. Bei nassem Boden und in feuchten Jahren kann es zu starker „Chlorose" kommen!		Bildet als Kreuzung zwischen Riparia x Cinerea nur wenige, aber sehr kräftige, in die Tiefe gehende Wurzeln und erhöht somit die Trockentoleranz; ist für Trockenstandorte bestens geeignet. „Chloroseempfindlich"	Veredlungaffinität als auch im Ertragsweinberg vergleichbar mit bekannten Berlandieri x Riparia-Kreuzungen	Resistent gegen die Wurzelreblaus, aufgrund nekrotischer Reaktionen nach dem Anstich. Durch die Blattreblaus findet keine Gallenbildung u. keine oberirdische Vermehrung statt.
420 A °	Berlandieri x Riparia Geisenheim Klon: Gm, 7 Gm	Besitzt große Bodenadaptionsbreite; jedoch für flachgründige Böden. Besonders gut geeignet für fruchtbare, tiefgründige, wuchtige und kalkhaltige Böden. Für engere Pflanzabstände, da nicht so starke Wuchskraft.		Bis ca. 20	Die Bewurzelung dieser Unterlage als auch die Wüchsigkeit ist schwach bis mittel. Verfügt über eine gute „Chlorosefestigkeit"	Ihre Pfropfaffinität ist mittel.	Fördert Fruchtbildung in Jung- und Ertragsanlagen. Eine Ertragsreduktion bzw. ausdünnen in den ersten Ertragsjahren ist wichtig, um die Vitalität der Reben zu erhalten. ° 420 A Millardet et de Grasset
161-49 Couderc	Berlandieri x Riparia Geisenheim Klon: 3 Gm, 4 Gm	Für fruchtbare, humose, tiefgründige, kalkhaltige Böden geeignet. Ähnlich der 420 A ist 161-49 für engere Pflanzabstände, da die Wuchskraft nicht so stark ist.		Bis ca. 25	Bewurzelung ist als gut einzuordnen und die Kalkverträglichkeit ist gut bis sehr gut	Wegen ihrer geringen Affinität wird sie nur beschränkt veredelt.	Für kalkreiche Böden bestens geeignet; jedoch benötigt sie fruchtbare, triebige und humose Böden. Tonige und kompakte bzw. schwere Böden sind ungeeignet.

* Anmerkung: Die Unterlagenzüchter sind ständig dabei die Eigenschaften der Unterlagen zu verbessern und richten ihre Zuchtziele verstärkt auf Reblaus-, Nematoden-, Virus-, Chlorose- und Trockenheitsresistenz aus.

** Total-Kalk (= Gesamtkalk) nennt man im Boden vorhandenen Kalk ($CaCO_3$), der durch Salzsäure bestimmt wird.

*** Aktiv-Kalk = von der Rebe aufnehmbarer Kalkanteil des Bodens. Bietet ein genaues Bild von der Kalkverträglichkeit der Unterlagsreben. Ab 20% Aktivkalk tritt meistens eine schädliche Beeinflussung des Wuchses und Chlorose auf. Allerdings ist dies sehr abhängig von der Zusammensetzung und Struktur des Bodens. Es können hohe Gesamtkalkgehalte, 50-60% auftreten, jedoch mit geringem Aktivkalk (12-15%).

Herkunft und Entstehung von Rebsortennamen

Wie bei keiner anderen Frucht gibt es so viele Sortennamen als bei der Rebe. Sie entstanden im Laufe der Jahrhunderte parallel mit der Fortentwicklung der Weinkultur. Anfangs im grauen Altertum wurden die Reben anhand ihrer Farbe, Reifezeit oder nach dem Standort, wo sie damals noch in den Urformen wuchsen unterschieden. In vorgeschichtlicher Zeit hatten somit die Reben noch keine richtigen Namen. Die ersten schriftlichen Angaben über Traubensorten machte der Karthager Mago um 500 vor Christus (Karthago, im Altertum Hauptstadt des Stadtstaates der Karthager, an der nordafrikanischen Küste gelegen). Auch bei den Römern hat es sehr lange gedauert bis richtige Namen auftauchten.
Columella war der erste, der in seinem Werk 50 nach Christus 80 Traubenvarietäten genau beschrieb und dieselben zu ordnen bemüht war. Danach kamen für den Weinbau schwere Zeiten, die mehrere Jahrhunderte anhielten. Während der Herrschaft der Mauren gingen die bis dahin gewonnenen Erkenntnisse verloren. Nach nahezu 8 Jahrhunderten der Unterbrechung erschien die erste Arbeit über Rebsorten von Crescentius. Er beschrieb erneut 40 Varietäten, welche damals in der Umgebung von Bologna kultiviert wurden. Dieses Werk erschien im Jahre 1471 in Augsburg in deutscher Sprache. Ab diesem Zeitpunkt kam bis zur heutigen Zeit eine große Anzahl von Veröffentlichungen über die Herkunft der Rebsorten hinzu. Zur Unterscheidung der Rebsorten war es zu allen Zeiten erforderlich, jeder Sorte einen Namen zu geben. Früher wie auch heute sind die Rebsortennamen abgeleitet bzw. benannt nach: Herkunftsort, Weinregion, Weinbauland, Weinbaugebiet, Entdecker, Entstehungszeit, Reifezeit, Traubenfarbe, Traubengeschmack, Blattfarbe, Züchter, Persönlichkeiten und anderen Namensgebern. Ferner gibt es heute wie früher eine Vielzahl von Fantasienamen. Bei gezielten Kreuzungen werden oft Silben bzw. Teile des Namens der Eltern verwendet. Ferner besitzt eine sehr große Anzahl von Rebsorten mehrere Doppelnamen (Synonyme). Das Bundessortenamt ist sehr darauf bedacht, dass bei neuen Rebsorten die Namen sinnvoll und nicht zu Verwechslungen mit anderen Sorten und sonstigen Verwirrungen führen können. Im Jahre 1873 wurde in Wien die internationale ampelographische Kommission gegründet, um die wirklichen Trauben-Varietäten zu erfassen, bzw. auf einen Sortennamen festzulegen.

… nach Land, Region, Anbaugebiet, Weinort wu.a.

Albalonga – wurde nach der antiken Stadt „Alba Longa“ (heute heißt die Stadt „Castel Gandolfo“) benannt. Eine andere Version der Bezeichnung – siehe Gruppe 8. Es ist eine Kreuzung aus Rieslaner und Silvaner.

Auxerrois – benannt nach der Heimat der ehemaligen Grafschaft Auxerre/ Burgund

Blauer Frühburgunder – benannt nach dem Herkunftsland Burgund/Frankreich und nimmt Bezug auf die frühe Reife der Trauben gegenüber dem Blauen Spätburgunder. Ferner ist er eine Mutation des Spätburgunders

Blauer Lemberger - vermutlich abgeleitet von Lemberg in Kroatien oder als Blaufränkisch aus Franken stammend.

Blauer Portugieser – bekannt unter der Bezeichnung Oporto-Rebe nach der ursprünglichen Herkunft aus Portugal. Von dort aus nach Ungarn und über Mitteleuropa verbreitet. An der Verbreitung in Deutschland war Johann Philipp Bronner aus Wiesloch (1792 bis 1864) maßgeblich beteiligt.

Blauer Spätburgunder – der Name ist abgeleitet von seiner Herkunft aus Burgund und wegen der späteren Reife gegenüber dem Blauen Frühburgunder.

Blauer Trollinger – sicherlich ist der Name Trollinger abgeleitet von Tirolinger bzw. Tirol und weist gleichzeitig auf seine Herkunft Südtirol hin.

Chardonnay – der Name Chardonnay stammt von dem gleichnamigen Ort (frz. = Ort voller Disteln) in der Nähe der Stadt Mâcon/Burgund ab und wurde im jahre 1872 vergeben. Die Sorte ist aus einer natürlichen Kreuzung eines Burgunders mit Heunisch entstanden.

Freisamer – sein Name ist aus den Silben Freiburg und dem Fluß der Dreisam abgeleitet und ursprünglich hieß diese Sorte Freiburger. Die Sorte ist eine Neuzüchtung des Weinbauinstitutes Freiburg.

Gelber Orleans – sein Name und seine Herkunft lässt vermuten, dass er nach der Stadt „Orleans" benannt und aus Frankreich stammt. Soll durch Karl den Großen aus Orleans in den Rheingau und das Rheintal gebracht worden sein. War in Deutschland stark verbreitet und wurde durch den verstärkten Anbau des Rieslings aus den besten Lagen wieder vertrieben.

Lagrein – der Name dieser bekannten Südtiroler Rotweinrebsorte weist als Ursprung auf das Lagerina-Tal hin.

Malvasia – ihr Name ist abgeleitet von der griechischen Hafenstadt „Monemvasia". Die vielen Malvasia Weiß- und Rotweinsorten der Welt haben ihren Ursprung in Griechenland. In der Weinbauwelt haben sie eine große Bedeutung.

Merzling – nach dem Sitz des Weinbauinstitutes Freiburg im Stadtteil „Merzhausen". Eine Pilztolerante Neuzucht vom Weinbauinstitut Freiburg.

St. Laurent – die Bezeichnung geht vermutlich auf den St. Laurentius bzw. St. Lorenztag (10. August) zurück und bezieht sich auf den früheren Reifebeginn als der des Blauen Spätburgunders. Der weinheilige Laurentius gilt als besonderer Patron der Pfälzer Winzer. Er ist auch unter dem Synonym „Pinot St. Laurent" bekannt. Es kann auch sein, dass die Sorte ihren Namen nach der Ortschaft Saint Laurent/Médoc aus Frankreich erhalten hat.

Silvaner – die Namensherkunft deutet auf Transsylvanien (Siebenbürgen) hin und kam von dort nach Österreich und wurde erstmals 1665 vom Abt der Zisterzienser-Abtei Ebrach, Alberich Degen, am Steigerwald in Franken angepflanzt. Erst 100 Jahre später kam der Silvaner nach Rheinhessen und in die

Pfalz. Eine weitere Namensableitung kann von silvanus (lat. Silva = Wald) = Waldrebe stammen. Franken und Österreicher sind Synonyme des Silvaners.

Sulmer – ist abgeleitet von dem Fluss Sulm/Württemberg. Eine Weinsberger Neuzüchtung.

Syrah – ist nach der historischen persischen Stadt „Shiraz" benannt. Mit ziemlicher Sicherheit stammt Syrah aus Kleinasien, der Wiege des Weltweinbaus.

Traminer – der Weinort Tramin in Südtirol ist Namenspate. Bekannt ist diese Rebsorte auch noch unter der Bezeichnung „Dreimännerwein".

Weißer Burgunder – ist nach seiner Heimat und nach der hellen Beerenfarbe bekannt. Ist eine bekannte Mutation aus dem Grauen Burgunder. Bis zum Jahre 1874 trug die Sorte die Bezeichnung „Weißer Klevner" und wurde damals von der internationalen ampelographischen Kommission in Wiesloch in Deutschland verbreitet.

Welschriesling – wahrscheinlich geht der Sortenname auf das Welschland, d.h. auf Italien zurück. Nach dem bekannten Rebsortenkundler Hermann Göthe kommt diese Sorte aus der Champagne mit der französischen Schreibweise „Wälschriesling". Er wird am stärksten in Österreich und an der Donau, vor allem in Rumänien sowie auch in Italien, Slowenien, Bulgarien, Ungarn und anderen Nachbarweinbauländern angebaut.

… nach Geschmacks- und Geruchsaromen

Muskateller – wahrscheinlich stammt der Name von muscus (lat. = Aroma) und von üppigem Muskat-Geschmack ab.

Muskat Ottonel – es wird vermutet, dass der Name aus seinem feinwürzigen Geschmack und seinen opulenten Duftaromen abgeleitet ist. Es wird vermutet, dass es sich um eine Gutedel-Mutation handelt oder die Sorte aus einer natürlichen Kreuzung zwischen Gutedel und einer Muskatsorte hervorgeht.

Muskat Trollinger – sein Name deutet auf die Herkunft aus Südtirol hin (Tirolinger) und ist evtl. eine Mutation des Blauen Trollingers.

Würzer – der Name weist auf die aromatischen und feinwürzigen Geschmacks- und Geruchsaromen hin und ist eine Neuzüchtung von Georg Scheu, Alzey.

… nach Blatt-, Beeren- oder Weinfarbe

Dakapo – bedeutet Zugabe; ist sehr farbintensiv und für den Farbverschnitt ein geeigneter Cuvéepartner. Gezüchtet von der Forschungsanstalt Geisenheim.

Deckrot – von der Verwendung als roter Deckrotwein zur Farbverstärkung der Verschnittpartner. Stammt vom Weinbauinsstitut aus Freiburg

Dunkeldfelder – der Name soll ebenfalls auf den dunkelroten Wein hinweisen. Vermutlich eine Kreuzung aus Portugieser x Färbertraube von Ökonomierat Gustav Adolf Froelich (1847 bis 1912, Edenkoben/Pfalz).

Färbertraube – abgeleitet von dem dunkelrot gefärbten Fruchtfleisch sowie dem tiefroten Wein, welcher als Deckrotwein Verwendung findet.

Kolor – benannt nach dem Zweck als Farbgeber (lat. Color = Farbe) bzw. als Deckrotwein. Sie ist durch neue Rotweinrebsorten überholt.

Nero – geht zurück auf die schwarze Beerenfarbe der Rebsorte. Gezüchtet als Tafeltrauben von der Forschungsanstalt für Weinbau und Kellerwirtschaft in Eger/Ungarn.

Rondo – nach rot klingend von der roten Farbe des Weines. Rondo ist ein Begriff aus der Musik; „klassisch; einfach in der Form“. Eine pilztolerante Neuzüchtung der Geisenheimer Forschungsanstalt.

Samtrot – Name von kräftigem Rot und samtiger Art des Weines stammend. Es handelt sich um eine unbehaarte Mutation der Müllerrebe (Schwarzriesling). Samtrot wurde von dem Klonenzüchter Schneider aus Heilbronn entdeckt. Sortenrechtlich wird Samtrot als Klon des Blauen Spätburgunders angesehen.

… nach Personennamen (Förderer, Dichter, Komponisten, Mediziner, Politiker, Philosophen) u.a. Namensgebern

Artemis – ist in der griechischen Mythologie die Königin der Jagd, des Waldes und der Hüterin der Frauen und Kinder. Die pilztolerante Tafeltrauben-Rebsorte „Artemis“ trägt ihren Namen. Der Züchter ist Hermann Jäger, Ockenheim/Rheinhessen.

Bronner – benannt nach dem bekannten Ampelographen, Winzer und Apotheker Johann Philipp Bronner aus Wiesloch/Baden. Es handelt sich um eine pilztolerante Weißweinsorte vom Freiburger Weinbauinstitut.

Dalkauer – der Name Dalkauer ist abgeleitet von Dalkowski und aus der Vorsilbe von Kaukasus. Zur Erklärung des Namens ist noch folgendes anzumerken: Prof. Görtz aus Bosenheim brachte diese Rebsorte nach 1945 aus dem Kaukasus mit in sein Weingut nach Bosenheim/Rheinhessen. Die Herkunft steht nicht eindeutig fest, vermutlich handelt es sich um eine Riesling x Veltliner-Kreuzung oder um eine Riesling-Mutation. Sie wurde auch nach dem Namen des früheren Gutsverwalters Beutel als „Beutelrebe“ bezeichnet.

Ortega – dieser Name wurde dem spanischen Philosophen, Dichter und Weinliebhaber José Ortega y Gasset (1883 bis 1955) gewidmet. Von Prof. Dr. Hans Breider, Würzburg, gezüchtet.

Osteiner – die Sorte Osteiner wurde den Grafen von Ostein gewidmet, die in Geisenheim bedeutende Bauwerke und Gartenanlagen gestaltet und errichtet haben.

Hegel – benannt nach dem bekannten Philosophen Georg Wilhelm Friedrich Hegel (1770 – 1931), Stuttgart/Württemberg. Weinsberger Neuzüchtung.

Hölder – wurde nach dem bekannten Dichter Friedrich Hölderlin aus Lauffen am Neckar (1770 – 1843) benannt. Ebenso von Weinsberg gezüchtet.

Juwel – dieser Name setzt sich aus drei Silben zusammen: „Ju“ für Jupp, Kurz- und Rufname des verdienstvollen „Herrn Josef Schäffer“, Neustadt-Haardt, der sich sehr um die Weinsberger Neuzuchten bemühte und einen maßgeblichen Anteil an dieser Neuzucht Juwel besitzt; „we“ für Weinberg und „l“ für Lauffen. So entsteht ein Juwel.

Kanzler – der Sortenname Kanzler wurde von den besonderen Eigenschaften der drei ersten Bundeskanzler Deutschlands abgeleitet; raffiniert und große Reife wie Konrad Adenauer, voll und große Fülle wie Ludwig Erhardt, vornehm und elegant wie Kurt Georg Kiesinger. Stammt aus Alzey von Georg Scheu.

Kerner – benannt nach dem bekannten Dichter, Arzt und Weinfreund Justinus Kerner (1786 – 1862), Weinsberg; wurde 1929 von August Herold aus Trollinger x Riesling gezüchtet und erfreut sich durch seine rieslingähnlichen fruchtigen Weine großer Beliebtheit.

Rabaner – Name von Hrabanus Maurus abgeleitet, der 856 in Winkel im Rheingau starb. Er war Schüler des heiligen Benedikt sowie berühmter Gelehrter und Erzbischof in Mainz. Wurde in Geisenheim gezüchtet.

Rathay – diese pilztolerante Rotweinsorte ist benannt nach dem österreichischen Pflanzenpathologen und Ampelographen Prof. Emmrich Rathay (1845 – 1900) von der Bundeslehranstalt Klosterneuburg/Österreich. Wurde von Frau Dr. Gertrude Mayer gezüchtet.

Roesler – ist ebenso eine pilztolerante Rotweinsorte. Benannt nach Prof. Dr. Leonhard Roesler (1839 – 1910), Klosterneuburg. Von Frau Dr. Gertrude Mayer gezüchtet.

Regner – benannt nach der langjährigen Mitarbeiterin des Rebenzüchters Georg Scheu, Frau Maria Regner aus Alzey.

Ruländer – benannt nach dem Kaufmann Johann Seger Ruland aus Speyer, der die Rebe im Jahre 1711 in einem verwilderten Weinberg fand und durch Selektion und Verkauf von Stecklingen zur Verbreitung in Deutschland führte.

Sangiovese – der Name bedeutet „Jupiter Blut“ und gehört in Italien zu den ältesten Rebsorten. Sie nimmt eine Rebfläche von rund 100.000 Hektar ein und weltweit ist nochmals die gleiche Rebfläche mit dieser bewährten Sorte bestockt. Ihre Rotweine sind kräftig, robust, farbintensiv und elegant. Es ist eine spät reifende Rotweinsorte und stellt an das Klima und die Lage hohe Ansprüche.

Silcher – wurde dem Komponisten und Musikerzieher Friedrich Silcher

(1782 – 1860), Tübingen, gewidmet. Silcher wurde gezüchtet von Oberlandwirtschaftsrat August Herold (Weinsberg) im Jahre 1951 aus Kerner x Silvaner. Eigene Kompositionen wie „Ännchen von Tharau", „ich weiß nicht was soll es bedeuten" und andere bekannte Volkslieder stammen von ihm.

... nach Kreuzungs-, Erhaltungs- und Mutationszüchtern

Blauer Zweigelt – benannt nach dem Züchter Prof. Dr. Fritz Zweigelt (1886 – 1965) aus Klosterneuburg/Österreich.

Dornfelder – benannt nach dem Cameralverwalter Imanuel August Ludwig Dornfeld, wurde am 19. Mai 1796 als Sohn des ev. Pfarrers Johann Dietrich Dornfeld und dessen Ehefrau Eberhardine in Neckarweihingen geboren. Gezüchtet wurde die Rebsorte Dornfelder von Oberlandwirtschaftsrat August Herold im Jahre 1955 aus „Helfensteiner x Heroldrebe" in Weinsberg.

Findling – der Name ist abgeleitet aus „gefunden", es handelt sich um eine Müller-Thurgau-Mutation von Franz Kimmig (Tiergarten bei Oberkirch/Baden) und ist seit 1972 zum Anbau zugelassen.

Faberrebe – die Vorsilbe „Faber" bedeutet lat. Schmied (Handwerker) und weist auf den Förderer Karl Schmitt, Wollmesheim/Pfalz, der sich züchterisch um diese Sorte verdient gemacht hat. Eine Züchtung von Georg Scheu, Alzey.

Heroldrebe – Züchter und Namensgeber ist Oberlandwirtschaftsrat Herold (1902 – 1973), Weinsberg. Diese Weinsberger Züchtung ist eine Kreuzung zwischen dem Blauen Portugieser und dem Blauen Limberger.

Johanniter – zur Erinnerung an den ehemaligen Leiter und Rebenzüchter der Freiburger Rebenzüchtung Dr. Johannes Zimmermann, Weinbauinstitut Freiburg.

Huxelrebe – die Sorte wurde nach dem Winzer und Weingutsbesitzer Fritz Huxel aus Westhofen/Rheinhessen benannt, welcher sich als Förderer und Liebhaber um diese wertvolle und bekannte Alzeyer Neuzüchtung sehr verdient gemacht hat.

Früher gelber Malingre – wurde von dem Gärtner Malingre in der Nähe von Paris um 1840 aus einem Sämling gezüchtet.

Morio Muskat – die zwei Namensbestandteile dieser Rebsorte deuten auf ihren Züchter Peter Morio, Geilweilerhof bei Siebeldingen und dem sehr typischen und ausgeprägten Muskat-Bukett der Trauben und des Weines hin. Zu anderen Muskatrebsorten besteht keine Verwandschaft.

Scheurebe – mehrere Bezeichnungen musste diese wertvolle Rebsorte über sich ergehen lassen und zwar: Sämling 88; S88; im 3. Reich Dr. Wagner-Rebe; nach 1945 nach dem Züchter Georg Scheu benannt.

Müller-Thurgau – wurde benannt nach dem namhaften Züchter Prof. Dr. Hermann Müller-Thurgau/Schweiz. Nach neueren Erkenntnissen von Frau

Dr. Dettweiler, Bundesforschungsanstalt Geilweilerhof, Siebeldingen/Pfalz, soll es sich bei dieser Sorte nicht um eine Riesling x Silvaner Kreuzung, sondern um eine Kreuzung zwischen Riesling x Madeleine Royale handeln.

… nach Burgen, Schlössern, Festungen und Klöstern

Arnsburger – der Name der Rebsorte Arnsburger soll an die Weinbautradition der Zisterzienser-Mönche erinnern, die sich große Verdienste um die Verbreitung des Weinbaues im Rheingau erwarben. Das Zisterzienser-Kloster Erbach im Rheingau gründete das Kloser Arnsburg in der Wetterau. Wurde von der Geisenheimer Forschungsanstalt gezüchtet.

Ehrenbreitsteiner – benannt nach der Festung Ehrenbreitstein bei Koblenz; ist eine Geisenheimer Züchtung.

Ehrenfelser – wurde der Burgruine Ehrenfels (über dem Binger Loch) bei Rüdesheim im Rheingau gewidmet und ist ebenso eine Geisenheimer Neuzüchtung.

Helfensteiner – trägt den Namen der ehemaligen Burg bei Geislingen a.d. Steige und ist eine Neuzüchtung von Herold, Weinsberg.

Jakobsberger – benannt nach dem Kloster Jakobsberg bei Ockenheim/ Rheinhessen; pilztolerante Tafeltrauben-Rebsorte; Züchter ist Hermann Jäger, Ockenheim/Rheinhessen.

Mariensteiner – der Name beruht auf der Festung Marienstein in Würzburg/ Franken. Sie wurde gezüchtet von Prof. Dr. Hans Breider, Würzburg.

Reichensteiner – diese Sorte trägt den Namen der historischen Burg Reichenstein bei Trechtingshausen am Mittelrhein und kommt aus dem Züchtungsinstitut von Geisenheim.

Schönburger – der Name ist abgeleitet von der Schönburg bei Oberwesel am Mittelrhein. Sie stammt ebenfalls aus Geisenheim.

Oraniensteiner – nach dem Schloss Oranienstein in Diez/Lahn, dem Stammschloss des Hauses Oranien der Niederlande. Gezüchtet von der Geisenheimer Forschungsanstalt.

… nach Planeten/Gestirnen oder Helden/Göttern aus der Antike

Orion – in der griechischen Mythologie Sohn des Poseidon, Sternbild am Abendhimmel, ist bei uns im Winter sichtbar. Er ist eine neue pilztolerante Sorte und wurde gezüchtet von der Bundesforschungsanstalt für Rebenzüchtung Geilweilerhof, Siebeldingen/Pfalz – Züchter Prof. Dr. Dr. hc G. Alleweldt.

Sirius – er ist benannt nach dem hellsten Fixstern des Himmels. Dem „Sirius“ = Stern im Sternbild des großen Hundes. Ebenso eine Züchtung von Prof. Dr. Dr. hc G. Alleweldt.

Rhea – nach einer Titanin der griechischen Mythologie benannt. Pilztolerante Tafeltrauben-Sorte mit rosafrüchtigen, großen, ovalen, kernlosen Beeren.

Pollux – ist ein Held der griechischen Sage, der mit seinem Bruder Castor die geraubte schöne Helena befreite. Als Lohn für ihre Bruderliebe setzt sie Zeus als Zwillinge oder Morgen- und Abendstern (als der hellste Stern im Sternbild Gemini) an den Himmel. Stammt vom gleichen Züchter wie Orion.

Bacchus – nach dem Weingott der Römer benannt. Eine bekannte Züchtung von der Bundesforschungsanstalt Geilweilerhof, Siebeldingen/Pfalz.

Phönix – der Name weist auf ein Fabelwesen der Antike hin, welches sich selbst verbrannte, um aus der Asche neugeboren empor zu steigen. Es handelt sich um eine pilztolerante Züchtung vom Geilweilerhof, Siebeldingen/Pfalz.

… nach lateinischen Begriffen

Albalonga – abgeleitet von Alba – Longa (lat.) = weiße lange mit hellem Blattwerk und schlanken länglichen Trauben. Züchtung von Prof. Dr. Hans Breider, Würzburg.

Optima – ist abgeleitet vom lateinischen = die Beste. Gezüchtet an der Bundessforschungsanstalt für Rebenzüchtung Geilweilerhof, Siebeldingen/Pfalz.

Prior – sein Name leitet sich von dem lateinischen Begriff „der Erste“ ab. Es ist eine pilztolerante Rotweinrebsorte. Gezüchtet im Jahre 1987 von Dr. Norbert Becker am Weinbauinstitut, Freiburg/Baden. Diese Weine sind sehr fruchtig, dunkelrot und tanninlastig. Eignet sich auch als Cuvéepartner.

Septimer – der Name ist abgeleitet vom Lateinischen (= septen = Siebenter), die 7. Neuzüchtung der Rebenzuchtanstalt Alzey (nach den Rebsorten Scheurebe, Siegerrebe, Perle von Alzey, Huxelrebe, Kanzler und Faberrebe).

… nach Wortsilben bzw. Namensteilen der Mutter- und Vatersorte

Kernling – aus Wortteilen von Kerner und Riesling. Die Rebsorte Kernling ist eine Mutation aus der bekannten Neuzüchtung Kerner (= Trollinger x Riesling). Diese Sorte wurde von dem Sortenschutzinhaber Ludwig Hochdörfer aus Nussdorf/Pfalz entdeckt.

Multaner – ist eine Wortschöpfung aus Silben von multus und Silvaner. Sie wurde von der Forschungsanstalt in Geisenheim gezüchtet.

Pinotage – der Name setzt sich aus den beiden ersten Silben der Muttersorte Pino Noir un den beiden letzten Silben der Vatersorte Hermitage zusammen. Letztere Rebsorte, Hermitage (=Synonym Cinsaut). Cinsaut ist eine frühreifende südfranzösische Rotweinsorte, sie wurde am Kap/Südafrika Hermitage genannt, daher der Name Pinotage. Gezüchtet wurde „Pinotage“ im Jahre 1925 von Prof. Dr. Perold (1880-1941) an der Universtität Stellenbosch/Südafrika. Die mächtigen Pinotage-Rotweine sind sehr farbintensiv mit ausgeprägten Fruchtaromen von Brombeeren, Maulbeeren, Pflaumen u.a. sowie kräftigen Tanninen ausgestattet.

Reberger – sein Name setzt sich aus der Anfangssilbe und den Endsilben der Kreuzungspartner

Regent und Lem**berger** zusammen. Reberger ist eine pilztolerante Rotweinsorte und wurde von Prof. Dr. Rudolf Eibach und Prof. Dr. Töpfer an der Bundesforschungsanstalt für Rebenzüchtung Geilweilerhof Siebeldingen/ Pfalz gezüchtet. Die Rotweine sind dunkelrot, aromatisch, kräftig und harmonisch.

Rieslaner – der Name setzt sich aus den Silben der Kreuzungseltern Riesling und Silvaner zusammen. Zählt zu den bekannten Würzburger Neuzüchtungen.

Ruling – der Name Ruling ist aus der ersten und aus der zweiten Silbe der Kreuzungspartner „**Ru**länder x Ries**ling**" entstanden. Gezüchtet am Weinbauinstitut in Freiburg.

Nobling – bedeutet „edel" und geht auf den Kreuzungspartner Gutedel (noble = gut) zurück. Gleichfalls eine Freiburger Züchtung.

Vilaris – die Silben der Bezeichnung finden sich teils in abgewandelter Form in den Namen der Elternsorten. Sie ist eine Kreuzung aus Sirius x Villard blanc. Es ist eine pilztolerante Rebsorte und wurde von Prof. Dr. Rudolf Eibach und Prof. Dr. Reinhard Töpfer, Bundesforscungsanstalt für Rebenzüchtung Geilweilerhof, Siebeldingen/Pfalz gezüchtet. Im Geschmack und Geruch den weißen Burgundertypen ähnlich.

… nach diversen Eigenschaften und Besonderheiten

Siegerrebe – nach dem spontanen Ausruf eines franz. Teilnehmers bei einer Sämlingswenprobe: „Das ist der Sieger!". Gezüchtet von Georg Scheu, Alzey.

Cantaro – bedeutet Weinkrug und wurde 1955 von Prof. Dr. Hans Breider, Würzburg, aus (Riesling x Silvaner) x Müller-Thurgau gekreuzt.

Domina – ist eine Kreuzung zwischen Portugieser x Spätburgunder und wurde von LR Peter Morio, Geilweilerhof, Siebeldingen/Pfalz, im Jahre 1927 gezüchtet. Der Name Domina kommt aus dem Lateinischen und bedeutet „Herrin".

Fontanara – der Name bedeutet „Frische Quelle" und bezieht sich insbesondere auf den frischen, fruchtigen und rassigen Weingeschmack dieser Rebsorte. Sie stammt aus Würzburg und ist eine Kreuzung von Prof. Dr. Hans Breider.

Gutedel – der Name weist auf den besonderen Wert dieser Sorte als Qualitätsrebe (= „edel") für die Verwendung als Kelter- und Tafeltraube hin.

Hibernal – kommt aus dem Tschechischen und bedeutet Frosthärte. Es ist eine pilztolerante Neuzüchtung aus Geisenheim.

Merlot – die genaue Bezeichnung muss heißen: Merlot noir. Der Name leitet sich von dem französischen Begriff „Merle“ = Amsel bzw. kleine Amsel Merleau ab. Die Amseln haben eine besondere Vorliebe für die frühreifenden verfärbten Beeren der Rebsorte Merlot.

Millennium – im Jahr 2000 konnte der Ursprungszüchter die ersten Trauben der Millennium-Rebe am Mutterstock ernten, daher auch der Name. Sie ist eine pilztolerante Tafeltrauben-Rebsorte.

Montagna – ist eine Riesling x Müller-Thurgau-Kreuzung von Prof. Dr. Hans Breider, Würzburg und heißt übersetzt: „Auf dem Fels geborene“.

Müllerrebe – von weißen behaarten wie mit Mehl bestäubten Triebspitzen. Die Burgundersorten gehen aus einer natürlichen Kreuzung der Müllerrebe (=Schwarzriesling) mit dem Traminer hervor.

Nebbiolo – der Name Nebbiolo entstammt von dem Begriff „nebbia“ = Nebel ab. Der Name deutet auf den weißen Belag auf den Beeren hin, welcher sich bei Vollreife zeigt. Die Sorte bringt charaktervolle, hochwertige, pikante und langlebige Rotweine hervor. Sie ist in Italien eine ausgesprochene Qualitäts-Rotweinsorte und wird dort seit über 800 Jahre mit bestem Erfolg angebaut.

Pinot – wurde von dem französischen Wort „pin“ = Fichtenzapfen abgeleitet, weil Pinot- bzw. Burgundersorten dicht gepackte Trauben haben und äußerlich Fichtenzapfen ähnlich sind.

Primera – die erste marktfähige pilztolerante Weißweinsorte der Geisenheimer Forschungsanstalt.

Regent – der Name steht für vornehm, adlig und weist auf einen aus Indien stammenden Diamanten hin, welcher im Louvre ausgestellt ist. Gezüchtet von Prof. Dr. Dr. hc G. Alleweldt, Geilweilerhof, Siebeldingen/Pfalz

Staufer – eigentlich sollte die Rebsorte den Namen „Silva“ erhalten, da mit Silvaner verwechselbar, wurde sie nach dem deutschen „Kaisergeschlecht der Staufer“ benannt. Stammt vom gleichen Züchter wie Regent.

Solaris – die Nutzung der Strahlenenergie zur frühen Reife und zur außergewöhnlichen Zuckerleistung haben die Namensgebung geprägt. Gezüchtet vom Weinbauinstitut in Freiburg.

… nach Vornamen

Saphira – hebr. Ursprungs „Saphir, Edelstein“

Diana – aus dem Lat., der auf die „Römische Jagdkönigin“ zurückzuführen ist

Esther – hebr. Ursprungs „Myrte“

Regina – aus dem Lat. „regina = Königin“

Serena – aus dem Lat. „serenus = heiter, glücklich“

Sophie – aus dem griech. „sophia = Weisheit“

Clara – Lat. Ursprungs „clarus = laut, hell, leuchtend“

Gertrud(e) – aus dem Althochdeutschen „ger“ = Speer und „trud“ = Kraft

Evita – span. Form zu Eva

Katharina – aus dem griech. „Katharós = rein“

Gloria – aus dem Lat. „Ruhm, Ehre“

Rhea – Titanin aus der griech. Mythologie; Rhea ist die Gemahlin des Kronos und Mutter des Zeus und Poseidon.

Aurelius – aus dem Lat. „Mann aus der Aureliersippe = der Goldene“

Georg – aus dem Griech. „der Landmann“

Philipp – aus dem Griech. „philos“ (= Freund) und „hippos“ (= Pferd)

Weinarten

Das deutsche Weingesetz unterscheidet vier Weinarten. „Art“ bezieht sich auf die Farbe des Weins oder auf die Art der Produktion.
Die Weinarten Rotwein, Rosé und Rotling unterliegen bestimmten weingesetzlichen Vorschriften.

Weißwein

Die Herstellung erfolgt nur aus frischen Weißweintrauben.

Rotwein

Rotwein muss ausschließlich aus Rotweintrauben hergestellt werden. ”Rotwein” ist ein wahlweise zu gebrauchender Begriff. Er wird zur verpflichtend vorgeschriebenen Angabe bei Tafelwein. Wenn keine engere geographische Bezeichnung als das Wort ”deutsch” gebraucht wird. Der rote Farbstoff wird dabei meist durch Maischegärung oder thermische Behandlung der Maische gewonnen.

Roséwein – Rosé

a) Roséwein bzw. Rosé muss, wie Rotwein, ausschließlich aus Most von Rotweintrauben hergestellt werden und eine blass- bis hellrote Farbe aufweisen. Es ist ab dem Jahrgang 1995 nicht mehr erforderlich, dass die Trauben ”hellgekeltert” sein müssen. Das ermöglicht die Umbenennung eines zu hellen Rotweines in Roséwein und den Verschnitt mit Rotwein zwecks Farbvertiefung. Zulässig ist auch der Verschnitt mehrerer Rotweinsorten zur Herstellung eines Roséweines. Roséwein bzw. Rosé ist eine verpflichtend vorgeschriebene Angabe.
b) Weißherbst ist ein spezieller Roséwein. Der Begriff ”Weißherbst” darf nur verwendet werden, wenn der so bezeichnete Roséwein zu 95 % ausschließlich aus weißgekeltertem Most von Weintrauben einer einzigen roten Rebsorte hergestellt worden ist. Die restlichen 5% können auch rotgekeltert

(aus der gleichen Rebsorte!) zur Farbkorrektur verwendet werden. Der zur Süßung eingesetzte Traubenmost ist aber nach wie vor durch Weißkelterung zu gewinnen. Im Gegensatz zum Roséwein ist keine bestimmte Farbe vorgeschrieben, d. h. die Herstellung eines weißweinfarbenen Weißherbstes ist zulässig. Der Begriff darf nur in Verbindung (direkter Zusammenhang) mit der Rebsorte auf dem Etikett erscheinen. Dabei sind das Wort "Weißherbst" und die Rebsorte in Schriftzeichen gleicher Art, Größe und Farbe anzugeben. Weißherbst ist, wie Roséwein, eine verpflichtend vorgeschriebene Angabe. Wird die Bezeichnung Weißherbst gebraucht, darf die Bezeichnung Roséwein oder Rosé nicht verwendet werden.

Rotling

Der Begriff "Rotling" darf nur verwendet werden für einen Wein von blass- bis hellroter Farbe, der durch das Verschneiden von gemaischten Weißweintrauben mit gemaischten Rotweintrauben hergestellt worden ist. "Rotling" ist eine verpflichtend vorgeschriebene Angabe. Die Süßreserve zur Süßung von Rotling-Weinen durfte bis vor einigen Jahren nur aus Rotling-Ausgangsmaterial gewonnen werden. Zur Rotling-Süßung dürfen jetzt auch Süßreserven aus weißem und / oder rotem Traubenmost verwendet werden. Eine Rebsortenangabe ist zulässig.

a) Schillerwein ist ein Rotling; für ihn gelten deshalb die gleichen Herstellungsvorschriften wie für Rotling. Der Begriff kann jedoch nur für Qualitätswein b. A. oder Qualitätswein mit Prädikat aus dem b. A. Württemberg verwendet werden. "Schillerwein" ist eine verpflichtend vorgeschriebene Angabe.

b) Badisch Rotgold – Grauburgunder und Spätburgunder: Badisch Rotgold ist, wie der Schillerwein, ein Rotling. Deshalb muss auch er eine blass- bis hellrote Farbe aufweisen. Er wird hergestellt durch das Verschneiden von Trauben oder Maische der Rebsorten Grauburgunder (Ruländer) und Spätburgunder. Der Anteil des Grauburgunders muss mehr als 50% ausmachen. Der Begriff ist nur für Qualitätswein b. A. und Qualitätswein mit Prädikat aus dem b. A. Baden erlaubt. "Badisch Rotgold" ist eine verpflichtend vorgeschriebene Angabe mit dem Zusatz "Grauburgunder und Spätburgunder".

Weinart und Qualitätsstufe

Die Begriffe

- Rotwein
- Roséwein bzw. Rosé,
- Rotling

dürfen sowohl zur Bezeichnung von Tafel- als auch von Qualitätswein b. A. bzw. Qualitätswein mit Prädikat verwendet werden, die Begriffe

- Weißherbst,
- Schillerwein,
- Badisch Rotgold

nur zur Bezeichnung von Qualitätswein b. A. bzw. Qualitätswein mit Prädikat.

Weinaromen

Die Weinaromen gehören zu den Geschmacks- und Geruchsstoffen, die unter den Begriff Sortenbukett fallen.
Das Wort Aroma stammt aus dem griechischen und bedeutet so viel wie Gewürz. Demnach ist der Gewürztraminer – wie der Name sagt – eine ausgesprochene Aroma-Sorte. Neutrale Sorten haben dagegen wenig Aroma. Die Aromen sind bei der Sortenbeurteilung ein bedeutendes Qualitätsmerkmal und spielen bei der Sensorik eine große Rolle. Ihre chemische Zusammensetzung konnte bislang, trotz intensiver Untersuchung mit dem Gaschromotographen, nicht vollständig aufgeschlüsselt werden. Professor Dr. Rapp vom Geilweilerhof, Siebeldingen/Pfalz, hat sich auf dem Gebiet der Aromaforschung sehr verdient gemacht. Er fand ca. 800 verschiedene Verbindungen, die ein Aromamuster bilden können.

Man unterscheidet drei Aromaarten: Primär-, Sekundär- und Tertiär-Aroma

Das **Primäraroma** befindet sich in den Trauben und teilweise im Jungwein, besonders wenn er noch im Gären ist. Es besteht hauptsächlich aus terpenoiden Stoffen.

Das **Sekundäraroma** ist ein Produkt der Hefen bzw. der Gärung, deshalb wird es landläufig auch als Gärbukett bezeichnet. Ihre Hauptbestandteile sind Ester aus Alkohole und Säuren.

Das **Tertiärbukett** entsteht während der Flaschenweinlagerung und ist identisch mit der Geschmacksbezeichnung alt bzw. firn.

Die Entwicklung der Aromen von der Traube bis zur Flasche kann durch eine Reihe weinbaulicher und kellerwirtschaftlicher Maßnahmen positiv beeinflusst werden. Hierzu gehören vor allem gesunde Trauben mit einem möglichst hohen Reifegrad, eine zügige Verarbeitung des Lesegutes, nach Möglichkeit eine gezügelte Gärung und insgesamt eine schonende Weinbehandlung.
Spitzenweine oder allgemein Weine von hoher Qualität sind heute ohne hochwertiges, sortentypisches Aroma nicht mehr denkbar. Die moderne Kellerwirtschaft trägt dieser Tatsache Rechnung. In der nachfolgenden Übersicht sind die typischen Aromen der einzelnen Rebsorten ersichtlich. Da es subjektive Ergebnisse sind, können sie nur eine Orientierungshilfe sein.

Die wichtigsten Aromen verschiedener Rebsorten

	Weißwein																	Rotwein								
Aromen	Müller-Thurgau	Riesling	Silvaner	Kerner	Chardonnay	Grauburgunder	Weißburgunder	Scheurebe	Huxelrebe	Kanzler	Ortega	Siegerrebe	Traminer	Rieslaner	Cabernet blanc	Sauvignon blanc	Muskateller	Spätburgunder	Dornfelder	Lemberger	Portugieser	Schwarzriesling	Trollinger	Regent	Cabernet Sauvignon	Syrah
Ananas						x	x						x		x											
Akazienblüte												x	x													
Äpfel	x	x	x				x			x												x				
Aprikosen		x		x		x	x				x	x	x													
Bananen							x	x			x									x						
Birnen				x		x	x	x			x		x													
Bohnen																x										
Brombeeren									x									x	x	x		x		x	x	x
Champignon						x	x																			
Div. Beerenaromen																			x					x		x
Div. Blütendüfte														x		x										
Eukalyptus																									x	
Feigen																	x	x								
Grapefruit		x												x	x	x										
Grüner Pfeffer																				x					x	x
Grüner Spargel																x										
Heu/Gräser			x				x							x												
Himbeeren					x													x	x		x	x				x
Holunder						x											x		x	x				x		
Honig	x	x	x	x	x	x	x	x	x	x	x	x	x													
Honigmelonen									x	x																
Kräuter				x																						
Bitter-Mandeln																		x	x	x		x	x	x		
Mangofruchtig	x			x		x	x	x				x														
Maracuja	x							x		x				x		x										
Melonen					x																					
Minze																				x		x			x	
Muskat	x			x													x									
Muskatnuß	x																				x		x	x		
Nelken													x											x	x	x
Nüsse	x				x		x		x																	
Paprika grün															x	x										x
Pfirsische		x		x	x		x	x			x		x	x			x									
Pflaumen																				x		x			x	x
Quitten		x	x		x	x	x			x	x		x					x								
Rosenduft / Rosen	x	x			x			x	x			x	x				x									
Rote Johannisbeere																					x					
Sauerkirschen																			x	x		x	x			
Schw. Johannisbeere	x			x				x		x					x	x				x		x	x		x	x
Stachelbeeren		x	x				x								x	x				x						
Süßkirschen																		x	x	x	x	x	x	x		x
Tabak					x																				x	x
Trockenfrüchte													x													
Vanille					x								x													
Veilchen																									x	x
Waldbeeren																	x	x		x		x	x	x	x	
Zedernholz																									x	
Zitronen/Zitrus	x	x	x			x	x							x		x										

Rebenzüchtung

Die Rebenzüchtung vollzieht sich auf vier Ebenen, nämlich

1. als Auslesezüchtung in der Rebenselektion und Klonenzüchtung
2. als Mutationszüchtung,
3. als Kreuzungszüchtung und
4. Gentechnik in der Rebenzüchtung

Auslesezüchtung

Um 1870 begannen Froelich in der Pfalz und Englerth in Franken mit der Auslesezüchtung (Einzelstockauslese) bzw. mit der Rebenselektion die Leistungseigenschaften der Rebstöcke zu verbessern, um dem Leistungsverfall (Degeneration) entgegenzuwirken. Man hat zu damaliger Zeit erkannt, dass bei der Rebenselektion nicht nur die äußerlichen Sortenmerkmale für die Verbesserung wichtig sind, sondern auch das erblich bedingte Leistungsvermögen einer Rebsorte für den Selektionserfolg mitzunutzen. Es bleibt festzustellen, dass Froelich und Englerth mit ihrer Selektionsarbeit als die Begründer und die Wegbereiter der modernen Klonenselektion zu bezeichnen sind.

Die Auslesezüchtung dient der Erhaltung und Verbesserung der Leistungseigenschaften von Rebsorten, da diese im Weinberg einem langsamen aber stetigen Leistungszerfall (Degeneration) unterliegen. So ist ein wirtschaftlicher Anbau mancher Sorten erst durch die Auslesezüchtung wieder möglich geworden. Es sei nur an die Sorte Spätburgunder erinnert.

Die **Auslesezucht hat sich in 3 Stufen** entwickelt, nämlich

1. Als **negative Selektion,** die darin bestand, dass in einem Weinberg die schlechten Rebstöcke gekennzeichnet wurden und nur die nicht gezeichneten zur Vermehrung kamen.

2. Als **positive Selektion,** die darin bestand, dass nur die in Ertrag, Wuchs und Blattfarbe guten Rebstöcke gekennzeichnet wurden und zur Vermehrung kamen. Auf diese Weise gelang es, die Ertragssicherheit schon bedeutend zu verbessern.

3. Als **Einzelstockauslese** (Klonenzucht) mit Nachkommenschaftsprüfung.

Aus dieser Arbeit sind die heutigen leistungsfähigen Klone unserer Standardsorten Riesling usw. hervorgegangen. Klone sind die vegetativen Nachkommen einer Ausgangspflanze. Der "Klon" (griech. Zweig) ist bei der Rebe das Auge, die kleinste vegetative (ungeschlechtliche) Vermehrungseinheit. Bei der Einzelstockauslese (Klonenzucht) wird auf folgende Zuchtziele geachtet.

Zuchtziele:

- Virussymptome,
- Stiellähme, Stielfäule, Beerenfäule,
- Anfälligkeit für Oidium und Phomopsis,
- lockerbeerige Trauben, die besser für die mechanische Traubenernte geeignet und nicht so botrytisanfällig sind,
- gute Farbausprägung bei roten Sorten,
- aufrechter Wuchs und geringe Neigung zur Geiztriebbildung, was die Laubarbeiten verringert,
- Blühfestigkeit,
- frühe und gute Holzreife, Winterfrosthärte,
- Menge, Güte und andere Kriterien.

Die Erhaltungszucht erfordert einen Zeitraum von 15 bis 20 Jahren. Erst dann kann der Klon eines Erhaltungszüchters beim Bundessortenamt eingetragen werden.

Um die Leistungsfähigkeit der Klone zu erhalten, ist bei ihnen ständig eine positive Selektion durchzuführen. Durch Einzelstockauslese mit Nachkommenschaftsprüfung können erneut neue Klone (Folgeklone bzw. Subklone) gewonnen werden. Erhaltungszüchtung ist daher eine fortlaufende Aufgabe. Das gilt auch für Neuzüchtungen.

Betrachtet man das Verzeichnis der Erhaltungszüchter mit den eingetragenen Rebsorten-Klonen genauer, so muss man feststellen, dass bei einigen Sorten durch die Vielzahl der Klone eine gewisse Verunsicherung besteht, denn auch hier kann man sagen, dass weniger mehr ist bzw. überschaubarer für Züchter und Winzer. Die gesamte Problematik der Klonenzüchtung muss neben dem Menge-Güte-Gesetz den betriebs- und marktwirtschaftlichen Erfordernissen und insbesondere der Qualität gerecht werden. Über die Erhaltungszüchtung alter und neuer Rebsorten kann die Qualität erheblich gesteigert werden. Ein Klon bleibt in seiner Erbanlage konstant, solange keine Mutation (lat. Veränderung) eintritt und die Stabilität durch seltene Mutationen durchbrochen werden kann.

Schema der Klonenzüchtung

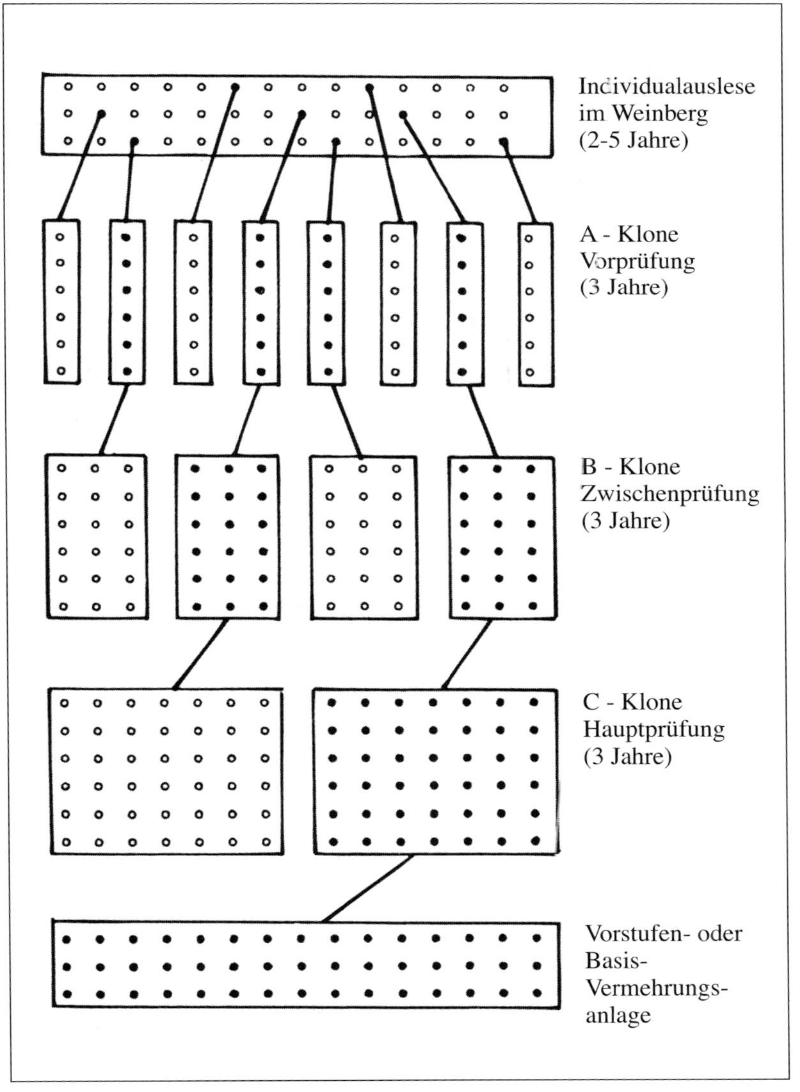

Adressenliste der (Erhaltungs-) Züchter in Deutschland

Bayerische Landesanstalt für Weinbau und Gartenbau Abt. Weinbau und Rebenzüchtung Sachgebiet Rebenzüchtung Postfach 11 02 64 97029 Würzburg	Frank, Rainer Rebenhof 79341 Kenzingen-Nordweil
Forschungsanstalt für Weinbau, Gartenbau, Getränketechnologie und Landespflege Institut für Rebenzüchtung und Rebenveredlung Eibinger Weg 1 65366 Geisenheim	Freund, Kurt Georg Friedelsheimer Straße 13 67098 Bad Dürkheim
Sächsische Landesanstalt für Landwirtschaft Fachbereich Gartenbau und Landespflege mit Lehranstalt Dresden-Pillnitz Söbrigener Straße 3a 01326 Dresden	Genossenschaftskellerei Heilbronn-Erlenbach-Weinsberg e.G. Binswanger Straße 74076 Heilbronn
Julius-Kühn-Institut, Bundesforschungsanstalt für Kulturpflanzen Erwin-Baur-Straße 27 06484 Quedlinburg Institut für RebenzüchtungGeilweilerhof 76833 Siebeldingen	Gutsverwaltung Niederhausen-Schloßböckelheim 55585 Niederhausen
Staatliche Lehr- und Versuchsanstalt für Wein- und Obstbau, Weinsberg Referat Rebenzüchtung und Rebenveredlung Traubenplatz 5 74189 Weinsberg	Hauser, Arno Neunlindenstraße 34 79235 Vogtsburg-Bickensohl
Staatliches Weinbauinstitut Merzhauser Straße 119 79100 Freiburg	Husfeld, Johanna Edesheimer Str. 42 67480 Edenkoben
Dienstleistungszentrum Ländlicher Raum (DLR) - Mosel, Dienstsitz Trier Egbertstraße 18/19 54295 Trier	Hochdörffer, Ludwig Lindenbergstraße 60 76829 Landau-Nußdorf
Dienstleistungszentrum Ländlicher Raum - Rheinpfalz Breitenweg 71 67435 Neustadt-Mußbach	Jäger, Hermann Rheinstraße 17 55437 Ockenheim
Dienstleistungszentrum Ländlicher Raum (DLR) - Rheinhessen-Nahe-Hunsrück Dienstsitz Oppenheim Wormser Straße 111 55276 Oppenheim	Kimmig, Michael Rebschule Schwarz Grünstadter Str. 4 67271 Obersülzen
DRK-Sozialwerk, Bernkastel-Wittlich GmbH Abteilung Rebenveredlung Hermann-Zillig-Straße 1 54470 Bernkastel-Kues	Kimmig, Franz Springstraße 7 77704 Oberkirch
Dreher, Werner Ellengurt 17 – Erzweg 7 79424 Auggen	Kiefer, Heinz Westhofener Weg 1 55234 Monzernheim

Kleinmann, Karl-Heinz Hauptstraße 17 76831 Birkweiler	Schrank, Edwin Weisenheimer Str. 38 67273 Dackenheim
Müller, Karl Saarburger Straße 15 54441 Kanzem	Waller, Karola Adelpfad 166 55270 Bubenheim
Pauly, Josef Route de Luxembourg 22 L-5551 Remich/Luxembourg	Wasem, Julius & Söhne Weingut Rodensteiner Hof GbR Edelgasse 5 55218 Ingelheim
Rebenzüchtergesellschaft Waller-Weis-Steinmann-WWS- Adelpfad 166 55270 Bubenheim	Weinbauverband Württemberg e.V. Hirschbergstraße 2 74189 Weinsberg
Rückrich-Menger, Dagmar Hauptstraße 12 67575 Eich/Rhh.	Verband der Rebveredler Rheinhessen e.V. Walter, Bernd Appenheimer Straße 65 55435 Gau-Algesheim
Schlöder, Josef Urbanusstraße 15 54340 Leiwen	Weis, Hermann St. Urbanushof 54340 Leiwen
Schlöder, Bernd Urbanusstraße 15a 53340 Leiwen und Magmer, Werner Hauptstraße 19 55546 Biebelsheim	Zehner, Friedhelm Hauptstraße 56 79426 Buggingen
Schmitt, Peter Obermosel Straße 3 54439 Palzem	Zimmer, Irma Blaugasse 5 55234 Eppelsheim
Rebschule Steinmann Sandtal 1 97286 Sommerhausen	

Mutationszüchtung

Mutationen sind Erbinformationsänderungen, die auf die folgenden Generationen weitergegeben werden. Mutationen führen daher zu neuen Rebsorten mit neuen Eigenschaften.

Die Rebenzüchtung wertet im Weinberg spontan auftretende Mutationen aus und benutzt auch durch Bestrahlung und chemische Behandlung künstlich erzeugte Mutationen zur Gewinnung neuer Rebsorten. Künstliche Mutationen können durch Bestrahlung oder chemische Behandlung von Samen, Pollenkörnern, Stecklingen und anderen Pflanzenteilen erzeugt werden. Hierdurch wird versucht, bestimmte Eigenschaften einer Rebsorte, wie z. B. Blühfestigkeit, Frosthärte, Trockenresistenz, Zeitpunkt der Traubenreife, Holzreife u.a.m. zu beeinflussen und somit zu verbessern. In der Rebenzüchtung wer-

den diese Methoden nicht mehr eingesetzt.
Natürliche Mutationen sind sprunghafte Erbveränderungen, die z. B. an Reben im Weinberg auftreten können. Viele davon sind visuell kaum auszumachen. Andere, wie z.B. Farbveränderungen an Beeren und Trauben, sind deutlich erkennbar. So findet sich gelegentlich, z. B. auf einer Fruchtrute, ein Trieb mit rotgrauen Trauben, bei sonst grünen Trauben der übrigen Triebe. Wird der Trieb mit der Mutation über Stecklinge oder Pfropfung von Edelreisern vermehrt, haben die neuen Reben ebenfalls rotgraue Trauben. Eine neue Sorte ist entstanden. Bedeutender sind jedoch Mutationen, die eine frühere Traubenreife beinhalten, wie z. B. beim Kernling, oder bessere Holzreife usw. Rebmutationen haben daher eine Bedeutung in der Rebenzüchtung und sind seit Jahrhunderten Ursprung der unzählbaren Rebsortenvielfalt.
Untersuchungen an Wildreben haben gezeigt, dass die blaue Traubenbeerenfarbe meist als die Ursprüngliche anzusehen ist, da in dem Verbreitungsgebiet der Vitis vinifera silvestris GMELIN nur wenige Formen mit weißen Trauben nachgewiesen werden konnten. Dies ist ein Indiz dafür, dass der Blaue Spätburgunder die Ausgangssorte ist, von dem der Graue Burgunder und der Weiße Burgunder abstammen. Die Beerenfarbe grau und weiß ist das einzige ampelographische Merkmal zur Unterscheidung der drei Burgundersorten. Die Burgundersorten sind so nahe verwandt, dass sie vor der Färbung der Beeren nur sehr schwer zu unterscheiden sind. Bei der Rebe sind auch Rückmutationen möglich, denn die Sorte Schwarzriesling (Müllerrebe) mutierte in die Sorte "Samtrot" und diese Mutation erwies sich ampelographisch als Blauer Spätburgunder wieder.

Mutation: Grüner Silvaner – Blauer Silvaner

Durch Mutation entstandene Rebsorten

Mutante	Elterngeneration
Weißweinsorten	
1. Auxerrois	Vermutet wurde lange Zeit eine Mutation aus der großen Burgunderfamilie. Nach Genanalysen von F. Regner geht die Sorte aus einer natürlichen Kreuzung von Burgunder x Heunisch hervor.
2. Roter Muskateller	Mutation aus Gelbem Muskateller oder umgekehrt.
3. Dalkauer	Mutation aus Riesling oder aus einer Kreuzung von Riesling mit Veltliner entstanden.
4. Muskat Ottonel	Entweder eine Mutation aus dem Muskateller oder aus einer natürlichen Kreuzung entstanden. Während als eine der Elternsorten die Rebsorte Gutedel als sehr wahrscheinlich gilt, kommen als Kreuzungspartner die Sorten Muscat précoce de_ Saumur, Muscat d'Eisenstadt oder Roter Muskateller in Frage.
5. Findling	Mutation aus Müller-Thurgau
6. Kernling	Mutation aus der bekannten Weinsberger Neuzüchtung Kerner
7. Senator	Mutation des Grünen Silvaners
8. Blauer Silvaner	Mutation des Grünen Silvaners oder Ursprungssorte des Grünen Silvaners.
9. Grauer Burgunder	Mutation des Blauen Spätburgunders
10. Weißer Burgunder	Wahrscheinlich Mutation des Ruländers, der seinerseits wieder dem Blauen Spätburgunder entstammt. Häufig findet man bei Burgundern am gleichen Rebstock und Rebtrieb Farbmutationen mit blauen, grauen und grünen Beeren sowie Traubenteile und ganze Trauben einzeln verfärbt.
11. Weißer Gutedel	Man vermutet Mutation aus Roter Gutedel
12. Roter Malvasier	Mutation aus der großen Malvasierfamilie
13. Chardonnay Rosé	Eine seltene Mutation mit hellroten Beeren des Chardonnays und eine Varietät nennt sich „Chardonnay Blanc Musque"
14. Goldmuskateller	Wahrscheinlich eine Mutation des Gelben Muskatellers oder von einem Sämling des Muskatellers
15. Rosenmuskateller	Mutation aus dem Gelben Muskateller
16. Roter Muskateller	Eine Farbmutation des Gelben Muskatellers und unterscheidet sich nur durch das ampelographische Merkmal der rötlichen Beerenfarbe.
17. Roter Riesling	Knospenmutation zum Weißen Riesling oder Ursprungssorte des Weißen Rieslings.

Mutante	Elterngeneration
Rotweinsorten	
18. Blauer Frühburgunder	Wurde als eine alte Mutation des Blauen Spätburgunders angesehen. Nach Genanalysen von F. Regner handelt es sich um eine natürliche Kreuzung aus Traminer x Schwarzriesling, aus welcher die Burgundersorten hervorgehen, die untereinander mutieren.
19. Schwarzriesling (Müllerrebe)	Wurde lange als Mutation des Spätburgunders angesehen. Nach F. Regner gehen die Burgundersorten jedoch aus einer Kreuzung aus Traminer x Schwarzriesling hervor.
20. Samtrot	Unbehaarte Mutation der Müllerrebe. Sortenrechtlich wird Samtrot als Klon des Blauen Spätburgunders angesehen. Daher entfällt der Sortenschutz.
21. St. Laurent	Wurde lange als eine Burgundermutante bzw. Mutation des Blauen Spätburgunders (der Pinot noir) gehalten. Nach Genanalysen von F. Regner geht die Sorte jedoch aus einer natürlichen Kreuzung von einem Burgunder mit einer noch ungekannten Rebsorte hervor.
22. Muskat-Trollinger	Wahrscheinlich Mutation des Blauen Trollingers oder Naturkreuzung zwischen Trollinger und Muskateller
23. Rubintraube	Mutation des Schwarzrieslings (Müllerrebe)

Kreuzungszüchtung

Die Rebe ist heterozygot (spalterbig). Sie ist außerdem ein Selbstbefruchter. Werden z. B. die Kerne (Samen) der Beeren einer Rieslingtraube ausgesät, dann ergeben sich daraus Reben mit unterschiedlichen Eigenschaften, also neue Sorten. Aus natürlicher Selbstbefruchtung (Selbstung) werden nur sehr selten neue Sorten mit für den Anbau besseren Eigenschaften gewonnen. Der Züchter kreuzt daher zwei verschiedene Sorten miteinander. So entstand z. B. aus der Kreuzung von Silvaner als Mutter und Riesling als Vater die bekannte Scheurebe. Durch Kreuzung von Europäerreben mit Wildreben können pilzresistente und reblausresistente Sorten gewonnen werden. Da die Chance, wertvolle Neuzüchtungen in der ersten Zuchtstufe (F1-Generation oder 1. Filial- oder Tochtergeneration) zu erhalten gering ist, werden weitere Zuchtstufen durchgeführt. Die einfachste ist die Rückkreuzung mit einem Elternteil. Durch mehrfache Rückkreuzungen können negative Eigenschaften eliminiert werden. Dies wird als Verdrängungskreuzung bezeichnet. Befriedigende Rückkreuzungssämlinge können erneut zur Kombinationszüchtung verwandt werden, um zu einer Steigerung erwünschter Eigenschaften zu gelangen. Dies wird als Transgressionszüchtung bezeichnet. Auf diese Weise werden Sorten gewonnen, deren Abstammung nur noch durch ein Zuchtschema darzustellen sind. *(Vergleiche „Abstammung der Rebsorte Rheinfelder“, Seite 190)*

Gentechnik in der Rebenzüchtung

Mit den Methoden der klassischen Züchtung ist es sehr langwierig und auch teuer, resistente Reben zu züchten, die die Anforderungen der Winzer und der Weintrinker erfüllen. Bisher sind die Erfolge dieser hochgesteckten Ziele keineswegs ausreichend. Eine Ausnahme ist zweifelsohne die Sorte Regent, die als Glückstreffer der Rebenzüchtung bezeichnet werden kann.
Hauptnachteile der klassischen Kreuzungszüchtung sind in der Tatsache begründet, dass alle gewonnenen Sämlinge sich unterscheiden und gute Eigenschaften nur zufällig auftreten. Langjährige Prüfungsverfahren mit ungewissem Ausgang sind die Folge.
Die Gentechnik möchte dieses "Lotteriespiel" abschaffen. Ist ein Gen bekannt, so kann es an geeigneter Stelle eingebaut werden. Es entstehen transgene Reben mit erfolgreich eingebauten Fremdgenen (resistente Reben). Hiermit wird die genetische Information übertragen. Für die Übertragung fremder Gene in die Reben werden häufig Agrobakterien verwendet. Ein solches Bakterium, das "Agrobacterium vitis" ist jedem Winzer als der Erreger, welcher die Mauke (krebsartige, knollenförmige Wucherungen am Rebstamm und anderen Rebteilen) verursacht, bekannt.
Die Verfechter traditioneller Rebsorten haben die Hoffnung, dass z. B. der Riesling als wertvollste Rebsorte generell durch Genübertragung widerstandsfähig gegenüber Schaderreger gemacht werden könnte. Diese Möglichkeit besteht bei der klassischen Kreuzungszüchtung nicht.
Der Einbau der Pilzresistenz in unsere herkömmlichen Sorten unter Beibehaltung ihrer guten Eigenschaften ist allerdings mit Schwierigkeiten verbunden und nicht ohne weiteres zu realisieren.
Die Resistenz der pilzresistenten Reben wird durch verschiedene Gene gesteuert, sodass der Gentransfer oft gestört wird oder gar nicht funktioniert. Hinzu kommt, dass mittels der Biotechnologie auch die Gefahr einer Veränderung vorhandener Sorteneigenschaften besteht. Trotz vieler Probleme konnten die ersten transgenen Reben mit erfolgreich eingebauten Fremdgenen hergestellt werden. So gelang es unter anderem beim Riesling Resistenzgene der Gerste einzulagern. Auf dem Geilweilerhof bei Siebeldingen/Pfalz, Institut für Rebenzüchtung, wurden im Jahre 1999 erste transgene Reben ins Freiland ausgepflanzt.
Sie dienen dem Ziel, die Pilzresistenz herkömmlicher Sorten zu erreichen oder mindestens anzuheben. Diese Freilandversuche werden voraussichtlich ca. 20 Jahre in Anspruch nehmen, sodass Wein aus transgenen Reben frühestens in 30 Jahren in den Handel kommen könnte. Ob nach Ablauf dieser Zeitspanne der Wein von genetisch veränderten Standardsorten ein Vermarktungserfolg wird, ist bei der gegenwärtigen Einstellung zur so genannten Genmanipulation noch nicht sicher. Ungeachtet subjektiver Bedenken sollte weiter geforscht werden; keinesfalls darf der Anschluss verpasst werden, schließlich besteht die Hoffnung, durch gezielten Einsatz der Gentechnik die Umweltbelastung zu verringern.

Sorten-, anbau- und weinrechtliche Aspekte

Die Prüfung neuer Rebsorten und der Verkauf von Rebenpflanzgut sind im Sortenrecht geregelt. Folgende Gesetze und Verordnungen wurden hierzu erlassen.

Sortenschutz

Sortenschutz ist Patentschutz. Das Recht auf Sortenschutz steht dem Ursprungszüchter oder dem Entdecker der Sorte zu. Der Sortenschutz hat die Wirkung, dass der Sortenschutzinhaber oder sein Rechtsnachfolger das Recht haben, Vermehrungsmaterial der geschützten Rebsorten zum gewerbsmäßigen Vertrieb zu erzeugen und zu verkaufen.

Sortenschutzprüfung

Sortenschutz wird erteilt, wenn die Unterscheidbarkeit, Homogenität, Beständigkeit, Neuheit und eine vorgeschriebene Sortenbezeichnung gegeben ist. In der so genannten Registerprüfung – dauert bei Reben fünf Jahre – werden vom Bundessortenamt Unterscheidbarkeit, Homogenität und Beständigkeit anhand von Merkmalen geprüft, die in nationalen Prüfungsrichtlinien oder denen des internationalen Verbandes zum Schutz von Pflanzenzüchtungen (UPOV) international abgestimmt und festgelegt sind.

Mit Wirksamkeit der EU-Sortenschutzverordnung kann seit April 1995 ein EU weites Sortenschutzrecht erteilt werden. Die Zentrale des Bundessortenamtes in Hannover wirkt als Antragsteller und Prüfamt daran mit.

Das Sortenrecht kennt:

1. geschützte Sorten (Neuzüchtungen, Mutationen)
2. freie Sorten
   – mit Klone
   – ohne Klone

Bei Neuzüchtungen (z. B. Cabernet Mitos, Regent, Rondo, Merzling, u. a.) oder bei Mutationen (z. B. Kernling, Findling) erstreckt sich der Sortenschutz auf die ganze Sorte. Bei freien Sorten mit Klonen auf einen Teil der Sorte (z. B. Grauer Burgunder, 1 Klon).

Saatgutverkehrsgesetz

Das Saatgutverkehrsgesetz beinhaltet die nicht geschützten Sorten. Dieses Gesetz dient dem Schutz des Verbrauchers und der Versorgung des Weinbaues mit hochwertigem Pflanzgut leistungsfähiger Rebsorten. Es schreibt deshalb vor, dass Pflanzgut nur dann vertrieben werden darf, wenn die betreffende Sorte in der Sortenliste des Bundessortenamtes eingetragen ist.
Klone der in der Sortenliste eingetragenen Ertrags- und Unterlagsrebsorten sind nur deren Bestandteile und werden nicht gesondert eingetragen, sondern nur in der Beschlussbegründung aufgeführt. Dies besagt, dass der eingetrage-

ne Erhaltungszüchter eine systematische Erhaltungszucht für eine oder mehrere Sorten betreibt und als Erhaltungszüchter beim Bundessortenamt eingetragen wird. Die Eintragung in die Sortenliste beträgt 20 Jahre und kann auf Antrag beim Bundessortenamt um jeweils 20 Jahre verlängert werden.

Schema für die Eintragung einer Sorte in die Sortenschutzrolle bzw. Sortenliste.

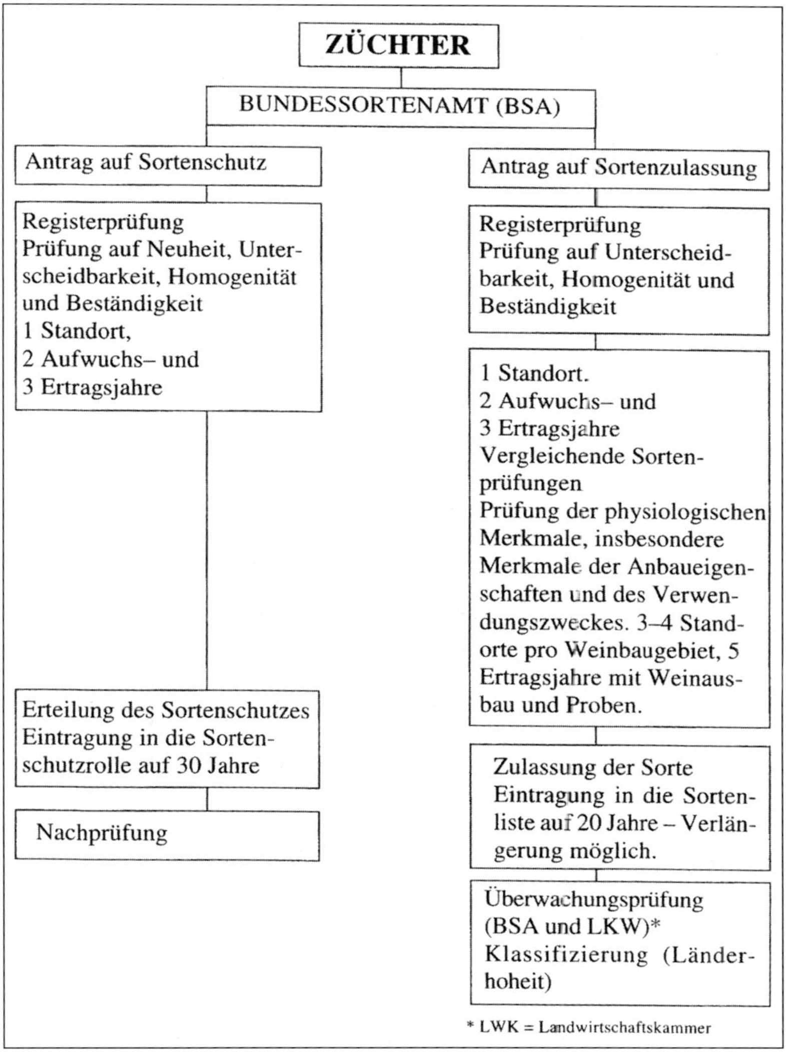

Für Qualitätswein zugelassene Rebsorten der deutschen Weinbaugebiete

Stand: September 2009, Angaben ohne Gewähr

Rebsorten in den **Anbaugebieten** →	Baden	Würtemberg	Franken	Hess. Bergstraße	Rheingau	Ahr	Mittelrhein	Mosel	Nahe	Pfalz	Rheinhessen	Saale-Unstrut	Sachsen
I. Weisswein													
Albalonga	-	-	x	x	x	x	x	x	x	x	x	-	x
Arnsburger	-	-	x	x	x	x	x	x	x	x	x	-	x
Auxerrois	x	x	x	x	x	x	x	x	x	x	x	x	x
Bacchus	x	x	x	x	x	x	x	x	x	x	x	x	x
Blauer Silvaner	-	x	x	x	x	x	x	x	x	x	x	x	x
Bronner*	-	-	x	x	x	x	x	x	x	x	x	-	x
Chardonnay	x	x	x	x	x	x	x	x	x	x	x	x	x
Chardonnay Rosé	-	-	-	x	x	-	-	-	-	-	-	-	-
Ehrenbreitsteiner	-	-	x	x	x	x	x	x	x	x	x	-	x
Ehrenfelser	-	x	x	x	x	x	x	x	x	x	x	-	x
Faberrebe	-	-	x	x	x	x	x	x	x	x	x	x	x
Findling	x	-	x	x	x	x	x	x	x	x	x	-	x
Fontanara	-	-	x	x	x	-	-	-	-	-	-	-	-
Freisamer	x	-	x	x	x	x	x	x	x	x	x	-	x
Früher Malingre	-	-	-	x	x	x	x	x	x	x	x	-	-
Früher roter Malvasier	-	-	x	x	x	x	x	x	x	x	x	-	x
Gelber Muskateller	x	x	x	x	x	x	x	x	x	x	x	-	x
Gelber Orleans	-	-	-	x	x	-	-	-	-	-	-	-	-
Gewürztraminer	x	x	x	x	x	x	x	x	x	x	x	x	x
Goldriesling	-	-	x	x	x	x	x	x	x	x	x	x	x
Grüner Silvaner	x	x	x	x	x	x	x	x	x	x	x	x	x
Grüner Veltiner	-	-	-	x	x	x	x	x	x	x	x	x	x
Gutenborner	-	-	-	x	x	-	-	-	-	-	-	-	-
Helios *	-	-	x	x	x	x	x	x	x	x	x	x	x
Hibernal *	-	-	x	x	x	x	x	x	x	x	x	-	x
Hölder	-	-	x	x	x	x	x	x	x	x	x	x	x
Huxelrebe	-	-	x	x	x	x	x	x	x	x	x	x	x
Irsay Oliver	-	-	-	-	-	-	-	-	-	-	-	x	-
Johanniter *	x	x	x	x	x	x	x	x	x	x	x	x	x
Juwel	-	-	x	x	x	x	x	x	x	x	x	-	x
Kanzler	-	-	x	x	x	x	x	x	x	x	x	x	x
Kerner	x	x	x	x	x	x	x	x	x	x	x	x	x
Kernling	-	-	x	x	x	x	x	x	x	x	x	x	x
Mariensteiner	-	-	x	x	x	x	x	x	x	x	x	-	x
Merzling *	x	x	x	x	x	x	x	x	x	x	x	x	x
Morio Muskat	-	-	x	x	x	x	x	x	x	x	x	x	x
Müller-Thurgau	x	x	x	x	x	x	x	x	x	x	x	x	x
Muskat Ottonel	x	x	x	x	x	x	x	x	x	x	x	-	x
Nobling	x	-	x	x	x	x	x	x	x	x	x	-	x

x = zugelassen - = nicht zugelassen * = pilzwiderstandsfähige Rebsorten

Rebsorten in den **Anbaugebieten** →	Baden	Würtemberg	Franken	Hess. Bergstraße	Rheingau	Ahr	Mittelrhein	Mosel	Nahe	Pfalz	Rheinhessen	Saale-Unstrut	Sachsen
Optima	-	-	x	x	x	x	x	x	x	x	x	-	x
Orion *	-	-	x	x	x	x	x	x	x	x	x	-	x
Ortega	-	-	x	x	x	x	x	x	x	x	x	x	x
Osteiner	-	-	x	x	x	x	x	x	x	x	x	-	x
Perle	x	x	x	x	x	x	x	x	x	x	x	x	x
Perle von Zala	-	-	-	-	-	-	-	-	-	-	-	x	x
Phoenix *	-	-	x	x	x	x	x	x	x	x	x	x	x
Prinzipal *	-	-	x	x	x	x	x	x	x	x	x	-	x
Regner	-	-	x	x	x	x	x	x	x	x	x	-	x
Reichensteiner	-	-	x	x	x	x	x	x	x	x	x	-	x
Rieslaner	-	-	x	x	x	x	x	x	x	x	x	x	x
Roter Elbling	-	-	x	x	x	x	x	x	x	x	x	x	x
Roter Gutedel	x	x	x	x	x	x	x	x	x	x	x	x	x
Roter Muskateller	x	x	x	x	x	x	x	x	x	x	x	-	x
Roter Räuschling	-	-	-	x	x	-	-	-	-	-	-	-	-
Roter Riesling	-	-	-	x	x	-	-	-	-	-	-	x	-
Roter Traminer	x	x	x	x	x	-	-	-	-	-	-	x	x
Ruländer (Grauer Burgunder)	x	x	x	x	x	x	x	x	x	x	x	x	x
Saphira *	-	-	x	x	x	x	x	x	x	x	x	x	x
Sauvignon blanc	x	x	x	x	x	x	x	x	x	x	x	x	x
Sauvignon gris	-	-	-	x	x	-	-	-	-	-	-	-	-
Scheurebe	x	x	x	x	x	x	x	x	x	x	x	x	x
Schönburger	-	-	x	x	x	x	x	x	x	x	x	x	x
Septimer	-	-	-	x	x	x	x	x	x	x	x	-	-
Siegerrebe	-	-	x	x	x	x	x	x	x	x	x	-	x
Silcher	-	-	x	x	x	x	x	x	x	x	x	-	x
Sirius*	-	-	x	x	x	x	x	x	x	x	x	-	x
Solaris *	x	-	x	x	x	x	x	x	x	x	x	x	x
Staufer *	-	-	x	x	x	x	x	x	x	x	x	-	x
Weißer Burgunder	x	x	x	x	x	x	x	x	x	x	x	x	x
Weißer Elbling	-	-	x	x	x	x	x	x	x	x	x	x	x
Weißer Gutedel	x	x	x	x	x	x	x	x	x	x	x	x	x
Weißer Heunisch	-	-	-	x	x	-	-	-	-	-	-	-	-
Weißer Räuschling	-	-	-	x	x	-	-	-	-	-	-	-	-
Weißer Riesling	x	x	x	x	x	x	x	x	x	x	x	x	x
Welschriesling	-	-	-	-	-	-	-	-	-	-	-	-	-
Würzer	-	-	x	x	x	x	x	x	x	x	x	-	x

x = zugelassen - = nicht zugelassen * = pilzwiderstandsfähige Rebsorten

Rebsorten in den **Anbaugebieten** →	Baden	Würtemberg	Franken	Hess. Bergstraße	Rheingau	Ahr	Mittelrhein	Mosel	Nahe	Pfalz	Rheinhessen	Saale-Unstrut	Sachsen
II. Rotwein													
Acolon	-	x	x	x	x	x	x	x	x	x	x	x	x
André	-	-	-	-	-	-	-	-	-	-	-	x	x
Blauburger	-	-	x	x	x	x	x	x	x	x	x	-	x
Blauer Affenthaler	-	-	-	x	x	-	-	-	-	-	-	-	-
Blauer Elbling	-	-	-	x	x	-	-	-	-	-	-	-	-
Blauer Frühburgunder	-	x	x	x	x	x	x	x	x	x	x	x	x
Blauer Gelbhölzer	-	-	-	x	x	-	-	-	-	-	-	-	-
Blauer Limberger	x	x	x	x	x	x	x	x	x	x	x	x	x
Blauer Portugieser	x	x	x	x	x	x	x	x	x	x	x	x	x
Blauer Spätburgunder	x	x	x	x	x	x	x	x	x	x	x	x	x
Blauer Trollinger	x	x	x	x	x	x	x	x	x	x	x	x	x
Blauer Zweigelt	-	x	x	-	-	x	x	x	x	x	x	x	x
Bolero *	-	-	x	-	-	x	x	x	x	x	x	-	x
Cabernet Carbon *	-	-	x	x	x	x	x	x	x	x	x	-	x
Cabernet Carol *	-	-	x	x	x	x	x	x	x	x	x	-	x
Cabernet Cortis *	-	-	x	x	x	x	x	x	x	x	x	x	x
Cabernet Cubin	-	x	x	x	x	x	x	x	x	x	x	-	-
Cabernet Dorio	-	x	x	x	x	x	x	x	x	x	x	x	x
Cabernet Dorsa	-	x	x	x	x	x	x	x	x	x	x	x	x
Cabernet Franc	-	x	-	x	x	-	-	-	-	-	-	-	x
Cabernet Mitos	x	x	x	x	x	x	x	x	x	x	x	x	x
Cabernet Sauvignon	x	x	x	x	x	x	x	x	x	x	x	-	x
Dakapo	x	-	x	x	x	x	x	x	x	x	x	-	x
Deckrot	x	-	x	x	x	x	x	x	x	x	x	-	x
Domina	-	-	x	x	x	x	x	x	x	x	x	x	x
Dornfelder	x	x	x	x	x	x	x	x	x	x	x	x	x
Dunkelfelder	x	x	x	x	x	x	x	x	x	x	x	x	x
Färbertraube	-	-	-	x	x	x	x	x	x	x	x	-	-
Hegel	-	-	x	x	x	x	x	x	x	x	x	-	x
Helfensteiner	-	x	x	x	x	x	x	x	x	x	x	-	x
Heroldrebe	-	x	x	x	x	x	x	x	x	x	x	-	x
Merlot	x	x	x	x	x	x	x	x	x	x	x	-	-
Monarch *	-	-	x	-	-	x	x	x	x	x	x	-	x
Muskat-Trollinger	-	x	x	x	x	x	x	x	x	x	x	-	x
Müllerrebe (Schwarzriesling)	x	x	x	x	x	x	x	x	x	x	x	x	x
Neronet	-	-	x	-	-	x	x	x	x	x	x	-	x
Palas	x	x	x	x	x	x	x	x	x	x	x	-	x
Primitivo	-	-	-	x	x	-	-	-	-	-	-	-	-
Prior *	-	-	x	-	-	x	x	x	x	x	x	-	x
Reberger *	-	-	-	-	-	-	-	-	-	-	-	-	-
Regent *	x	x	x	x	x	x	x	x	x	x	x	x	x
Rondo *	-	-	x	x	x	x	x	x	x	x	x	x	x
Rotberger	-	-	x	x	x	x	x	x	x	x	x	-	x
Rubinet	-	-	x	-	-	x	x	x	x	x	x	-	x
Shiraz (Syn.: Syrah)	-	x	-	-	-	-	-	-	-	-	-	-	-
St. Laurent	x	x	x	x	x	x	x	x	x	x	x	x	x
Tauberschwarz	x	x	x	x	x	x	x	x	x	x	x	-	x

x = zugelassen - = nicht zugelassen * = pilzwiderstandsfähige Rebsorten

Rebsortenklassifizierung: Die Mitgliedsstaaten erstellen eine Liste zur Klassifizierung der Rebsorten für die Weinbereitung. Die in die Klassifizierung aufgenommenen Rebsorten müssen der Art „Vitis vinifera“ angehören oder aus einer Kreuzung dieser Art mit anderen Arten der „Gattung Vitis“ stammen. In ihrer Klassifizierung führen die Mitgliedstaaten die Rebsorten auf, die zur Erzeugung von Qualitätswein b.A. geeignet sind, die zum Zwecke der Weinbereitung angepflanzt, wieder angepflanzt und veredelt werden dürfen. In der Klassifizierung der Rebsorten für die Weinbereitung werden die Sorten nach Namen mit etwaigen synonymen Bezeichnungen und Hinweisen zur Traubenfarbe klassifiziert. Die Aufnahme der Rebsorten in die Klassifizierung erfolgt auf Grundlage objektiver Kriterien, einschließlich der Anbaueignung sowie der analytischen und organoleptischen Eigenschaften von Weinen, welche aus den betreffenden Rebsorten bereitet wurden.

Zulässige Synonyme für Wein in den verschiedenen Bundesländern

Bundesland	Name der Rebsorte	Synonyme Bezeicnung
Baden	Weißer Burgunder	Weißburgunder, Pinot blanc, Pinot bianco
	Roter Gutedel	Gutedel, Chasselas
	Weißer Gutedel	Gutedel, Chasselas
	Blauer Limberger	Lemberger, Blaufränkisch
	Müllerrebe	Scharzriesling, Pinot meunier
	Müller-Thurgau	Rivaner
	Gelber Muskateller	Muskateller, Moscato, Muscat
	Roter Muskateller	Muskateller, Moscato, Muscat
	Blauer Portugieser	Portugieser
	Weißer Riesling	Riesling, Klingelberger, Rheinriesling, Riesling renano
	Ruländer	Grauer Burgunder, Grauburgunder, Pinot gris, Pinot grigio
	Grüner Silvaner	Silvaner
	Blauer Spätburgunder	Spätburgunder, Pinot noir, Pinot nero
	Roter Traminer	Clevner (Roter Traminer), Traminer
	Blauer Trollinger	Trollinger
Bayern	Auxerrois	Auxerois blanc, Pinot auxerrois
	Blauer Frühburgunder	Frühburgunder, Madeleine noir, Pinot Madeleine
	Blauer Limberger	Limberger, Lemberger, Blaufränkisch
	Blauer Portugieser	Portugieser
	Blauer Spätburgunder	Spätburgunder, Pinot noir, Pinot nero, Samtrot
	Blauer Trollinger	Trollinger, Vernatsch
	Blauer Zweigelt	Zweigelt, Zweigeltrebe, Rotburger
	Cabernet Cubin	Cubin
	Cabernet Dorio	Dorio
	Cabernet Dorsa	Dorsa
	Cabernet Mitos	Mitos
	Früher roter Malvasier	Früher Malvasier, Malvasier, Malvoisie
	Gelber Muskateller	Muskateller, Moscato, Muscat, Muscat blanc
	Grauer Burgunder	Ruländer, Pinot gris, Pinot grigio, Grauburgunder
	Grüner Silvaner	Silvaner
	Huxelrebe	Huxel

	Müllerrebe Phönix Roter Elbling Roter Gutedel Roter Muskateller Roter Traminer Sauvignon blanc Blauer Silvaner Siegerrebe Weißer Burgunder Weißer Elbling Weißer Gutedel Weißer Riesling	Schwarzriesling, Pinot meunier Phoenix Elbling rouge Chasselas rouge, Fendant roux Muskateller, Moscato, Muscat Traminer, Gewürzraminer, Clevner Muskat Silvaner Silvaner Sieger Weißburgunder, Pinot blanc, Pinot bianco Elbling Gutedel, Chasselas blanc, Chasselas, Fendant Riesling
Hessen	Weißer Burgunder Roter Elbling Weißer Elbling Roter Gutedel Weißer Gutedel Gewürztraminer Früher Malingre Früher roter Malvasier Gelber Muskateller Müller-Thurgau Weißer Riesling Roter Riesling Ruländer Blauer Silvaner Grüner Silvaner Roter Traminer Weißer Heunisch Weißer Räuschling Roter Räuschling Gelber Orleans Chardonay rosé Sauvignon blanc Blauer Affenthaler Blauer Elbling Blauer Gelbhölzer Primitivo Blauer Frühburgunder Blauer Limberger Müllerrebe Roter Muskateller Blauer Portugieser Blauer Spätburgunder Blauer Trollinger	Weißburgunder, Pinot blanc, Pinot bianco Elbling Elbling Gutedel, Chasselas Gutedel, Chasselas Traminer Malinger Malvasier, Malvoisie Muskateller, Muscato Rivaner Riesling, Rheinriesling, Riesling renano Riesling Grauer Burgunder, Grauburgunder, Pinot gris, Pinot grigio Silvaner Silvaner Gewürztraminer, Traminer, Clevener Heunisch Räuschling Räuschling Orleans Chardonnay Muskat Silvaner Affenthaler Willbacher Gelbhölzer Zinfandel, Blauer Scheucher Frühburgunder, Pinot noir precoce, Pinot madeleine Lemberger, Blaufränkisch Schwarzriesling, Pinot meunier Muskateller, Muscat Portugieser Spätburgunder, Samtrot, Pinot noir, Pinot nero Trollinger
Rheinland-Pfalz	Weißer Burgunder Roter Elbling Weißer Elbling Blauer Frühburgunder Gewürztraminer Roter Gutedel Weißer Guedel	Weißburgunder, Pinot blanc, Pinot bianco Elbling Elbling Frühburgunder Roter Traminer Gutedel, Chasselas Gutedel, Chasselas

	Blauer Limberger	Lemberger, Blaufränkisch
	Früher Malingre	Malinger
	Früher Roter Malvasier	Malvasier, Malvoisie
	Müllerrebe	Schwarzriesling, Pinot meunier
	Müller-Thurgau	Rivaner
	Gelber Muskateller	Muskateller, Moscato, Muscat
	Roter Muskateller	Muskateller, Moscato, Muscat
	Blauer Portugieser	Portugieser
	Weißer Riesling	Riesling, Rheinriesling, Riesling renano
	Ruländer	Grauer Burgunder, Grauburgunder, Pinot gris, Pinot grigio
	Grüner Silvaner	Silvaner, Sylvaner
	Blauer Spätburgunder	Spätburgunder, Pinot noir, Pinot nero
	Blauer Trollinger	Trollinger
	Grüner Veltliner	Veltliner
Sachsen-Anhalt	Weißer Burgunder	Weißburgunder, Pinot blanc
	Blauer Frühburgunder	Frühburgunder
	Weißer Gutedel	Gutedel
	Roter Gutedel	Gutedel
	Blauer Limberger	Lemberger, Blaufränkisch
	Müllerrebe	Schwarzriesling
	Müller-Thurgau	Rivaner
	Blauer Portugieser	Portugieser
	Roter Riesling	Riesling
	Weißer Riesling	Riesling
	Ruländer	Grauer Burgunder, Grauburgunder, Pinot gris
	Blauer Silvaner	Silvaner
	Grüner Silvaner	Silvaner
	Blauer Spätburgunder	Spätburgunder, Pinot noir
	Roter Traminer	Traminer, Gewürztraminer
	Roter Elbling	Elbling
	Weißer Elbling	Elbling
	Blauer Zweigelt	Zweigelt
Sachsen	Früher roter Malvasier	Malvasier
	Gelber Muskateller	Muskateller, Muscato, Muscat
	Blauer Silvaner	Silvaner
	Grüner Silvaner	Silvaner
	Grüner Veltliner	Veltliner
	Müller-Thurgau	Rivaner
	Phoenix	Phoenix
	Roter Elbling	Elbling
	Weißer Elbling	Elbling
	Roter Gutedel	Gutedel, Chasselas
	Weißer Gutedel	Gutedel, Chasselas
	Roter Muskateller	Muskateller, Muscato, Muscat
	Roter Traminer	Gewürztraminer, Traminer
	Ruländer	Grauburgunder, Grauer Burgunder, Pinot gris, Pinot grigio
	Weißer Burgunder	Weißburgunder, Pinot blanc, Pinot bianco
	Weißer Riesling	Riesling, Rheinriesling, Riesling renano
	Blauer Frühburgunder	Frühburgunder
	Blauer Limberger	Lemberger, Blaufränkisch
	Blauer Portugieser	Portugieser
	Blauer Spätburgunder	Spätburgunder, Pinot noir, Pinot nero

	Blauer Trollinger Blauer Zweigelt Müllerrebe	Trollinger Zweigelt Schwarzriesling, Pinot neunier
Württem-berg	Weißer Burgunder Blauer Frühburgunder Roter Gutedel Weisser Gutedel Blauer Limberger Müllerrebe Müller-Thurgau Gelber Muskateller Roter Muskateller Blauer Portugieser Weißer Riesling Ruländer Blauer Silvaner Grüner Silvaner Blauer Spätburgunder Roter Traminer Blauer Trollinger Blauer Zweigelt	Weißburgunder, Pinot blanc, Pinot bianco Frühburgunder Gutedel, Chasselas Gutedel, Chasselas Lemberger, Blaufränkisch Schwarzriesling, Pinot meunier Rivaner Muskateller, Moscato, Muscat Muskateller, Moscato, Muscat Portugieser Riesling Grauer Burgunder, Grauburgunder, Pinot gris, Pinot grigio Silvaner Silvaner Spätburgunder, Clevner, Samtrot, Pinot noir, Pinot nero Traminer Trollinger Zweigelt

Stand: September 2009
Die Übersicht "Zulässige Synonyme für Wein" enthält die Rebsorten mit ihren synonymen Bezeichnungen, soweit sie in den Klassifizierungslisten der für den Weinbau wichtigsten Bundesländern bzw. Weinbaugebiete enthalten sind. Für viele klassifizierte Rebsorten sind keine Synonyme festgelegt. Die Liste erhebt keinen Anspruch auf Vollständigkeit.

Die Bezeichnung **„Schwarzriesling“** als Synonym für Weine der Rebsorte **„Müllerrebe“**

Die Bezeichnungen **„Blaufränkisch und Lemberger“** als Synonyme für Weine der Rebsorte **„Blauer Limberger“**

Zulässige Rebsorten für die Erzeugung von Classic- und Selektionsweinen

Bundesländer	1				2		3				4												5		6	
Anbaugebiete	Baden		Württemberg		Franken		Hess. Bergstraße		Rheingau		Ahr		Mittelrhein		Mosel		Nahe		Pfalz		Rheinhessen		Saale-Unstrut		Sachsen	
Rebsorten	Classic	Selection	Classic	Selection	Classic	Selection	Classic	Selection	Classic	Selection	Classic	Selection	Classic	Selection	Classic	Selection	Classic	Selection	Classic	Selection	Classic	Selection	Classic	Selection	Classic	Selection
WEISSWEIN																										
Auxerrois		x																								
Bacchus					x																					
Chardonnay		x																		x	x	x				
Gewürz-traminer																				x		x				
Grauer Burgunder	x	x	x	x		x	x	x					x	x	x		x	x	x	x	x	x	x	x	x	x
Grüner Silvaner	x	x	x	x	x	x	x	x									x				x	x	x			
Kerner			x	x																			x			
Müller-Thurgau					x		x	x															x			

Bundesländer	1				2		3				4												5		6	
Anbaugebiete	Baden		Württemberg		Franken		Hess. Bergstraße		Rheingau		Ahr		Mittelrhein		Mosel		Nahe		Pfalz		Rheinhessen		Saale-Unstrut		Sachsen	
Rebsorten	Classic	Selection	Classic	Selection	Classic	Selection	Classic	Selection	Classic	Selection	Classic	Selection	Classic	Selection	Classic	Selection	Classic	Selection	Classic	Selection	Classic	Selection	Classic	Selection	Classic	Selection
Rieslaner						x														x						
Rivaner	x	x					x	x					x		x		x		x			x				
Roter Elbling															x											
Roter Gutedel	x	x																								
Scheurebe																	x									
Traminer																							x	x	x	x
Weißer Burgunder	x	x				x	x	x					x	x	x		x	x	x	x	x	x	x	x	x	x
Weißer Elbling															x											
Weißer Gutedel	X	x																								
Weißer Riesling	x	x	x	x		x	x	x	x	x	x	x	x	x	x	x	x	x	x	x	x	x	x	x	x	x

Bundesländer	1				2		3				4														5		6	
Anbaugebiete	Baden		Württemberg		Franken		Hess. Bergstraße		Rheingau		Ahr		Mittelrhein		Mosel		Nahe		Pfalz		Rheinhessen		Saale-Unstrut		Sachsen	
Rebsorten	Classic	Selection	Classic	Selection	Classic	Selection	Classic	Selection	Classic	Selection	Classic	Selection	Classic	Selection	Classic	Selection	Classic	Selection	Classic	Selection	Classic	Selection	Classic	Selection	Classic	Selection
ROTWEIN																										
Blauer Frühburgunder											x	x										x				
Blauer Limberger			x	x																						
Blauer Portugieser																	x				x	x	x			
Blauer Spät-burgunder	x	x	x	x	x	x	x	x		x	x	x	x	x			x	x	x	x	x	x	x	x	x	x
Blauer Trollinger			x	x																						
Domina					x																					
Dornfelder			x	x	x												x		x		x					
Müllerrebe	x	x	x	x																						
Schwarzriesling																				x						
St. Laurent		x																		x						

Stand: September 2009

Bundesländer:
1 = Baden-Württemberg; 2 = Bayern; 3 = Hessen; 4 = Rheinland-Palz; 5 = Sachsen-Anhalt; 6 = Sachsen

Für die Bereitung von Wein mit der Angabe „Classic“ und der Angabe „Selection“ dürfen für das jeweilige bestimmte Anbaugebiet nur in der Übersicht genannten klassischen Rebsortennamen verwendet werden, teilweise auch nur bestimmte Synonyme dieser Rebsorten.

Ergänzende Hinweise:
Als **Classic** dürfen die Anbaugebiete Baden, Württemberg, Mittelrhein, Mosel, Nahe, Pfalz und Rheinhessen für Müller-Thurgau nur die Bezeichnung „Rivaner“ und für Ruländer nur die Bezeichnungen „Grauer Burgunder, Grauburgunder, Pinot gris oder Pinot grigio“ verwenden.

Als **Selection** dürfen das Anbaugebiet Baden für Müller-Thurgau nur das Synonym „Rivaner“ und für Ruländer nur die Synonyme „Grauer Burgunder, Grauburgunder, Pinot gris oder Pinot grigio“ verwenden. Die Anbaugebiete Mittelrhein, Nahe und Rheinhessen dürfen den Ruländer nur als „Grauer Burgunder oder Grauburgunder“ bezeichnen. Das Anbaugebiet Pfalz darf für den Müller-Thurgau nur die Angabe „Rivaner“ und für den Ruländer die Angabe „Grauer Burgunder oder Grauburgudner“ verwenden. Das Anbaugebiet Württemberg muss den Ruländer als „Grauer Burgunder, Grauburgunder, Pinot gris oder Pinot grigio“ bezeichnen.

Ausgewählte Rebflächen- und Rebsortenstatistik für Deutschland

Die flächenstärksten Keltertraubensorten und die bestockte Rebfläche der deutschen Weinbaugebiete in ha im Jahr 2008

Lfd. Nr	Weißweinsorten	Anbaugebiete [1]														Deutschland
		Württem-berg	Baden	Franken	Hessische Bergstraße	Rheingau	Ahr	Mittel-rhein [2]	Mosel [3]	Nahe	Rhein-hessen	Pfalz	Saale-Unstrut [4]	Sachsen [5]	Stargarder Land [6]	
1.	Riesling, Weißer	2.083	1.166	297	211	2.464	43	309	5.390	1.125	3.769	5.458	50	67	–	22.434
2.	Müller-Thurgau	351	2.737	1.838	32	49	15	29	1.263	552	4.320	2.310	126	85	0	13.721
3.	Silvaner, Grüner	126	161	1.276	18	9	–	1	–	277	2.467	844	57	0	–	5.236
4.	Ruländer (Burgunder, Grauer)	108	1.669	48	38	19	3	10	83	214	1.158	1.054	33	43	–	4.481
5.	Burgunder, Weißer	77	1.165	107	15	42	8	13	248	224	831	862	83	55	–	3.731
6.	Kerner	350	75	237	13	17	3	15	377	194	1.224	1.134	45	27	–	3.712
7.	Bacchus	7	45	742	0	1	0	2	84	153	791	147	32	9	–	2.015
8.	Scheurebe	3	41	127	3	2	–	5	3	131	921	416	4	15	–	1.672
9.	Chardonnay	43	156	10	3	11	0	1	35	39	404	469	0	–	–	1.171
10.	Gutedel, Weißer	0	1.105	0	–	–	–	–	–	–	1	2	24	5	–	1.136
11.	Traminer, Roter	56	154	33	4	5	–	1	6	25	145	347	29	29	–	835
12.	Huxelrebe	–	1	1	–	0	0	1	2	20	421	189	0	0	0	635
13.	Ortega	1	0	21	–	–	1	0	20	15	355	216	4	–	1	634
14.	Faberrebe	–	–	8	–	1	–	1	1	30	497	51	0	–	–	587
15.	Elbling, Weißer	0	0	0	–	–	–	0	567	0	–	0	1	8	0	578
16.	Morio-Muskat	–	0	4	0	–	–	–	1	11	217	267	0	1	–	502
17.	Sauvignon, Blanc	27	82	2	1	6	–	–	5	8	108	193	2	–	–	434
18.	Auxerrois	1	67	1	1	1	–	0	28	4	23	57	2	–	–	185
19.	Muskateller, Gelber	30	61	2	–	–	–	–	1	3	19	57	1	–	–	174
20.	Reichensteiner	–	–	–	1	3	–	0	26	1	66	8	–	–	–	106
21.	Siegerrebe	–	0	0	–	–	–	–	0	7	64	31	0	0	–	103
	Sonstige weiße Rebsorten [7]	20	161	108	9	26	2	3	64	74	340	180	8	29	1	1.032
	Summe Weißweinsorten	**3.283**	**8.846**	**4.861**	**348**	**2.656**	**77**	**392**	**8.206**	**3.106**	**18.141**	**14.293**	**503**	**375**	**2**	**65.114**

Lfd. Nr	Rotweinsorten	Anbaugebiete [1]														Deutschland
		Württem-berg	Baden	Franken	Hessische Bergstraße	Rheingau	Ahr	Mittel-rhein [2]	Mosel [3]	Nahe	Rhein-hessen	Pfalz	Saale-Unstrut [4]	Sachsen [5]	Stargarder Land [6]	
1.	Spätburgunder, Blauer [8]	1.278	5.855	254	45	380	342	40	359	248	1.342	1.585	27	38	–	11.800
2.	Dornfelder	345	50	157	15	19	19	14	333	456	3.444	3.175	50	23	–	8.101
3.	Portugieser, Blauer	184	33	75	4	7	43	7	3	112	1.661	2.176	46	3	0	4.354
4.	Trollinger, Blauer	2.439	22	–	–	–	–	–	–	–	6	4	0	0	–	2.472
5.	Müllerrebe (Schwarzriesling)	1.738	266	90	1	3	0	1	11	8	81	161	0	1	–	2.361
6.	Regent	60	320	139	5	4	19	4	61	101	783	636	19	9	1	2.161
7.	Limberger, Blauer	1.605	59	5	2	–	–	–	0	0	12	39	7	0	–	1.729
8.	Saint Laurent	3	15	4	6	7	0	0	12	18	301	302	0	0	–	669
9.	Acolon	220	28	46	–	–	3	–	4	6	54	116	0	0	–	478
10.	Merlot	27	25	9	1	4	0	–	8	16	144	216	0	–	–	450
11.	Domina	0	0	347	–	1	10	–	6	11	19	7	0	3	–	404
12.	Dunkelfelder	1	50	1	1	13	3	2	10	23	67	182	0	1	–	352
13.	Cabernet Mitos	29	134	2	3	2	1	–	2	3	62	79	2	0	–	320
14.	Cabernet Sauvignon	7	18	2	1	3	1	–	4	15	87	150	0	–	–	288
15.	Frühburgunder, Blauer	8	5	14	3	7	35	0	9	17	83	62	2	6	–	252
16.	Cabernet Dorsa	32	33	19	0	0	0	0	2	6	52	79	3	0	–	227
17.	Heroldrebe	23	0	–	–	–	–	–	–	–	32	99	0	–	–	155
18.	Zweigelt, Blauer	55	4	15	–	1	1	–	–	–	1	3	19	1	–	100
	Sonstige rote Rebsorten [7]	173	142	22	5	19	4	0	5	10	72	96	5	0	–	553
	Summe Rotweinsorten	**8.228**	**7.060**	**1.202**	**90**	**469**	**480**	**69**	**828**	**1.050**	**8.303**	**9.168**	**181**	**87**	**1**	**37.227**
Keltertraubensorten insgesamt		**11.511**	**15.906**	**6.063**	**439**	**3.125**	**558**	**461**	**9.034**	**4.155**	**26.444**	**23.461**	**685**	**462**	**3**	**102.340**

Quelle: Statistisches Bundesamt, Fachserie 3, R. 3.1.5, 2008

1) Ohne nichtfränkische Anbaugebiete in Bayern.
2) Einschl. Nordrhein-Westfalen.
3) Einschl. Saarland.
4) Brandenburg, Sachsen-Anhalt, Thüringen.
5) Brandenburg, Sachsen-Anhalt, Sachsen.
6) Tafelweingebiet in Mecklenburg-Vorpommern.
7) Einschl. Versuchsanbau; insgesamt weniger als 100 ha Gesamtrebfläche in Deutschland.
8) Einschließlich dem Klon Samtrot.

Rebflächenentwicklung der deutschen Anbaugebiete

Jahr	Weinanbaugebiete (ha)													Deutschland (ha)
	Ahr	Baden	Franken	Hess. Bergstraße	Mittelrhein	Mosel	Nahe	Rheingau	Rheinhessen	Pfalz	Württemberg	Saale/Unstrut	Sachsen	
1937	638	11417	3369	310	846	8392	2963	2227	15125	17066	9970			***73323***
1954	574		2670		1299	7803	2864	2198	13672	14734	6892			***58942***
1964	444	7607	2203	187	870	9835	3006	2674	16441	17576	5825			***66685***
1974	482	1224	3120	288	854	11525	4206	3018	19813	20217	7264			***83027***
1984	450	14931	5240	388	768	12747	4607	2943	25082	22853	9600			***99608***
1994	522	16375	6044	471	642	12720	4665	3288	26351	23807	11209	433	319	***106845***
2000	525	15880	6029	456	547	11239	4536	3219	26456	23459	11264	643	445	***104724***
2001	519	15866	6040	456	526	10392	4387	3205	26333	23422	11336	651	446	***103605***
2007	552	15892	6081	436	458	8981	4135	3097	26334	23389	11526	666	442	***102022***
2008	558	15906	6063	439	461	9034	4155	3125	26444	23461	11511	685	462	***102340***

Quelle: Rebflächenstatistik – Statistisches Bundesamt, Wiesbaden 2009

Anforderungen an Rebsorten

1. Möglichst große Streubreite bzw. geringe Standortgebundenheit.
2. Einfache Erziehungsarten und Schnittmethoden
3. Ertragsleistung sollte sich im Durchschnitt um 80 bis 100 hl
4. Frühe Reife und eine optimale Zuckereinlagerung bis zur Lese.
5. Mittel bis später Austrieb (Spätfrostgefahr)
6. Gute Frosthärte
7. Keine Schwächen gegenüber Gescheins- und Beerenbotrytis.
8. Guter und ausgeglichener Wuchs.
9. Aufrechter Wuchs und geringe Geiztriebbildung
10. Gute Holzreife (Frost und Ernter)
11. Rieselfest, bzw. gute Blütefestigkeit.
12. Frei von Abbaukrankheiten.
13. Wenig empfindlich gegen Schädlinge und Krankheiten.
14. Frei von Stiellähme.
15. Gute Kalkverträglichkeit (Chlorose)
16. Geeignet für mechanische Traubenernte (hartschalig, lockerbeerig, leichte Trennung von den Stielen u. a.)
17. Reife und ausgeglichene Säure. Von weißen zu roten Rebsorten ab nehmende Säure.
18. Wein muss sich dem Charakter gebietstypischer Weine anpassen.
19. Einfacher Weinausbau bzw. Ausbauverhalten.
20. Ein günstiges Verhältnis von Säure zum Mostgewicht
21. Gesicherte Vermarktungsmöglichkeiten (als Trauben-, Fass- und Flaschenwein anbieten).
22. Geeignet für die Gewinnung von Prädikatsweinen verschiedener Qualitätsstufen.
23. Geeignet für verschiedene Geschmacksrichtungen (trocken, halb trocken u.a.).
24. Selbstständiger Wein. Ferner für die Bereitung von Traubensaft, Sekt, Brände u. a. Produkte).
25. Gute Lagerfähigkeit.

Lage und Rebsorte als Grundlage für Qualität

Den größten Einfluss auf die Weinqualität hat zweifelsohne die Weinbergslage.

Weine berühmter deutscher Weinbergslagen sind durch ihre einmalige Güte in der ganzen Welt bekannt. Weinbergslagen sind naturgebunden und kaum veränderbar, mit dem sich der Winzer abfinden muss.

Demgegenüber steht eine Reihe von Rebsorten mit unterschiedlichen Lageansprüchen gegenüber. Hieraus folgt, dass der Winzer sich mit den Rebsorten dem Standort anpassen muss.

Ausgangspunkt für eine richtige Sortenwahl sind demnach genaue Kenntnisse über den vorgesehenen Standort (Lage, Boden, Klima). Für die Beurteilung der Lage spielt die Erwärmfähigkeit die Hauptrolle. Sie ist in erster Linie durch die geographische Breite der Hangrichtung (Exposition), der Hangneigung (Inklination), der Höhenlage sowie der Frostgefährdung bestimmt. Fehlentscheidungen, die bei der Auswahl einer Rebsorte, Rebklon, Unterlage sowie der Lage gemacht werden, können später im Weinberg als auch im Keller nicht mehr korrigiert werden. Die wichtigsten Klimakomponenten bei der Bewertung einer Lage sind das Licht, die Wärme, der Wind und die Niederschlagsverteilung während der Vegetation.

Die durchschnittliche Jahrestemperatur liegt in den Anbaugebieten Deutschlands zwischen 8,5 und 10,5 Grad C. Diese Temperaturen lassen erkennen, dass der deutsche Weinbau in einem nördlichen Anbaugebiet liegt und gezwungen ist, für die Erzeugung von Qualität die geeignete Lage und die richtigen Rebsorten auszuwählen. Wie bekannt, sind am wärmsten die Südlagen, es folgen in der Bewertung der Güte bzw. Erwärmungsfähigkeit die Südwest-, Südost-, West-, Ost- und die windgeschützten ebenen Lagen. Die Nordlagen sind in nördlichen Gebieten wegen ungünstiger Sonneneinstrahlung (mangelnde Wärme- und Lichtverhältnisse) für den Weinbau in Deutschland ungeeignet. Westlagen sind allgemein besser zu bewerten als Ostlagen, weil sie durch die Nachmittagssonne begünstigt sind und über Nacht weniger auskühlen. Ostlagen sind im Frühjahr spätfrostgefährdet und im Herbst behindert Nebel die Erwärmung und Sonneneinstrahlung. Hang-Lagen sind gegenüber den Tal-Lagen wärmer und weniger frostgefährdet, da die kalte Luft schneller abfließt. Plateau-Lagen besitzen ein ungünstiges Bestandsklima, welches sich nachteilig auf die Holz- und Traubenreife sowie zu einer mangelnden Ausfärbung von Rotweinsorten führt.

In der nachfolgenden Übersicht: „Lageansprüche der wichtigsten Rebsorten“ sind durch die drei Leitsorten **Riesling**, **Silvaner** und **Müller-Thurgau** die Grenzbereiche für die übrigen Sorten festgelegt. So sind sehr gute bis gute Lagen mit dem anspruchsvollen und spät reifenden Riesling, gute bis mittlere Lagen auf den mittelspät reifenden Silvaner und mittlere bis kleine Lagen für den mittelfrüh reifenden Müller-Thurgau bestimmt. Nach diesen drei Leitsorten wird die Güte der Lagen als Riesling-, Silvaner- und Müller-Thurgau-Lagen bezeichnet. Bei der Rebsortenwahl haben neben der Lage die Standortfaktoren Boden und Klima eine ausschlaggebende Bedeutung für die Standortansprüche der jeweiligen Rebsorte. Es ist allerdings ein Irrtum anzu-

nehmen, dass mit steigender Jahresdurchschnittstemperatur auch die Weinqualität steigt. Aromavielfalt, Frucht und eine pikante Fruchtsäure sind die charakteristischen Merkmale der deutschen Weine und dagegen in wärmeren Klimazonen anderer Anbaugebiete nicht erreichbar.
Die verfügbare Lage ist sehr entscheidend für die optimale Standortwahl einer Rebsorte. Beispielsweise beansprucht der Blaue Spätburgunder eine gute Silvanerlage. Bei Spätburgunder sind die neuen lockerbeerigen Burgunderklone sehr entscheidend für ein gesundes Lesegut, um Farbdefizite durch Beerenfäulnis auszuschließen.
Etwas anders liegen die Lageansprüche bei den Rebsorten Dornfelder und Regent, denn sie benötigen als ziemlich früh reifende und verhältnismäßig lockerbeerige Rotweinsorten eine mittlere bis gute Lage für ihre intensive sortenspezifische Beerenhaut- und Fruchtfleischausfärbung.
Dagegen benötigt die Sorte Portugieser eine gehobene mittlere Lage; jedoch ist aus Qualitätsgründen und der Frostgefährdung eine bessere Lage vorzuziehen. Die höchsten Ansprüche an die Lage stellen die beiden Rotweinsorten Cabernet Sauvignon und Merlot. Tal-Lagen mit häufiger Nebelbildung, hoher Luft- und Bestandsfeuchte sowie windoffene Plateaulagen sind für den Rotweinanbau ungeeignet.

Blick auf die berühmte Lage „Oppenheimer Sackträger“

Lageansprüche der wichtigsten Weißweinsorten

(unter Berücksichtigung der Weinqualität)

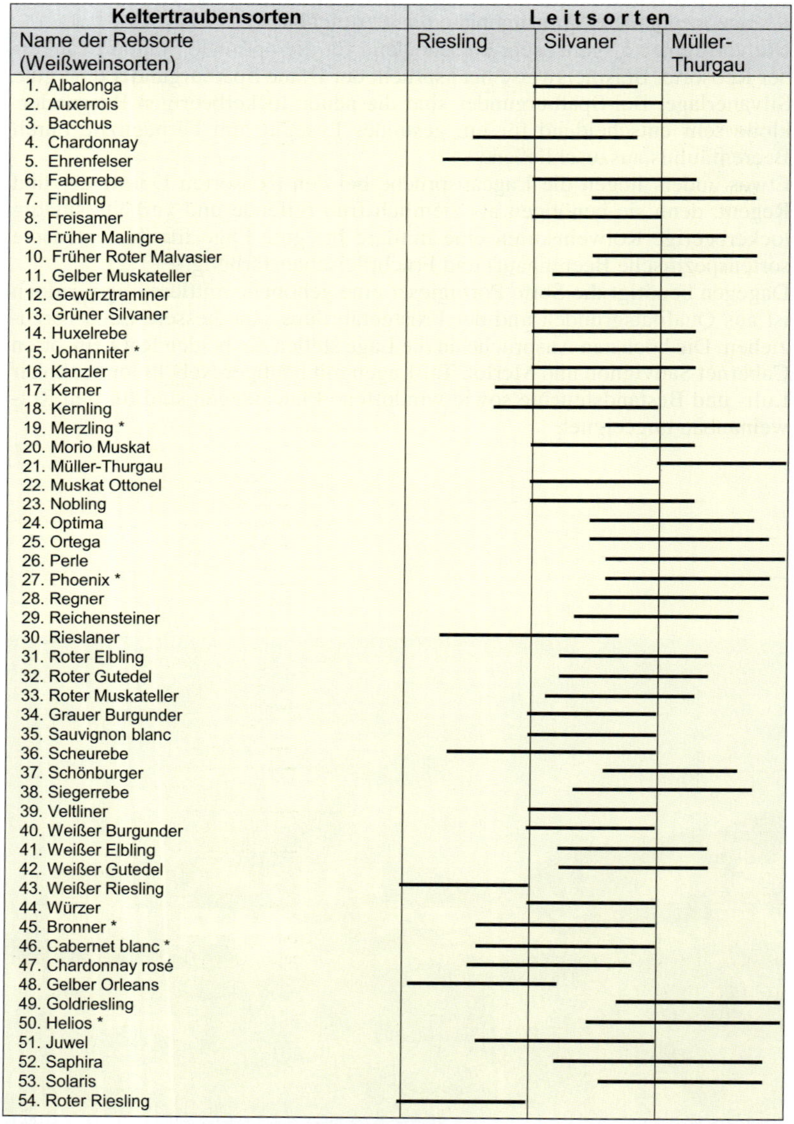

* Pilzwiderstandsfähige Rebsorten. Die gute Widerstandsfähigkeit gegenüber den wichtigsten weinbaulichen Pilzkrankheiten, dem Echten und Falschen Mehltau, erfordert gegebenenfalls bei erhöhtem Befallsdruck eine mehr oder weniger reduzierte Pilzbekämpfung.

Lageansprüche der wichtigsten Rotweinsorten

(unter Berücksichtigung der Weinqualität)

Keltertraubensorten	Leitsorten		
Name der Rebsorte (Rotweinsorten)	Riesling	Silvaner	Müller-Thurgau
1. Acolon			
2, Cabernet Mitos			
3. Cabernet Sauvignon			
4. Dakapo			
5. Domina			
6. Dornfelder			
7. Dunkelfelder			
8. Färbertraube			
9. Blauer Frühburgunder			
10. Helfensteiner			
11. Heroldrbe			
12. Blauer Limberger			
13. Merlot			
14. Schwarzriesling			
15. Palas			
16. Blauer Portugieser			
17. Regent *			
18. Rondo *			
19. Rotberger			
20. Saint Laurent			
21. Blauer Spätburgunder			
22. Blauer Trollinger			
23. Accent *			
24. Allegro *			
25. Baron *			
26. Blauburger			
27. Blauer Zweigelt			
28. Bolero *			
29. Cabernet Carbon *			
30. Cabernet Cortis *			
31. Cabernet Cubin			
32. Cabernet Dorsa			
33. Cabernet Dorio			
34. Cabernet franc			
35. Hegel			
36. Monarch *			
37. Neronet			
38. Prior*			
39. Rubinet			
40. Tauberschwarz			

* Pilzwiderstandsfähige Rebsorten. Die gute Widerstandsfähigkeit gegenüber den wichtigsten weinbaulichen Pilzkrankheiten, dem Echten und Falschen Mehltau, erfordert gegebenenfalls bei erhöhtem Befallsdruck eine mehr oder weniger reduzierte Pilzbekämpfung.

Rebsorten- und Standortwahl zur Vermeidung von Winter- und Spätfrostschäden

Das Fundament eines ertragssicheren und wirtschaftlichen Weinberges ist bekanntlich die richtige Rebsorten- und Standortwahl. Unter Frostgefährdung bzw. Frostresistenz der Rebe versteht man die Widerstandsfähigkeit gegenüber Temperaturen unter 0 Grad Celsius. In den tiefen Lagen treten bei sehr früh austreibenden Rebsorten sehr leicht Spätfröste auf, weil die kalte, schwere Luftmasse von weniger als 0 Grad in den tiefen Lagen sich ansammelt und bis zu einer gewissen Höhe reicht. Winterfrostschäden können schon bei frostempfindlichen Sorten ab 15 bis 16 Grad minus Knospenschäden verursachen. Am günstigsten sind die Süd-Südwest und Südost-Lagen mit einem Neigungswinkel von 25 bis 30 Grad, denn hier fließt die kalte Luft rascher ab und sind somit weniger den Winterfrösten ausgesetzt. Was die Höhe der Lage anbelangt, sind die mittelhohen Lagen die besten und wärmsten. Unsere Rebsorten besitzen eine unterschiedliche Frostresistenz und stellen daher bestimmte Anforderungen an die Lage. Der Winzer muss wissen, welche Rebsorten er auf dem vorgegebenen Standort mit Aussicht auf Erfolg pflanzen kann und welche nicht. Fehler in der Rebsortenwahl hinsichtlich der Spät- und Winterfrostgefährdung sowie anderer Sortenkriterien können sich schwer rächen und die Anlage auf Dauer in Frage stellen. Bei sortengerechter Standortwahl braucht man auf die bewährten, aber spät- und winterfrostempfindlichen Rebsorten nicht zu verzichten.
In der nachfolgenden Übersicht sind die Rebsorten nach ihrer Spät- und Winterfrostempfindlichkeit zusammengestellt. Bei Beachtung dieser Hinweise können Ertrag- und Stockschäden reduziert oder ganz vermieden werden.

Großflächige Weinbergsbeheizung gegen Maifrost

(Foto: Dr. Mühlmann, Oppenheim 1957)

Einstufung der Sorten nach ihrer Winterfrosthärte und Spätfrostanfälligkeit

Winter-frost	Rebsorte	Spätfrost **
sehr hoch	Riesling	nicht überbetont; jedoch wegen der späten Traubenreife scheiden späte Lagen (= Maifrostlagen) aus
	Hibernal ***	sehr hohe Winterfrosttoleranz
	Orion***	Winterfrosthärte mit Riesling vergleichbar; eignet sich für Müller-Thurgau-Lagen
	Sirius ***	Winterfrosthärte mit Riesling vergleichbar und benötigt eine gute Lage – ab Silvanerlage
	Rubinet	Winterfrosthärte ist mit der vom Riesling vergleichbar; der frühe Austrieb führt zur Spätfrostgefährdung
hoch	Chardonnay	sein früher Austrieb steigert die Spätfrostgefahr, Beiaugen nicht besonders fruchtbar
	Bronner ***	Winterfrostfestigkeit sehr gut, wegen des frühen Austriebes sehr spätfrostgefährdet
	Ehrenfelser	mit Riesling vergleichbar, also nicht überbetont
	Goldriesling	besitzt eine hohe Winterfrosthärte und stellt geringe Ansprüche an die Lage
	Kerner	nicht größer als Riesling und Silvaner
	Kernling	mit Kerner vergleichbar
	Muskat Ottonel	ist äußerst winterfrostfest, fruchtbare Beiaugen, treibt mittelspät aus und verlangt windstille warme Lagen
	Pinotin ***	besitzt eine sehr gute Winterfrosthärte; treibt spät aus und daher weniger spätfrostgefährdet.
	Ortega	hoch, da Austrieb früh
	Prinzipal ***	sehr gute Winterfrosthärte; Beiaugen besonders fruchtbar
	Solaris ***	Winterfrostfestigkeit sehr spät, wegen des frühen Austriebes spätfrostgefährdet
	Siegerrebe	wegen des frühen Austriebes hoch
relativ hoch	Grauer Burgunder	spätfrostgefährdet, da die Beiaugen weniger fruchtbar
	Weißburgunder	spätfrostgefährdet, da Beiaugen nicht übermäßig fruchtbar
	Auxerrois	spätfrostgefährdet, da Beiaugen weniger fruchtbar
	Baron ***	Winterfrost und Spätfrost mit Spätburgunder vergleichbar
	Johanniter***	besitzt eine gute Winterfrosthärte, spätfrostgefährdet wegen frühen Austriebes
	Deckrot	gute Winterfrosthärte, wegen spätem Austriebes nicht überempfindlich für Spätfrost
	Juwel	Austrieb ist mittel bis spät, deswegen Spätfrostlagen meiden
	Merzling***	Austrieb ist mittel, deswegen Spätfrostlage umgehen; Beiaugen jedoch fruchtbar
	Primera***	vergleichbar mit Pinotin
	Regent***	gute Winterfrostfestigkeit; Austrieb früher als bei Müller-Thurgau = „Spätfrostgefahr!“
	Rieslaner	wegen späten Austriebes nicht ausgeprägt
	Rondo***	Winterfrosthärte besser als bei Spätburgunder; Austrieb früher als bei Portugieser – bedeutet spätfrostgefährdet
	Frühburgunder	empfindlich
	Spätburgunder	empfindlich
	Prior***	verfügt über eine gute Winterfrosthärte; der Austrieb ist etwas später als die Burgunderarten, daher weniger Spätfrostgefahr
	Phoenix***	besitzt eine gute Winterfrosthärte; für Müller-Thurgau-Lagen geeignet, etwas anfälliger gegen Spätfröste

relativ hoch	Cabernet blanc***	gute Frosthärte bei Winterfrösten
	Cabernet Cubin	gute Winterfrosthärte; Austrieb ist mittel und daher Spätfrostlagen meiden
	Cabernet Dorsa	mit Cubin vergleichbar
	Cabernet Dorio	gute Winterfrosthärte; wegen des relativ frühen Austriebes spätfrostgefährdet
	Cabernet Mitos	Winterfrost und Spätfrost mit Spätburgunder vergleichbar
	Cabernet Cortis***	Winterfrost und Spätfrost mit Burgunderarten vergleichbar
	Cabernet Carbon***	Winterfrost und Spätfrost mit Burgunderarten vergleichbar
	Domina	sehr winterfrosthart; Spätfrost vergleichbar mit Müller-Thurgau, verlangt aber eine Silvanerlage
	Lemberger	hoch, da Austrieb früh, scheidet Spätfroststandort aus
	Muskateller	benötigt eine gute Lage, deshalb scheiden Spätfrostlagen aus
	Schönburger	Winterfrosthärte ist gut, Spätfrost nicht überbetont
	Schwarzriesling	ist ziemlich Winterfrostfest; wegen späterem Austrieb und intensiver weißwollige Behaarung weniger spätfrostgefährdet
	Traminer	Beiaugen nicht fruchtbar, daher nicht geeignet in Spätfrostlagen
	Blauer Zweigelt	besitzt eine sehr gute Winterfrosthärte, benötigt eine gute Lage
mittel	Albalonga	ausgeprägte Säure, „erfordert gute Lage", mittel bis später Austrieb
	Bacchus	hoch, da Austrieb früh
	Cabernet Sauvignon	ausreichende Winterfrosthärte, spät austreibend und daher nicht spätfrostgefährdet, benötigt warme und gute Lagen
	Freisamer	spätfrostgefährdet
	Mariensteiner	Austrieb ist mittel bis spät, Spätfrostgefahr geringer als bei Silvaner, hohe Lageansprüche
	Optima	wegen des späten Austriebes – eine geringe Spätfrostgefährdung
	Stauffer	Winterfrosthärte besser als bei Silvaner; Austrieb mittel = spätfrostgefährdet
	St. Laurent	ihre Maifrostanfälligkeit verbietet einen Anbau in Frostlagen
	Dornfelder	mittlere Anfälligkeit
	Dunkelfelder	früher Austrieb spricht für eine entsprechende Gefährdung
	Dakapo	Winterfrostfestigkeit wesentlich besser als bei Portugieser; verlangt mindestens mittlere bis gute Lagen
gering	Silvaner	spätfrostgefährdet, da Beiaugen wenig fruchtbar
	Müller-Thurgau	da Beiaugen fruchtbar, nach Spätfrost noch mit einem gewissen Ertrag zu rechnen
	Rotberger	aufgrund des späten Austriebes nicht überbetont
	Scheurebe	wegen des späten Austriebes gering anfällig
	Faberrebe	der vor dem Müller-Thurgau liegende Austrieb führt zu einer etwas höheren Spätfrostgefährdung
	Gutedel	ist spätfrostgefährdet und Beiaugen wenig fruchtbar
	Morio Muskat	früher Austrieb = große Gefährdung. Sehr fruchtbare Beiaugen und fruchtbare Adventivknospen
	Merlot	durch frühen Austrieb ist diese Sorte spätfrostgefährdet
	Cabernet Franc	durch frühen Austrieb ist diese Sorte spätfrostgefährdet
	Nobling	durch späten Austrieb nicht sehr hoch; diese Rebsorte ist winterfrostgefährdet und beansprucht eine gute Lage
	Regner	Austrieb mit Müller-Thurgau = mittlere Spätfrostgefährdung
	Elbling	wegen frühem Austrieb empfindlich
	Heroldrebe	mit Portugieser vergleichbar = hohe Empfindlichkeit
	Helfensteiner	geringer als Trollinger
	Sauvignon blanc	infolge schlechter und später Holzausreife ist die Winterfrosthärte gering – erfordert eine gute Lage
	Blauburger	ist winterfrostempfindlich – erfordert gute Lage für eine gute Rotweinqualität

sehr gering	Trollinger	benötigt zur Reife eine gute Lage, deshalb scheiden Spätfrostlagen aus
	Portugieser	hat eine hohe Empfindlichkeit gegenüber Winter- und Spätfrösten
	Huxelrebe	hoch, da Austrieb früh
	Würzer	vergleichbar mit Müller-Thurgau, verlangt aber eine Silvanerlage
	Kanzler	hoch, da Austrieb früh
	Reichensteiner	erhöhte Spätfrostgefährdung, da Austrieb früh

* Die Winterfrosthärte ist genetisch festgelegt und wird jeweils von der Winterruhe beeinflusst. Das Frostrisiko kann somit durch einen späteren Rebschnitt reduziert bzw. durch einen verstärkten Anschnitt ausgeglichen werden (siehe Kapitel: Empfehlung zum Rebschnitt verschiedener Rebsorten). Hinzu kommt, dass die Reben bei großer Ertragsbelastung oder Chlorose zusätzlich geschwächt in den Winter gehen. Unter solchen Voraussetzungen kommt es in einer Frostlage schon nach mäßig kalten Winden (bei ca. -15-18° C) zu Frostschäden und Stockausfällen.

** Die Spätfrostanfälligkeit ist abhängig von dem Austriebs-Zeitpunkt. Rebsorten mit spätem Austrieb sind allerdings nur dann geschützt, wenn der Frost vor dem Austrieb erfolgt. Treten die Spätfröste vor den Eisheiligen auf, werden alle Sorten – bedingt durch den bereits vorhandenen Austrieb – gleichmäßig geschädigt. Der zweite Austrieb bringt gegebenenfalls noch einen gewissen Ertrag bei Sorten mit fruchtbaren Beiaugen oder auch fruchtbaren Adventivknospen. Die Einteilung der Rebsorten aufgrund ihrer Spätfrostgefährdung, kann somit nur richtungsweisend nach ihrem Zeitpunkt des Austriebs und der Fruchtbarkeit der Beiaugen erfolgen.

*** Pilztolerante Neuzüchtungen – bereits zugelassene Sorten sind in der Sortenübersicht. „Zugelassene Rebsorten für Qualitätswein der deutschen Weinbaugebiete“ aufgeführt.

Empfehlungen zum Rebschnitt verschiedener Rebsorten

Zeitliche Festlegung des Rebschnittes

Das Rebensortiment in den dreizehn deutschen Anbaugebieten ist sehr vielfältig und die Winterfrosthärte sehr unterschiedlich. Grundsätzlich kann das Frostrisiko durch einen Rebschnitt nach der Frostperiode (anfangs März) am stärksten reduziert werden, weil dann noch die Möglichkeit besteht, sofern es nicht zu Totalschäden gekommen ist, durch einen verstärkten Anschnitt, Augenschäden auszugleichen. Der zusätzliche Anschnitt einer Frostrute, die nach den Eisheiligen entfernt werden muss, reduziert gleichzeitig das Risiko von Spätfrösten. Diese Forderung ist aus arbeitswirtschaftlichen Gründen kaum zu realisieren. Ein praktikabler Kompromiss bietet die Verlegung des Rebschnitts entsprechend der Frostempfindlichkeit der Rebsorte und der Ertragsgefährdung der Lage in die Schnittzeiträume früh, mittelfrüh und spät. Der "frühe" Schnitt-Zeitpunkt sollte auf frosthärtere Rebsorten und weniger frostgefährdete Lagen beschränkt werden und beginnt in der Regel Anfang Januar. Mit dem "mittelfrühen" Rebschnitt sollte erst Ende Januar begonnen werden. Hingegen schneidet man die frostempfindlichen Rebsorten zum Zeitpunkt "spät" und zwar am besten Mitte Februar nach der Hauptfrostperiode. Bei diesem Schnitt-Zeitpunkt handelt es sich vornehmlich um die winterfrostempfindlichen Rebsorten und die typischen Frostlagen. Die Frostresistenz der Rebe ist einerseits genetisch bedingt und damit sortenabhängig, andererseits aber wird sie von vielen anderen Faktoren (Kulturmaßnahmen, Standort, Witterung während der Vegetation, Erträge, u. a.) sehr beeinflusst.

In der Übersicht Rebsorten- und termingerechter Anschnitt sichert Menge und Güte" sind für alle wichtigen Rebsorten die Schnittzeitpunkte in Abhängigkeit von der genetischen Frosthärte zusammengestellt. Diese Übersicht möge als Orientierungshilfe zur Senkung des Frostrisikos dienen.

Anschnittsstärke – Augenzahl pro Quadratmeter

Durch eine Regulierung der Ertragsmenge ergibt sich die Gelegenheit, einen echten Einfluss auf die Weinqualität auszuüben. Da der Mengenertrag am stärksten durch die Zahl der am Rebstock belassenen Augen beeinflusst wird, bietet sich mit dem Rebschnitt die Möglichkeit, eine frühzeitige positive Beeinflussung der Qualität durch die Beschränkung der Erntemenge über einen sortenspezifischen bzw. kürzeren Anschnitt vorzunehmen. Bei einem unangemessen geringen Anschnitt kommt es zur Unterforderung der Rebe, was die Wüchsigkeit mit all ihren möglichen negativen Folgen steigert. Der Anschnitt darf sich deshalb nicht nur nach dem gewünschten Zielertrag richten, sondern muss sich auch nach der Wuchskraft der Anlage orientieren. Mit dem Rebschnitt legt somit die Grundlage für eine Ertragsbegrenzung, stärkere Ertragsreduzierungen sind dann durch weitere weinbauliche Maßnahmen zu ergreifen. Unter Berücksichtigung der Rebsorten und der Standortverhältnisse können in der Regel fünf bis acht Augen pro Quadratmeter bei vielen Rebsorten angeschnitten werden. Die in der Spalte "Augenzahl pro Quadratmeter" für die einzelnen Rebsorten vorgegebenen Fruchtaugen können nur als Richtwerte angesehen werden. Beim Rebschnitt spielen noch weitere Anschnittkriterien eine beachtliche Rolle. Zu diesen Kriterien zählen der Standort, die Wüchsigkeit der Rebsorte, die Vorjahreserträge, die produktionstechnischen Maßnahmen im Weinberg, Ertrags- und Qualitätsverhalten einer Rebsorte und andere Faktoren, welche den Anschnitt beeinflussen. Der Rebschnitt kann nicht schematisch erfolgen, sondern muss den Sorteneigenschaften und den jeweiligen Gegebenheiten individuell angepasst werden. In der Regel treiben ca. 10 % der Augen nicht aus. Die Übersicht soll helfen, den Rebschnitt standort-, termin- und sortengerecht nach vorgegebenen Kriterien auszuführen.

Rebsorten- und termingerechter Anschnitt sichert Menge und Güte

Rebsorten	Schnitt-Zeitpunkt früh	mittel-früh	spät	Augenzahl pro m² 4 – 6	5 – 7	6 – 8
Weißweinsorten						
Albalonga		X			X	
Auxerrois		X			X	
Bacchus		X		X		
Sauvignon blanc			X			X
Chardonnay	X					X
Ehrenfelser	X					X
Faberrebe			X	X		
Grauburgunder		X			X	
Gutedel			X		X	
Huxelrebe			X	X		
Juwel		X			X	
Kanzler			X			X
Kerner		X			X	
Kernling		X			X	
Morio Muskat		X		X		
Müller-Thurgau			X	X		
Muskateller		X			X	
Muskat Ottonel	X				X	
Optima	X					X
Ortega	X				X	
Reichensteiner			X	X		
Regner			X	X		
Rieslaner		X				X
Riesling	X					X
Scheurebe			X			X
Schönburger			X		X	
Siegerrebe	X					X
Silvaner			X	X		
Weißburgunder		X			X	
Würzer			X	X		
Traminer	X					X
Rotweinsorten						
Cabernet Mitos					X	
Cabernet Sauvignon		X				X
Domina	X				X	
Dornfelder			X		X	
Dunkelfelder		X		X		
Frühburgunder		X			X	
Heroldrebe			X		X	
Limberger		X			X	
Merlot			X		X	
Palas			X		X	
Portugieser			X			X
Regent	X			X		
Rondo		X		X		
Rotberger			X		X	
Saint Laurent			X		X	
Samtrot		X			X	
Schwarzriesling		X			X	
Spätburgunder		X			X	
Trollinger			X			X

Viruserkrankungen und physiologische Störungen der Rebe

Anfälligkeit der Rebsorten für Viruskrankheiten

	gering bis selten	mittel	stark und häufig
a) Weißweinsorten			
	Müller-Thurgau Riesling	Bacchus Chardonnay Ehrenfelser Huxelrebe Kerner Muskateller Ortega Regner Rieslaner Scheurebe Siegerrebe Silvaner	Auxerrois Faberrebe Grauer Burgunder Gutedel Morio Muskat Optima Reichensteiner Schönburger Traminer Weißer Burgunder Welschriesling Würzer
b) Rotweinsorten			
	Domina Portugieser	Dornfelder Heroldrebe St. Laurent Regent	Blauer Frühburgunder Blauer Spätburgunder Dunkelfelder Schwarzriesling

Verursacher: Rebvirosen bzw. Viren sind Krankheitserreger ohne eigenen Stoffwechsel. Es handelt sich hierbei um Nucleoproteide (Eiweißstoffe). Die Viren vermehren sich nur in lebenden Pflanzenzellen und manipulieren die Pflanzenzelle zur Viruseiweißproduktion. Dies führt zu den verschiedenartigsten und charakteristischen Erkennungsmerkmalen und den typischen Krankheitsbildern viruskranker Rebstöcke und Weinberge. Die hauptsächliche Übertragung geschieht über krankes Holz, gegenseitige Wurzelkontakte im Boden, Pfropfung, durch Saftübertragung beim Reb- und Laubschnitt, wandernde Wurzelnematoden im Boden und andere Übertragungsmöglichkeiten, wie z.B durch saugende Insekten.

Schadbilder: Herdförmige Rückgangserscheinungen, Schwachwüchsigkeit, Triebdefekte wie Kurzinternodien (engknotig); Vergabelungen, Verbänderungen und Doppelknoten; Rankenverwachsungen und Rankenverschiebungen; deformierte bzw. asymmetrische, sektoren- oder bandartige gelb- bis weißlich verfärbte Blätter entlang der Blattnerven bis hin zur Adernpanaschüre. Ferner findet man sehr häufig veränderte Blatt- und Stielbuchten sowie schorfartige Nekrosen, Knotenverdickungen an den grünen und verholzten Rebtrieben. Außerdem sind die Trauben sehr verrieselt, klein- und lockerbeerig.

Anfälligkeit der Rebsorten für Chlorose

stark	mittel	gering
a) Weißweinsorten		
Albalonga	Auxerrois	Chardonnay
Grauer Burgunder	Bacchus	Elbling
Huxelrebe	Ehrenfelser	Faberrebe
Muskat-Ottonel	Findling	Juwel
Muskateller	Freisamer	Kerner
Nobling	Gutedel	Kernling
Ortega	Hölder	Morio Muskat
Regner	Kanzler	Riesling
Siegerrebe	Müller-Thurgau	Osteiner
Silvaner	Optima	Scheurebe
Traminer	Perle	Welschriesling
Würzer	Reichensteiner	Optima
Schönburger	Sauvignon blanc	Rieslaner
Septimer	Veltliner	
Weißer Burgunder		
b) Rotweinsorten		
Helfensteiner	Cabernet Sauvignon	Lemberger, Blauer
Regent *	Domina	Portugieser, Blauer
Blauer Zweigelt	Dornfelder	Trollinger, Blauer
Syrah	Dunkelfelder	Blauburger
	Frühburgunder, Blauer	
	Heroldrebe	
	Merlot	
	Rotberger	
	Schwarzriesling	
	Spätburgunder, Blauer	
	St. Laurent	

* Pilzwiderstandsfähige Rebsorte

Die **Chlorose der Rebe** oder auch Gelbsucht genannt gehört zu den ältesten und bekanntesten Erkrankungen der Rebe. Die Chlorose hat vielfältige Ursachen, die noch nicht alle restlos erforscht und aufgeklärt sind. Meist tritt die Chlorose unmittelbar nach dem Austrieb und zum Zeitpunkt der Rebblüte in

Verbindung mit niedrigen Temperaturen auf staunassen, schweren und verdichteten Böden auf. Hierdurch wird der Gasaustausch des Bodens gestört. Kohlendioxyd reichert sich an und beeinträchtigt die Wurzeln. In Kalkböden kommt es verstärkt zur Bildung von Bicarbonat. Dieser Stoff legt in Boden und Rebe das Eisen fest. Die Folge ist ein „induzierter" Eisenmangel. Bei fortgeschrittenem Stadium der Chlorose verschwindet die Farbe der Rebblätter und dadurch wird die Assimilation des gesamten Rebstockes beachtlich beeinträchtigt. Ohne Heilungsmaßnahmen schreitet die Chlorose bzw. Vergilbung der Rebblätter fort, die bereits von den Blatträndern her verdorrten Rebblätter fallen ab, so dass nur noch kahle Triebe dastehen. Es kommt gleichzeitig zum Verrieseln der Gescheine (Fruchtstände) sowie zu Ertrags- und Stockausfällen oder ganzer Rebanlagen.
Eine schnelle und wirksame Beseitigung einer akuten Chlorose ist durch Bodeninjektion oder Blattapplikation mit Eisenchelaten möglich. Eisenchelate sind Komplexsalze, die Eisenatome vor der Festlegung schützen und deshalb erst am Ort des Verbrauchers, nämlich in den Blättern, ihre „Fracht" freisetzen und zur Wiederergrünung bzw. zur Heilung führen. Bereits bei der Planung und Standortwahl eines neuen Weinberges muss auf die unterschiedliche Chloroseanfälligkeit von Rebsorten (stark, mittel, gering), aber auch auf die Chloroseanfälligkeit von Unterlagsrebsorten geachtet werden. Je nach dem Kalkgehalt und der Wuchskraft des Bodens sollten die kalkverträglicheren Sorten SO 4, Binova, 8 B oder 125 AA gewählt werden.

Chlorose in einem Rebenbestand

Anfälligkeit der Rebsorten für Stiellähme

gering	mittel	stark
a) Weißweinsorten		
Auxerrois Arnsburger Ehrenfelser Grauer Burgunder Huxelrebe Kernling Mariensteiner Nobling Ortega Phoenix * Reichensteiner Regner Sauvignon blanc Schönburger Siegerrebe Silvaner Weißer Burgunder	Chardonnay Kerner Morio Muskat Müller-Thurgau Scheurebe Sirius * Weißer Gutedel Würzer	Albalonga Bacchus Faberrebe Freisamer Gutedel Kanzler Muskat-Ottonel Optima Rieslaner Riesling Traminer Veltliner
b) Rotweinsorten		
Acolon Dunkelfelder Dakapo Blauer Frühburgunder Cabernet Dorio Cabernet Mitos Blauer Spätburgunder Helfensteiner Heroldrebe Palas Merlot Rotberger Regent * Schwarzriesling St. Laurent	Blauer Portugieser Domina Dornfelder Cabernet Cubin	Blauburger Blauer Lemberger Blauer Trollinger Cabernet Franc Cabernet Sauvignon

* Pilzwiderstandsfähige Rebsorten

Die **Stiellähme** ist eine lokale, auf das Traubengerüst beschränkte Stoffwechselstörung. Sie tritt meistens schlagartig auf, sobald die Reife zwischen 30 und 60 °Oechsle liegt. Bei der Stoffwechselstörung bzw. bei den Nährstoffen spielt Magnesiummangel als Auslöser eine wichtige Rolle. In ständig oder

öfter geschädigten Weinbergen besteht im Boden häufig ein Überangebot an Kalium und ein Mangel an Magnesium. Hier ist eine Bodenuntersuchung zur Klärung sehr wichtig. Eine Bodenanalyse gibt die Menge von Magnesium in Form von Kieserit oder anderen Mg-haltigen Düngern genau nach der Bodenart an. Bei einem akuten Mg-Mangel haben sich Magnesium-Blattdünger bewährt; jedoch sind diese in ihrer Wirkungsdauer begrenzt und nicht so nachhaltig wie eine Mg-Ausgleichsdüngung (nach dem Befund der Bodenuntersuchung) über den Boden.
Es ist eine altbekannte und erwiesene Tatsache, dass das Mg-Atom Zentralbausstein der Chlorophylls ist, denn eine gute Mg-Versorgung im Boden ist verantwortlich für den Chlorophyllsgehalt der Blätter bzw. der Assimilationsleistung der Rebstöcke vom Austrieb bis zur Vollreife der Trauben. Magnesium trägt nicht nur zum Vorbeugen gegen die Stiellähme bei, sondern sorgt auch dafür, dass das gesamte Blattwerk des Rebstockes grün bleibt und assimilieren kann. Beim Einsatz von Mg-Blattdüngern sind die Hinweise der Hersteller zu beachten.
Das Ausmaß ist abhängig von Trocken- und Nassperioden, sowie der Rebsorte, der Jahreswitterung und anderen Faktoren. Es treten Ertragsverluste durch Bodentrauben und Qualitätseinbußen auf.
Siehe auch Rebschutz-Taschenbuch im gleichen Verlag.

Traubenvollernter

Ein Meilenstein in der Geschichte des deutschen Weinbaus

Über Jahrhunderte hinweg, hatte sich die Traubenlese von Hand unverändert gehalten. Im herbst 1977 kam es mit der maschinellen Traubenlese – vom Rebstock bis zur Traubenkelter – zu einem Meilenstein in der Geschichte des deutschen Weinbaus. Hierbei kam der Traubenvollernter an der Landes Lehr- und Versuchsanstalt für Weinbau in Oppenheim/Rhein in Zusammenarbeit mit der Firma Clemens aus Wittlich zu seinem ersten Einsatz im deutschen Weinbau. Nach 30 Jahren Traubenvollernter ist dieses im deutschen Weinbau zur Selbstverständlichkeit geworden. Die Vollmechanisierung der Traubenernte ist erst dann abgeschlossen, wenn das Entsaften gleichzeitig bei der maschinellen Ernte mit eingeschlossen ist. Durch die stetige Fortentwicklung der komplexen Verfahrenstechnologie, des Traubenvollernters „ERO“ mit dem integrierten Dekanter der Westfalia Separator AG, konnte die Ernte- und Entsaftungsleistung des rebstockspezifischen Lesegutes weiter ausgebaut werden. Dies ist in der 30-jährigen Traubenvollerntergeschichte mit dem „Traubenernteentsafter“ im deutschen Weinbau der bemerkenswerteste Schritt in der Ernte- und Entsaftungstechnifizierung in einem Arbeitsgang im Weinberg.
Durch den Einsatz der Traubenvollernter konnte in den Direktzuganlagen (bis 30% Gefälle bzw. Steigung) der Arbeitszeitaufwand für die Handlese von

200 bis mindestens 250 Arbeitskraftstunden (Akh)/Hektar auf 3 bis 5 Std./ha reduziert werden. Auch die Kosten lassen sich durch die Maschinenlese im Lohnverfahren spürbar senken.
Müssen für die Handlese zwischen € 850,-- bis €1.100,-- bezahlt werden, so liegen die Kosten für die Maschinenlese zwischen € 450 bis € 600,--, fast um die Hälfte darunter.
Die Probleme sind nicht nur die hohen Kosten der Handlese, sondern vor allem die Schwierigkeit, Lesehelfer zu bekommen, besonders bei kühler und ungünstiger Witterung zum optimalen Lesetermin im Herbst. Es ist nur noch eine Frage der Zeit, bis direkt im Weinberg in einem Arbeitsgang gleichzeitig gekeltert werden kann, denn der Fortschritt lässt sich nicht aufhalten.

Eignung verschiedener Rebsorten für die mechanische Traubenernte

Die Einsatzgrenze der Vollernter wird im wesentlichen von der Rebsorte bestimmt, hier wieder von der Reife, Beerenhaut, Beerengröße, Trennung vom Beerenstiel, dem Beerengerüst (=Beerenkämme bzw. Rappen), dem Gesundheitszustand der Beeren und Trauben und letztendlich von der Kulturpflege bzw. Bestandführung des Weinberges und anderer Kriterien. Es gibt Rebsorten, die sich sehr gut eignen und solche, bei denen sich die Beeren schlecht vom Stiel trennen sowie solche, bei denen zunehmende Saftverluste feststellbar sind.

Rebsorten	Eignung	
Riesling, Kerner, Kernling, Juwel, Müller-Thurgau, Bacchus, Gelber Muskateller, Schönburger, Rotberger, Dornfelder	sehr gut	abnehmende Eignung ↓ zunehmende Saftverluste
Faberrebe, Kanzler, Regner, Muskat Ottonel, Reichensteiner, Perle, Septimer, Lemberger, Cabernet Dorsa, Cabernet Mitos	gut	
Auxerrois, Ortega, Scheurebe, Silvaner, Siegerrebe, Sauvignon blanc, Traminer, Rieslaner, St. Laurent, Trollinger, Regent, Merlot, Cabernet Sauvignon, Cabernet Dorio, Spätburgunder L-Klone (= lockerbeerig)	mittel	
Chardonnay, Weißbrugunder, Grauburgunder	befriedigend	
Albalonga, Ehrenfelser, Huxelrebe, Würzer, Morio Muskat, Portugieser, Schwarzriesling, Spätburgunder, Heroldrebe	weniger befriedigend	

Traubenvollernter im praktischen Einsatz

ERO mit Westfalia-Dekanter

Braud / New Holland

Literaturnachweis

Alleweldt, G. u. Koepchen, W.: Die Neuzuchten der Bundesforschungsanstalt für Rebenzüchtung, Geilweilerhof. Der Deutsche Weinbau 1970, 1030-1032

Bassermann-Jordan, F.: Geschichte des Weinbaus, Frankfurter Verlagsanstalt, 1923.

Bauer, W.: Ausbreitung und Bewertung des Veltliners. Der Winzer, Faltblatt des österreichischen Weinbaues 1987/4,24 – 28.

Becker, H.: Zur Sortenfrage neuer Rebsorten für die Weißweinbereitung. Der Deutsche Weinbau 1965, 935 – 038.

Becker, H.: Über die Züchtung der neuen Rotweinsorten in Geisenheim, (Dunkelfelder, Rotberger). Deutsches Weinbau-Jahrbuch 1979, 53 – 57.

Becker, N.: Pilzresistente Neuzuchten – eine Möglichkeit zum umweltschonenden Weinbau. Der Badische Winzer, 1991, 320 – 329.

Breider, H.: Lagebericht der Rebenzüchtung Würzburg. Der Deutsche Weinbau 1955, 113 – 115.

Breider, H.: Neuzuchten der Bayerischen Landesanstalt für Wein-, Obst- und Gartenbau, Veitshöchheim. Der Deutsche Weinbau 1970, 1054 – 1056.

Buchter, H.: Tafeltrauben – nicht nur für Direktvermarkter. Landbote 2002, 20 – 21.

Bundessortenamt: Beschreibende Sortenliste 2008 „Reben". Osterfelddamm 80, Hannover

Bundesministerium für Ernährung, Landwirtschaft und Verbraucherschutz: Liste der zugelassenen Keltertauben-Rebsorten für die deutschen Anbaugebiete 2009.

Dettweiler, E. u. Jung, A.: Die Müller-Thurgau-Rebe – das Kreuzungsprodukt von Riesling x Madeleine Royale. Deutsches-Weinbau-Jahrbuch 2001.

Eibach, R.: Pilzresistente Rebsorten. Weinwirtschaft Anbau 1991, 18 – 22.

Eibach, R.: Regent auf Erfolgskurs. Der Deutsche Weinbau 1993, 16 – 18.

Grosser, H. U.: Erfahrungen mit dem Anbau alter und junger Rebenneuzüchtungen in der Pfalz. Rebe und Wein 1969/22.

Hill, B. H. E.: Beschreibung und Versuchsergebnisse der Neuzucht Hölder, Deutsches-Weinbau-Jahrbuch 1982, 75 – 78.

Hill, B. H. E.: Der Dornfelder, eine farbkräftige Rotweinzüchtung aus Weinsberg. Deutsches-Weinbau-Jahrbuch 1980, 71 – 74.

Hill, B. H. E.: Juwel – eine Weißweinneuzucht. Deutsches-Weinbau-Jahrbuch 1989, 61 -67.

Hillebrand, W.: Die Leistung der Rebsorte Riesling im Anbaugebiet Nahe.

Deutsches-Weinbau-Jahrbuch 1979, 37 – 41.

Hillebrand, W.: Hat die Rebsorte Silvaner heute noch einen Anbauwert? Deutsches-Weinbau-Jahrbuch 1980, 63 – 70.

Hochdörfer, L.: Kernling – Mutation mit Zukunft. Das Deutsche Weinmagazin 1993/11.

Jörger, V.: Die neuen pilzwiderstandsfähigen Rotwein-Zuchtstämme des Staatlichen Weinbauinstitutes Freiburg im Breisgau. Schweiz. Z. Obst-Weinbau 2002/Nr. 5.

Lott, H. u. Pfaff, F.: Rebsortenratgeber. Erzeugergemeinschaft Rheinhessischer Rebenveredler, Alzey, 1978.

Lott, H. u. Pfaff, F.: Leistungen und Grenzen von Rotwein-Neuzuchten. Oppenheimer Weinbaubroschüre 1977.

Lott, H. u. Pfaff, F.: Eignung von Standardrebsorten und Neuzuchten für die Sektbereitung. Der Deutsche Weinbau 1987/19.

Lott, H. u. Pfaff, F.: Keltertrauben – nicht nur für Wein – auch für Tafeltrauben. Der Deutsche Weinbau 1992/24.

Moog, H.: Einführung in die Rebsortenkunde. Verlag E. Ulmer, Stuttgart, 1957.

Müller, K.: Weinbau-Lexikon. Verlag P. Parey, Berlin, 1930.

Pfaff, F.: Spätburgunder und Co. Deutschlands wichtigste Rotweinsorten. Das Deutsche Weinmagazin 1995/13 – 14.

Pfaff, F.: Welche Rebsorten für Rheinhessen. Der Winzerkurier 1975.

Pfaff, F.: Klassiker und bewährte Neue. Das Deutsche Weinmagazin 1998, 24 – 30.

Porten, M.: Der „richtige" Spätburgunder-Klon. Das Deutsche Weinmagazin 2001, 38 – 42.

Regner, F.: Erkenntnisse über Rebsorten mittels genetischer Analyse. Deutsches-Weinbau-Jahrbuch 1999/83 – 88.

Regner F., Stadlbauer A., Eisenheld C.: Heunisch x Fränkisch ein wichtiger Genpool europäischer Rebsorten. Vitic. Enol. Sci. 53(3): 1998, 114-118

Regner F.: Erkenntnisse über unsere Rebsorten mittels genetischer Analyse. Deutsches Weinbau Jahrbuch 1999 50: 83-88

Regner F., Stadlbauer A.: Genetic analysis of traditional grapevine cultivars-perception of viticulture. XXIV OIV Congres Mondial de la Vigne et du Vin, 1999, Vol 1: 53-59

Regner F.: Genetische Analyse von Rebsorten. Deutsches Weinbau Jahrbuch 2000 51: 125-132

Regner F., Stadlbauer A., Kaserer H., Eisenheld C.: Genetic relationships among Pinots and related cultivars. Amer. J. Enol. Vitic. 2000, Vol 51: 7-14

Regner F., Sefc K., Glößl J., Steinkellner H.: Parentage analysis and pedigree reconstruction of vine cultivars using microsatellite markers. Acta Horticulturae 528: 2000, 133-138

Regner F., Stadlbauer A., Eisenheld C., Kaserer H.: Considerations about the evolution of grapevine and the role of Traminer. Acta Horticulturae 528: 2000, 177-182

Röder, K.: Die Problematik des einseitigen Rieslinganbaus in den nördlichen Weinanbaugebieten der Bundesrepublik. Der Deutsche Weinbau 1968, 381-387.

Ritter, F. u. Hoffmann, E. L.: Erfahrungen bei der Klonenselektion und beim Klonenanbau. Weinberg und Keller 1963, 350 – 376.

Ruckenbauer, W. u. Traxler, H.: Weinbau aktuell. Österreichischer Agrarverlag 1992.

Schenk, W.: Kleine Sortenkunde unserer Ertragsreben. Deutsches Weinbau-Jahrbuch 1968, 66 – 67.

Schenk, W.: Beitrag zur Ampelographie der Rebsorte Silvaner. Deutsches Weinbau-Jahrbuch 1972, 67 – 73.

Schenk, W.: Die Stellung der Rebe im Pflanzensystem. Deutsches Weinbau-Jahrbuch 1980. 17 – 22.

Schenk, W.: Beitrag zur Kenntnis der Rebsorte Traminer. Deutsches Weinbau-Jahrbuch 1981, 37 – 47.

Schenk, W.: Beitrag zur Ampelographie der Geisenheimer Rebsorten Ehrenfelser, Reichensteiner, Schönburger, Rotberger und Dunkelfelder, Deutsches-Weinbau-Jahrbuch 1982, 59 – 74.

Schlamp, H.: Von der Qual der Sortenwahl. Das Deutsche Weinmagazin 1999, 40 – 42.

Schmid, J. u. Konrad, H.: Frühburgunder. Das Deutsche Weinmagazin 1995, 14 – 18.

Schropp, A., Zink, M. u. Jung, A. K.: Rici und Cina – Zwei neue reblausresistente Unterlagensorten für die Praxis. Deutsches Weinbau-Jahrbuch 2002, 175 – 182.

Schumann, F.: Der Blaue Portugieser – eine Rebsorte mit umstrittener Herkunft. Deutsches-Weinbau-Jahrbuch 1982, 51 – 57.

Schumann, F.: Der Chardonnay. Der Deutsche Weinbau 1991/46, 754.

Schumann, F.: Sortenwahl und Anbautechnik. Der Deutsche Weinbau 1993, 16 – 20.

Schwab. A., Knott, R. u. Schottdorf, W.: Blaufränkisch – eine Sorte für Franken? Rebe und Wein 2001, 34 – 37.

Statistisches Bundesamt Wiesbaden: Landwirtschaftliche Bodennutzung-Reben, 2008

Statistisches Landesamt Rheinland-Pfalz, Bad Ems, 2008

Wagner, H.: Neue Rebsorten der Landesanstalt für Rebenzüchtung Alzey. Der Deutsche Weinbau 1970, 1088 – 1090.

Zimmermann, J.: Die Wildrebe und ihre Beziehung zur Kulturrebe. Die Weinwissenschaft 1957, 20 – 21.

Bildquellen

A. Freiherr von Babo u. E. Mach: Handbuch des Weinbaues und der Kellerwirtschaft. Verlag P. Parey, Berlin 1910

K. Kroemer u. H. Moog: Die Rebenveredelung. Verlag P. Parey, Berlin 1932

H. Moog: Einführung in die Rebsortenkunde. Verlag E. Ulmer, Stuttgart

V. Freytag: Rebschule Freytag in Neustadt/Lachen-Speyerdorf: Rebsortenfoto: Cabernet blanc

LD V. Jörger, Weinbauinstitut in Freiburg/Baden: Rebsortenfotos von Souvignier gris u. Muscaris

LD F. Pfaff, Worms/Rhein: Rebsortenfotos u.a. Farbfotos

Für freundliche Unterstützung wird gedankt:

LLD Otto Schätzel, DLR-Rheinhessen-Nahe-Hunsrück, Oppenheim/Rhein

Chefsekretärin Rosemarie Schaad, DLR-Rheinhessen-Nahe-Hunsrück, Oppenheim/Rhein

Dipl. Ing. Karola Benninghof-Hermann, DLR-Rheinhessen-Nahe-Hunsrück, Oppenheim/Rhein

Dipl. Ing. Urban Krieg, DLR-Rheinhessen-Nahe-Hunsrück, Oppenheim/Rhein

Dipl. Ing. Hans-Günther Kissinger, DLR-Rheinhessen-Nahe-Hunsrück, Oppenheim/Rhein

Dipl. Ing. Jürgen Wagenitz, DLR-Rheinhessen-Nahe-Hunsrück, Oppenheim/Rhein

Dipl. Ing. Andreas Schwalb, DLR-Rheinhessen-Nahe-Hunsrück, Oppenheim/Rhein

LD Heinrich Schlamp, DLR-Rheinhessen-Nahe-Hunsrück, Oppenheim/Rhein